U0158669

INTO THE
PHILOSOPHY

走 进 哲 学 丛 书

语言分析方法与当代科学哲学

殷　杰　著

北京师范大学出版集团
BEIJING NORMAL UNIVERSITY PUBLISHING GROUP
北京师范大学出版社

目　录

绪　论

纵观20世纪哲学的风云变幻，从关注于“认识如何可能”到“语言表达的如何可能”这一哲学基础的根本变化，哲学进入了一个不同于以往形态的“分析时代”，这使得整个20世纪西方哲学的发展深深地铭刻着“语言”的烙印。从胡塞尔（E. Husserl）为拯救欧洲科学的危机而创建的以探索存在和意识现象为主要内容的现象学，到伽达默尔（H. Gadamer）用现象学方法寻求语言理解的诠释学（hermeneutics），从以科学为模式重建哲学基础的逻辑经验主义，到试图通过分析语言结构来揭示人类文化结构的结构主义，尽管这些哲学流派的出发点和理论基础各不相同，有的甚至处于对立状态，但它们都表现出对语言的强烈兴趣，将语言作为一种分析手段运用于各自哲学理论的构造当中。即便是兴起于20世纪后半叶的后现代主义思潮，也通过对语言和文化的研究，取代了传统的逻辑的、思辨的研究，在更为广泛的意义上使分析哲学的发展呈现出多元化的格局。“所有这些不仅没有使哲学走入上世纪末哲学家所担忧的穷途末路，相反，西方哲学在这个世纪的蓬勃生长，恰恰向世人表明了这样一个朴素的道理：随着历史而消亡的只能是某个具体的哲学理论或理念，而只要人类存在一天，哲学就不会真正走向消亡，因为人类就是需要哲学来填补的理性动物。”更为重要的是，“在这些哲学家看来，唯有真正的语言研究而不是那种希冀通过语言寻求某种心灵结构的研究，才无须任何被可能接受或提出的基础”①。

概括起来讲，这样一种哲学范式的转变具有非常显著的时代特征和哲学意义。而定向于语言分析方法的研究，则为理解和把握科学哲学和语言哲学这一演变的历史进程、趋势定位和理性重建的模型及其各种特征提供了最清晰的脉络。其基本特征就是哲学的语言学化和语言的哲学化。一方面，哲学的后形而上学发展要求在语言中寻求它的具体应用层面，引入语言分析手段以丰富自身的方法论特征；另一方面，语言在摆脱了单纯的工具媒介特质后趋向于抽象和理性，试图在哲学基础上奠立自身的实在或本体地位。这一过程可分为三个阶段：一是“语言学转向”(linguistic turn)，发生于20世纪前半期，维特根斯坦(L. Wittgenstein)、卡尔纳普(R. Carnap)等哲学家使用语言语形分析手段解决哲学问题，形成语义哲学；二是“语用学转向”(pragmatic turn)，发生于20世纪70年代，奥斯汀(J. Austin)、塞尔(J. Searle)等哲学家借用语用

---

① 江怡：《走向新世纪的西方哲学》，载《科学时报》，1999-03-29。

学的成果来构筑哲学对话的新平台，形成语用哲学；三是“认知转向”(cognitive turn)，发生于20世纪末期，植根于语用学对讲话者意向性、心理的关注来解决科学认知问题，形成认知哲学。[①] 语言分析，特别是语用学的认识论和方法论以及“语用学转向”以来形成的语用思维，成为哲学研究的新的出发点和生长点，它既总结了“语言学转向”的合理成就和经验教训，又为“认知转向”提供了基础和可能。

此外，语言哲学和语言分析方法富有生命力的发展还表现在20世纪哲学理性的一系列“转向”上，这就是以“语言学转向”(linguistic turn)、“解释学转向”(interpretive turn)和“修辞学转向”(rhetorical turn)为背景，对科学实在论和科学哲学的生成和发展进行了新的理解和构建，“三大转向”为理解和把握科学实在论和科学哲学演变的历史进程、趋势定位和理性重建的模型及其各种特征提供了最清晰、最本质的脉络。具体而言，语言学转向“是以逻辑实证主义为核心的分析哲学的广泛运动，试图通过对语言形式的句法结构和语义结构的逻辑分析，去把握隐含在语词背后的经验意义，从而推崇科学主义的极端观念和形式理性的绝对权威。语言学转向，作为一种运动对20世纪科学哲学的长期影响及其最终的衰落，播下了科学实在论全面复兴的星火”[②]。解释学转向的宗旨“就是要把人类的行为、科学、文化或整个历史时期作为本文来阅读，强调作为对话的个体和共同体之间的协调和互补，从而在

---

① Brigitte Nerlich, David Clarke, *Language, Action, and Context: the Early History of Pragmatics in Europe and America 1780—1930*, Amsterdam/Philadelphia: John Benjamins Publishing Company, 1996, p. 6.

② 郭贵春：《后现代科学实在论》，2～4页，北京，知识出版社，1995。

一切本文的社会性意义上超越语言学转向的狭隘性和片面性。解释学转向作为一种运动，它的深入发展，在更广阔的时间序列和社会空间上影响了科学实在论的进步”。修辞学转向的目的“是要把科学修辞作为一种确定的科学研究方法，充分地揭示科学论述的修辞学特征，从而在科学论述的境遇、选择、分析、操作、发明和讲演中，给出战略性的心理定位和更广阔的语言创造的可能空间。这一转向作为一种运动的兴起，促使科学实在论者们更进一步排除存在于理性与非理性、语言的形式结构和心理的意向结构、逻辑的证明力与论述的说服力、静态的规范标准与动态的交流评价之间的僵化界限，进一步消解单纯本体论立场的独断性，强调心理重建和语言重建的统一”①。尽管在其理论特征和动因上，这些“转向”具有十分不同的意义，但它们无一不是以“语言”为基本定位和出发点，试图通过语言的研究来寻求科学哲学甚至整个哲学的发展趋势和演变特征。

通过对“三大转向”基本理论和特征的分析，以及在求解具体的科学实在论和科学哲学难题上的应用，接下来的问题就是，如何将凸显于20世纪哲学演变中的各种语言分析手段和方法统一起来，或者说，如何集20世纪哲学发展中的“语言学转向”“解释学转向”和“修辞学转向”的合理成就，创立一个系统的、完备的语言分析方法的理论体系？在此方面，“语境”(context)的方法论立场逐渐凸显出来，以语境作为研究的视角审视20世纪哲学发展中语言分析的方法论特征，目的就是要将语

---

① 郭贵春:《后现代科学实在论》，2～4页，北京，知识出版社，1995；郭贵春:《后现代科学哲学》，6～8页，长沙，湖南教育出版社，1998。

境构建为哲学或科学哲学理论未来发展的基点和生长点。因为，“当我们面向21世纪的发展去回顾20世纪语言哲学、分析哲学和科学哲学的历程时就会感到，它们在本世纪哲学运动的语言学转向、解释学转向及修辞学转向的过程中，提出、解决和涉及的一系列理论难题，都在一定意义上与语境问题本质地相关。因此，我们提出语境实在论的概念，试图从语形、语义与语用的统一上去阐释重构语境概念的必然性、语境的本体论性和动态的结构规定性，说明语境的实在论的本质意义”。这就是说，“从语言转向、修辞转向和解释转向的本质一致性上，从语形、语义和语用的结合上，去探讨面向21世纪的哲学研究，将是一个重要的发展趋势。但问题在于，以什么样的形式、什么样的方法、什么样的基底或核心去统一它们，去推进这一趋势呢？这正是我们要研究的问题，但有一点我们认为是明确的，那就是把语境(context)作为语形、语义和语用结合的基础，从而在语境的基底上去透视、扩张和构建整个语言哲学的大厦，将是一个不容否认的趋向”[①]。因为理论实体的意义是在特定的语境中实现的，不同的本体论态度是与不同的语境观相关联的，“人们在不同的语境中确立自身对象的本体论性，语境不同，定义实体的意义就不同；反之，实体的意义不同，其本体论性就可能不同。语境在自然而又生动的人类语言活动中有着不可磨灭的本体论性”[②]。这意味着，将语境本体论化，其目的就是要克服逻辑语形和逻辑语义分析的片面性，从而合理地处理语言使用当中所涉及的心理意向、命题态

---

① 郭贵春：《论语境》，载《哲学研究》，1997(4)。

② 郭贵春：《论语境》，载《哲学研究》，1997(4)。

度、心理表征等非逻辑的或语用的问题，进而把外在的指称和内在的意向关联起来，扩展语言分析的界域。可以说，作为一种具有本体论性的语境实在的提出，不仅为语言的语形、语义和语用分析方法的融合提供了可能，而且为整个语言哲学和科学哲学的发展提供了一个十分经济的基础。

对“语境”观念的这一认识也是我们近年来强烈地关注“科学修辞学”理论研究的直接动因之一。当我们用“语境”思想来整理20世纪科学哲学发展历程的时候，不难发现，“逻辑实证主义侧重于符号化系统的形式语境，历史主义强调了整体解释的社会语境，而具有后现代趋向的后历史主义则注重了修辞语境。”从语言分析的角度讲，“形式语境是必然要与语义相关的，没有语义分析的形式语境是空洞的；而语义分析必然要涉及社会语境，否则，它是狭隘的和不可通约的。社会语境的目的不能不是促进科学的发明与创造，而这一目的的实现必然要通过修辞语境的具体化来得以完成和展开，所以没有修辞语境的现实化，社会语境是盲目的。修辞语境在很大程度上是语用分析的情景化、具体化和现实化，它是以特定的语形语境的背景和社会语境的背景为基础的，否则，它就不可能真正地生成。所以，没有形式语境就没有科学的表征，没有社会语境就没有科学的评价，而没有修辞语境就没有科学的发明。所以，对于科学修辞学的研究，不能是孤立的，它必然是语形、语义和语用的统一，是形式语境、社会语境与修辞语境的结合”①。正是在这个意义上，科学修辞学的研究在科学哲学中获得了自身特殊的价值，因为

① 郭贵春：《科学修辞学的本质特征》，载《哲学研究》，2000(7)。

从修辞学的角度上可以映射出整个科学哲学研究的核心本质、特征和意义，把复杂的科学哲学的宏观问题微观化，使科学哲学的论题更集中、更突出和更鲜明，进而削弱单纯本体论立场的片面决定性和独断性，从科学发明的创造性实践的界面去展示科学认识论的价值，从而进一步推进科学主义和人文主义之间的融合和渗透。[①]

这也正如当代美国著名哲学家罗蒂(R. Rorty)所说，修辞学转向是人类理智运动的第三次转向，构成了社会科学与科学哲学重新建构探索的最新运动。但问题是，随着从语境角度对科学修辞学研究的深入，人们越来越清晰地认识到，“语言语用学可能是解决修辞学难题的最有前途的方式”[②]。因为在任何一个科学的语境中，语言学语境强调的是语形和语义，诠释学语境突出的是叙述和解读，而修辞学语境侧重的是劝导和发明，这就需要在具体的语言使用的语境中，通过对话和交流，超越科学家的语词的文字意义去理解信念意义，超越科学文本的意义去把握语用的推论，所以，修辞学和语用学具有共同的理论基础和实践特征，修辞学的认识论重建需要语用学发展的支持，并且只有通过语用分析方法的扩张，才能使修辞学的理论完备起来，并在科学的实践中获得自身目标的实现。用语言语用学来解决修辞学难题，成为最有前途的方式和科学修辞学研究的最新趋势。

这样，从最初“三大转向”的理论建构到科学实在论和科学哲学问题的具体实践，从语境实在论的提出到语形、语义和语用分析方法的融

---

① 参见郭贵春：《后现代科学实在论》，43页，北京，知识出版社，1995。

② Herbert Simons eds., *The Rhetorical Turn*, Chicago: University of Chicago Press, 1990, p. 298.

合，从科学修辞学的认识论重建到科学语用学的元理论构筑，在研究方法、内容和视角等方面都试图具有新颖性和开拓性的“语言分析方法与当代科学哲学”研究的理论体系便战略性地形成了。而基于此种研究思路，这些年来，笔者已经完成了一系列学术工作，其中包括：在导师郭贵春先生指导下，写作完成《哲学对话的新平台：科学语用学的元理论研究》博士论文(获 2004 年全国优秀博士学位论文奖)并作为专著正式出版[①]；在国内核心期刊发表了 35 篇学术论文，尤其是在《中国社会科学》杂志发表了两篇相关论文，分别为《论语用学转向及其意义》(2003 年第 3 期)和《经验知识、心灵图景与自然主义》(2013 年第 5 期)；在《哲学研究》发表了四篇相关论文，分别为《论指称理论的后现代演变》(1998 年第 4 期)，《从语义学到语用学的转变——论后分析哲学视野中的“语用学转向”》(2002 年第 7 期)，《语境主义世界观的特征》(2006 年第 5 期)，《重审心灵与世界——论麦克道尔解读塞拉斯的哲学思路及其意义》(2011 年第 1 期)；此外，笔者在该方向主持完成国家社科基金 1 项，其他各类项目 8 项。

这些研究工作及成果的发表，目的就是想把我们在科学哲学和语言哲学方面的研究提高和推进到一个全新的阶段和层次上，能够寻求与国外相关领域专家进行有效交流的基点，同时也为在语言哲学和科学哲学方面的进一步研究奠定一些先在的理论背景和坚实的知识基础。本书“语言分析方法与当代科学哲学”既是我们的科学哲学思想和语境论观念

---

① 殷杰、郭贵春：《哲学对话的新平台——科学语用学的元理论研究》，太原，山西科学技术出版社，2003。

在语言哲学领域内的反映，更是整个思想体系构建的必然走向和结果。正是在这个基础上，本书以“语言分析方法”为主题，以语言分析方法的理论建构和实践应用为目标，以语言分析方法为视角，对哲学实践和科学难题进行重新求解，对科学哲学发展和演变的方向进行把握，才具有了在语言哲学和科学哲学研究中的意义。此外，也应该看到，正是对语言问题的共同关注，使得长期以来一直处于对立或对抗情绪的大陆哲学和英美哲学、人文主义和科学主义、诠释学与分析哲学在语言学理论的基础上走向沟通与融合，语言分析方法为它们的对话和交流提供了基本的平台。可以毫不夸张地说，语言哲学是 20 世纪人文主义和科学主义融合的桥梁，而语言分析方法则构成了人文主义和科学主义融合的当代形式。所以，上面所述既是本书的写作主旨和基本定位，也是写作本书过程中所走过的思想历程。

综上所述，本书正是立足于 20 世纪语言哲学的发展趋势，揭示出语言分析方法的语形、语义和语用维度，并分别提炼为逻辑—语形分析、本体论—语义分析、认识论—语用分析，试图提出一个哲学对话和沟通新平台，来重新审视和求解科学哲学的难题。这对于理解和把握哲学的发展路径，促进哲学、逻辑和语言学研究的统一，解决大陆哲学和英美哲学、科学主义和人文主义的融合难题，以及探究哲学方法论的演变和哲学思维的演进，并深度介入认知科学和人工智能的相关哲学争论，都具有一定的基础意义和理论价值。

基于这样的思路，对本书所具体涉及的内容有必要做如下说明：

绪论部分是全书写作的基本思路、主旨和提纲，澄清了一些基本概念和观点，提供了一些正文中没有涉及的背景知识、研究和写作思路等，立足于20世纪语言哲学和科学哲学的发展，系统地阐明了本书选题的目的及其价值、意义。作为全书内容的简介，这一部分为我们勾勒出了此项研究的整体框架。

第一章：语言学转向与科学哲学的发展。从某种意义上讲，20世纪是一个“语言学对哲学进行改造”的世纪，语言学的烙印普遍存在于哲学的各个领域当中。语言本身所独具的“媒介”和“实在”的双面特征，使语言分析方法能够在对象世界和心理意识之间建构起直接的桥梁，既消除了“形而上学”的空洞思辨和烦琐论证的哲学病，又为哲学走向语言、知识和科学形成的人类生活实践语境提供了新的发展空间和可能。对此，尤尔根·哈贝马斯(J. Habermas)深有感触地讲道：“使我们从自然中脱离出来的东西就是我们按其本质能够认识的唯一事实：语言。随着语言结构[的形成]，我们进入了独立判断。随着第一个语句[的形成]，一种普遍的和非强制的共识的意向明确地说了出来。独立判断是我们在哲学传统的意义上能掌握的唯一理念。”①

因此，在本书中，我们首先对“语言学转向”的动因、特征和意义做具体分析。语言分析方法作为哲学语言学转向的产物，它是语言哲学自身凝练出的方法论体系。而从语言哲学的层面来看，“语言学转向”既是一场在新的基点上探索哲学存在新方式的革命，也由于形式理性的极端迷信和科学主义的神话而日益成为阻碍科学进步的因素，使得“语言学转向”及其产生的一系列结果受到了来自各个方面的强烈挑战，但这也

---

① [德]哈贝马斯：《作为“意识形态”的技术与科学》，李黎、郭官义译，132～133页，上海，学林出版社，1999。

客观上为哲学的语用学转向和语言分析方法的演进提供了契机。这种契机也成为托马斯·库恩(T. Kuhn)后期思想转变的哲学根源，库恩后期思想体现出明显的语言学转向特征，他试图通过语言学化的途径来回应早期思想中诸多无法解决的困难和问题，这一点是库恩后期整个思想的实质所在，因而，“语言学转向”成为标示库恩后期思想的重要理论特征，这一点对于理解“语言学转向”如何影响科学哲学的发展，具有重要的认识论和方法论意义。

此外，在本章的最后一节，我们从语言学转向和科学研究的实际出发，明确指出，在所有科学领域(不仅包括传统认识上的自然科学，而且涵盖了社会科学和思维科学领域)，科学研究都涉及语言的表述、解释、修辞等语言使用的问题，尤其是在科学学者化和专门化的今天，对科学文本的理解日益突出起来，有时候甚至比科学研究本身对于社会的作用和大众的影响更为重要，所以，特别有必要从元理论的层面上，对科学共同体所使用的科学语言(scientific language)以及由此形成的陈述、命题和话语给予特别的关注。事实上，科学语言在科学研究中具有特权地位，语言和意义是物质世界进行任何观察的前提条件，这种优先地位使得一种语言的分析在任何科学假设中都是必要的。很难想象，如果没有考虑到科学语言的使用、规则和语境，我们如何能够明确地表述那些支配物质、宇宙、社会和时空的种种法则？正是在这个意义上，语言学转向以及语言分析方法的产生，不仅是哲学发展和思维演进的必然，而且对于科学研究的意义也是十分明显的。

第二章：语言分析方法与语用学转向。无论是语言哲学和分析哲学内在的发展趋向，还是语言学和符号学理论更迭所带来的外在驱动力，都使得语言分析方法向着语用学的方向迈进。实际上，现代符号学的发展为语用学转向和语用分析方法的发展提供了必要的支撑，因其涉及的是符号过程的结构和功能等问题，所以，随着符号的意义表达和传输对整个符号运行过程中语境的依赖，传统的探讨符号问题的各种方法，包括逻辑的、结构主义的和现象学的方法不再能满足符号学发展的要求，使符号学中的语用维度逐渐地凸显出来。在这一方向上，美国哲学家莫里斯(C. Morris)和卡尔纳普在各自符号科学的构建中认识到并突出了语用学的作用。而德国哲学家阿佩尔(Karl-Otto Apel)则在另一种意义上使用符号学，通过把符号学与先验哲学结合起来，建构了一种以语言的先天性代替意识的先天性的先验语用学(transcendental pragmatics)。[①]在这样背景下展开的语用学转向既有其内在的本质合理性，更是语言分析和符号学发展的必然。

此外，探讨语用学及语用思维在语言分析方法中的地位，需要交代特定的语言学背景。这也是本书的基本内容之一。当然，本书在该方面采取的是哲学的写作方式，即关注于语用学理论发展的意义而不是具体的语言学技术和经验的分析。为了澄清语用学的基本含义，有必要从历史的角度追溯语用学的产生和发展过程。应当说，亚里士多德从正反两方面有效地促进了语用思维在西方哲学中的发展，这之后，延伸出探讨语用学基本含义的四个不同方向，即大陆哲学的、符号学的、形式化的和英美语言学的方向，它们交错地出现于哲学研究的主要传统国家中，

---

① 李红：《另一种先验哲学：卡尔-奥托·阿佩尔哲学述要》，载《教学与研究》，2000(10)。

包括德国、英国、法国和美国等。但是，寻找语用思维的出现比较容易，而给语用学下一个明确的、令人满意的定义就比较困难了，这实际上涉及语用学的对象性问题，这里我们采取了当代美国著名语言学家列文森(S. Levinson)的观点。他在其著名的语用学教科书《语用学》中，从语言使用的规则性、功能，语言使用和语言能力的区别，语用的语境性，与语义学的关系，语言的理解，语言使用者的能力，语用的外延性等不同的角度列举了历史上出现的八种“语用学”的界定方式，为我们做了比较系统、全面的总结和评述。[①] 此外，他还从外延性的角度，对“语用学”研究所涉及的基本域面做了具体分析，认为语用学至少包括对指示词(deixis)、会话含义(conversational implicature)、预设(presupposition)、言语行为(speech act)和会话结构(conversational structure)的研究。[②] 在此，我们采用列文森主张的“语用学”的界定和研究范围的观点是因为他的《语用学》既总结了前人的成就，又为后来者的研究提供了标准的范本。国内语言学界对语用学的研究大多依照列文森的模式，比如索振羽的《语用学教程》(北京大学出版社，2000年)、姜望琪的《语用学：理论及其应用》(北京大学出版社，2000年)等。此外，从语言学角度专门研究语用学基本理论的国外著作还有：盖茨达(G. Gazdar)的《语用学：含义，预设和逻辑形式》[③]、利奇(G. Leech)的《语

---

① Stephen Levinson, *Pragmatics*, Cambridge: Cambridge University Press, 1993, pp. 5-35.

② Ibid., pp. 54-369.

③ Gerald Gazdar, *Pragmatics: Implicature, Presupposition and Logical Form*, New York: Academic Press, 1979.

用学原则》[①]、梅伊(J. Mey)的《语用学概论》[②]、余尔(G. Yule)的《语用学》[③]等；国内的著作有：何自然的《语用学概论》[④]和何兆熊的《语用学概要》[⑤]等。

事实上，由于莫里斯符号学的语形学(syntactics)、语义学(semantics)和语用学(pragmatics)的三元划分，使得所谓的“语用学”实际上只有在与语形学和语义学的比较和对应当中才能体现出本质意义，所以，有必要区别三者的界面问题。我们总结了语言哲学史上从形式的、内在论的和哲学的角度对语用学和语义学进行划界的理论，探讨了“关联理论”的新模式，并对两者划界的意义做了分析。但是对“语用学”和“语形学”的界面问题，本书没有做详细的说明，而只是散见于各章节中，只能留待以后专门进行完整的研究。不过，这里可以提供美国逻辑学家蒙塔古(R. Montague)的思路，在《语用学和内涵逻辑》一文中，蒙塔古批评莫里斯的划分过于模糊，认为“语用学是个在开始时要效法语义学或它的现代形式——模型论，这种理论最早探讨真理性和满足性(在一个模型中或一种解释下)的概念”。因此，他主张可以把语用学的语言处理为由逻辑常项、个体变项、个体常项和算子等符号化的表达式，使“语用学包含在扩展语用学之中，扩展语用学又包含在内涵逻辑之中”。从

① Geoffrey Leech, *Principles of Pragmatics*, London: Longman, 1983.

② Jacob Mey, *Pragmatics: An Introduction*, Oxford: Blackwell, 1993.

③ George Yule, *Pragmatics*, Oxford: Oxford University Press, 1996.

④ 何自然：《语用学概论》，长沙，湖南教育出版社，1988。

⑤ 何兆熊：《语用学概要》，上海，上海外语教育出版社，1989。

而，“语用学可以看作内涵逻辑的部分的一阶化归”[①]。可以看出，蒙塔古在此实际上是试图用语形学的方式来处理语用学，把语用学形式化。这一处理方式有一定的启迪意义，尽管我们并不认为蒙塔古的愿望能够实现。

总体上看，本章的目的之一就是要通过对语言分析从语义到语用的转变及其实质的考察，来揭示语言分析方法之“语用学转向”的本质特征和方法论意义。因为，“科学逻辑为科学语用学所取代已成为不可逆转的趋势”[②]；德国著名哲学家阿佩尔就把自己的先验语用学的主题定位为“语用学转向”[③]；B. 内利基(B. Nerlich)和 D. 克拉克(D. Clarke)编写的《语言、行为和语境：语用学在欧洲和美国早期的历史，1780—1930》中明确提出 20 世纪语言哲学的三次转变历程，即语言学转向、语用学转向和认知转向(cognitive turn)，认为“语用学转向导致了对行为中的言语和言语中的行为的交流和社会研究的繁增”[④]。除了这些从语言哲学自身发展的轨迹上来研究语用学转向之外，包括阿佩尔和哈贝马斯等在内的哲学家也意识到整个哲学发展方向的改变，自觉地使用语用

---

① [美]蒙塔古：《语用学和内涵逻辑》，翁世盛译，见中国逻辑学会语言逻辑专业委员会、符号学专业委员会编译：《语用学与自然逻辑》，168～194 页，北京，开明出版社，1994。

② 盛晓明：《话语规则与知识基础：语用学维度》，序言，2 页，上海，学林出版社，2000。

③ 李红：《先验符号学的涵义：卡尔-奥托·阿佩尔哲学思想研究(一)》，载《自然辩证法研究》，1999(11)。

④ Brigitte Nerlich, David Clarke, *Language, Action, and Context: the Early History of Pragmatics in Europe and America 1780-1930*, Amsterdam/Philadelphia: John Benjamins Publishing Company, 1996, p. 6.

思维来改造传统哲学，比如阿佩尔就讲道："在分析哲学的发展进程中，科学哲学的兴趣重点逐渐从句法学转移到语义学，进而转移到语用学。这已经不是什么秘密。"[①]而哈贝马斯更提出"规范语用学"(formal pragmatics)的思想用以重建现代资本主义社会的理性，甚至专门著文指出罗蒂在某种程度上也发生了语用学的转向，认为罗蒂的语用学转向是"用成功的主体间相互理解的交流模式取代了知识的表征模式"[②]。所以，此方面研究的热烈从另一侧面也透视出研究语用学转向的必要性和迫切性，以及所体现出的学术价值。

在此，特别应当说明的是，我们讨论语用学或科学语用学，并将之视为语言分析方法的核心论题之一，进而使得语言分析方法在科学哲学发展中具有了特殊重要的意义，甚至可视为解答科学哲学各类难题的重要平台之一，是出于两方面的考虑，一方面，这是维特根斯坦哲学研究模式和理念的反映。我们认为现代科学语用学的基本理论和思想很多都源于维特根斯坦，这当然除了他所提出的"语言的意义就在于使用"这一著名口号之外，更在于他对哲学本质的理解。在排除寻求建立哲学大厦的"阿基米德点"的可能性后，维特根斯坦认为哲学并不是一种理论，而是活动，是在生活世界中有规则的语言游戏，因此是参与者(包括讲话者和听者)间的对话和交流，而不是单纯的主客体模式，这事实上恢复了苏格拉底式哲学沉思的传统，即在对话中明晰思想、澄清观念，所

---

① [德]卡尔-奥托·阿佩尔：《哲学的改造》，孙周兴、陆兴华译，108页，上海，上海译文出版社，1997。

② Jürgen. Habermas, "Richard Rorty's Pragmatic Turn," in *On the Pragmatics of Communication*, Maeve Cooke(ed.), Massachusetts: The MIT Press, 1998, p. 376.

以，整个哲学史就是在不断寻求这种对话平台或基础的历史。随着旧平台的倒塌，新平台的建立，所有的思想观念，包括语言的、科学的、逻辑的和价值的观念都会随之重新构筑自己的基础，正是在这个意义上，我们说，科学语用学构成了“当代思维的基本平台”①，它为哲学的对话和辩论提供了很好的场所，各种流派、思潮均可在这一界面上进行有效的交流，而不必顾及各自的边界。因此，提出“科学语用学”这一思维平台，“我们无意于解决基础问题，而只是想强化这样一种观念，即语用学不是一种学说，也不是一种观点和立场，而是不同立场与观点彼此展开论辩，寻求相互说服的场所。语用学所提供的原理与规范无非是使论辩各方能在非强制、无扭曲的情景下达成共识”②。另一方面，我们关于“科学语用学”的研究是从基本层次上进行的，就是说，所涉及的是语用学的基本含义、对象、界域，语用学与语义学的界面，语用思维的历史渊源，语用学在现代西方哲学中的表现形态等基本问题，当然也有扩展性的研究，即运用语用分析方法对现代西方哲学中的问题进行新的求解。因为随着哲学、语言学和认知科学等领域中“语用学转向”（pragmatic turn）的逐步形成，提问方式改变了，求解问题的方式也随之得到了相应的改变。但问题是，往往在尚未搞清基本问题，或不了解其基本内涵的前提下，就片面地使用或滥用语用学的各种观念和思维方式。

“科学语用学”（pragmatics of science）这个术语必须从两方面来理解，一方面，在我们目前所查阅的国内外关于语用学的资料中，中国社

---

① 盛晓明：《话语规则与知识基础：语用学维度》，前言，2页，上海，学林出版社，2000。

② 同上书，序言，3页。

会科学院哲学研究所《哲学译丛》编辑部编写的《英汉哲学术语词典》中明确地有此词条的中英文对译[①]，考虑到编辑该词典的时间是在20世纪90年代初，充分说明随着20世纪后半期语用学研究的日益显著，语用学的思维和分析方法正在逐渐向哲学领域渗透和扩张，对这种趋向，当时的中国哲学界已经意识到并在术语的翻译中有所反映。本书以"科学语用学"为研究对象，从一般的意义上讲，"就是对科学语言的使用进行研究"，但这样一来，必定存在的一个疑问就是：这岂不成了语言学的研究了吗？确实，在本书中存在许多关于语言学方面的东西，但事实上，语言哲学的研究必须是以语言为基础的，否则，也就不称其为语言哲学了。正如维特根斯坦所言，哲学的最终形式就是语言学，或者说，哲学的真正目的就是形成特定的语法规则，包括语义的(前期维特根斯坦)和语用的(后期维特根斯坦)。应当看到，把科学语用学界定为"科学语言的哲学研究"，我们是在比较广泛的意义上来认识"科学"的，它是一种广义的科学，不仅包括传统认识上的自然科学，而且涵盖了社会科学和思维科学领域，因为在所有这些领域，科学研究都涉及语言的表述、解释、修辞等语言使用的问题，在科学学者化和专门化的今天，对科学文本的理解日益突出，有时候甚至比科学研究本身对于社会的作用和大众的影响更为重要，所以，特别有必要从元理论的层面上，对科学共同体所使用的科学语言以及由此形成的陈述、命题和话语给予特别的关注。事实上，科学语言在科学研究中具有特权地位，语言和意义是物

---

① 中国社会科学院哲学研究所《哲学译丛》编辑部(编)：《英汉哲学术语词典》，216页，北京，中共中央党校出版社，1991。

质世界进行任何观察的前提条件，这种优先地位使得一种语言的分析在任何科学假设中都是必要的。很难想象，如果没有考虑到科学语言的使用，它的规则和语境，我们如何能够明确地表述那些支配物质、宇宙、社会和时空的种种法则。正是在这个意义上，对于科学语用学的研究，不仅是哲学发展和思维演进的必然，而且对于科学研究的意义也是十分明显的。当然，有必要区别“哲学语用学”和“语言语用学”，前者是哲学研究，后者是语言学研究，“哲学首先是语用学，然而不能说语用学首先就是哲学”[①]，这个界限不能混淆。对于哲学语用学而言，它是维特根斯坦意义上的语用学，它是一种哲学治疗方法，要求返回被传统思维抽象、还原甚至忽略掉的语言游戏的语用维度中，关注的是在何种情景下由谁进行对话和交流的问题，所以，“哲学不应以任何方式干涉语言的实际使用；它最终只能是对语言的实际使用进行描述”[②]。而语言语用学则对具体的语言使用进行语用技术的分析，是一种经验语用学。本书正是在哲学语用学的意义上使用“科学语用学”这一概念的，这是一种元语言的语用研究，通过用语用学的观念来看待哲学，进而从哲学的层面上来理解科学命题和陈述的表述与使用，所以，对科学语言使用的元理论研究，也正是哲学语用学的主要领域。另一方面，使用“科学语用学”尚有更进一步的意义，就是希望为将来最终与“科学知识语用学”(pragmatics of scientific knowledge)的连接奠定基础。“科学知识语用学”这个概念是著名的后现代主义者让-弗朗索瓦·利奥塔(Jean-François

---

① 盛晓明：《话语规则与知识基础：语用学维度》，31页，上海，学林出版社，2000。

② [奥]维特根斯坦：《哲学研究》，李步楼译，75页，北京，商务印书馆，1996。

Lyotard)在《后现代状况：关于知识的报告》一书中提出的，在该书中，利奥塔把他的后现代科学哲学表述为科学知识语用学，针对当代西方后工业社会中科学知识的叙事危机，试图以语用学的方法和观念来重新解释当代的科学危机、社会变异和文化症状，如此一来，就使语用学的思维与整个社会的科学、文化等各个方面连接起来，非常符合我们对语用学研究的进一步目标。①

第三章：语言分析方法的语用传统。迄今为止，语言分析和语用学的大部分基本概念和思想都是在语言哲学家的工作中发展起来的。因此，本章从历史的角度，对语言分析方法的语用传统在德国、英国、法国和美国的发展历程做了具体的系统总结，试图从中发现语用思维演变的不同哲学背景，从而发现不同的表现形态和思维特征。这些分析主要以笛卡尔(R. Descartes)的“认识论转向”之后康德(I. Kant)和洛克(J. Locke)的思想为基点谈起，一直到最近美国实用主义之后的发展，包含了几乎所有对语用思维的发展做出贡献，或者是在其思想中有语用思维的哲学家，当然也包括一些语言学家。应当说明的是，我们在本章中所提到哲学家和语言学家，按照通常的认识，他们的主要思想和观点并不是关于语言分析方法和语用学的。我们以“语用思维”为问题核心将他们组织在一起，构成了一幅“语用思维”发展史图景，弥补了传统认识上的不足，展示了这些哲学家们许多不太引人注意的思想。

本章的具体写作由于是一种历史性的叙述，所以，我们更多地采用

① [法]利奥塔：《后现代状况：关于知识的报告》，岛子译，87页，长沙，湖南美术出版社，1996。

描述的方式，旨在真实地展示和再现历史原貌，而没有加入更多评论，因此，在这里做进一步的引申。通过绪论的具体分析我们可以看到，语用思维在德国的发展表现出与英国、法国和美国非常不同的风格。在德国，康德把语言视为理性的外在化和异化的唯一工具，因此，对语言的关注和规范的根本目的还是为了发现理性和道德的那些先验的和最高的原则，这一立场经费希特(J. Fichte)和洪堡(W. Humboldt)等人直到哈贝马斯和阿佩尔都没有改变，尽管在表现形式上有所不同，可以说是一种“纯粹的语用学”；而在英美哲学传统中，洛克所培育出来的语用思维则源于对语言的不完全性和私人性这些先天缺陷的治疗，更多地是为了知识和经验的传达而关注于语言的规则和使用技术，包括奥斯汀(John Austin)、塞尔(J. Searle)和实用主义的行为主义语用学都是在这种意义上进行语用思考的，是一种“经验主义语用学”。这就使得“语用思维”或“语用分析方法”在两种传统中表现出相当不同的功效、主题和路向。德国传统研究语用学是为了寻求“知识基础”(foundation of knowledge)，或者说是为了寻求知识奠基的策略，是一种“元谈论”，是要从根本意义上解决主体间的对话和交流问题，所以特别地关注语言使用的主体间性(intersubjectivity)和理解(understanding)这两个重要特征，比如哈贝马斯的规范语用学，就是试图“通过对语言的运用所作的具体考察，恢复语言作为‘交往行为’的中介的地位，并建立一种可能的、有效的、理想化的语言使用规范”[①]，以作为一种强理想化的普遍预设和行为规则，

---

① 陈学明：《哈贝马斯的“晚期资本主义”论述评》，410页，重庆，重庆出版社，1993。

对个体之行为目的的实现起规范作用，并涵盖所有形式的交流行为，将规则的“规范”和语言的“使用”内在地连接起来，从而“使得理解的实践过程成为可能的普遍前理论的和暗含的知识之重建的一种准先验的分析”[①]，所以，规范语用学的最终目的还是为了理性(精确地讲，交流理性)的重建；同样，阿佩尔更是直接地把先验哲学与语用学嫁接起来，明确地指出研究的目的：“不仅阐明先验语用学对现代科学的经验的必然性，而且也阐明用先验语用学诸概念来批判地重建康德意义上的‘批判的’先验哲学的必然性。”[②]

而英美传统研究语用学的目的是为了制定“话语规则”(rules of discourse)，或者说是会话基本准则，解决的是当下情景中交流的顺畅问题，是一种“对象谈论”，而不是寻求交流理性的普遍的和先在的原则，因此，更多强调的是讲话者的意向性、语言约定以及具体的言语行为问题，比如从奥斯汀到塞尔的“言语行为理论”，完全是就“语用学”而研究“语用学”，通过对语言的句式、语气、效果等要素的分析来区别句子和言语行为的类型，从而为了交流的需要而制定相应的规则，不仅对现已存在的行为或活动实施制约作用，而且能够生成或创立新的行为形式并实施制约，同样，美国语言哲学家格赖斯(P. Grice)也是出于同样的目的来研究“会话含义”，为使交流的目标明确，朝向对话者共同关心的方向而提出“合作原则”(cooperative principle)以及基本的对话准则。虽然

---

① Maeve Cooke, *Language and Reason: A Study of Habermas's Pragmatics*, Massachusetts/London: The MIT Press, 1994, p. 3.

② [德]卡尔-奥托·阿佩尔：《为何先验语用学》，转引自盛晓明：《话语规则与知识基础：语用学维度》，178～179页，上海，学林出版社，2000。

两种哲学传统对语用思维的理解和分析上存在着差异，但都毫无疑义地把语用学视为哲学发展和研究的新的生长点和基点，尽可能地寻求共同的主题和解决共同关心的问题，从而趋向于哲学研究的合作和交流。因此，从语言分析方法的语用视角上来具体地探求人文主义和科学主义融合的可能、基点和形式，这也是本书试图达到的目标之一。

在这里还要特别提到的是，本章对语用思维在德国、英国、法国和美国的发展的研究受到了内利基和克拉克编写的《语言、行为和语境：语用学在欧洲和美国早期的历史，1780—1930》一书的很大启发，在该书中，作者把语用学的历史分为以下五个时期：(1)亚里士多德的语用学，从正反两个方向上促进了早期语用思维的发展；(2)欧洲“原型语用学”(protopragmatics)(1785—1835)，包括洛克、康德的思想和波尔——罗亚尔普遍语法等；(3)美国实用主义(1860—1930)，包括实用主义奠基者皮尔士(C. Peirce)、詹姆斯(W. James)和杜威(J. Dewey)的思想；(4)近代语用学(1880—1935)，包括比勒(K. Bühler)、奥斯汀等人的思想，独立的言语行为理论初步形成；(5)当代语用学，由四个成分构成，即作为言语行为理论的语用学(源于英美)、作为对话理论的语用学(源于法国)、作为普遍语用学的语用学(源于德国)和作为符号学之一部分的语用学(源于英美)。[1] 它们一方面与认知科学，另一方面与交流的社会研究紧密地结合在一起。

在这种分类的基础上，该书从历史的角度分别列举了德国、英国、

---

① Brigitte Nerlich, David Clarke, *Language, Action, and Context: the Early History of Pragmatics in Europe and America 1780-1930*, Amsterdam/Philadelphia: John Benjamins Publishing Company, 1996, p. 13.

法国和美国的哲学家和语言学家，具体地分析了他们的语用学观念，为我们展示了语用学发展演变的图景。因此，本章的基本框架和很多观点都出自该书，但根据我们的认识以及研究的需要进行了借鉴性的参考，特别是该书对当代语用学的发展涉及较少，因此我们做了相应的补充和完善。

第四章：语言分析方法的现代发展。专门列出一章来讨论语言分析方法中的语用分析进路在现代的发展，是出于两方面的考虑，其一，“语言分析方法的语用传统”实际上主要是从历史发展的角度，为了真实展示语言分析方法中语用传统的形成过程，因此，其中提到的许多哲学家和语言学家，他们的主要思想并不是语用学，或者语用学在他们思维发展的过程中并没有起更大的作用，只是为了历史连续性的需要而提到。而且，所描述的大多是尚未形成完整和成熟的语用观念，而语用学成为显学，语用思维或语用分析方法成为语言分析的主要方法之一则是在20世纪后半叶的事情，所以，非常有必要将那些有系统语用思想的哲学家单列出来，进行详细的分析研究。其二，构成语用学主要内容的那些基本论题，包括言语行为理论、预设、会话含义和指示词等理论，同样有形成、演变的过程，但如果从研究传统和国别的角度看，就容易造成断裂和不连贯，因此有必要从理论本身发展的连续性上来分析。

但是，本章所提供的研究是极为不完全的，从人物上，只对维特根斯坦和哈贝马斯进行了研究，而从理论上，则只对言语行为理论进行了分析，实际上，在这一题目下应当还有很长的名单，比如阿佩尔的先验语用学、罗蒂的语用学转向，以及预设、会话含义、指示词和隐喻(metaphor)等问题。因此，有必要在此提供一点简单的思路和内容上的介绍。

像哈贝马斯一样，阿佩尔的语用学也是在德国哲学传统中进行的。但他是一个思想非常开放的哲学家，从他的身上明显地体现了科学主义和人文主义的融合趋势，因为他既受到康德、海德格尔(M. Heidegger)等人的强烈影响，同时也深受维特根斯坦、皮尔士等人的感染，比如，在《为何先验语用学》一文中，阿佩尔明确地指出了自己先验语用学形成的思路："我本人的先验语用学之路细想起来是这样的：最初接受了莫里斯(进一步说是皮尔士)所达到的三维指号学的'语用'(或者说'施行')的概念，通过将指号的解释者('发送者'与'接收者')进行主题化，从而在语言哲学层面上返回到古典先验哲学的主体问题的建构上去。我认为在这一过程中奥斯汀和塞尔的言语行为理论起到了关键性的中介作用。这就是说，要想克服把主体自我反思的言语行为按指称语义学进行对象化，还原到指号使用者(莫里斯的'有机体')的行为这样一种行为论的经验语用学的话，就必须走言语行为理论，更确切地说，是哈贝马斯所谓的言语行为的施行与命题的'双重结构'原理的道路。"[①]可见，阿佩尔的先验语用学的首要目标就是实现一种双重转换，即"一方面使经验的东西按先验的方式得以重构，通过重新奠基使语用学摆脱相对主义的困境；另一方面同时也把康德的先验哲学按施行论的方式加以转换，转换到语用学的维度上来"[②]。罗蒂的语用学转向走的则是另一种道路。他

① [德]卡尔-奥托·阿佩尔：《为何先验语用学》，转引自盛晓明：《话语规则与知识基础：语用学维度》，178页，上海，学林出版社，2000。

② 盛晓明：《话语规则与知识基础：语用学维度》，178页，上海，学林出版社，2000。

总结了语言学转向的经验与教训，认为在它取得巨大进步的同时，也是它即将结束的信号。因为它实际上通过经验的和思想的语言分析带来了三个符合论的神话：所予神话、作为表象思想的神话和作为确定性真理的神话。而这种以主体为基点的哲学体系已经受到了从皮尔士到哈贝马斯和海德格尔的严厉批判，因此，罗蒂的语用学目的就是，既然无法躲避作为知识表象和交流媒介的语言表达，就必须为语言使用者创造主体间际地共有的生活世界的公共空间，通过语用学转向形成的语境化解释和对知识的反实在理解来消解基础主义、本质主义和表征主义，从而把知识看作是一种对话和社会实践的事情，而不是镜式自然。①

另外，关于预设、会话含义、指示词和隐喻等理论的专门研究，我们已经收集了比较全面的资料，但受时间的限制，未能具体研究，只能留待以后进行。在此，仅仅简单介绍资料情况。由凯舍(A. Kasher)编写的《语用学：核心概念》是一套比较全面的语用学基本论题研究的著作，该书共六卷，各卷的题目分别为：第一卷，开端和说明；第二卷，言语行为理论以及特殊的言语行为理论；第三卷，指示词和指称；第四卷，预设、含义和间接言语行为；第五卷，交流、相互作用和话语；第六卷，语用学、语法、心理学和社会学。② 该书的特点是通过具体的专题，把哲学家和语言学家的相关论述汇集到一起，缺点是经验性和技术性过强而理论性不足。

第五章：语言分析方法与语言哲学的发展。如果说前面几章是“语言

---

① Jürgen. Habermas, “Richard Rorty's Pragmatic Turn,” in *On the Pragmatics of Communication*, Maeve Cooke(ed.), Massachusetts: The MIT Press, 1998, pp. 348-352.

② Asa Kasher(ed.), *Pragmatics: Critical Concepts (I)*, London: Routledge, 1998.

分析方法”的内涵，即从历史发展、基本含义、论域和现代形态上来研究语言分析方法，那么本章和第六章就是语言分析方法的外延，即语言分析方法的扩展性研究，从具体问题上来透视语言分析方法在求解哲学难题上的意义和方式。应当说，这是本书的升华，因为对语言分析方法的理论建构最终还是要将它与整个哲学，包括科学哲学和语言哲学的发展和演进联结起来。在本章中，我们对语言哲学中的三个具有代表性的和核心的问题进行了分析，包括指称理论、真理观和意向性问题。具体写法是，首先对求解这些问题的传统方式和观点进行回顾和分析，进而揭示传统方式的局限和不足，最后指出语言分析方法解决这些问题的特征和意义。

但是，这同样是一份并不完整的研究提纲，完全可以再列出一系列的研究论题。比如，关于“意义”(meaning)的问题，在历史上就出现了很多理论，古典的观念论(idealism)认为语词或语句的意义就是它们所代表或在人们心中引起的观念，如洛克就主张这种观点；罗素(B. Russell)等人的意义指示论(denotative theory of meaning)主张语词有意义是因为它们标示了外部的事物；逻辑经验主义所倡导的是意义的证实论(verification theory of meaning)，其口号是“一个命题的意义就是证实它的方法”；塔尔斯基(A. Tarski)和戴维森(D. Davidson)的意义真值条件论(truth-conditional theory)借助于分析语句的真值条件来说明语句的意义；针对逻辑经验主义强证实论而提出的意义整体论(holism)则认为承载意义的最小单位既不是语词，也不是语句，而是一个或大或小的语言系统，在自然科学中这个整体可以表现为一种科学理论，即理论的意义是整个系统的事情，亨普尔(C. Hempel)和奎因(W. Quine)等均持这一观点；行为反应论(behavior-response theory)是行为主义的意义理论，它反对用人内心的观念来说明语言的意义，而主张用公共可观察的动作和行为来说明意义，认为语言的意义就是语言所产生的行为效果和对听者发生的作用；意义使用论是后期维特根斯坦的代表性思想，把语言的意义归结为在具体语境中的使用；奥斯汀和塞尔的言语行为论可以说是意义使用论的发展，认为研究语句的意义原则上就是关于言语行为的问题，每一个有意义的语句都借助其意义来施行特定的言语行为；格赖斯等人的意义意向论(intentional theory of meaning)认为意义与讲话者的意向相关，即讲话者的言说效果依赖于讲话者和听者对言说意向的理解，主体是用语言表达式来意指某事的。[①] 可以看出，从意义理论的整个发展演变过程看，从最初的观念论、指示论、真值条件论和证实论，到意义整体论、行为反应论、使用论和意向论，实际上是从语义学到语用学的转变，体现出语言分析方法在意义理论当中的逐渐渗透，如此等等。语言哲学中的许多具体问题实际上都发生了同样的从观念、视角到内容和方法上的变革。

这里应当说明的是，在本章中有关指称、真理和意向性的问题，我们曾经从“后现代主义”(postmodernism)的角度做过研究，在本书中我们则主要从语言分析方法，特别是语用分析的视角上来进行，对同一内容进行如此处理似乎不太可能，但事实上，这涉及对“后现代主义”和“语用学”之间关系的认识。作为一种反科学主义的理智运动、新的文化经验和新的批判解构战略，后现代主义以分离、解构、消解和非中心化为特征的“后现代性”冲击了以认识论为核心的现代思想框架，对传统的

---

① 徐友渔：《“哥白尼式”的革命》，65～102页，上海，三联书店，1994。

形式、观念和价值标准带来巨大的震撼，对整个科学哲学、语言哲学和科学实在论的研究都产生了新的冲击。在“后现代性和科学哲学”这一论题方面，国内学界已经做了许多的研究和讨论，比如，郭贵春教授的《后现代科学实在论》和《后现代科学哲学》等专著就明确提出了“后现代科学哲学”和“后现代科学实在论”等核心概念，具有重要的学术价值。这些研究实际上揭示了后现代主义向哲学领域渗透和扩张的一个很重要的手段，就是借用语用分析方法。实际上，科学哲学在从以“认识论的基础论”、“语言的表征”和“理论建构的原子论”为核心的现代性理论向以反对逻辑中心主义、权威主义、教条主义和本质主义，反对为科学研究活动的规则和目的立法，而把研究的焦点集中于科学的语境、修辞以及讲话的方式上的后现代科学哲学的转变，不仅内在地与“语言学转向”“解释学转向”和“修辞学转向”相关，而且在本质上与整个后现代主义的趋势是同性的。在这一过程中，奠定后现代科学哲学基础的是维特根斯坦和奥斯汀的语言哲学理论，或者具体地讲，是他们的“意义的关键在于命题”的思想，构成了语言多样使用和处理世界复杂关系的具有后现代性的评价范式。另外，科学哲学、科学史和科学社会学家广泛地把“语境论”的科学实践观作为一种超越以逻辑经验主义为核心的现代科学哲学的趋向选择，认为语境论是反基础主义、反本质主义，消解绝对偶像和对应论，排除唯科学主义的必然产物，在科学实践中结构性地引入了历史的、社会的、文化的和心理的要素，吸引了语形、语义和语用分析的各自优点，从而显示了强烈的后现代科学哲学的走向。[1] 可以说，

---

① 郭贵春：《后现代科学哲学》，1～34页，长沙，湖南教育出版社，1998。

后现代实践的语境化是后现代走向区别于现代走向的标尺，“现代论者和新现代论者强调对问题的技术的和经济的解决，而后现代论者则倾向于强调对他们发明的语境的和文化的附加物”[①]。后现代主义者利奥塔同样也把语用学作为解决传统叙事危机的手段，甚至把自己的后现代科学哲学表述为科学知识语用学。正是由于语用分析方法在后现代科学哲学中的应用，使得科学哲学表现出一系列后现代性的特征，比如，“在理论上，不断地由单一转向多元，由绝对转向相对，由对应论转向整体论；在实践上，由逻辑转向社会，由概念转向叙述，由语形转向语用；在方法上，由形式分析转向了对语义分析、解释分析、修辞分析、社会分析、案例分析及心理意向分析等的具体引入”[②]。语言分析内在地与后现代主义对科学哲学和科学实在论的渗透结合在一起。所以，本章以语用分析范畴代替后现代范畴来表达对指称、真理和意向性等问题的分析和看法，应当说不仅是可能的，而且具有很强的必要性，对于进一步全面理解语言分析方法作为一种横断的研究方法在社会科学和自然科学等各个领域的作用和价值具有重要的意义。

第六章：语言分析方法与科学问题的求解。在 20 世纪下半叶，随着语言学转向的深入发展，语言分析方法在当代科学哲学研究中得以全面展开和系统运用，显示出自身所独具的特征和意义。作为一种横断研究的方法论平台，语言分析方法在科学难题的求解上呈现出较强的理论适用性，既能够为一般科学哲学问题的考察提供理论支撑，也能为具体

---

① Babette Babich, Debra Bergoffen, Simon Glynn, *Continental and Postmodern Perspectives in the Philosophy of Science*, Aldershot: Avebury, 1995, p. 17.

② 郭贵春:《后现代科学哲学》，10 页，长沙，湖南教育出版社，1998。

科学问题的反思和理解提供方向性指引。在这一章，我们选取了科学哲学研究领域具有代表性和前沿性的三个案例来凸显语言分析方法的实践维度。首先，作为一般科学哲学核心论题之一的科学解释，在科学逻辑的框架下，由于遭遇到自身无法克服的困难，不得不寻求新的替代性方案，从亨普尔“演绎—规律”模型到范·弗拉森(B. C. van Fraassen)语用学解释模型的发展，已经显示出一种范式的转变，即从以语形和语义分析为基础的静态逻辑向以语用分析为基础的动态语境的变化，它深刻地反映了语言分析方法的发展和演变路径，表明了语言分析作为一种普遍的方法论手段已全面地渗透于科学哲学理论的建构和发展中。其次，作为计算机理论核心论题之一的并行理论表征和模型问题，经历了从语义到语用的范式转换，当代主流的并行理论 Ada 语言、Occam 语言、Petri 网等的表征特征明显呈现出以语用化解决语义问题的发展趋势，对计算机模型思想而言，大数据时代颠覆了人们对传统的确定性以及不确定性理论的理解，一种基于形式语言和逻辑不确定性的计算机模型思想亟待形成。另外，作为当代认知科学和人工智能研究的核心论题，人工智能表征和自然语言处理问题同样经历了类似的语用化发展，人工智能表征的分解方法在自然语言语义理解方面遇到各种瓶颈，基于词汇的语境描写方法难以突破单句限制，人工智能表征要想获得突破，就必须借助基于段落或篇章的整体性语境描写方法。“自然语言处理”经历了从整体到局部的思想转变，下一阶段自然语言处理的关键就在于，在动态语义分析中引入语用技术，在经过语形和语义阶段之后，自然语言处理向语用阶段转化已成为必然趋势。通过一般问题和具体案例的考察，本章从科学实践透视了语言分析方法介入科学问题中的思维方式和具体路径。可以看到，运用语言分析手段来求解复杂的科学难题，不仅能为科学理论和实践问题的理解，提供一种可供选择的、全新的思维角度，也有助于我们在新的理论框架下，更全面地理解科学问题的本质。

第七章：语言分析方法与科学诠释学。本书的主要章节是在英美分析哲学的语境下来展开的，全书系统地考察了语言分析方法的理论背景、发展趋势和实践应用，然而，语言问题并不局限于分析哲学传统，它是当代英美分析哲学和欧洲大陆诠释学共同关心的核心论题之一。分析哲学与诠释学对语言及其作用的理解存在分歧和差异，这导致了二者在语言分析的方法论意义这一问题上，产生了碰撞和沟通，并最终深化了我们对于语言问题和语言分析方法的思考。因此，在全书的最后一章，我们尝试将诠释学作为语言分析的另一传统加以全面考察，以期在打通英美传统和欧洲大陆传统之间交流互动之通道的基础上，重新审视当代语言分析理论的广阔视野和多元论域。在具体的论述中，我们追本溯源，首先回顾并总结了由伽达默尔所主导的诠释学的“语言学转向”，明确了语言在诠释性理解和解释中的基础性地位，而语言的普遍性也有助于诠释学普遍性的实现，这一“语言学转向”也促使分析哲学阵营中的罗蒂、麦克道尔(J. McDowell)等人开始从伽达默尔等诠释学家那里寻求语言观等方面的启迪，因而，分析哲学与诠释学两种方法论的对话与沟通成了英美哲学和欧陆哲学之间相互交融的桥梁。在这种大背景下，当代科学哲学家群体逐渐意识到诠释学在自然科学与精神科学中的普适性，进而认识到并不存在绝对独立的科学研究方法，科学普遍具有诠释学的特征，而20世纪之后，诠释学在科学中的运用已经呈现出繁荣的景象，诠释学已经不再局限于精神科学独立的方法论而扩张到了自然科学研究中。此外，自然科学与精神科学方法论的相互浸染也促进了科学方法论的扩展。由此，我们全面展开了对科学诠释学之理论溯源、发展历程、研究对象、理论特征和应用域面的系统阐释，围绕诠释学概念和理论在科学理解中的实际应用这一问题，将美国当代物理学家、哲学家马丁·埃杰(M. Eger)，以及当代诠释学—现象学科学哲学(Hermeneutic and Phenomenological Philosophy of Science)的先驱者之一P. A. 希兰(P. A. Heelan)的科学诠释学思想作为该领域典型的理论形态，加以详细讨论。最后，在理论和实践的双重考察之下，我们明确指出当代科学呈现出多元化的发展趋势，学科之间的互动性关联及复杂性学科的出现不仅对当代科学的诠释学分析做出了有力论证，而且推进了科学诠释学在当代科学研究中的运用。本章通过阐释语言分析方法与诠释学理论之普遍性，以及诠释学在科学研究中的适用性等元问题的密切联系，将语言分析作为联结分析和诠释两种哲学风格，沟通英美和欧陆两种哲学传统的横断性研究平台，加以重新界定和全面考察，在视域的融合中展现语言分析对于当代哲学的形塑和改造。

结束语选择以“经验知识的辩护——语言分析、心灵图景与自然主义”作为全书主旨的升华，是基于这样的考虑：本书将语言分析方法作为核心论域，系统地考察了其在理论背景、思维模式、发展趋向及应用维度等各个问题域中的延展和表现，以及其在沟通英美和欧陆哲学传统中的关键角色。然而，方法论是以问题为导向的，语言分析方法的理论建构和实际应用，其根本目的在于为经验知识的基础问题，尤其是科学知识的合法性提供一种方法论辩护。为此，本书的结束语部分就必须回到知识问题的考察上，而经验知识的成立必须以重新界定语言与世界之间关系为基础。因此，我们从 20 世纪经验主义、语言哲学和心灵哲学三者的关系出发，具体地阐释了语言分析方法如何重塑知识论之基本面貌和理论形态。

第一章 语言学转向与科学哲学的发展

20世纪初数理逻辑的新发展，导致了哲学研究从对于认识能力和知识基础的"认识论"考察，转向了对于主体间的交流和意义传达的"语言学"反思。"语言学转向"已成为整个20世纪科学哲学和其他分支哲学研究的一个基本共识。此后，哲学研究的重点便集中于语言的意义、语言的理解和交流、语言的本质等问题。这也使得当代哲学最显著的特征之一就是哲学的语言学化和语言的哲学化。因此，立足于20世纪初"语言学转向"的历史背景，在具体分析这场哲学思维革命的发生动因基础上，展示其内在的哲学本质和方法论特征，进而总结逻辑经验主义的成败和历史教训，成为我们把握这一哲学转向的出发点，同时也是研究语言分析方法的立论基础。

具体来说，语言学转向对科学哲学的巨大影响能够从哲学思维的转变中得到体现，在这一方面，库恩前后期思想的对比成为这种转变的典型案例。从早期一反逻辑经验主义静态科学的累积观，以范式(paradigm)为核心，提出常规科学和科学革命交替运动的动态发展观，到后来部分地接受语言分析工具，深入到科学革命内部，对其做出语言上的剖析，库恩深刻认识到，科学知识不仅是历史发展的产物，而且也是对描述语言进行变革的结果。由此，科学语言在科学知识形成中的重要作用得以凸显。事实上，知识和思想的表征、交流、传播甚至构造，都离不开语言。

基于这些认识，本章系统地考察了“语言学转向”的哲学实质，从语义分析方法的角度着手，全面揭示了语言学转向的内在动因与本质特征，进而以库恩后期的科学哲学思想为例，通过探析其发生语言学转向之根源、本质和意义，来彰显语言学转向对于科学哲学发展的巨大影响，凸显出科学语言对于科学发展的重要作用，在科学语言的形成、特征和意义等方面进行了专门的探讨。

一、语言学转向的哲学实质

哲学在20世纪初发生了一次根本性的转向，语言取代认识论成为哲学研究的中心课题，这就是哲学史上所谓的“语言学转向”。由于这次转向对传统哲学理性的强烈震撼和对后世哲学的决定性影响以及这场转向与科学进步之间的千丝万缕的联系，故又称为在哲学领域内所进行的

“哥白尼式的革命”。[①] 人们不再全力关注知识的起源、认识的能力和限度以及主体在认识活动中的作用等问题，转而探究语言的意义、语言的理解和交流、语言的本质等。它把语言本身的一种理性知识提升到哲学基本问题的地位，哲学关注的主要对象由主客体关系或意识与存在的关系转向语言与世界的关系。语言问题成为哲学的基本问题。随着其作为一种运动的深入发展，“语言学转向”已大大超出其本来的含义，也不止于哲学领域，而是广泛地涵盖于 20 世纪西方人文科学，包括心理学、人类学、文学批判等整个领域。深刻理解这场革命的形成动因，阐明其特征和意义，对于理解语言学转向之后、语言分析方法后续发展及其对科学哲学的影响具有重要意义。

(一)“语言学转向”的动因

从总体上讲，“语言学转向的最根本原因在于现代逻辑的产生”[②]。现代逻辑技术的出现，使得人类具有了一种在哲学研究中对语言进行分析进而解决传统问题的科学的、系统的方法。现代逻辑技术，一方面，它采用的是数学的方法，既不同于经验的方法，也不同于哲学的思辨方法，这就为建立形式的语言，并且在形式语言的基础上进行逻辑演算从而整体地、系统地处理哲学问题提供了可行的先在前提；另一方面，它对与哲学关涉较深并且具有根本意义的问题和概念，如量词、存在、必然、可能、真值以及个体、对象、关系等进行符号化、量化的处理，极

---

① 徐友渔先生以此为名，写作《“哥白尼式”的革命》一书(上海三联书店，1994)，对语言哲学所关涉的基本问题作了系统阐释。

② 王路：《论“语言转向”的性质和意义》，载《哲学研究》，1996(10)。

大地推动了哲学研究的深入和发展，并最终导致了语言学转向。当然，语言学转向作为一场革命性的运动，是由哲学思维的内在发展和时代的客观要求所决定的，其动因主要有：

1. 相对论及量子力学的出现，使科学理论越来越远离经验。实在不仅仅表现于直观的物质客体，而是一方面表现于抽象的形式化体系，另一方面表现于远离经验的微观世界中。这样，面对人们很难直接去把握和证实的肉眼所不可见的实体，传统意义上的实验和测量已远不能适应新的物理学革命的要求。同时，科学的发展证明，科学理论所描述的独立于我们思想或理论的信仰的实体是客观地存在着的。科学理论构成了真正的关于存在的主张。这样，科学理论的描述及其形式化体系成为人们评价的重要方面。科学理论的语词(即非观测语词)应作为特定假设的相关表达方式来考虑，它应当实在地被解释或说明。因为，“本体论所描述的对象依赖于人们使用变元和量词所意指的东西……因为在任一情况下，问题并不在于实在是什么，而是人们所说或意指的实在是什么。所有的这些都表明，实在依赖于语言”①。事实上，任何科学知识都是通过特定的科学语言系统获得其自身存在的物质外壳，从而展现它描述、解释和把握客观世界规律性的本质。所以，科学语言的内在结构及其运动，从形式上制约着科学理论的进步和深化，构成了科学理论发展的动力学因素。这样，科学语言作为一个关键性的因素被凸出地显现出来。

---

① Wolfgang Yourgrau, Allen Breck (eds.), *Physics, Logics and History*, New York: Plenum Press, 1970, p. 94.

2. 哲学本质问题的争论，归根结底存在一个语言的表述和解释问题。“语言学转向”的革命意义并不在于彻底否定传统，它与传统哲学的根本区别并不在研究对象上，它同样研究本体论和认识论，但是它改变了研究的策略，这就是把哲学不当作一种知识的体系，而是一种活动的体系，是确定或发现命题意义的活动。既然思想或信念其实就是语言，我们只有通过语言的研究才能把握思想，没有不通过语言表达而独立存在的思想，那么，对于传统诸多纠缠不清的涉及实体或对象的地方，采用“语义上行”(semantic ascent)的方法，即把所讨论对象的本体论地位悬置起来，而用统一的语言语词进行表达和重新解释并达成一致，从而避免无益的争论，这无疑是一种有利的必要的策略。这也充分表明，传统的抽象的形而上学哲学思维并不是错的，也不是因为有新的衡量标准而失去意义，它只是由于误用语言或被语言误导而没有意义。运用现代逻辑技术，建立精致的形式语言，抽象的哲学思维与语言使用完全可以具有充分的一致性。

3. 逻辑的自洽性与语言的规范性的一致性要求。传统哲学的迷茫和无途、现代科学的发展和进步，从不同方面极大地促进了哲学的变革并提供了技术上的可能。一方面，现代逻辑技术的普遍深入和发展，要求在所有知识领域进行符号化和量化的推广和演绎，从而保证逻辑发展的普遍性、自洽性和一致性，这就提出了不具有历史性质而具有逻辑性质的要求；另一方面，哲学面对自身所处的理论困惑，除了建立科学的、系统的形式化语言，用规范性的语言处理各种难题之外，别无他途。在这种内在要求和外在影响的推动下，转向强调语言分析便成为自然而必然的选择。

4. 逻辑和语言与经验的统一性问题，即科学理性与经验的一致性问题，突出地呈现在人们面前。伴随着世纪之交的科学革命，特别是数学和物理学的革命，哲学世界观也发生了巨大的变革。在这种情况下，传统的经验认识论方法，在对科学理论的解释方面，遇到了不可解决的困难。对于科学理论来说，“最有意义的不是直接观察到的东西的精确性质，而是对被观察到的东西(即理论事实)给出解释性的表述，因为正是这些理论事实的集合构成了科学知识的基础”①。同时，理论事实不是孤立的，它们结合在一起并形成了对经验进行完全数学化表述的规律“网络”，假设系统必须受到作为整体的经验的检验，无论是理论事实或与这些事实相关的联系，都不能孤立于网络的其他部分而独立地被决定。事实上，世界不但不能在经验之外存在，而且也不能在逻辑之外存在。超出于逻辑之外的也就是超出于世界之外，世界的界限也就是逻辑的界限。因此，如何合理有效地在逻辑(语言)、理论、经验之间保持一致的张力，成为人们关注的中心。

5. 社会语言学向逻辑语言学的发展，要求寻找它的应用层面。对语言问题的关注是同20世纪以来数理逻辑和语言学的发展分不开的。逻辑和语言的结合不仅是科学发展的必然结果，更是自然语言的歧义性和模糊性在描述科学理论和进行科学解释时，造成意义混乱必须寻求精确语言的内在要求。逻辑语言学的完善和成熟，要求外展它的方法、功能、作用，并试图在所有领域构筑科学的统一语言，这就促成了“现象主义的语言”向“可观察的语言”的转变，从而试图以量词来限定物质实

① 郭贵春:《当代科学实在论》，205页，北京，科学出版社，1991。

体，通过理论术语向观察术语的对应性还原，来解决哲学理论所面临的困境。

总之，20 世纪哲学领域内所发生的“语言学转向”，是从关注本体论的古希腊哲学转向关注认识论的近代哲学之后的又一次根本性的变革。这场运动对于整个哲学思维尤其是科学哲学的意义是深远的。它是人类理性不断寻求认识的“阿基米德点”的又一次新探索，它在现代科学革命尤其是数理逻辑技术的影响下，把认识的基点定位于“逻辑—语言”的基础上。它关注于“语词—世界”之间的抽象关联、“语词—规则”之间的形式关联、“语词—现象”之间的经验关联以及“语词—实体”之间的具体关联，这就为哲学研究提供了新的方向和起点。由此，建立精确的形式语言成为人们共同的理想，语义分析方法成为最广泛的方法论手段。更为重要的是，这场哲学革命不仅是单纯认知方式的革命，而且是思维领域内的根本性的革命。在它的直接影响下，20 世纪科学哲学成为哲学研究的主流，一个“分析哲学”的时代开始了。

(二)“语言学转向”的特征

从本质上讲，20 世纪“语言学转向”是以逻辑经验主义为核心的分析哲学的广泛运动，它试图通过对语言形式的句法结构和语义结构的逻辑分析，去把握隐含在语词背后的经验意义，从而推崇科学主义的极端观念和形式理性的绝对权威。其特征表现为：

1.“语言学转向”是一场在新的基点上探索哲学存在新方式的革命。科学的发展、知识的增长就是科学理性的进步。但是科学理性并不是孤立地存在着的，它总是和某种确定的理论结合在一起，化作一种解释模式或理论评价的标准而生动地展示出来。当人们从黑格尔的形而上学的绝对理性桎梏中解放出来之后，便试图从理论上探寻一种真正的科学理性。逻辑经验主义就是沿着实证主义和科学主义的传统，构造了一种纯粹的、形式化的理性标准，并在这种“形式理性”的旗帜下庄严地宣告了它的“哲学革命”。它一方面拒斥形而上学，要求形而上学改变它的表现形态；另一方面，将形式理性推向了极端，使科学理性处于“至高无上”的地位。为此，逻辑经验主义者坚持实证主义的基本立场，把经验的可证实性作为判断一个命题是否有意义的标准。在他们看来，一个命题是否有意义，就在于能否用经验证实的方法确定其真假，即一个命题的意义，就是证实它的方法。而经验上的可证实性与逻辑上的可能性，即命题符合逻辑句法规则，是完全一致的。一个命题如果在经验上是可证实的，必然在逻辑上是可能的，反之亦然。因此，通过逻辑分析便可以确定一个命题是否有意义。这样，传统的哲学难题便迎刃而解，因为它们不可证实，对科学来讲是无意义的，应排除出去。同时，逻辑经验主义者汲取了现代逻辑学的成果，将其应用于科学理论的理性重建中。他们排除了传统经验主义对理论概念的“自然定义”，否弃了通过朴素的因果性“自然处理”以形成思想之间的联系，从而阐述理论概念的方式。他们立足于科学逻辑的整体性立场上，把理论命题的逻辑综合归诸严格的演绎系统，通过逻辑的功能去形成和强化科学概念和理论的意义。其最终目的就是要在科学理性的重建中，构造逻辑的经验意义。为此他们一反传统经验主义直接涉及“事件”的自然性，而强调涉及关于“事件陈述”的逻辑性，即观察陈述构成了整个科学理论的理性重建的逻辑起点。同时，他们认为，在满足了有意义的证实标准的基础上，所有理论术语都是认识上有意义的，而一个句子是有意义的，当且仅当所有非逻辑术语都是认识上有意义的。在这里，句法概念起着重要的作用。正是在这个基点上，逻辑经验主义者宣称要在科学语言的逻辑统一的前提下，对科学理论进行经验主义的理性重建，从而在漫长的传统经验主义的"统治"下掀起一场"哲学革命"。

兴起于20世纪50年代的批判理性主义尽管反对传统的经验主义，要对哲学史上的理性主义进行批判，但它同样延续了"语言学转向"之后，逻辑经验主义对传统哲学问题的处理方式。批判理性主义者同样诉诸经验的支持，只不过采用证伪方法，即用可证伪性来定义意义标准、科学和非科学的划界标准。一个陈述如果它是可证伪的，就是有意义的、科学的；反之，如果是不可证伪的，就是非科学的，形而上学的。更为重要的是，在他们看来，科学的目的是追求科学理性在逻辑上的真正解释而不是接近客观实在的真理，严格地坚持科学方法的逻辑性，就是坚持科学的理性原则，因为，"没有任何东西能比科学方法更理性了"。所以，逻辑就是真理，就是理性的原则，从而导致了彻底的"逻辑实在论"。① 事实上，这与逻辑经验主义具有类似的看法，从本质上讲，批判理性主义仍然是这种理性主义的延续。

2. 引入了新的语言分析，特别是语义分析的方法，开拓了哲学研究的新手段。由于"语言学转向"所产生的强烈效应，新的语言分析，特别是语义分析的方法，"已作为一种横断的研究方法，像血管和神经一

---

① Newton Smith, *The Rationality of Science*, British: Routledge, 1986, p. 273.

样渗透于几乎所有的理论的构造、阐释和说明之中”[①]，它作为一种内在的语言哲学的研究方法，具有统一整个科学知识和哲学理性的功能，使得本体论与认识论、现实世界与可能世界、直观经验与模型重建、指称概念与实在意义，在语义分析的过程中内在地联成一体，形成了把握科学世界观和方法论的新视角。这一点在与实在论的结合中体现得更为明显。从方法论的意义上讲，除了许多复杂的条件之外，科学实在论得以复兴的一个重要原因，就在于一大批科学实在论者在理论的构造、阐释、评价和选择中，自觉地借鉴、移植、汲取和引入了语义分析的方法，从而强化了科学实在论理论的立场、观点和方法的合理性与可接受性，由此自然而又必然地推动了科学实在论的进步。

3. 消解了传统的对应论的本质论、符合论的真理论以及反映论的认识论。传统的认识思维受追求真理性的客观知识的影响，把主观与客观对立起来，把主观等同于虚构，把客观等同于真理，等同于自在之物意义上的客观的本来面貌。这样，就要求思想、命题或理论应与其所阐述的对象具有相同的结构，或者说在构成要素上要与对象的要素具有严格的对应关系，也就是强调语言符号与外在对象具有严格的指称关系。从本质上讲，这种思想奠基于传统哲学“心灵是自然之镜”的隐喻，把心灵当作一面可以精确地反映外在世界的镜子。[②] 随着语言哲学理论的深入发展，传统的这一认识思维受到了猛烈批判。就其本身而言，它最大的缺陷在于忽视了认识主体在认识系统中的作用，因为在认识系统中，

---

① 郭贵春：《后现代科学实在论》，125页，北京，知识出版社，1995。

② Richard Rorty, *Philosophy and the Mirror of Nature*, Princeton: Princeton University Press, 1979, p. 12.

主体对客体的客观认识是不可能脱离主观而存在的。事物的存在既有整体性，又有多维性，既有现实性，也有历史性与条件性。心灵对有关对象的知觉与反映，要受到主体的成见、欲望和过去的知识背景及价值观的影响，它除了反映对象的有关特征之外，还要反映主体的有关心理特征。正是基于这样的认识，语言哲学家否认人类使用的语言符号具有语义的单义性和指称性，进而否认语言符号表征客观真理的可能性，而强调语义的内在性、不确定性和多元性，从而从语言哲学的角度消除了存在于传统哲学中的这一僵化的、机械的形而上学思维。

需要强调指出的是，“语言学转向”的生成和发展并不是抽象的和一蹴而就的，而是在不断地深刻反思传统认识论思维和迎接各种思潮冲击的挑战中展现出来的。尤其是随着20世纪中叶“后现代主义”运动以分离、解构、消解和非中心化为特征的“后现代性”的渗入，语言哲学发生了朝向后现代性生长的趋向，并与科学哲学、科学实在论的后现代发展结合起来，整体地展示了哲学思维后现代演变的特征和走向。[①]

(三)“语言学转向”的意义

20世纪上半叶，当分析哲学家们高举着形式理性的旗帜进行一场“新的哲学革命”时，统治了哲学领域达两个世纪之久的“认识论转向”便不可抗拒地被“语言学转向”所取代。人们通过分析语言，更具合理性地达到了传统认识论在分析头脑的探索中所期望达到的目的。在尔后数十

---

① 有关“语言哲学与后现代演变”方面的更为详尽的论述，参见郭贵春：《后现代科学哲学》，35～67页，长沙，湖南教育出版社，1998。

年中，关于语言结构、“语词—经验”关联和意义分析等的哲学方法论的阐释，赋予了“语言学转向”确定的历史特征。但是，以分析哲学为中流砥柱的“语言学转向”不能不具有它的历史局限性，特别是形式理性与科学主义的观念，导致了某些“不能令人容忍的极端倾向”①。当人们越来越清晰地意识到，对形式理性的极端迷信和科学主义的神话已日益成为阻碍科学进步的因素时，“语言学转向”及其产生的一系列结果受到了来自各个方面的强烈挑战。

首先，语言分析不是万能的。“语言学转向”的根本特点就是用现代逻辑技术来进行语言分析。应该看到，这种把问题上升到语言层面或把问题局限于只考虑对语言的使用是否相同的方法，客观上避开了某些说不清楚或一时不能说清楚的问题，尤其是本体论地位方面的麻烦。但是试图以之来解决所有哲学问题，便成为不切实际的空想了。这种极端追求“形式理性”的后果便是试图建立一种统一的科学主义语言，将所有的概念和陈述符号化，进而用数学的推演来代替哲学的思辨。事实上，现代逻辑技术本身是有缺陷的，它只能处理语言中一部分语言算子和句式，而且，对于许多概念的性质，如因果关系、时间先后关系等，它根本不能容纳。同时，自然语言，并不像逻辑经验主义认为的那样一无是处，哲学问题，也并不完全是由于自然语言的模糊性和歧义性所造成的。事实上，自然语言和形式语言之间存在着深刻的关联。随着“统一语言”的失败和解释实践的进一步深入，人们逐渐意识到，把哲学的任

---

① D. Hiley, J. Bohman, R. Shusterman, *The Interpretive Turn*, Cornell: Cornell University Press, 1991, p. 1.

务当作总是根据特定意义和句法规则，去翻译、解译或解释任意符号的思想，完全是一种形式主义和理性化了的语言学理解的图景。它并不具有覆盖所有哲学认识的能力，既不是自明的，也不是必然的。语言的主要功能在于实践，是人类的公共交往形式，也就是说，对语言而言，使用才是最根本的。在这方面，自然语言是先天的、自然的。因此，只有使语言理解与解释经验、语言分析与语言使用相互渗透和融合，才能真正地发挥语言在哲学认识中的功用。片面地强调任一方面，只能走向极端。

其次，非理性因素受到不应有的忽视。“语言学转向”所高举的大旗是理性主义和科学主义。这样，一切具有主观特点的非逻辑的因素便被绝对地排除在外。事实上，作为逻辑经验主义先驱者的弗雷格(G. Frege)，其哲学观点的第一条原则就是“始终要把心理的东西和逻辑的东西、主观的东西和客观的东西明确地区别开来”①。在他看来，逻辑是客观的、公共的、数学化的，而心理过程则是主观的、私人的、不精确的。一旦把具有客观性的思想和个人主观的心理或精神严格区分开来，人们就必须寻找客观的和外在于个人精神的东西，来体现人们可以公共评判的思想，从而建立公共性的语言，用语言来分析思想。这种反心理主义、反非理性的立场一直贯彻于整个逻辑经验主义运动的始终。应当看到，他们强调理性在科学认识中的积极作用，这是符合事物发展规律的，但是非理性因素同样具有不可或缺的作用。因为科学真理的获得，

---

①　弗雷格：《算术的基础》，7页，1953年德英文对照版。转引自涂纪亮：《分析哲学及其在美国的发展》(上)，38页，北京，中国社会科学出版社，1987。

人类主体对客体的认识不可避免地要受到社会、历史及人类科学技术发展的影响，要受到主体生物特征、心理特征等因素的影响，它不是一个逻辑地前后相关的知识系统，而是一组物质的和认识的实践。各种不同的实践形式构成了不同的研究领域。因此，从本质上讲，科学实践是理性和非理性的统一。只有将科学理性的分析从科学理论的“逻辑结构”转向科学事业的“实践结构”，才能在系统地处理理性与非理性因素关系的基础上，获得知识的进步。

再次，对文化进行了消解。当传统规范哲学的认识论高举着理性主义的旗帜，在人类认识史的发展中取得了辉煌成就的时候，它的狭隘理性主义的弱点也同时暴露无遗。它把逻辑理性标准当作“纯理由的法庭”的首席法官，要求所有自然科学和社会科学的分支，沿着物理主义的途径，向物理学的本体论和方法论作彻底的还原，从而导向了极端的科学中心主义。但是科学进步的历史日益强烈地表明，试图一劳永逸地为科学发现一种简单的、理想的和具有特权的逻辑规则，从而消解文化，是不可能的。科学理论的建立、解释和实践，内含着社会的、心理的、科学的、建制的各种背景因素的整体文化的说明。因为，对于科学功能的评判，应当建立在狭义的科学层面解释与广义的社会整体结构解释的统一的基础之上，而且，科学认识域的确立不在于单纯的逻辑预设，而在于科学探索和进步的实践的和社会的要求。同时，科学的本质不在于其自身目的与实现手段或途径之间的循环论证，而在于科学与特定社会中所有文化要素之间的结构参与性联结。所以，逻辑经验主义试图通过纯粹科学而消解社会文化的企图，只能是片面的、狭隘的，对科学的发展只有阻碍作用。事实上，寻求科学解释的广阔的社会根由，并不是要丢掉科学的“自主性”和“文化权威性”，二者恰恰是科学价值得以实现的前提条件，只有将科学向社会化、向所有文化“开放”，才能为科学系统给出逻辑的、物理的、技术的、文化的和道德的多层次的可能性评价，使其成为一个立体的可行性和功能性评价的规范体系。

最后，“语言学转向”加剧了欧洲大陆哲学与英美哲学的现代分裂。“英美”和“大陆”的区分从不同侧面代表了“语言学转向”以来两个不同的哲学主题，反映了两种不同的哲学情绪。英美哲学以“语言学转向”为核心，强调逻辑理性结构的经验性，其方法论的合理性因素包含在对科学理论语言的分析之中。他们只对语言符号与所指示的对象之间的关系感兴趣，而把人或主体当作可以完全忽略的因素。而 20 世纪贯穿于大陆哲学思想中的三个主题是文化批判、对研究背景和语境的关注以及自我的失落，与此相应的是反科学主义的情绪。他们普遍关注人的存在，把语言只是当作人与世界、人与人发生关系的媒介，从而追求概念的简单性和构造的复杂性，摒弃数学化和人工化的语言。因此，大陆哲学蔑视英美哲学的“自然主义”“经验主义”和“还原论”，而英美传统则反感大陆哲学的历史主义、唯心主义和结构主义。同时，大陆哲学从各个角度维护和延续思辨哲学的“方法”，而英美哲学则表现出对思辨“方法”的排斥和疏远。这两个传统在相互“对抗”中展现了科学主义和人文主义的不同风格，显示了“语言学转向”所导致的自然科学与人文科学之间绝对的、僵化的界限和逐渐远离的分裂。①

应当看到，“语言学转向”的形成和逻辑经验主义的兴起，对 20 世

① 郭贵春：《后现代科学哲学》，176 页，长沙，湖南教育出版社，1998。

纪的科学哲学产生了巨大的影响。这种影响，从罗姆·哈利(R. Harre)不无愤慨的语言中可见一斑："科学哲学的进步，在20世纪突然中止了。这是因为在学术界出现了腐败的和极其不道德的教条的统治——逻辑实证主义。正是实证主义者，把科学知识的内容、源泉和检验限于感觉的瞬时判决。正是逻辑主义者，把哲学家的任务仅仅限于揭示已完成的科学论述的逻辑形式。这一观点的不道德的性质令人难言。"[①]当这种经验主义的极端形式理性主义和科学主义的统治不能再被忍受，并且它们自身也不能再继续下去的时候，它受到了来自各个方面的批判。这些批判是全面的和猛烈的。

逻辑经验主义把人类认识的本质归结为对知识中逻辑关系的发现，把哲学的任务归结为对科学语言进行逻辑分析，企图用"科学的逻辑"来取代哲学，这一点带有极大的片面性。通过使科学的概念准确化，通过对科学理论的结构、方法等的研究而促进科学进步，这仅仅是哲学的任务之一，而不是全部，绝不能把哲学仅理解为科学认识论和方法论，甚至把方法论等同于狭义的逻辑。这只能过分夸大语言符号形式化的意义，使它们脱离了所表示的客观现实对象，把它们当作人们"约定的"或任意构造出来的东西。同时，他们采用的逻辑分析方法，是共时性的而非历时性的，是分析的而非综合的，是抽象的而非具体的，这就使得他们在对科学理论进行逻辑分析时，静态地考察科学的逻辑结构，而脱离科学发展的历史，脱离科学所处的社会结构与文化背景，忽视心理因素

① Rom Harre, *Varieties of Realism: A Rationale for the Natural Sciences*, Oxford/New York: Basil Blackwell, 1996, p. 21.

对科学的影响。这些缺陷都使得逻辑经验主义在发展中逐渐失去了合理性，受到众多后来者的批判。但是，最致命的并不在于对其理论内在的、逻辑的方面的批判，而在于挖掉了其理论的最根本的基石——观察的客观性或经验的可靠性。自从休谟(D. Hume)以来的经验主义的认识论都基于这一思想的指导，即观察提供了经验知识的最大程度上确定的和概念上不可修正的基础，提供了所有科学方法进行推理的基本前提，丧失了这个基础和前提，就丧失了任何可能的知识和理性的思维。这一攸关重大的前提和基础，从20世纪50年代初开始，遇到了以汉森(N. Hanson)、图尔敏(S. Toulmin)、波普尔(K. Popper)、费耶阿本德(P. Feyerabend)、库恩和拉卡托斯(I. LaKatos)等人为代表的科学史学家和科学哲学家们的批评，从而导致了逻辑经验主义的衰落。

尽管逻辑经验主义如日中天的辉煌时期已然消逝，但它作为20世纪影响最大、统治时间最长的科学哲学流派，在科学哲学中的影响仍长期地存在着。首先，它把哲学的任务定位于对科学语言进行逻辑分析，并借助数理逻辑的精确方法，对科学理论的逻辑结构进行了精细的研究，并由此开创了分析哲学，对传统思辨性哲学产生了巨大的冲击。这无疑使得语言问题成为20世纪科学哲学讨论的主题，开辟了哲学研究的崭新方向，启发了近一个世纪的哲学研究，使得哲学从此发生了根本变化。其次，它所使用的语义分析方法，成为以后科学哲学研究的重要方法论工具。从总体上讲，尽管“试图通过语言哲学的详尽分析来摆脱哲学的困境并解决一切难题的任何企图，都作为一种‘幻想’而无情地破灭了。但是，语义分析作为一种有效的方法论思想，却具有一种普遍的、令人启迪的力量"[①]。它以科学知识为标本，用逻辑的方法改造哲学，使之精确化、逻辑化、科学化，在一定范围内使哲学分析的任务深化了。最后，更为重要的是，正是它的长期影响及最终衰落，播下了科学实在论全面复兴的星火，激发了科学实在论者抛弃传统实在论的机械性和教条性的决心，促使他们在与反实在论的争论中不断地变更自身的理论形式，从反实在论及其他哲学派别中汲取合理的方法论成分，以此强化自己的灵活性。

二、库恩的语言学转向

20世纪哲学的语言学化发展特征，凸显了科学的各个语言方面在科学哲学中的显著地位。托马斯·库恩1962年出版的《科学革命的结构》成为这一思想路径的转折性文本。对科学理论和实践的历史形成过程的强调，以及倾向于依照动态语境来解释科学而非静态逻辑中的科学构造，都使得传统科学认识下被忽略掉的诸多观念，比如科学理论的选择、分类学词典的作用及不可通约性(incommensurability)论题等凸显了出来，这些预示着库恩越来越重视语言在科学认识中的作用。进而，"从80年代开始，库恩的哲学发生了语言学转向"[②]，"语言学转向"成为

① 郭贵春:《当代科学实在论》，125页，北京，科学出版社，1991。

② Gürol Irzik, Teo Grünberg, "Whorfian Variations on Kantian Themes: Kuhn's linguistic turn," in *Studies In History and Philosophy of Science Part A* 29(2), 1998(6), p. 207.

标示库恩后期思想的重要特征。因此，深刻认识库恩语言学转向的根源和动因，是理解和把握库恩思想转变的重要途径。

(一)“转向”的思想根源

一般来讲，科学陈述的表述和解释、自然律的证实和说明、理论变化的动力和特征，都要涉及语言问题，这已经成为科学哲学家的基本共识，因为“科学哲学的远大前程在于它担负着这样的使命：以批判的精神指出一种语言构架的容纳能力，并为建构新的语言构架提供方法论原则和指明方向”[①]。逻辑经验主义者卡尔纳普的“世界的逻辑构造”，是这一思想的最好演绎。库恩同样认识到了语言之于科学的重要性。不过，跟逻辑经验主义者不同，库恩的科学语言观念受到了维特根斯坦后期哲学、格式塔心理学(Gestalt Psychology)和反辉格主义的科学史编纂学(anti-Whiggish historiography of science)的激励，因此，他从语言的动态使用层面上出发，来看待语言在理论评价、科学革命描述过程中的作用，尤其是用来解决“范式”观念所引致的诸多困境。这样一种借助于语言层面的策略，具有其特定的思想渊源：

首先，利奥塔的科学知识语用学，为库恩解决科学知识合法化提供了方法策略。

库恩的标志性的“范式”观念以及用伴随科学革命的范式转变来解释科学的发展，不同范式具有互不相容的概念和术语，它们在逻辑上不可通约。也就是说，后出现的理论并不比先前的理论有任何进步，也不比

① 董国安：《语言构架转换与科学哲学的新定位》，载《哲学动态》，1997(3)。

前者更加靠近真理，或者说科学并没有合适的方法能够接近或进入真理。由此，就对业已形成并享受了崇高社会地位的科学及其知识主张产生了公众质疑，即如何来衡量科学拥有的特殊权威，又是什么使得科学知识主张变得合法化呢？正是在库恩范式理论的背景下，科学知识的合法化问题凸显了出来，成为科学哲学研究中新的关注点。

后现代主义者利奥塔在《后现代状况：关于知识的报告》一书中提出的"科学知识语用学"思想，已经深刻地影响到了关于科学知识的传统观念。利奥塔看到，随着科学在人类文化、社会、政治和经济各个领域的成功表现，科学愈来愈显示出极端的统治者的地位，但是科学并不是知识的全体，它不得不去面对自身这种地位的合法化问题，而这并不是科学本身能够解决的，需要从整个语言规则和话语情景的变化上来解决科学知识的合法性问题。

既然科学知识本质上仍然是一种"论说"，它并没有超越叙事知识的地方或比叙事知识拥有更多的必然性，所谓的科学知识的"元叙事"特性已经不再适合于后现代的情景了，它必须寻求新的辩护基础。在利奥塔看来，这就需要在科学知识语用学的基点上来进行。因为一切科学知识和叙述都是通过交流和传播进行的，从而表现为讲话者、听者和指称物之间所架构起的语言游戏，而且，科学知识的辩护是一种建立社会规范模式的事情，而社会规范"本身就是一种语言游戏规则，一种质询探索游戏规则。语言通常能够迅速为'提问者'定位，被问到聆听者，被提问的'指涉物'之身位，也随之被迅速定位：这样一来，语言游戏规则本身就是社会规范了。……理论和实际在一个社会的传媒要素构成中。语词明显开始拥有了新的重要性”[①]。在这样的状况下，传统的科学知识的神话实际上已经在信息社会的不同的语言游戏的冲击下分崩离析，变成了局部决定论的碎片，科学知识表现出的形态“更属于语言粒子的语用学”。

因此，对于科学知识合法化，利奥塔认识到，只有科学知识作为知识而存在的根据得到认同时，才能获得其自身的合法性。但因为“科学无法像思辨性的语言所假设的那样，科学无法使自己为自身合法化”，只能“在对语言游戏规则的考释研究中，总结出一条合法化的路向，不再依赖于具体操作的效能来实施合法化”。[②] 这种语言层面上的策略，无疑为库恩科学知识合法化的解决提供了可选择的思路。

其次，康德的本体—现象世界的区别，为库恩解决不可通约性论题提供了理论根基。

库恩范式所引发的不可通约性论题，本质上包含着三个方面的内容：(1)问题(problem)和标准(standard)的变化。科学革命前后由不同的范式所“辖制”，因此，每一个范式都有属于自己关注的问题以及判别的标准。范式不同造成了问题和标准的变化，这导致了不可通约。(2)意义(meaning)的变化。不同范式下的两个理论，它们的转换主要表现为，科学术语的意义在替代理论的转变中发生了深刻的变化，否则就不会有新理论出现了。(3)现象世界(phenomenal world)的变化。不同的范式利用不同的内在关系构造并分割成了不同的世界，它们之间有着

---

① ［法］利奥塔：《后现代状况：关于知识的报告》，岛子译，67页，长沙，湖南美术出版社，1996。

② 同上书，126～128页。

本质上的差别。

不可通约性论题的上述三个部分之间，最核心的就是第三个，因为前两个实际上就包含在后一个当中。应当看出，库恩提出范式理论的时候，并没有意识到他的理论部分地承继了康德对本体—现象世界的划分。其后，当不可通约性论题受到广泛质疑的时候，库恩开始注意到，不同范式下的“世界”，具有康德意义上的“本体世界(noumenal world)”和“现象世界”的区别。本体世界独立于范式而存在，科学革命前后，它保持着一贯性。变化着的是由范式所构成的现象世界。正如库恩自己所言，“所有的差别和变化都建立在本体世界之上，它是某种永恒的、确定的和稳定的事物。如同康德的物自体，是不能言说、无法描述和不可讨论的”①，但是，本体世界的稳定性是变化着的现象世界的一切之源，它满足了诸多现象及其构成的世界。

那么，本体世界跟现象世界，或者说普遍的概念范畴跟经验事物之间如何进行联结呢？康德同样为库恩指明了方向，这就是作为语言工具的概念图式(conceptual scheme)。正如康德所指出：“包括这些普遍的和必然的法则的科学(逻辑)简单地就是一种思想形式的科学。并且我们能够形成这门科学的可能性的概念，就像仅仅包含语言形式而没有其他东西的普遍语法一样，它属于语言的事情。”②为了探询经验可能性的结

---

① Thomas Kuhn, “The Road Since *Structure*,” in *Philosophy of Science Association*, 1990, Vol. 2, p. 12.

② Brigitte Nerlich, David Clarke, *Language, Action, and Context: the Early History of Pragmatics In Europe and America 1780-1930*, Amsterdam/Philadelphia: John Benjamins Publishing Company, 1996, p. 15.

构或思想的形式，因而它将实际地成为一种语法的研究。也就是，我们通常按照范畴所提供的先天法则来建构对象并赋予其普遍必然性，就像语法在语言现象中的规则作用一样，经验是范畴这种先验语法对自然现象加以拼写的结果。概念图式是能够既符合先天的语形规则，又能够与直观对象相关联，从而获得语义意义的唯一有效认知表征方式，是在概念和对象之间建立了一种关系的创造意义的手段。

由此，语言层面上的概念图式的存在，就可以部分地解释不可通约性的问题。因为既然通过概念图就能够保证意义的连贯性，那么，因为科学革命前后，本体世界仍然是不变的，是前后范式或理论由以形成的基础，从而科学共同体之间仍然有交流的共同基础。通常的不可通约，即交流的失败或者理论的变化，只是存在于现象世界上。通过概念图式这一通道，就可以使得现象世界中交流的失败，部分地在本体世界那里得到克服。

第三，沃尔夫的“假说”，为库恩在后期理论中整体采用语言策略提供了思想信念。

如果说利奥塔的科学知识语用学和康德的本体—现象世界的区别，还只是为库恩提供解决具体问题的策略的话，那么美国著名语言学家本杰明·沃尔夫(B. Whorf)的“莎丕尔-沃尔夫假说(Sapir-Whorf Hypothesis)”(与其老师莎丕尔[Ed. Sapir]共同提出)，则让库恩在后期理论的构建中，整体转向了语言层面。可以说，“沃尔夫假说”关于“语言先于思想”的著名论述，不仅改变了“思想先于语言”的传统论断，同时也促成了库恩的语言学转向。

“沃尔夫假说”涉及了对人类之语言、思维、实在、科学等相互之间的关系，其基本观点包括两个方面：

(1)语言相对论(linguistic relativity)。这是沃尔夫假说相对较弱的方面。沃尔夫认为，语言不仅是思想交流的工具，而且是认识世界的途径，更是构建现实的基石。沃尔夫指出，“每种语言的背景系统(即语法)，不仅是表达思想的一种再生产工具，而且确切地说，它本身就是思想的塑造者，是个体心理活动、个体分析现象、个体综合思想资料的纲领和指南。除非人的语言背景是一样的，或是经过某些方法取得一致，否则就算让人们接触了同样的自然现象，他们也不会对宇宙取得统一的看法”①。这就是说，语言影响到了人的思维、世界观和感性认识。使用不同的语言，会对经验进行不同的分类和组织，从而描绘出了不同的世界图景。

(2)语言决定论(linguistic determinism)。这是沃尔夫假说相对较强的方面。在此意义上，沃尔夫进一步指出，语言不仅能影响思想、经验和世界观，而且能对它们进行控制和支配，个体完全生存在语言所织就的牢不可破的牢笼中，思想仅仅是语言的傀儡，“我们用各种概念将自然进行切割并组织起来，赋予这些概念不同的意义。在很大程度上，这种切割和组织取决于约定，即我们所在的整个语言共同体约定以这种方式组织自然，并将它编码固定于我们的语言形式之中。当然，这一约定是隐性的，并无明文规定，但它的条款却有着绝对的约束力；如果我们不遵守它所规定的语料的编排和分类方式，就根本无法开口讲话”②。

---

① John Carroll(ed.), *Language, Thought and Reality: Selected Writings of Benjamin Lee Whorf*, Massachusetts: The MIT Press, 1956, p. 221.

② Ibid., pp. 212-213.

因此，人类不是按照本质来对事物进行分类，因为这是做不到的，而是把语言的范畴强加于对象之上，以语言的分类来代替事物的分类。

这样一来，语言为人类思维和外部自然界提供了沟通的路径，而且思想观念和对象事物的关系完全受语言的制约，进而影响了科学的形成。沃尔夫指出，当代西方语境下的科学世界观，正是基于西方特有的语言语法而形成的，语言影响了科学的产生，所谓的科学思想，正是西方印欧语言的产物。

由此，库恩和沃尔夫具有了共同的理论基础，他们都主张语言构造了思想和经验，都认为应该依靠语言来对世界进行分类，从而都得出了相同的结论：不同的语言产生了不同的科学。可以说，这是造成库恩语言学转向的关键因素。

（二）“转向”的本质特征

自 20 世纪 80 年代之后，库恩更多地关注语言在科学认识中的作用，日渐体现出明显的语言学转向特征，进而影响了其早期的观点。应当说，相比其提出范式理论的 60 年代，库恩在后期理论中，更多地使用与语言相关的术语、范畴和理论来进行思想的表述，诸如“词典”（lexicon）、“不可翻译性”（untranslatability）、“语言共同体”（language communities），从中可以发现一些库恩思想变化的本质性差异和特征，这主要体现在：

其一，“词典”取代了“范式”。在此之前，“范式”已经是一个被用滥的术语，而且其具有过多的语义歧义，因此，库恩的兴趣逐渐从对范式的功能意义的研究，转向了对科学活动中所使用的科学语言的本质问题上，也就是开始朝着维特根斯坦化的思想方向发展。所以，现在科学家所讨论的不再是关于范式的问题，而是关于理论的“词典”。在库恩看来，词典具有的内涵在于：(1)词典所包含的那些种类词(kind-term)及其指称的种类，既构成了世界，又将世界分割为彼此关联的范畴。因此，词典是认识世界的重要手段，跟世界之间具有特定的互动关系。(2)种类之间的相关关系由词典的结构所组成，这就是词典的分类结构(taxonomic structure)或词汇结构(lexical structure)。分类结构的出现在库恩后期思想中举足轻重，因为“拥有一个词汇系统、一套结构化的词汇，这就使得接近可用该词汇来描述的各种世界成为可能。而使用不同的词汇系统(比如不同文化或历史阶段的词汇系统)，将会接近尽管在很大程度上可能相近、但决非完全重叠的不同可能世界”①。也就是说，分类词汇决定了可能世界。(3)分类词汇是理论的词汇表。每一个科学理论都有它不同的结构化的词典，通过自然的、社会的、科学的种类概念，构成了在分类学上具有秩序的结构。但词典要先于理论而得到应用，从而词典对于科学问题的表述和求解、科学理论的形成和规则来说，是先决性条件。

正是在这个意义上，库恩指出，“到目前为止，我称为词汇分类结构的，或许应更为恰当地称为概念图式。这里的所谓的概念图式不是信念集，而是使得该信念成为可能的一种特有的思维运作模式。它们要先于信念，为信念集提供基本素材，并且限定何种信念对于该语言共同体

---

① Sture Allen(ed.), “Possible Worlds in Humanities,” in *Arts and Sciences*, Berlin/New York: Walter de Gruyter, 1988, p. 11.

来说是可以想象的”[①]。由此可见，作为思维运作的模式的结构化词典，取代了范式所具有的规范世界和经验的功能，不同的语言把不同的结构强加于世界之上，它们为经验的可能性提供了前提。库恩进而讲道：“当从其第二层的、相对的意义上讲的先在时，即‘知识对象的概念构成’这一意义上，我的结构化的词典就类似于康德的先在，它们两个都是由世界的可能经验所构成的，但两者都没有规定经验应当如何。而是，它们都由无限大的可能经验域所构成，可能令人信服地存在于它们得以进入的实际世界中。”[②]这进一步体现出沃尔夫语言思想对库恩的影响。当然，因为词典跟科学理论相关联，所以会随着理论的变化而改变，体现出深刻的历史性特征。

其二，“科学共同体”变成了“语言共同体”。由于库恩后期思想把“词典”居于核心地位，从而早期思想中通过范式而组织在一起的“科学共同体”，变成了通过“词典”而结合的“语言共同体”，也就是，科学共同体成为使用词典的科学家语言共同体。范式不同体现出的常规科学和科学革命，也变成了不同时期词典中词汇表的变化。因为词典和理论的关联性，所以，当新的种类词进入特定理论语言中后，它的意义的变化引发了词典的变化，从而改变了词典的结构。词典的结构变化使得理论无法再得到准确表述，由此，理论本身也就发生了变化，成为具有新的词典的理论。

---

① Thomas Kuhn, “The Road Since *Structure*,” in *Philosophy of Science Association*, 1990(2), p. 5.

② Paul Horwich(ed.), *World Changes*: *Kuhn and the Nature Of Science*, Massachusetts: MIT Press, 1993, p. 331.

对于语言共同体来说，词典非常重要，因为“如果对话者彼此之间使用的是不同的词汇系统，则一段给定的字符有时会形成不同的陈述。某一个陈述在用这一个词汇表述时，可能具有真值，但在用另一词汇表述时则不然”[①]。所以，当词典取代范式之后，科学革命意味着对科学词典进行变化的强烈要求，用新词典取代旧的词典。因为在新的科学语言语境或词典状态下，词典实质上的变换也就是认识世界的方式的变化。不同的科学家语言共同体具有不同的词典，只有在相同的结构化词典中，科学理论的意义和术语的指称才能得到充分的理解。也就是说，只有在掌握了对方的词典的情况下，不同的科学语言共同体才能实现彼此的理解和交流。由此，根据其成员所共有和使用的不同的词典，可以把语言共同体彼此之间区分开来。

所以，科学理论之间所具有的差异，比如哥白尼的“行星绕着太阳转”和托勒密的“行星绕着地球转”之间的差异，就不仅仅是一种事实上如此的差别，而更是语言体系或结构上的不同。按照库恩的理解，如果说过去习惯上说“不同的科学陈述表述了不同的科学事实”的话，那么现在应当改变为“事实之所以不同，是因为不同语言背景的陈述者对事实进行了不同的描述”。这深刻体现了库恩前后期思想的巨大变化。

其三，“不可通约性”转变为“不可翻译性”。当词典将科学家分割为不同的语言共同体之后，由于各种语言共同体所持有的词典中词汇分类结构不同，所以会造成对话障碍。但是，在此，库恩放弃了早期表述这

---

① Thomas Kuhn, “The Road Since *Structure*,” in *Philosophy of Science Association*, 1990(2), p. 9.

一现象时使用的“不可通约性”，而同样代之以语言学化的处理方式，即用“不可翻译性”来表述这种交流失败。在库恩看来，早期的“不可通约性”的表述像范式概念一样，宽泛而含糊。因为不可通约性指的就是范式之间缺乏共同的量度，造成不可量度的原因既可以是本体的、认识的，也可以是语义的、概念的，范围太广而无法做出精确界定。因此，库恩开始将注意力集中在不可通约性的关键问题上，即影响科学共同体交流的科学语言，这样，科学共同体之间缺乏共同量度，就变成了语言共同体之间缺乏共同科学语言的问题，也就是没有居于两者之外的第三种语言存在，从而能够将两者进行对等翻译。这样就把“不可翻译性”凸显出来了。

但是，两个科学共同体有共同的第三种语言，这一要求仍然比较宽泛。为此，库恩进一步集中在科学语言的结构化词典上，即语言共同体所有成员共有的词汇表的结构，它为成员提供了相同的分类范畴和种类词。在库恩看来，这是因为，“语言共同体的成员必须具有相同的词汇结构，当然，他们可以因对同一语言的词汇系统的不同接受，而产生各异的理解和应用。否则，必将导致相互的不理解以及最终的交流中断……此外，如果交流双方的核心词汇结构不同，那么本来仅仅是对事物的不同见解，就变成了相互无法理解。潜在的交流者将面临不可通约性，即双方之间面临一种特有的令人沮丧的交流中断”①。所以，拥有共同的词汇分类结构，是交流的必然前提。在同一语言共同体内部，可

① Paul Horwich(ed.), *World Changes: Thomas Kuhn and the Nature of Science*, Massachusetts: MIT Press, 1993, p. 326.

以因使用和标准的不同而出现差异，但毕竟可以相互翻译达到理解。而如果没有共同词汇结构的话，那么他们所认识的世界是完全不同的，各自使用不同语言，就会不可翻译两种语言的词汇分类结构不相同的区域，进而造成交流障碍。

总之，库恩后期思想体现出明显的语言学转向特征，他试图将早期思想中诸多无法解决的困难和问题，都通过语言学化的途径来进行重新解决。这一点，为重新认识科学历史提供了新的线索，这就是，“对于以往之思想的重构，史学家要像人类学家研究他类文明一样来进行，也就是说，从一开始就必须找到一些会说他种语言的人，以及他种语言与自己语言中某些范畴之间对应关系。史学家必须把自己的目标定在寻找这样的范畴和同化相应语言上”①。这正是库恩后期整个思想的实质所在。

(三)“转向”的思想意蕴

从库恩后期的“语言学转向”中，可以明显地看出，无论是研究主题和关注焦点，还是在研究方法和思想风格上，他的立场都发生了很大的变化。如果说早期他是立足于经验，运用自然主义的方法来探索科学发现的话，那么后期就已经更多倾向于哲学性的分析，具有显著的先验特点，如果说早期他具有比较明确的科学史家风格的话，那么后期则更多把自己定位为一个哲学家的形象。尽管由于他的思想形成基础主要是科学的，而没有较为深厚的哲学传统训练，从而显示出哲学立场比较模糊

---

① Kuhn, “Revisiting Planck,” *Historical Studies in the Physical Science*, 1984, 14(2): 78.

的势态。但正是这样的背景，使得他能够在自己思想的构造中，融合各种哲学观点。具体来看，库恩后期语言学转向所体现出的思想意蕴主要在于：

首先，从科学观的角度看，在其思想早期，库恩一反逻辑经验主义的静态科学累积观，以范式为核心，提供了常规科学和科学革命交替的动态科学发展观念，而科学革命就是科学共同体之间统治地位的交替。语言学转向之后，库恩的思想尽管仍然是逻辑经验主义走向衰落的重要因素，但毫无疑问，他部分地接受了逻辑经验主义的思想和工具。典型的就是充分运用逻辑经验主义的语言分析工具，深入到科学革命的内部，对其深层结构做出语言上的剖析。这很大程度上源于库恩早期范式本身所具有的问题。因为按照早期观点，科学革命就是范式的转变，抛弃旧范式而接受新范式是科学革命的根本内容，伴随着的是概念的重构过程。这就必然会产生诸如心理上的、知觉上的一系列的变化，但这些因素产生了严重的相对主义和非理性主义问题。

为此，给予科学发展过程一种新的描述和构造，就成为库恩后期思考的重心。通过语言因素的引入，库恩实际上认识到，科学知识不仅是历史发展的产物，而且也是对描述语言进行变革的结果。科学的发展既展示了人们关于世界事实的不断更替的认识，也表现了描述这些事实的语言的变换。从另一种意义上讲，这就意味着科学知识的获得总是要以改变语言为代价的。因此，科学知识的增长实际上也是科学语言词汇的丰富和意义的深化，“在科学知识的增长过程中，语言也增长了；引入新的术语，把老的术语应用到更广阔的领域，或者以不同于日常语言中的用法来使用它们。能量、电、熵这样一些术语是明显的例子。这样，我们发现了一种科学语言，它可以称为与科学知识新增加的领域相适应的日常语言的自然扩展”①。

由此，科学革命本质上也就成为语言革命，无论是理论的变革、概念的重组，还是主流共同体的交替，归根结底都会体现在语言的结构和进化上。而科学也正是凭借着新出现的科学语言词典，对世界做出了重新的划割，构成了不同的世界部分，形成了不同类型的科学主题和学科。正是在这个意义上，库恩指出，“语言中的革命变化的特异之处就在于：不仅改变术语附着自然的规则，而且也大规模改变这些术语附着的客体或情境的集合”。“科学革命的基本特点就在于：它改变了语言本身内部所固有的自然知识，这种先行于任何可以说成是科学的或日常的描述或概括的东西。”②这应当是库恩后期思想跟前期思想相比，具有较大差异的地方。

其次，从方法论的意义上看，库恩后期思想的构造中，借鉴和使用了语言分析方法。有鉴于前期所立足的经验主义基础，容易导致经验的主观性和私人性等问题，因此，库恩后期在对科学活动的理解上，更倾向于从语言分析的视角，采用一种语境化的处理方式。

库恩整体主义的观点，使得他强调了语境在科学认识和实践中的作用。这一点非常符合现代科学的特征。因为科学知识都具有明确的历史性。历史对科学的介入不可避免地导致了真理的相对化。不同于传统认识论情景下，具有永恒、超越历史和普遍性的科学真理，历史视域中的

---

① [德]海森伯：《物理学和哲学》，范岱年译，113页，北京，商务印书馆，1981。

② [美]库恩：《科学革命是什么?》，载《自然科学哲学基本问题》，1989(1)、(2)。

科学是相对于人类历史语境来定位的。虽然这并不必然导致对普遍主义的反对，但正如科学不再具有永恒的本质一样，科学真理只能具有有限的普遍性。真理的相对化的引入，已经颠覆了实证主义的静态科学观和科学线性进步的天真认识，相反，心理的、文化的、历史的和社会的因素，共同构成了科学知识得以生产、运行、传播的基本语境。

毫无疑问，这样一种问题视角的转变，使得不确定性成为科学最明显的特征之一。因为科学理论给出的仅仅是对可能世界的描述，观察或测量结果跟对象之间的关系只是在特定条件下的一种语境关系，而非传统认识论范畴内的再现。与此相应，所谓认识宇宙，追求单一、统一的规律，只是相对于语境而言的，离开特定的技术条件和思维框架，这些都只是一种理想，否则，世界就过于简单了。因此，在库恩那里，知识具有很强的"语境相关性"，不仅"关于知识的主张是相对于言说语境的……而且，对认识论结果的评价，也只能在具体的语境中来进行"。[①] 从这一意义上看，科学知识的产生、理解和评价，都离不开语言共同体的使用，它们是在交流和言说中语境相关的。也就是说，关于知识的主张的正确与否，会随着会话和交流的目的而变化，因此，知识主张的适当性也是随着语境的特征变化着的。这也是库恩后期思想所传递出的重要洞察之一。

最后，从哲学传统上看，库恩后期思想具有融合英美哲学和大陆哲学的明显倾向。应当说，走向语言学化，使得长期以来一直处于对立或

---

① Christopher Hookway, "Questions of Context," *Proceeding of the Aristotelian Society*, New Series-vol. XCVI, Part I, 1996.

对抗情绪的大陆哲学和英美哲学、人文主义和科学主义，有了共同的对话基础，为它们的对话和交流提供了基本的平台，成为各种观点相融合的桥梁。实际上，从库恩早期思想中就已经反映出了这样一种趋向。其核心概念“范式”(paradigm)的希腊文原意就是“共同显示”，即科学共同体所“共同具有的东西”，类似于维特根斯坦意义上的“用法规则”，它构成了制约共同体成员之间话语、交流和科学活动的情景条件，不同的范式代表了不同的语境和不同的意义构造方式，从而也就代表了不同的世界，可以说，科学的世界图景不是对实在世界的表达，而是科学家们在主体间约定的世界。[①] 那么，到了语言学转向之后，这种融合性表现得就更为明显了。一方面，在语言学转向中，他经由沃尔夫的语言理论而接近了康德主义，并且对康德主义作了语言学化的诠释，尤其是在对科学革命和不可通约性论题的处理上。典型的就是他承认本体世界和现象世界之间的区别，认为词典由来自现象世界的知识对象所构成，不仅是术语和概念的集合，而且就像康德的范畴一样，为大量的感觉和刺激变成词典中有序的可能的经验提供了前提，试图以此来解决共同尺度的问题。

另一方面，他同样接受了来自英美哲学传统的观点。无论是从科学共同体到语言共同体的转变，还是对语言使用和语境的强调，都在践行着他提出的“学习翻译一种语言或一门理论就是学习描述世界”的核心观念，因为他明确提道，“懂得一个词的意义，就是知道如何在跟当前的

---

① 参见盛晓明：《话语规则与知识基础：语用学维度》，9～10页，上海，学林出版社，2000。

语言共同体的成员的交流中来使用”[1]，这一点跟维特根斯坦的语言游戏理论一脉相承。而且，他认为“每种语言的词汇系统，都使得与之相对应的生活形式成为可能，只有在这种特定生活形式里，命题的真假才能被断定并得以合理辩护”[2]，则进一步通过语言共同体和词典的构造，把科学革命跟维特根斯坦意义上的“生活形式”观念连接起来。科学革命已经通过词典的变化，进而语言共同体的重新组合，形成了新的面对世界的生活方式。

另外，从具体方法上，库恩也借鉴了很多语言分析手段。比如，在词典中术语的构成上，他强调了隐喻(metaphor)、模型(mode)和类比(analogy)等方法的重要作用，认为它们是“新概念诞生的助产士，是指导科学探索的强有力的手段”[3]。可以说，这些语言手段在传统科学认知中往往被忽略。库恩认识到了科学家需要隐喻、模型和类比等手段，在新理论和旧理论的转变之中构筑桥梁，这不仅深化了对科学语言的形成、发展的理解，而且，事实上正因此，它们具有的推动新的科学预测、促进科学假设的创立的重要功效，也得到了更多人的认可。

尽管有人认为，库恩《科学革命的结构》之后的路，是一种错误的转向[4]，但毫无疑问，从语言学转向的视野来重新认识库恩，无论是对于理解库恩前后期思想变化的实质，厘清科学哲学发展的内在脉络，还是

---

① Wade. Savage(ed.), *Scientific Theories*, Minneapolis: University of Minnesota Press, 1990, p. 301.

② Paul Horwich(ed.), *World Changes: Thomas Kuhn and the Nature of Science*, Massachusetts: MIT Press, 1993, p. 330.

③ 李醒民:《隐喻：科学概念变革的助产士》，载《自然辩证法通讯》，2004(1)。

④ 参见[英]伯德:《库恩的错误转向》，康立伟译，载《世界哲学》，2004(4)。

对于把握历史主义以来，科学哲学论域空间的扩张和不断涌现的新论题，以及认识科学哲学与科学史、科学社会学、科学心理学等相关学科的结合而言，其价值都是不言而喻的。特别是考虑到以库恩为代表的历史主义在科学哲学发展中的地位，其意义就显得尤为重要了。

三、科学语言的本质

作为科学的表述系统，科学语言在科学知识的形成中具有重要的作用。知识和思想的表征、交流、传播甚至构造，都离不开语言。语言是沟通思维和实在的中介，而科学语言对于具体科学学科的发展来说，其意义尤显重要。一方面，专门科学语言的形成，是学科成熟的重要标志，可以说，科学的发展历史，也包含着科学语言的生成发展过程，科学语言与科学的演进本身同步进行；另一方面，科学语言是科学的重要知识单元，它的各个组成要素，诸如术语、符号、概念、文本等，共同构成了完整的知识结构，塑造了具体学科的知识框架，既是科学理论的表述载体，也是保证科学思想进行无障碍交流的必备条件。因此，通过厘清科学语言形成发展的基本脉络，揭示科学语言的本质特征，有助于理解科学语言的认识论意义和价值。

(一)科学语言的形成

一般认为，科学语言指对科学思想、理论、知识等进行表述、加工、交流、记录时，所使用的手段、工具、载体的总称。在科学语言中，最重要的方面就是科学术语。虽然直到1931年，奥地利电气工程师维斯特(E. Wüster)提出术语工作系统化思想之后，现代术语学(Terminology)才真正形成。但是，为各门科学建立适合于该学科的标准化、规范化、专业化的术语词典的工作一直在进行着。在早期的科学研究中，自然语言充当着普遍、通用语言的角色，很多科学理论和科学实验都由自然语言来陈述。不过，随着科学的发展，无法找到适当的语词来命名新出现的现象和事物，于是，专业性的科学语言出现了，这就是科学术语。它包含了：(1)自然语言，即通过自然语言转义形成的术语，是人类在历史发展中自然形成的；(2)专门符号语言，即出于表述、命名和交流的需要，科学家为特定目的所创造出的专业术语；(3)形式化语言，即人工语言，在特定的逻辑或数学规则的基础上，通过一系列无直观意义的符号、代码来表述思想。这三种形式的科学术语共同构成了科学语言表达体系。

除了科学术语之外，对语言进行运作的逻辑、数学规则，以及科学文本的表达风格，都是科学语言所涉及的论题。其核心目标就是要更方便、更顺畅地表述和交流科学知识。

可以说，科学语言是伴随着科学的发展而逐步形成的，它的生成是一个动态的历史过程。科学语言既是科学学科建制化、规模化的内在需求推动的结果，同时也反映了人类认识世界能力的不断提高。也就是，知识的累积，推动了文明的进步，科学的发展，促进了语言的变迁。科学语言的生成发展是在人类文明和科学的宏大背景中进行的，是科学、哲学和语言交织互动的结果。在西方科学语境下，从科学术语的意义上看，今天一统天下的英语科学语言的形成过程中，首要的就是以拉丁和希腊语言来进行科学语言词汇的构造和使用。拉丁语和古希腊语构成了整个西方科学语言的主体。20 世纪之前，科学语言(包括技术语言)中，“几乎百分之百都是拉丁词汇或拉丁化的希腊词汇”①。事实上，自公元前 9 世纪希腊字母出现，进而传入罗马形成拉丁字母以来，虽然直到 15 世纪拉丁文才成为正式的科学语言，并从 18 世纪走向衰落，但是，在这 2000 多年时间里，拉丁语一直是国际间文化、科技交流的语言，是联系统一欧洲之精神和学术的共同语言。究其原因，主要有以下三个方面：

首先，希腊文明在整个西方文化中具有长期的影响力。古希腊时期是西方文明和学术发展的第一个重要阶段。即便是在罗马帝国灭亡之后的相当长一段时间内，使用拉丁语作为生活语言，仍然是在这一文明下生活着的人们的一个长期而持续的习惯。早期的科学经典巨著，诸如牛顿 1689 年的《自然哲学的数学原理》、林奈(C. Linnaeus)1768 年的《自然系统》，都是用拉丁文写就的。

其次，拉丁语本身的品质决定了它们非常适合作为科学语言。西方早期文明大多以拉丁文记载下来。尤其是为了读懂原版圣经以及神学家和圣经注释者的著作，都必须学习拉丁文。这既是传承文明的需要，更是基督教社会特别的要求。因此，古希腊语被视为是人类语言的最高贵的形式，而受其影响的拉丁文则更具简洁明了的特征，非常适合于科学家使用。

最后，科学的内在需求促使科学语言中保持着较高比例的希腊拉丁

① John Hough, *Scientific Terminology*, New York: Rinehart, 1953, p. 1.

词汇。虽然后来的英语成为国际通用语言，但是，一种语言过于简单易用，并不适合于作为科学语汇，而更适用于作为生活和文学的语言。对于科学来说，客观的、无歧义的表述是它对语言的基本要求。在这一点上，生活或文学跟科学对语言具有不同的要求。科学要求它的术语须是自明的，这样，通过术语的词根，就可以很清晰地理解该术语所指称对象的本义。而且，使用那些不太熟悉的术语来表述特定的思想和认识，可以方便地把科学语言和生活语言区分开来，这对于各自语言的使用者来说，都很有价值。同样，科学术语本身奇异的甚至比较难看的字母组合形式，使得它们无法让人产生更多感性联想，不容易因使用者而改变，有助于保持意义的稳定。

应当说，最早的科学术语，大多是自然语言通过意义的改变或意义的确定而来的。因为当词汇不足时，同一个词会被指派给许多不同的意义。但科学家需要以新的和特殊的意义来使用已有的词汇，为此，科学的发展迫使科学家们寻求更多的表达思想的词汇。一般来讲，科学家形成科学术语的方式主要有如下三种①：

其一，借用词(borrowed words)。早期的科学家苦于无法表达全新领域中所发现的思想和事物，因此，一般的惯例就是采用日常语言中使用的术语来进行表达。这就造成一个后果，科学语言有时会跟日常语言的意义混淆起来，容易对术语的理解产生歧义。诸如“life”“time”“force”“work”“power”“salt”等词，都是这种情况。即便在今天，如果没有对它们的使用语境有确切了解的话，人们很难把握住它们的指称和

① Theodore Savory, *The Language of Science*, London: Andre Deutsch, 1953, p. 34.

意义。“salt”是人类和动物生存所需最基本的物质，跟社会的历史发展密切相关，但是在“worth his salt”一语中，“salt”一词的含义则是从食盐作为货币、薪俸、军饷等意义演化而来。而在化学家那里，它又被用来指示一类化合物。

正是因为早期语言不能很快发展出足够的表达不同思想的术语或符号，使得从日常语言中借来的词在科学语言中导致了一些混乱。但是毫无疑问，作为早期构造科学语言的一种重要方式，借用词对科学术语体系的形成产生了重要影响。事实上，一些日常语言中的词汇，在科学语言的新语境中，慢慢确定下来，具有了固定的科学用法，原来的日常用法反而被淡忘了。这类词非常多，比如“cotyledon”，原指杯状的洞，后被借用为开花植物的种子叶；“diverticulum”，原指小道或旁路，被借用为表示支囊、憩室等；“pulvillus”，原指小的垫子，借用为表示昆虫足部的爪垫。更明显的是“parasite”这个词，是形容词，指在旁边吃食或同一桌子的另一边吃饭。生物学家借用来作为名词，指生活在其他物种中的有机体，通过吃食宿主的组织或食物而生存，即寄生虫。但是，当今天的人们听到用这个词来指“游手好闲之人”时，会误认为这是“寄生虫”这个词的隐喻性用法。

其二，外来词(imported words)。当代英语的科学语言系统中，不仅外来语在英语中非常普遍，而且在英文科学术语中也很多。由于借用拉丁文已经成为科学中构词的主要形式，因此，引入外来语作为英语科学术语的表达也成为一种趋势。文艺复兴时期就已经有了“整个拉丁文都是潜在的英语”的观念。而 14 世纪以来，科学家更是从拉丁文中直接引用了无数的词汇。这些英语科学术语不仅在拼写上，而且在意义上，都完全跟原来的拉丁文相同。从《朗文科学惯用语词典》可以看出，英语中的大部分词汇都来自古希腊文和拉丁文，140余种希腊和拉丁文词素是英语科学术语的主要构词材料。比如，几乎所有的化学元素全都是用希腊语和拉丁语表示，“钠(sodium)”“氧(oxygen)”“氦(helium)”等。同样明显的是西医，几乎所有的疾病和药物都是用希腊语和拉丁语来表示，而且是把希腊罗马神话中诸神的神名，通过词义的引申来对医学术语进行命名。如以希腊神话中巨人阿特拉斯(Atlas)命名的“atlas(寰椎)”“atlas vertebra(颈椎)”等，就取自阿特拉斯用颈椎支撑头部来擎天这一传说。希腊神话英雄阿喀琉斯(Achilles)的脚踝是他唯一的弱点，于是，与跟腱相关的词也来自他，如跟腱(Achilles tendon)、跟腱痛(achillodynia)，等等。

其三，创造词(invented words)。在当代英语科学词汇中，借用词和外来词虽然是重要的构词形式，但由于科学的快速进步，使得任何一种语言都无法很好地满足它的需求，因此借用词和外来词只占整个科学词汇的一小部分，更多的词汇需要科学家自己去创造。

同样，在创造科学术语中，科学家们也总是求助于古希腊文和拉丁文，这是一贯的做法。事实上，现代科学的英语术语，除了古希腊和拉丁词汇之外，很少有来自其他语言的。而且，科学家创造词汇是一个相当简单的过程，既不需要考虑感性的因素，也不需要考虑语词本身的审美特性。科学家只要根据自己的需要确定词汇，并做出界定，方便后继者认识就可以了。因此，可理解性是科学家创造词汇时唯一需要考虑的问题。最好的词汇就是最方便理解的词汇，能够揭示出事物本质的词汇。而不必顾虑所创造的词是否适合于日常语言。

可以看出，在科学语言的这三种构词形式中，创造词是真正意义上的科学词汇。对于科学家来说，这样一种方法非常便利，甚至任何人都可以创造出自己所需的词汇，只要是出于科学研究的需要，并且这些词汇能够指示出对象的特征的话，所创造的词基本上可以得到学界的认可。

(二)科学语言的特征

从科学语言的形成过程上看，相比日常语言中词汇的创造，它更为简单。事实上，也唯有如此，才能满足科学快速发展对词汇的需求。当然，科学语言体系中，词汇的增长实际上经历了一个历史的发展过程。近代科学发展的早期，如 16 世纪，科学词汇的增长缓慢，原因之一就是，人们在著述时更多地使用了拉丁文，而非后来国际通用的英语。不过刚刚经历过文艺复兴的科学家，已经开始具有了强烈的语言意识，认识到语言在科学发展中的意义。现代科学实验始祖培根就提出“市场假相”，认为人们在相互交往中，由于用词的错误和混乱会造成语言错误，进而妨碍到认识事物的真相。由此进行了一系列科学词汇的命名工作。这一时期出现的科学词汇主要集中在跟人体有关的方面，这与科学的历史发展相一致。比如人体或动物体的骨骼方面的词汇，人体器官和组织方面的词汇，跟人相关的疾病方面的词汇大量地涌现出来，因此，16 世纪科学词汇在解剖学中占主要部分。

进入 17 世纪，科学和语言之间的互动发展日益明显，专业性的科学词汇表已经出现。在这一世纪，正式成立于 1660 年的英国皇家学会，在其《学报》上同时使用拉丁文和英文来发表论文，从而激励了更多英文科学词汇的出现。尽管皇家学会在其宪章中宣称，学会的宗旨就是要增进自然事物的知识及推动相关技艺和发明，不过，语言在科学中的作用仍然受到了重视。皇家学会建立者之一的威尔金斯(J. Wilkins)，就被人称为“17 世纪最典范的哲学语法家”，他试图构造一种普适于全人类的理想的哲学语言，即普遍语法，来作为学术研究交流的通用字符。这一思路起源于科学家任意创造科学词汇，从而导致科学词汇表受到科学家所使用母语的严重影响，由此希望通过创造一种科学的国际语言来限制那些非正规语言的入侵。17 世纪出现较多的新科学词汇主要集中在医学和生物学领域。更重要的是，学科门类术语在 17 世纪已经大部分都出现了，诸如“chemistry(化学，1606 年)”“archaeology(考古学，1607 年)”“zoology(动物学，1669 年)”“botany(植物学，1696 年)”“cosmogony(宇宙学，1696 年)”等。

18 世纪是科学发展的一个转折时期，各门学科的快速发展和知识积累，从收集材料向整理材料过渡，科学知识系统提出了建立清晰、专业化的科学语言系统的要求。典型的就是知识的分类原则和系统方法引起广泛注意。比如被称为“分类学之父”的瑞典博物学家林奈，认识到命名和分类是科学的基础，以拉丁文为主创立了为动植物命名的“双名法”，使过去紊乱的名称归于统一，得到学界普遍认可。同样，被称为“近代化学之父”的法国化学家拉瓦锡(Antoine-Laurent Lavoisier)，综合前人的工作，认识到科学的专业词汇是科学的重要组成部分，如果表达科学思想的词汇不正确，那么科学事实本身就会受到质疑。为此，他用化学物质的名字来描述其性质，创立了化学物种分类体系，形成较为完备的化学术语命名体系，使得全世界化学家都能够方便地交流他们的研究成果。因此，18 世纪的工作主要集中在事物的命名和术语的统一上。

19 世纪，科学词汇大量增加，而且越来越专业化，很少会在日常语言中使用。这一时期，科学语言方面的工作的突出特征就是，开始逐步建立全国性的、地方性的或各个学科的科学研究团体和学会。比如，1831 年成立的英国科学促进会，1848 年成立的美国科学促进协会，1863 年创建的美国全国科学院，以及 1870 年成立的“法国科学促进协会”。其他学科性的学会更是不计其数，诸如 1807 年的英国地质学会，1840 年的英国化学学会；等等。这些学会和研究组织的成立，除了促进科学的发展和繁荣，增进公众对科学的认识之任务外，很重要的方面就是希望通过组织性、建制性的形式，规范日益增多的科学词汇，“在本学科内建立一种国际同行作同样理解因而无须翻译的公式化的符号语言。与此同时，学者们还致力于创建一种比较容易掌握又没有严格专业限制的国际性的辅助语言”①。这样，人工语言的科学语言方案提上了议事日程。

19 世纪科学团体和学会的广泛成立，为 20 世纪的科学发展奠定了重要基础。在科学学会的努力和影响下，一方面，科学词汇的增加已经没有以前几个世纪那样无序和混乱，更加注重词汇的标准化和规范化，进而形成了专门的科学术语学研究领域。现代术语学的四个学派也于 30 年代后相继形成，即以维斯特为代表的德国—奥地利学派、以洛

① 郑述谱：《科学与语言并行发展的历史轨迹》，载《术语标准化与信息技术》，2003(3)。

特(D. S. Lotte)为代表的俄罗斯学派、以哈夫拉奈克(D. Havranek)为代表的捷克斯洛伐克学派、以隆多(G. Rondeau)为代表的加拿大—魁北克学派。这些学派的工作推动了科学术语的标准化，使得科学家认识到控制并指导术语的命名工作具有很大的必要性，从而扫清了科学交流和表述中语言方面的障碍。另一方面，科学学会的成立也推动了科学的普及和传播，增加了公众理解科学的可能和机会。因此，20 世纪出现的科学词汇不像以前那样远离人们的生活。相反，公众对科学和技术的兴趣越来越浓厚，了解并使用新出现的一些词汇。尤其是在这一世纪出现了大量的技术方面的词汇，它们跟公众生活密切相关，因为科学不仅意味着知识的纯粹进步，它已经深入到社会生活的各个应用层面。其典型的特征就是各种标准化协会的涌现。比如 1901 年成立的英国标准协会（The British Standards Institution，BSI)，是第一个国家标准机构，尽管它不直接制定和控制新词汇，但它为各个行业发布术语表，对各种术语进行精确的界定，有力地推动了术语标准化的发展。

从以上西方英语语境下科学语言及其词汇、术语系统的简要发展历程可以看出，科学语言作为一种规范的语言，力求以理性的方式来表达人类对外部世界的认识，尽最大可能客观再现科学事实的本质。因此，建立稳定的、精确的、逻辑的表述系统是科学语言的最高旨归。正是这样一种独具特色的工具性特征，使得它既不同于实现主体间性的文学语言，又不同于具有功利化倾向的日常语言。具体来讲，科学语言的主要特征体现在：

其一，术语意义的不变性。科学语言不同于文学艺术和日常语言，很重要的一点就是，它要求自己的术语和词汇所代表的意义需保持稳定性和不变性。这种意义的相对不变性，要求语言表述得精确和准确，要求语词的单义性。除非特殊，在一般情况下，术语应当只表达一个概念，概念应当具有单一的指称和对象。在这种思想的指导下，科学语言最终要逐步发展为符号语言，也就是理想的人工语言，这一点在现代科技的发展中表现得愈益明显。正如休厄尔(W. Whewell)讲的那样，“当我们的知识变得完全精确和纯粹理性之后，我们就会要求语言也是精确的和理性的；我们将会排除掉模糊、想象、不完整和冗余等诸如此类的东西；每一个术语都应当传达一种稳定不变和严格限制的意义。这就是科学语言”。①

其二，词汇情态的中立性。科学语言的词汇应当是科学、理性的。因为科学概念和术语表达的是科学思想、内容和理论，要想正确地反映它们的本质，科学语言就必须不包含任何感情色彩。既不能像文学创作中使用语言技巧，进行文学修饰，又不能在文体上表现出各种主观情感。科学语言只要能够客观反映认识结果就可以了，诸如那些文学色彩浓厚的修饰语，考虑接受者感情的委婉表达语，以及为迎合读者口味而制造的诙谐、幽默语，都易于引发读者联想，都应当在科学语言中排除掉。所以，科学语言是一个理性的表达系统，它应当清晰地反映科学知识的属性，各个概念之间有着逻辑上的关联性，共同构成了科学认识不可分割的部分。

其三，构词形式的特殊性。科学语言中语词的构词特殊性体现在，

---

① Theodore Savory, *The Language of Science*, London: Andre Deutsch, 1953, p. 97.

一方面，科学语言不要求华彩多丽，甚至科学语言中的很多专业词汇，表现的都非常“丑陋”。这既有构词历史背景上的原因，又跟专业词汇的实际需要有关。英语科学词汇很多都是靠多种语言“嫁接”形成，早期构词的任意性，使得它们受到了科学家所使用的母语的入侵。另一方面，它们都一定要严格符合语言规范。科学语言中，包含着物理语言、化学语言、生物语言等，每一个专业词汇都有自己所习惯形成的词汇特征，甚至构词的规律性。比如，学科门类词一般都以“logy”或“ologies”作为结尾，诸如“pathology（病理学）”“archaeology（考古学）”等。化学中，以“um”作为金属词汇的结尾，诸如“uranium（铀）”“sodium（钠）”“chromium（铬）”等。物理学中，测量工具的结尾大都为“meter”，如“barometer（气压计）”“thermometer（温度计）”“hygrometer（湿度计）”等。

可以说，科学语言这些特征，不仅使自己区别于其他用途的语言，而且，正是在这一意义上，“科学语言推翻了一般人的非逻辑思维，对人们通常的诸多禁忌提出公然挑战，不允许有半点的托词和嬉戏。这种对一般人习惯思维方式的征服，可以说是科学语言所取得的最大成就之一”①。

（三）科学语言的意义

科学语言的形成过程，反映的正是人类通过自己创造的话语系统来重新组织对自然的认识过程，科学语言的本质特征，也彰显出了作为一

---

① Theodore Savory，*The Language of Science*，London：Andre Deutsch，1953，pp. 91-92.

种认知的科学，区别于其他人类活动的特殊之处。语言和科学，处在并行发展的历史轨迹中，正是在这个意义上，可以说，“几百年来的科学史正是一部科学话语表达方式不断更新的历史；自然科学的进步从形式上即表现为语词准确性和系统性的不断增强。而不断创新的自然科学也是在新的语词概念系统中重新组织和构建自己思考方式和表达方式的”①。因此，通过科学语言的视角来理解科学的本质，是考察科学认识活动的不可忽视的重要环节。

在本体论意义上，无论是对人类自身、社会还是独立于人之外的客观世界的认识，都要借助语言，而科学语言是最直接对认知本体进行表征的手段。在古希腊罗马和中世纪时期，尽管对科学的探索存在于哲学和神学认识活动中，但语言无疑已经介入其中。事实上，语言、思想实在是相辅相成的，在传统上一贯如此。柏拉图“理念论”，是人类早期用概念、语言来进入实在的尝试。亚里士多德甚至看到思想结构和实在之间的密切关系，而作为语言规律的逻辑就是保证知识成真的前提。其后在近代大行其道的实验手段，在早期认识世界的活动中根本没有地位。逻辑语言表述的真就是实在的真，在很长时间里，这一观念主宰着人们的认识习惯。

但是，近代以后，通过自然本身来获得知识，成为科学研究普遍遵循的原则。这样，科学开始摆脱纯粹思辨逻辑、甚至语言的束缚，进入实验科学阶段。尽管科学语言的词汇系统获得很大发展，但关于科学语言的地位发生了变化。人们普遍深信，“自然科学中真理的发现跟语言

---

① 李幼蒸：《理论符号学导论》，1页，北京，社会科学文献出版社，1999。

没有关系，自然科学就去从事研究：实验、观察、推理、提出假设和用实验证实假设”①。由此，科学语言成了单纯的交流、表达知识和思想的工具。它在真理的生成中已经变得无足轻重了。

不过，随着人类对自然认知的深入，科学理论越来越远离经验发展。实在已经不完全是传统意义上表现为直观的物质客体，而是出现在抽象的形式化体系所推论的远离经验的微观世界中。现在很难直接地去把握和证实这种意义上的实体，也就是说，传统意义上的实验和测量已远不能适应新的物理学革命的要求。另一方面，当代科学理论所描述的独立于我们的思想或理论的信仰的实体，实际上是客观存在着的。因此，科学理论构成了真正的关于存在的主张。科学理论的描述对象及其形式化体系，进入了关注的中心。应当把科学理论的语词，从实在的层面上予以解释或说明。因为，“本体论所描述的对象依赖于人们使用变元和量词所意指的东西……因为在任一情况下，问题并不在于实在是什么，而是人们所说或意含的实在是什么。所有的这些都表明，实在依赖于语言”②。事实上，任何科学知识都是通过特定的科学语言系统获得其自身存在的物质外壳，从而展现它描述、解释和把握客观世界规律性的本质。所以科学语言的内在结构及其运动，从形式上制约着科学理论的进步和深化，构成了科学理论发展的动力学因素。这样，科学语言作

---

① Ilse Bulhof, *The Language of Science: A Study of the Relationship between Literature and Science in the Perspective of a Hermeneutical Ontology, with a Case Study of Darwin's The Origin of Species*, Leiden/New York: Brill Academic Publishers, 1992, p. 135.

② Wolfgang Yourgrau, Allen Breck (eds.), *Physics, Logics and History*, New York: Plenum Press, 1970, p. 94.

为一个关键性的因素得以凸显出来。

在认识论意义上，科学语言跟人类对自然、世界的认识密切相关，科学语言观念的变化，反映着科学认识的转变。在近代哲学的转型时刻，与笛卡尔仅仅把科学语言视为思想的交流工具不同，洛克认为认识论不能忽视语言，它也不仅仅是哲学思考的工具。在其著名的《人类理智论》(1689)中，洛克指出："所有能够位于人类理智中的东西，第一，是事物的本质，事物间的关系及其运行方式；第二，人类自己为了各种目标的实现，特别是幸福，而理性地和自愿地去做的行动；第三，获得和交流这些知识的方法和手段。"①洛克在此所讲的第三个领域就是"符号学或符号的学说，是语词通常存在的地方"。在他看来，无论是对事物本质的揭示，还是人类目标的实现，一种语词的存在都是必要的，通过人类观念的符号(语词)，才能向其他人交流思想，因此理智知识本质上就是符号，只有在人类能够理解自身的语词并能够与他人相互理解和交流时，知识才成为可能。可见，语言不仅仅是交流知识的主要工具，而且也是对知识进行亲知时的最为危险的障碍。洛克的知识论因此不可避免地与语言的理论本质、使用和意义关联起来。

为此，洛克还为科学语言的使用列出一些规则，以保证知识交流的可能：(1)在没有弄懂你让语词所代表的观念时，不要使用语词；(2)保证你的观念是清楚的、有特点的和确定的，并且如果它们是物质观念，

---

① John Locke, *Essay on Human Understanding*, Oxford: Oxford University Press, 1975, p. 5.

则应当符合于真实事物；(3)尽可能地遵从于共同的用法，遵守语词普遍认可的使用规则；(4)尽可能通过定义来告知你所使用的语词的意义；(5)不要改变你给予的语词的意义。[①] 可以说，这样一种科学语言观念，体现出人们已经认识到，只有在语言的使用中，人类才建构起自己对世界的表征知识。

在方法论意义上，科学语言本质上不只是交流表象的工具，以及科学家思想交换或传递的工具，而且成为具有知识建构特性的工具。虽然各个科学历史时期对科学语言观念的认识不同，但科学陈述的表述和解释，自然律的证实和说明，理论变化的动力和特征，都要涉及语言问题，因此，“科学语言的各个方面已经显得非常突出了。人们对关于世界的科学话语的语义的和认识论的特征怀有持久的兴趣。特别引起关注的两个核心问题是：首先，如何来获得科学家所使用的词汇的意义？其次，科学词汇如何跟实在相关联？”[②]这一点，进入20世纪以后体现的尤为明显。

但传统的经验认识论方法，在这样的问题面前，很难给出恰当的解决。对于科学理论来说，“最有意义的不是直接观察到的东西的精确性质，而是对被观察到的东西(即理论事实)给出解释性的表述，因为正是这些理论事实的集合构成了科学知识的基础”[③]。同时，理论事实不是

---

① Talbot Taylor, *Mutual Misunderstanding: Scepticism and the Theorizing of Language and Interpretation*, London: Routledge, 1992, p. 43.

② Howard Sankey, *The Language of Science: Meaning Variance and Theory Comparison*, Language Sciences, 2000, p. 22.

③ 郭贵春：《当代科学实在论》，205页，北京，科学出版社，1991。

孤立的，它们结合在一起并形成了对经验进行完全数学化表述的规律“网络”，无论是理论事实或与这些事实相关的联系都不能孤立于网络的其他部分而独立地被决定，假设系统必须受到作为整体的经验的检验。事实上，世界不但不能在经验之外存在，而且也不能在逻辑之外存在。超出于逻辑之外的也就是超出于世界之外，世界的界限也就是逻辑的界限。因此，如何合理有效地在逻辑(语言)、理论、经验之间保持一致的张力，成为寻求科学认识方法的基本共识。

这样，相关于科学语言的一切因素，包括语形的、语义的和语用的方面，介入到了科学理论的认识和形成当中。科学与语言的密切结合，既是描述科学理论和进行科学解释的现实驱动，又是试图在所有领域构筑科学的统一语言的内在要求。科学语言分析的各种方法论手段，立足于“科学—语言”的历史发展，关注于“语词—世界”之间的符合性关联，“语词—规则”之间的形式性关联，“语词—现象”之间的经验性关联，“语词—实体”之间的本体性关联。由此科学语言具有了统一整个科学知识和理论的功能，使得本体论与认识论、现实世界与可能世界、直观经验与模型重建、指称概念与实在意义，在科学语言的意义上内在联成一体，形成了把握科学世界观和方法论的新视角。

所以，科学语言是认识世界的工具，组织知识的形式，是传达思想的中介，形成理论的手段，同时它也是传承文化的载体。语言在当代科学领域中具有越来越大的权势，既然“我们已经懂得多角度地来认识科学，那么，我们也应当学会从不同层面上思考科学中的语言，以及语言支持下的实在研究”[①]。这是科学家、科学哲学家和语言学家共同的任务。

不难看出，“语言学转向”带给20世纪哲学研究的影响是根本性的、启迪性的和创造性的。它不仅使英美哲学完成了一次划时代的哲学实践，用语言的“语形—语义”维度来改造传统哲学命题，而且在某种程度上也改变了大陆传统哲学的思路，凸显了语言发展对于科学知识的重要意义，使得哲学和科学都开始关注于语言问题。正如哈贝马斯讲的：“使我们从自然中脱离出来的东西就是我们按其本质能够认识的唯一事实：语言。随着语言结构[的形成]，我们进入了独立判断。随着第一个语句[的形成]，一种普遍的和非强制的共识的意向明确地说了出来。独立判断是我们在哲学传统的意义上能掌握的唯一理念。”[②]这样，一方面，随着语用学的兴起并逐渐成为显学，关于语言和符号的研究开始摆脱了先前纯逻辑的束缚，语用推理、语用语境、语用过程、语用规则和语用逻辑的研究一度成为哲学家、语言学家、逻辑学家和符号学家们所关注的中心。这使得从语言学和符号学进行的“经验主义语用学”研究，作为语言分析的技术工具日趋成熟，它们为“语用学转向”提供了必要的基础和技术上的可能。另一方面，“语言学转向”以来，特别是以逻辑经验主义为核心的分析哲学，在进行“语言学改造哲学”的现实实践中，试

---

① Ilse Bulhof, *The Language of Science: A Study of the Relationship between Literature and Science in the Perspective of a Hermeneutical Ontology, with a Case Study of Darwin's The Origin of Species*, Leiden/New York: Brill Academic Publishers, 1992, pp. 155-156.

② [德]哈贝马斯：《作为“意识形态”的技术与科学》，李黎、郭官义译，132～133页，上海，学林出版社，1999。

图通过对语言形式的句法结构和语义结构的逻辑分析，来把握隐含在语词背后的经验意义。尽管在哲学的改造过程中遭遇到了不可克服的逻辑困难，但其依赖于语言的初衷并没有改变，只是开始寻求新的语言维度。特别是，正是由于语言的语形和语义方法在求解哲学问题上的缺陷，才使得哲学家们开始寻求其他的途径，发现了通常为人所忽视的语用分析方法，由此，语言的语用维度就凸显出来，它们为“语用学转向”提供了出发点和契机。所以，在这个意义上讲，逻辑经验主义层面上“语言学转向”的终结就是“语用学转向”的开始，正是语言哲学发展的内在必然和外在驱动，形成了 20 世纪后半叶思维领域中的这场“语用学转向”。

第二章 ｜ 语言分析方法的语用学转向

语言学转向之后，20 世纪分析哲学和语言哲学发展的第二个阶段，是 70 年代的“语用学转向”。在这一阶段，奥斯汀、后期维特根斯坦、塞尔、格赖斯、奎因、戴维森等后分析哲学家借用语言语用学的成果构筑了哲学对话的新平台，为科学理论的合理性进行辩护，寻求交流和使用中的语言的意义，形成了语用哲学。

透视哲学领域中所发生的这场从语义学到语用学的革命性转变，可以发现其产生的两个重要因素。首先，历史悠久的语用学研究逐渐发展成为一门独立学科，其优越性日渐彰显。语用学的历史可以追溯至古希腊—罗马时代，那时就有著名的语气理论。普罗泰戈拉(Protagoras)、斯多葛学派(stoic school)的哲学家都曾对此有所论述，亚里士多德在《修辞学》和《解释学》中的观点更是从两个相反的方向上促进了语用思维的发展，这些观念潜移默化地影响了后来的哲学研究。随着德国、英国、法国、美国的哲学发展中延伸出各具特色的语用思维，作为一种符号的和哲学的语用学的基本含义和域面日益清晰和明确。到 1977 年，《语用学杂志》(Journal of Pragmatics)在荷兰的阿姆斯特丹正式发行，并在创刊号中由哈勃兰德(H. Haberland)和梅伊共同署名发表社论《语言和语用学》，提出“语言语用学”的观念，语用学作为一门独立的学科正式诞生并很快形成显学。

其次，语言分析方法的语用学转向还有其深刻的时代背景，一方面，它是“语言学转向”后语言哲学和分析哲学发展的内在必然结果，正如蒯因在《从逻辑的观点看》中所批判的，现代经验论受两个教条所制约，除了主张在分析的和综合的真理间具有根本区别之外，“另一个教条是还原论：相信每一个有意义的陈述都等值于某种以指称直接经验的名词为基础的逻辑构造……抛弃这一教条的后果就是转向实用主义”①。这种把一切科学命题都还原为真的或假的经验命题的主张事实上与证实论一脉相承，建立于对科学逻辑的绝对信念上，根本无力解决意义的经验标准问题。作为 20 世纪核心观念的“意义”问题，在某种程度上决定了一种哲学流派或理论的成败，所以转向其他求解途径已是大势所趋，语用学作为一种更为动态和包容的语言分析方法，逐渐在科学研究和哲学探讨中为人们所采纳；另一方面，现代符号学的发展也给语用学提供了新

---

① [美]W. 蒯因：《从逻辑的观点看》，江天骥等译，19 页，上海，上海译文出版社，1987。

的生存空间，由于语用学涉及的是符号过程的结构和功能等问题，所以，随着符号的意义表达和传输对整个符号运行过程中语境的依赖，传统探讨符号问题的各种方法，包括逻辑的、结构主义的和现象学的方法不再能够满足符号学发展的要求，使符号学中的语用维度逐渐地凸显出来。

如此，在一系列哲学理念变化的背景下，到20世纪60年代，语用学的思维成为占支配地位的主流意识。本章内容以第一章的"语言学转向"为底色，现代符号学的发展为背景，考察了语用学的演变，对其对象和领域做出基本的界定，而随着语用学与语义学作为重要的方法论策略在自然科学和社会科学各个领域渗透和扩张，其界面问题也显得愈益鲜明和重要，因此，本章第三节从认知科学哲学的角度对语义学与语用学的界面做了系统分析，在此基础上，阐发了后分析哲学视野中语言分析方法的语用学转向。

一、现代符号学的发展

从更广泛的意义上讲，语言就是符号，尽管符号并不仅仅包括语言。在方法论上，符号学同样经历了一场从逻辑到语用的发展过程。可以说，现代符号学的发展是促成语言分析方法之"语用学转向"的另一主要动因。

(一)现代符号学的思想源流

一般地讲，符号学(semiology)亦称为"指号学"(semiotics)，是有关记号、记号过程、记号功能和记号使用的研究，因此探讨涉及符号过程、结构、功能和使用的所有方面，如人造机器中信息变换和传输的过程、植物和动物的刺激和反应过程、有机体中的新陈代谢、灵长类动物个体和群体之间的相互交往、人类间的交流、社会机构间的各种往来关系，以及对法律文件、文学、音乐和艺术中的复杂符号结构理解进行解释的过程。[①] 从历史的角度看，"符号学"自古代起就被应用于解决日常生活实践中遇到的具体问题。这最早可以追溯到古希腊的医学传统，古希腊人把符号学看作医学的一个必要部分，因为医学符号学可以帮助医生去认识各种疾病的外在表象，即在疾病和外在表象之间建立具有符号特征的征兆，并在此基础上进行疾病的诊断。而罗马时代的预测术，其目标就在于通过对现有预兆的解释，来对未来事件进行预言，这种预测术之得以实现的可能就源于对符号过程和功能的把握。当然，这些对符号学思想和技术的应用基本上都具有实用主义的性质，是一种经验基础上的符号工具的使用。

符号学的理论性的发展则开端于苏格拉底和柏拉图的哲学。苏格拉底开创的通过对话、辩论来澄清问题的方法，从对生活实践当中的各种实际问题的质疑来开始哲学研究，他的这种与智者之间的哲学问答法，"实际上成为人类以后两千多年语义分析活动的萌芽"，因为他要求对所使用的语词和推理的方式进行选择，涉及对语词和非语词记号的表达问题，可以说是一种符号学的思考方法，所针对的都是关于道德、法律、语言、行为、逻辑等的基本语义问题的辨析，正是这种对语词基本语义

① 冯契：《哲学大辞典》，1171页，上海，上海辞书出版社，1992。

的质疑态度成为西方哲学和符号思想发展的根本动力之一。[①] 柏拉图对符号学发展的贡献主要不在于提出关于记号和语词的具体使用上，而是通过提出“理念论”的哲学观，理念论认为现实世界中的对象都是“分有”了理念世界中的同名实在的属性，才具有了意义。这里的“理念”从逻辑上讲，实际上就是指一般概念、种、共相和范畴，是同名可感诸事物的共性，是超越时间、永恒存在的实在，本质上就是事物的“语义”集合体，同名可感诸事物的个体语义和指称均源于此。这一理论的提出使得苏格拉底对记号和语词问题的关注开始上升到理性的层面，使作为语言、思维和行为统一体的古希腊逻辑学得以出现，从而与苏格拉底一道，开创了逻辑学的语义研究方向，成为希腊符号学思想的基础之一。

构成希腊符号学的另一基础是亚里士多德开创的逻辑学的句法方向。在《工具论》中，他首次对作为思维工具的语言和逻辑进行了系统分析，逻辑史上第一次提出并系统表述了三段论的原理和规则，以及如何避免自相矛盾的方法等，这些思想的基本目标就是要澄清语词和符号的句法规则，是一种形式化的分析，而较少涉及符号的语义方面，而在《分析篇》中，则对逻辑推论和推论的规则进行了研究，这些关于逻辑推论和句法理论的研究都对记号理论的发展具有重要的作用。亚里士多德还在《修辞学》中说明了修辞学和辩论术的关系，认为修辞学的本质是劝说的论证模式，诉诸并激发情感，它所使用的论证的劝说是一种证明，从而在此基础上讨论了语词象征意义成立的根据，与使用者间约定过程

① 李幼蒸：《理论符号学导论》，54～55页，北京，社会科学文献出版社，1999。

等涉及符号的语用学方面的问题。[①] 后来的斯多葛学派继承亚里士多德的逻辑学理论，首次比较明确地提出了记号理论和语义学，赋予符号学以特殊的地位，把符号学看作哲学中与物理学、伦理学相并列的基本部分，并把逻辑学和知识论包含在符号学中，认为记号的所指不只限于心物个体(实物个体)，同时也包括时空、位置等状态和方式。[②] 这些都构成了希腊—罗马时代符号学思想的主流。但在罗马时期，基于当时政治与法律活动的日趋活跃，特别是雄辩术和修辞学在政治生活和公众生活中的广泛需求，希腊时期发展起来的理论符号学开始趋于实用化，不仅思考语言的本质，而且关注于语词使用的效果。不过，从总体上讲，希腊—罗马时代符号学思想属于逻辑的“语形—语义”方向，感兴趣于记号过程、记号功能和记号的意义等方面。

随着希腊—罗马时代符号学思想与基督教神学的结合，符号学在圣经文本和事件的解释中发挥作用，开始朝着诠释学的方向发展，出现了以奥古斯丁(A. Augustinus)为代表的神学符号学思想。这种思想认为记号既是物质对象，也是心理效果，通过记号，可以使人的思考超出对事物的感官印象，对符号的这种理解其目的就是为了制定正确理解圣经文义的规则，而不是为了经验推理的有效问题。因此，对奥古斯丁而言，每一个语词或记号都具有一个特定的意义和指称，此意义就是该语词或记号所代表的对象，因而语词或记号实际上成了思想和对象世界的中介，可以说，这是一种典型的非语用学式的意义观。另外，奥古斯丁

---

① 冯契:《哲学大辞典》, 1211 页, 上海, 上海辞书出版社, 1992。

② 李幼蒸:《理论符号学导论》, 60～61 页, 北京, 社会科学文献出版社, 1999。

还假定，在语词或记号之前存在着物质的与心理的事物，它们借助于语词或记号使声音的标记成为心理意志的记号外显形式，进而假定了意志和神的意志的存在，使符号学成为神学真理证明论的工具。当然，奥古斯丁的神学符号学的思想开始关注于心理对象和价值对象的意义关系等问题，对符号学的发展做出了特定的贡献。①

经由奥古斯丁的神学符号学，符号学进入了中世纪经院哲学时期，阿奎那(T. Aquinas)把奥古斯丁和亚里士多德的思想结合起来，即把语词或记号自身的语义问题和对它们的解释问题结合起来考虑，尽管在其符号学中，圣经文本和故事构成了主要的思考对象，如把圣餐视为神恩的记号，但同时也从语义的角度来处理，认为语词的意义不是个体而是共相，概念或名称所指的就是它本身的定义，因而，对于圣经文本中的记载，首先应该处理或解释的是这些语词或记号自身的直接的和表面的意义，然后才可进一步作为比喻的或隐喻的记号来理解。事实上，阿奎那已经不仅从信仰的和神谕的角度来思考记号，而且注重其内在的逻辑严密性和概念本身的自洽性。

到了近代，随着文艺复兴、启蒙运动和科学理念对于经院哲学的冲击，符号学又恢复了柏拉图和亚里士多德的传统，一方面，英国经验论者从语义的角度着手来处理符号和认识对象的关系。霍布斯(T. Hobbes)首先按照新的科学观将传统的记号推论思想进行了重新整理，规定了通名和意义的概念，将自然物的记号列入具有因果特性的系列命题中，在前后件因果关联的假设中二者互为记号，而且自然记号

① 李幼蒸:《理论符号学导论》，65～70页，北京，社会科学文献出版社，1999。

还包括了人和动物的表情。在此基础上，洛克形成了近代心理学符号学。他关注于记号和观念间的联系，认为观念是事物的记号，词是观念的记号，从而把外在事物、感觉观念和语词统一起来，另一方面，大陆唯理论者则从语形的方向上来探讨符号学。莱布尼茨(G. Leibniz)是这一时期最重要的符号学理论家之一，他在对思维程序精密化的研究中，对使用词项和概念的规定与组合法则作了系统探讨，奠定了现代数理逻辑和机器思维研究的基础。当然，莱布尼茨关于符号学的主要思想还是在记号的认识功能和推理技术方面。① 可以说，正是文艺复兴之后语言哲学中这些关于心理学、认识论和逻辑学方面的先驱性的工作，才使现代的语言的和非语言的符号学得以产生。

从以上对早期符号学思想史的简单回顾可以看出，实际上在符号学的发展中，对于记号的处理已经出现了“语形—语义”方式和“语用”方式的差异，只不过是，前者在整个近代符号学的发展中一直占据主流的地位，这应该说与哲学和语言学的发展是一致的。

(二)现代符号学的语用维度

从一般的意义上讲，符号学研究的是所有类型的符号过程或记号过程。这个过程可以表述如下：首先，必须有信息的发送者(可能是一个或一组发送者)和接收者(可能是一个或一组接收者)。其次，在一个信息的传递过程中，包含着三个基本因素，即能指(signifier)，它是语言符号，比如“猫”这个词；所指(signified)，它是“能指”的意义或观念，

① 李幼蒸：《理论符号学导论》，78～79页，北京，社会科学文献出版社，1999。

如讲话者关于“猫”的思想或观念；以及“指涉物”(referent)，它是与“所指”和“能指”相对应的外部对象，如正躺在地毯上的猫。再次，在传达信息时，发送者必定选择一种交流媒介，从而将“所指”与相应的“能指”联结起来，他的信息的发出就是产生一种能指记号，它代表着特定的所指和指涉物，接收者则通过媒介接收到这种能指记号并将它视为就是相应的所指和指涉物。最后，信息进入相应的情景语境中，在接收者那里重新形成所指并使他与意指的指涉物关联起来。

基于对符号过程的这一认识，符号学家主张，他们能够提供一种描述所有种类符号的普遍术语系统，为了达到这一目标，出现了从语言哲学、现代逻辑、修辞学和诠释学各个方面进行研究的思路，从而形成处理符号过程的不同方法：①

1. 逻辑方法

符号学中逻辑的方法是与现代逻辑的创立者弗雷格密切相关的。他以算术为模型创立了一种形式的语言，并描述了符号系统的各个方面。这种研究完全将主观意向等心理学的因素排除在符号学的研究之外，以保证逻辑的形式要求。正如他讲的，“始终要把心理的东西和逻辑的东西、主观的东西和客观的东西明确地区别开来”②，因为逻辑分析是客观的、中性的，而心理意向过程则是主观的、个体化的，语词和符号的

---

① Jef Verschueren, Jan-ola Östman, Jan Blommaert, Chris Bulcaen(ed.), *Handbook of Pragmatics*, Amsterdam/Philadelphia: John Benjamins Publishing Company, 1995, pp. 471-475.

② [德]弗雷格：《算术的基础》，7页，1953年德英文对照版，转引自涂纪亮：《分析哲学及其在美国的发展》(上)，38页，北京，中国社会科学出版社，1987。

意义和思想中的事物表象应该互不相关。这一思想构成了逻辑学方向上研究符号学的基本原则。基于这一认识，弗雷格具体对记号、对象和意义三者间的关系进行了分析。在他看来，语言中的专名既指称对象，又表达意义，两个专名的对象相同，意义并不一定相同，但两个专名的意义如果相同，则对象必定同一。“对于一个记号，它的意义和所指对象之间的固定的关联在于，与该记号相对应的是其确定的意义，而与该意义相对应的则是某种确定的意指事物，但对某一意指的给定事物而言，却并不是只有唯一一个记号属于它。”[①]弗雷格所开创的这一方向后为罗素、卡尔纳普等人所继承。卡尔纳普说，“对我的哲学思考影响最大的是弗雷格和罗素”[②]，因此，卡尔纳普把哲学活动的基本目标就定位于，应用弗雷格所创造的新的数理逻辑工具，去分析科学概念和澄清哲学问题，从而“在分析那些与我们日常生活事物有关的普通语言诸概念及其可见性质和关系方面，在用符号逻辑给这些概念下定义方面，做了大量尝试。”[③]这些工作的结果就是《世界的逻辑构造》。在该书中，卡尔纳普并不更感兴趣于建立一种理论，而是想创造一种普遍的、精确的语言，提供给科学研究作为统一中性的客观语言工具来使用。因此，他的目的就是将一切科学领域的概念都分析还原到直接经验的基础上，用“原初经验的相似性记忆”这个基本关系的概念，逐步地给所有其他概念以定

---

① Aloysius Martinich，*Philosophy of Language*，New York：Oxford University Press，1985，p. 201.

② [德]卡尔纳普：《卡尔纳普思想自述》，陈晓山，涂敏译，17页，上海，上海译文出版社，1985。

③ 同上书，23页。

义，有层次、有等级地把各个科学领域的概念重新构造出来。为此，卡尔纳普使用了四种语言来表述他的构造系统，即文字语言、实在论语言、虚拟构造语言和逻辑斯蒂的符号语言，在他看来，“构造系统的基本语言是逻辑斯蒂的符号语言。只有这种语言能为构造提供真正精确的表达式；其他几种语言只是用作简便的辅助语言。是对逻辑斯蒂语言的翻译。”[①]可见，卡尔纳普的根本目的就是要用逻辑符号来统一科学。

2. 结构主义方法

结构主义的方法论根源于索绪尔(F. Saussure)的符号学、罗素的形式主义以及布拉格语言学派等，认为各种学科都具有共同的不变的结构，它是作为认识主体在无意识的能力中所具有的，应当从社会形态和文化活动进行结构分析来达到认识事物的结构。索绪尔提出了语言学的结构主义模式，强调研究语言的同时性结构比研究语言的历时性结构更重要，他最早在语言(Language)和言语(Parole)这两种语言存在范畴间做出了区别，认为语言是互相差异的符号系统，言语则是语言的个人声音表达，语言的意义依赖于一个符号与其他符号的关系，而不依赖于语言与外界事物的关系，这样就产生了结构与过程的二分法，促成了符号学的独立，形成了结构主义的符号学研究传统。[②] 在这一方向上，洪堡、叶尔姆斯列夫(L. Hjelmslev)等语言学家，主要从普通语言学或结构语言学的角度分析语言的系统或结构，列维-斯特劳斯(Claude Levi-

① [德]卡尔纳普：《卡尔纳普思想自述》，陈晓山、涂敏译，125页，上海，上海译文出版社，1985。

② 冯契：《哲学大辞典》，1287页，上海，上海辞书出版社，1992。

Strauss)、皮亚杰(Jean Piaget)和巴尔特(R. Barthes)等结构主义者则把结构语言学的结构概念广泛应用于社会学、心理学以及文学评论等领域的研究,[①] 尽管他们在观点上不尽一致,但都把结构作为基础来分析符号、符号过程以及符号的功能,特别是把文本作为核心的研究对象,进而从早期的文本结构主义转变为后期的文本符号学。

3. **现象学方法**

胡塞尔的现象主义符号学主要围绕意义形成和意义功能的研究展开。他首先区别了自然符号和人工符号,前者为“迹象”,如化石是古生物存在的记号,后者为“表达”,是真正的记号,具有指示意义的作用,与动机和信念相关,是一种基于人的意志决定和意义意念的记号,处于人的意向性当中。在胡塞尔看来,这种表达记号有三种类型:①一次短暂的言语流,相当于单一事件;②一种反复出现的观念性实体,如逐字重复的语句;③用其他语言中的相应语句对同一观念意义的表达。表达记号可以有各种不同的外部再现或出现方式,但却可以表达同一不变的意义。所以,表达记号就成了本质的东西,而关于本质的考察则属于纯逻辑语法或先天性语法,它是一切可能的意义确定法则,先天语法就是有关纯粹意义形式的语法,它处理的只是各种先验形式或可能的意义形式。在此基础上,胡塞尔通过意义构成过程或行为,将表达记号、意义内容和意指对象构造成为符号过程的有机的统一体。可以看出,胡塞尔的现象学的符号学由逻辑语义学分析和意向心理分析共同组成,在符号

---

① 涂纪亮:《现代西方语言哲学比较研究》,119页,北京,中国社会科学出版社,1996。

学的研究中独具特色。[①] 后来的海德格尔从人类的解释现象学上进一步发展了胡塞尔的这种描述现象学，他以解释循环为核心，构成他的对所有人类存在进行理解和解释的本体论结构。

4. 语用学的方法

理论符号学的语用方面是由符号学的实用主义建立者皮尔士所创立，并进一步由莫里斯发展。他们把符号理论定义为对任何种类的符号进行的研究。但皮尔士想把符号学界定为人类的科学，而莫里斯则将符号过程和功能的研究与对有机体的观念和理解联系起来。莫里斯根据符号过程中各个成分的缺失和相互关系，认为语形学研究的是能指、它们的构成以及能指和其他能指间的关系；语义学研究能指和所指间的解码关系；语用学研究符号、符号使用者(发送者和接收者)和指涉物三者间的关系。正如德国逻辑学家鲍亨斯基(J. Bochenski)所描述的，“符号学的主要观点——它也是符号学分门别类的基础——可以陈述如下。当一个人向另一个人说些什么的时候，他所用的每个词都涉及三个不同的对象：(a)首先，这个词属于某个语言，这表明它同该语言中其他词处于某种关系之中。例如，它可以处于句中的两个词之间，或处于句首，等等。这些关系叫作句法关系，它们把词与词连接起来。(b)其次，这个人所说的话具有某个意义：他的那些词都有所意谓，它们要向别人传递某些内容。这样，除了句法关系之外，我们还得研究另一种关系，即那个词同它所要意谓的东西之间的关系。这种关系叫作语义关系。(c)最后，这个词是由一个特定的人向着另一个特定的人说的，因此，存在着

① 李幼蒸：《理论符号学导论》，227～235页，北京，社会科学文献出版社，1999。

第三种关系，即该词与使用它的人们之间的关系。这些关系叫作语用关系。”[①]后来莫里斯进一步把语用学定义为对符号与它们的解释者关系的研究，是符号学的研究符号的起源、使用和效果的分支，从而引发了语言学中的一个主要趋势。从莫里斯开始，语用学就一直被视为对意义和所指过程间关系的研究，包括在语境中的使用、推理和理解，关注于语用过程、语用符号、语用信息和语用推理。从语用过程的角度讲，对语境的依赖使它有别于从语义和语形方面进行的符号的编码和解码，当发送者和接收者结合自身的使用和理解对符号过程进行解释时，语用过程就发生了。但是，语用过程对于符号的发送者和接收者而言，其意义并不完全相同，由此就产生了后来对制约这些语境依赖的推理原则进行的语用研究，包括奥斯汀和塞尔的言语行为条件、格赖斯的会话准则，以及斯帕伯（D. Sperber）和威尔逊（D. Wilson）的关联原则。另外，当接收者想知道发送者通过信息所意图达到的目的时，他就需要进一步懂得和理解那些附加于该过程中的、超越表层语形和语义之外的语用信息，这种类型的信息可以涉及世界中的任何事物、事态和过程，并且，如果想使符号携带的信息得到正确和确切理解的话，那么，任何与语用相关的潜在信息都必须得到保全。在自然语言中，语用信息依赖于它所相关的一切文化因素，其中特别重要的是发送者、接收者和所论及的人与对象之间的社会关系。语形和语义之外所蕴含的语用信息，有时候甚至比表层的信息本身对于理解整个符号的意义和信息，进而获得语用过程所

---

① [德]鲍亨斯基：《当代思维方法》，童世骏等译，35页，上海，上海人民出版社，1987。

欲达到的特定结果来说，要更为重要。所以，语用学经常被视为研究所指和意指的信息之间的关系，因为语用信息作为解释过程的一部分，把信息交流和传输过程中符号的所指，内在地与在产生它的过程中所假设的意向信息连接起来，从而有利于符号过程的完成和符号附加意义的传达。

从弗雷格处理符号的逻辑方法，到胡塞尔对意向性和心理因素的引入，直到莫里斯符号学体系的构想，符号学的研究同样经历了一场思维方式和研究路向上的语言学转向的变革，事实上，“莫里斯雄心勃勃的符号学研究可以说是这一语言论转向的产物之一”①。正是由于符号学研究中符号的语用维度的凸显，对语用推理、语用语境、语用过程、语用规则和语用逻辑的研究一度成为哲学家、语言学家、逻辑学家和符号学家们所关注的中心，这同样从客观上促进了整个思维方式上的“语用学转向”。

二、语用学的含义

语用学的形成和发展很大程度上应归功于哲学家对语言的研究和关注。1938 年，美国哲学家莫里斯在《符号理论基础》一书中首先提出“语用学”这个术语，并初步指出语用学的研究对象和范围。其后，经由犹太语言哲学家巴-希勒尔(Bar-Hiller)、英国哲学家奥斯汀、美国哲学家

① 周祯祥：《现代符号学理论源流浅探》，载《现代哲学》，1999(3)。

格赖斯和塞尔对指示词理论、言语行为理论和会话蕴含理论的发展，作为一种符号的和哲学的语用学的基本含义和域面越发清晰和明确。另一方面，随着 1977 年《语用学杂志》在荷兰正式出版发行，语用学作为一门独立的学科正式形成并很快受到哲学、语言学、逻辑学、认知科学和计算机科学的普遍关注。美国语言学家列文森在其著名的教科书《语用学》中，从历史发展的角度，总结了历史上界定语用学的各种途径和方法，特别是从外延方面，具体地论述了语用学所涉及的基本论题，为语用学的研究提供了一份清晰的研究纲领。本节之目的就是要通过具体考察语用学的发展演变，对语用学的对象和领域做出基本的界定，展示语用学的风格、意义和历史印迹。

(一)语用学的历史溯源

一般地讲，语用学的历史可以追溯到古希腊—罗马时代。在那时，就存在有著名的语气理论，它在指示、疑问和命令这三个经典句式语气范畴间做出了区别，分别对应于陈述句、疑问句和祈使句三种基本句型，用来表达对事物的描述，对事态的质疑和对行为的要求。后来的普罗泰戈拉则第一次把言语分为四种语气，即请求、提问、回答和命令，并将它们视为言语的基本构成部分。

这种分析特定言语行为的传统，后来为亚里士多德所系统地继承和发展。紧随着柏拉图，亚里士多德在他的《修辞学》中第一个发展了一种交流的语用模式。在他看来，修辞学和逻辑学是不同的，修辞学是一种公开演说的论辩艺术，通过语言表达进而影响听众的心灵来说服人。为此他将交流做了分层，认为在一个对话或交流过程中，存在讲话者、听者和他们共同指称的对象三种因素。在此基础上，亚里士多德进而区别了言语的三种语气，即劝告、对陪审团的致辞和礼仪言语。这些都对应于当时社会实践对语言使用功能的需要。在《解释篇》的第四章中，亚里士多德把可为真或假的判断与既不可为真也不可为假、并因而应当在修辞学或诗学中处理的其他类型的言语行为做了区别和比较，前者就是通常所说的陈述，后者则是不属于主流的、语言的非书面用法。在《论诗学》中，他提供了另外一些言语行为的例子，如命令、请求、报告、恐吓、提问和回答，但他并未对这些表达类型提出条理化的分析。可以说，亚里士多德已经意识到了言语行为的多样性，但他只对判断或陈述做了特别的研究和处理。①

斯多葛学派具有类似的看法，认为逻辑学包括辩证法和修辞学两部分，分别研究理性和语言的规则。在语言问题上，他们把所有词汇分为名称、类名词、动词、连词和冠词五种，认为词汇不是约定俗成的，而是自然的产物，词素是对自然声音的模仿和变形，词素的意义合成为词汇的意义。根据语言、思想和事物间的自然联系，斯多葛学派进一步指出，①词汇的意义既是指称对象，又是含义，前者是词汇指称的外部事物，后者是词汇表达的思想内容；②“逻各斯”既是内在的，又是外在的。“逻各斯”的原意是“言辞”，在哲学中的通常意义是理性和思想，这是因为语言和思想是同一个“逻各斯”的内外两个方面，“内在逻各斯”为无形的思想，“外在逻各斯”为思想的表述，即言语。但斯多葛学派与亚

---

① Brigitte Nerlich，David Clarke，*Language*，*Action*，*and Context*：*the Early History of Pragmatics in Europe and America 1780-1930*，Amsterdam/Philadelphia：John Benjamins Publishing Company，1996，p. 10.

里士多德不同的地方在于，他们所研究的主要逻辑对象不是主谓关系，而是“可说的东西”，即语句的意义。在此，语句的意义不同于语句的表达，因为表达是说出的声音，但说出的内容却是事物状态，它们才是实际上可说的东西，即语句的意义是逻辑研究的对象，而语句的表达则是语法研究的对象。①

亚里士多德的作为与逻辑相对的修辞学，到了中世纪成为 Trivium(即修辞学、语法、逻辑[辩证法]三学科)的一部分。但后来，特别是在 19 世纪，当语言学逐渐寻求独立的自主学科发展中，更多地关注于语法的研究，从而把语法与对话(修辞学)和逻辑的语言研究相对立，而所有内在于修辞学的概念，包括言语的地位、对话的情景、对话的功能、讲话者和听者之间的相互作用则形成相对独立的系统，成为语用思维的另一主要来源。

除了这些对语用学发展具有积极的和肯定的思想来源之外，尚存在从否定的方面促进语用学发展的思想来源。

首先，对作为陈述、证实、判断、思想或命题表征的句子的还原论观念的反对。这一思想从亚里士多德以来一直渗透于语言的思想研究中。亚里士多德在《解释学》中写道：“每一个句子都是有意义的，但并不是每个句子都是作出了陈述的句子，而只有那些可以为真或为假的句子才是陈述句。并不是在所有句子中都存在真或假：恳求是一种句子，但既不真也不假。当前的研究解决了作出了陈述的那些句子，而其他类

① 赵敦华：《西方哲学通史》，275～276 页，北京，北京大学出版社，1996。

型的语句则未加考虑，因为对它们的思考属于修辞学或诗学的研究”。[1]对这个观点的反对刺激了从18世纪末的里德(T. Reid)到20世纪的奥斯汀对语用学的洞察。这样，亚里士多德就从两个相反的方向上两次促进了语用思维的发展。

其次，语言作为一种有机体的观念从大约18世纪起渗入于语言学的研究中。在康德把语言视为有机体这一隐喻的启迪下，洪堡抛弃了对发现普遍语法的奢望，而强调语言仅仅在讲话的行为中存在，并因而在讲话者(和听者)的心理和语言的活动的推动下变动和改变，从而强调讲话者的作用和言语行为。

最后，语言表征思想的观念一直统治着语言学的发展，对这种观念的批判极大地刺激了语用思维的发展。因为语言并不仅仅表征思想，它也不单是思想的表达式，而是在特定的方式中被用于去影响他人、与他人交流并对他人采取行动。同时对语言是基于约定，并因而是任意的和私人的这种观念的批判也促进了语用思维的发展。因为语言并不仅仅是任意的系统和作为思想或概念的表征的约定符号，它们反映了思想或概念表达式的声音结构及其意义的动机，反映了语言的自然性，以及反映了讲话者和言语情景中动机的来源。另外，随着对语言形式和它们的功能之间不一致的意识的增多，特别是对形式和功能、语言和思想以及意向和约定之间不一致的见识，如句子类型和它的语力间的不一致，促使语言哲学家开始质疑已接受的语法以及它与逻辑关系的传统思想。

---

① Achim Eschbach(ed.), *Karl Bühler's Theory of Language*, Amsterdam: John Benjamins, 1988, p. 147.

这种倡导语言只有在使用中才能获得意义的观念，在近代西方哲学的发展中与对科学知识的探求结合在一起，形成特定形式的语用思维。在德国，语用思维始于康德的“语言学转向”，并与德国的理性主义传统结合起来，最终形成了哈贝马斯的“普遍语用学”和阿佩尔的“先验语用学”，特别地关注于语言使用的主体间性和理解这两个特征。在英国，洛克的符号行为哲学开启了通过语言手段，发展个体自由来建构观念世界和精神世界，为人类语言使用的自由而构建人类知识的传统，并由奥斯汀提出“言语行为理论”的语用观念，反对当时占统治地位的逻辑实证主义的观点，奠定了语用学的基本理念。在法国，更多地关注于语言在实际使用和理解中的驱动力，语用思维是在经验所激发的符号学、心理学和人类学中发展的，普遍语法和源于洛克哲学对语言和特定理论的经验洞识的合流，共同导致了法国“经验主义语用学”，形成了对话分析的传统。在美国，皮尔士开创的实用主义哲学的功利主义和经验主义的思想，强烈地影响了现代语用学的科学目的和对象，普遍符号学的建构经由莫里斯的发展，更直接地促进了语用学的发展，而塞尔和格赖斯也分别通过对“言语行为”理论和“会话蕴含理论”的研究促进了语用学的整体发展。

在德国、英国、法国和美国哲学传统中所各自发展出的这些语用观念共同促进了一种新的独立的学科形式——语用学的诞生。可以说，现代语用学自身正是由这四个独立成分构成的混合体，即源于英国的言语行为理论、源于法国的对话理论、源于德国的普遍语用学和源于美国的符号学。它们一方面与认知科学，另一方面与社会的交流方面的研究紧密地结合在一起，形成自身特有的对象、论域、目标和理论体系。[1]

除了特定的哲学背景之外，现代语用学的形成也是与语言学本身的发展密切相关的。现代语言学的奠基人索绪尔通过区别语言和言语，把语言视为语言学研究的真正对象，主张就语言而研究语言，从语言系统、结构本身来研究语言，追求语言描写的形式化。后来的结构主义语言学更是倾全力于语言结构而忽视了语言使用。而在20世纪50年代，乔姆斯基(Noam Chomsky)提出的转换生成语法理论，更使语言分析高度形式化，把语言看作与其功能、使用、使用者无关的一种抽象机制或心智能力，只研究语言能力而不考虑语言使用。这些语言思想不仅不处理语言的语义问题，而且忽略了语言使用研究。[2] 事实上，语言是人类最重要的交流手段，只关注于静态的语形而不顾动态的语义和语用，根本不可能对语言获得真正的认识。另一方面，对语言语义的研究由于过分依赖于通过命题的真假值来确定语句意义，而将大量非真值条件言语放弃掉，不考虑语言使用的具体语境，对言语不能获得准确理解，导致交流的失败。语言学发展中的这些教训促使语言学家关注于语言的使用，致力于在真正的语言交流情景下把握言语的意义，内在地促进了语用学的诞生和发展。

(二)语用学的内涵界定

语用学的内涵界定问题始终是探索语用学意义的基本问题，对这一问

---

① Brigitte Nerlich, David Clarke, *Language, Action, and Context: the Early History of Pragmatics in Europe and America 1780-1930*, Amsterdam/Philadelphia: John Benjamins Publishing Company, 1996, p. 12.

② 索振羽：《语用学教程》，5页，北京，北京大学出版社，2000。

题的不同求解，不仅表明了不同的语用认识论和方法论态度，而且也涉及语用学自身的学科定位和论域。事实上，现代语言学和哲学中对语用学认识上形成的差异，很大程度上源于对语用学自身内涵界定上的分歧。

从实用主义的基本立场出发以及出于对皮尔士符号意义理论的回应，莫里斯历史上第一次明确地给出了语用学的研究界域。通过符号的三元划分，他指出“语用学是对符号和解释者间关系的研究”，而“语义学是对符号和它所标示的对象间关系的研究”，“语形学（或句法学）则是对符号间的形式关系的研究”[①]。后来，莫里斯依照行为理论进一步扩张了语用学的研究范围，认为“语用学研究符号之来源、使用和效果”，“语义学研究符号在全部表述方式中的意义”[②]，这意味着语用学处理的是符号的有关生物的方面，即存在于符号功能中的心理的和社会的现象，因此包括了心理语言学、社会语言学、神经语言学等方面。

莫里斯给出的这种理论的和纲领式的语用学基本观念，延伸出探讨语用学基本含义的四个不同方向：

其一，大陆哲学意义上的语用学，它与语言的理解和诠释结合在一起，在符号系统和语言中包括了心理学和社会学现象的研究，在较为宽泛的意义上处理语用问题。

其二，形式化的方向。巴-希勒尔把语用学视为是对包含了指示词或直指词的自然语言和人工语言的研究，蒙塔古则把语用学与内涵逻辑联系

---

① Charles Morris, *Writing on the General Theory of Signs*, Walter de Gruyter, 1971, pp. 21-22.

② Charles Morris, *Signs*, *Language and Behavior*, New York: Prentice-Hall, 1946, p. 219.

起来，通过一系列的逻辑符号试图把语用学建构为类似于语义学的形式，进行一种量化处理，从而把语用学“看作内涵逻辑的部分的一阶化归”[①]。

其三，根据对行为者或语言使用者在符号运行过程中的作用，来区分语用学与其他符号研究的界限。这一方向以卡尔纳普为代表，他认为，在语言的使用和应用中，主要有三个因素，即讲话者、表达式和表达式的所指项：“如果一项研究明确地涉及讲话者，或用比较普遍的词汇来说，涉及语言的使用者，我们就把它归入语用学的领域。如果我们撇开语言的使用者，只分析语词与指涉物，就是在语义学的范围中。最后，如果我们把所指项也撇开，而仅仅研究语词之间的关系，我们便处于(逻辑的)句法学领域中了。”[②]所以，从语言哲学的角度讲，语用学的研究包括，在讲话器官和与讲话系统相联结的神经系统中，对讲话过程进行生物学的分析；对讲话行为和其他行为之间的关系进行心理学的分析；对同一语词的不同内涵和对不同个体的意义进行人种学的分析；对讲话习惯和它们在不同部落、不同年龄群以及社会阶层中的差异进行社会学的分析等。特别重要的是，卡尔纳普还通过“纯粹的”和“描述的”分析方式来对语形学、语义学和语用学做出区别。他指出，一种纯粹的研究就是使用规范的术语和约定的定义，来澄清所研究领域的那些基本概念。比如对语义学来说，就是研究真理和指称。而一种描述的研究则是

---

① 理查德·蒙塔古：《语用学和内涵逻辑》，瓮世盛译，见中国逻辑学会语言逻辑专业委员会、符号学专业委员会编译：《语用学与自然逻辑》，186页，北京，开明出版社，1994。

② Rudolf Carnap，*Introduction to Semantics*，Massachusetts：Harvard University Press，1942，p. 9.

通过所获得经验的材料，来描述或解释现象。因此，在卡尔纳普那里，在语形学和语义学的框架内，纯粹研究是可行的，而对语用学则不可能实现，对语用学只能进行描述性的研究。为此，卡尔纳普把语言的全部描述研究都视为是语用的，它们全都涉及解释、来源、使用和符号效力。在此基础上，卡尔纳普指出，语言学是包括与语言相关的所有经验研究的科学分支，是符号学的描述的和经验的部分，由语用学、描述语义学和描述语形学组成。而语用学则构成了全部语言学的基础，因为描述语义学和描述语形学中的所有知识，都是建基于语用学的先在知识的。可见，卡尔纳普倾向于把语用学视为一种经验的科学。[①] 既然纯粹的研究是逻辑学的一部分，与为特定科学目的而设定的语言之理性重建相关，而描述的研究则是语言学的一部分，与可用于更普遍目的的、经过历史检验的自然语言相关，所以，在卡尔纳普眼里，讲话者使用语言时，作为对语词和语句之使用的特定方式进行研究的语用学，只是一个并无多大用处的东西，而需更多关注的应当是语义学的逻辑构造。

其四，英美语言学和哲学的方向。这一方向与大陆哲学截然不同，在非常狭隘的意义上来探讨语用学的基本内涵，即仅限于从哲学、语言学和符号学的交汇层次上，来对语用学做出基本界定。在这一方向上，出现了大量的对语用学处理的不同方式，显示了语用学研究的具体性和丰富性。美国语言学家列文森在其著名的语用学教科书《语用学》中，对此做了系统的总结和评述，他指出，历史上出现的对语用学进行界定的

---

① Asa Kasher(ed.), *Pragmatics: Critical Concepts* (*I*), London: Routledge, 1998, p. 21.

观点主要有：[1]

第一，从语言使用的不规则性上，语用学是“对解释为什么某一组句子是不规则的或者某些言说是不可能的那些规则的研究”。这一定义通过对具体的非规则语句的分析，指出如果没有适当语境的话，很难对句子得到完全的理解和解释。这一定义较好地说明了与语用学相关的原则，但它很难成为语用学的明确的定义。这些语用上的不规则性是预先决定的而不是解释性的，因此它不具有概念特征，而只是一种对语用学特征的描述。

第二，从功能的视角上，语用学是“试图通过涉及非语言的强制和原因来解释语言结构的某些方面来对语言进行研究。”这一定义的特点是突出了语用学的非语言功能，但很难通过它把语言的语用学从关注语言功能的其他学科，如心理语言学和社会语言学中区别出来。

第三，从语言使用和语言能力区别的角度上，“语用学应当仅仅与语言使用的原则相关，而不涉及语言结构的描述。或者，借助于乔姆斯基对能力和运用的区别，语用学只跟语言运用原则相关。”因为语法(包括音位学、句法学和语义学)是与对语言形式的意义的无语境化指派相关，是关于语句类型结构的理论，而语用学则是与在一个语境中这些形式更进一步的解释相关，它不说明语言结构或语法属性和关系的结构，而是在具有命题的语句记号的语境中，分析讲话者和听者的推理的相互关系，在这个意义上，一种语用学理论是行为论的一部分。

---

① Stephen Levinson, *Pragmatics*, Cambridge: Cambridge University Press, 1993, pp. 5-35.

这一定义得到许多赞同和支持，但问题在于，有时候，我们能够直接把语境的特征编码到语言结构的某些方面当中。这样一来，就不能明确划分独立于语境的语法(语言能力)和依赖于语境的解释(语言运用)之间的界限。因为对于语句的解释来说，没有诸如零语境或无效的语境之类的事物存在，仅仅在假定了此语句可以适当地言说的语境的一系列背景，我们才能够理解这些语句的意义。

第四，从语用的语境性上，语用学“既包括语言结构的语境依赖的各个方面，也包含跟语言结构没有关系或很少有关系的语言的运用和理解的各项原则。”由于语用学对语言结构和语言使用的原则的相互关系特别感兴趣，所以，这个定义可以进一步表述为，语用学“是对在一种语言的结构中被语法化或被编码的那些语言和语境之间的关系的研究”，或“语用学是对语言和语法的书面形式相关的语境之间的关系的研究。”这个定义的优势在于，它并不要求给予语境观念以一种先在的特性。但语法化或语言编码观念却易于引起争议，需要区别语言形式和把语境意义融入相关的语言形式的语境之间的相互关系，为此，对于一个语言可被编码的语境的特征而言，①它必须意向地被交流；②它必须约定地与语言形式相关；③这种编码形式必须是对照集的一个成员，其他成员则编码不同的特征；④语言形式必须服从于规则的语法过程。可以说，该定义将语用学的研究领域严格限定为纯粹语言的问题，从语言的适当性上保证了语用学不会像莫里斯和卡尔纳普的定义那样具有很强的扩张性。

第五，从与语义学的关系上看，语用学“是对未被纳入语义理论的所有那些意义方面的研究”，或者说，假定语义学被限定为真值条件的陈述的话，语用学的主题就在于研究那些不能通过直接指向语句表达的真值条件来获得解释的言说的意义，即“语用学＝意义－真值条件”。因此，语用学研究的是意义的那些不在语义学范围内的方面，这种观念具有很强的说服力。尽管语用学的范围由此就在很大程度上依照语义学而改变，特别是一旦将语义学界定为建基于“真值条件”之上的话，就把大量的“意义”留给了语用学，但这可以通过在语句意义和言说意义间做出区别来克服，即把语义学对语句意义的研究和语用学对言说意义的研究视为相等。因为语句和言说间的区别对于语义学和语用学区别的重要性是基本的，从本质上讲，一个语句是在语法理论中被定义的抽象理论实体，而一个言说则是在一个实际语境中的语句，语义学应当与语境之外的意义，或不依赖于语境的意义相关联，而语用学与意义的关联则是在语境中。

第六，从语言的理解上看，语用学“研究语言和对于语言理解的解释是基本的语境间的关系”。这个定义承认语用学在本质上是跟推理相关的，理解一个言说涉及一系列推理的做出，它将与所谈到的共有的假定或以前被说到的东西相关。对于语境中的一个所予的语言形式，听者要想准确地理解它，一种语用理论就必须对预设、蕴含、语力等做出推理。它并不依据编码或不编码来对语义学和语用学做出区别。它包括了语言使用的大部分，对于语言使用的每一个约束的系统集，都有一个对应的推理程序集，可以被用于语言理解。

但它的弱点是使语用学包含了语言知识和全部参与者关于世界的知识间相互作用的研究。这个定义需要语境概念的精确特征。在语用学被限定为是语境的编码方面的定义中，语境的相关方面不应当被预先指明，而应通过对世界的语言的调查来发现。在这里，除了主张语境是产生推理的任何东西之外，有关语境的一些方面还应当被指出，需要知道实际的情景以及与言说的结果和解释相关的那些语言和文化的特征。除了逻辑和语言使用的普遍原则之外，还有：①作用和地位的知识。作用包括在言说事件中的作用，如讲话者和听者，以及社会作用。②空间和时间位置的知识。③形式层次的知识。④媒介的知识。⑤相应主体的知识。⑥相关范围的知识。语境的范围并不是容易定义的，必须考虑到，语言使用者在任何所予时间中，实施特定行为所处的社会和心理的世界。它最小限度地包括：语言使用者对时间、空间和社会情景的信任和假设；先在的、正进行的和未来的言语的或非言语的行为；以及在社会相互作用中，正在实施行为的那些参与者的背景、知识及关注程度。语境不能离开语言特征来理解。

第七，从语言使用者的能力上看，语用学是"对语言的使用者把句子与使句子合适的语境相匹配的能力的研究"。如果语用学被视为在乔姆斯基含义上的语言能力的一个方面的话，那么像其他方面一样，它必须由一些抽象的认知能力组成，它提供了一种与语义学很好的比较，因为正像语义理论是与把真值条件递归地指派给形式好的表达一样，语用理论是把适当性条件递归地指派给具有它们的语义解释的句子的相同集合。换言之，一种语用理论应当原则上为语言中每一个形式好的句子预测到对它将是适当的那些语境集。但这一定义也受到许多问题的困扰。因为它与社会语言学的解释在某些部分上重叠。另外，它要求在文化同质的基本理想化的言语共同体。一种语言的讲话者使用语言的能力并不总是与受欢迎的交流方式一致，也可能说些与语境不合适的言语。

第八，从语用的外延性上看，语用学是“对指示语词、蕴含、预设、言语行为和会话结构的某些方面的研究”。这个定义提供了语用理论必须解释的一系列现象。但它只是揭示出语用学应当研究的一些主题，而没有给出有机的和系统的本质阐述。

列文森认为，在所列的这些语用学的定义中，最有前途的是把语用学视为“意义－真值条件”的定义，特别是它把语境的因素引入进来，弥补了语义学的不足。尽管它尚有很多缺点。但从语言哲学的发展看，从对语形的经验语义分析到对语用的语境分析，是一个重要的转变，可以说，正是通过语境才使蕴含于言语形式中的各种意义和功能得以表现出来，所以，在“语境的基础上去谈论语用学的意义及其方法论趋向，是一种语用研究的本质要求”[1]。

(三)语用学的基本域面

尽管很难为语用学做出明确的内涵界定，但至少可以从外延的角度，通过研究语用学所涉及的基本域面或必须解释的基本主题，来洞察语用学的本质。为此，列文森在《语用学》一书中做了详尽的论述。从与哲学的相互关联上，列文森认为语用学主要关涉的论题有：[2]

1. 指示词

这是语用学最早选定的研究对象，因为在语言自身中，反映语言和语境之间关系，最为明显的方式就是通过指示现象。指示(deixis)这个

---

① 郭贵春：《语用分析方法的意义》，载《哲学研究》，1999(5)。

② Stephen Levinson，*Pragmatics*，Cambridge：Cambridge University Press，1993，pp. 54-283.

术语源于希腊语，原意为“指出或指明”，指示词就是表示指示信息的词语。语言哲学家巴-希勒尔于1954年发表的《指示表达式》中，认为指示表达式是语用学研究的对象，是在不知其使用语境时就无法确定其所指对象的词或句子，即它是不能用语义学的真值条件来衡量的词语，它们的意义只有依赖于语境才能得到准确的理解。从语言学的角度看，这些词包括：人称代词（I，you）、指示代词（this，that）、定冠词（the）、时间副词（now，today，yesterday，tomorrow）、地点副词（here，there）等。指示与言说或言语事件的语境的解码或语法化特征相关，并由此也与依赖于那种言说语境的分析的言说解释相关。指示信息对于解释言说的重要性，最好通过当这种信息是缺乏时的情况来说明。因为它直接地与语言的结构和它们被使用时所处的语境之间的关系相关，所以指示包含在语用学中。

指示的主题，就是哲学家讲的“指示表达式或指示词”，在指示词、第一和第二人称代词等依赖于语境属性的表达式中，存在有很重要的哲学旨趣。皮尔士首先将这种表达式称为“指示符号”，并认为，它们通过符号和指称物之间的一种存在关系而决定指称物。哲学对指示的关注主要源于：①是否全部指示表达式均能还原为单一的基本的表达式；②这个最终的语用残余物是否因此可被转换为某种永恒的独立于语境的人工语言。比如，罗素认为，在①中的还原是可能的，通过把所有的指示词（“自我特指”）转换为包括“this”的表达式就可以实现。在其中，后者指称一种主观的经验，代词“I”由此就翻译为“经历这个的人”。赖欣巴哈也认为，所有的指示词都包含一种“符号的自反性”的成分，即指称自己。这就是说，如果把一个命题看作从可能世界到真值的功能，那么在语境中通过句子所表达的命题，就是一种从可能世界和那种语境到真值的功能，这样就能够提供语境的相关性，即语境在此，将是包括讲话者、听者、言说时间、言说地点、所指对象以及其他所需要的语用指标或参数，句子因此能够在不同的用法情况下表达不同的命题。

既然言说的意义是一种从语境(指标的集合)到命题的功能，和从可能世界到真值的功能，那么，语用学就是关于如何在语境中来说明言说的句子的一种研究。在此，正是在具体言说的情景中，对句子表达何种命题的澄清中，语境发挥自己的作用。由此，语义学就不是直接地与自然语言相关，而是仅仅与抽象的实体命题相关，即句子和语境共同地挑选出命题。因此语用学在逻辑上先于语义学，就是说，理论的语用成分的输出就是语义成分的输入。

进而言之，可以从人称、时间、地点、话语和社会方面来分类指示词。人称指示与在言语被说出的言语事件中参与者的角色的编码相关，第一人称是讲话者对自身指称的语法化，第二人称是讲话者对一个或多个听者的指称的编码，第三人称是对既非言说中的讲话者又非听者的人或实体的指称的编码；地点指示与在言语事件中相关参与者的空间定位相关；时间指示与相对于一个言说被说出的时间的编码相关。话语指示则处理的是在言说中所展开的那些话语部分的指称的编码。社会指示与社会差异相关，它相对于参与者角色，关注的是讲话者和听者的社会关系的方面。这样一来，如果把指示视为交流事件中依靠于一定指示中心的话，那么，①中心人物是讲话者；②中心时间是讲话者发出言说的时间；③中心地点是言说时间时讲话者的位置；④话语中心是讲话者当前正言说的部分；⑤社会中心是讲话者的社会地位和级别，与听者的社会地位和级别相对而言。

2. 会话含义

会话含义由美国语言哲学家格赖斯在发表于1967年的《逻辑与会话》中首先提出。通过对会话当中对话者应当遵循的“合作原则”以及量、质、关联性和方式准则的分析，格赖斯指出，人们会出于各种原因故意去违背这些会话规则，从而迫使听者超越言说的表面意义，去设法理解讲话者所说话语的隐含意义。这种隐含意义就是语用含义，即会话含义，它本质上是一种关于人们如何运用语言的理论，故不是从语言系统内部，如语音、语法和语义上去研究语言本身所表达的意义，而是依据语境来研究言说的真正含义，解释言说的言外之意。因此，会话含义关注的不是讲话者说了些什么，而是讲话者说这句话时可能意味着什么。可见，会话含义的观点是语用学中最重要的思想之一。首先，它代表了语用解释的本质及其力量的典范，特别是作为一种特殊的语用推理，它的语用源泉需在语言结构之外，作为相互作用的关联加以阐述。它为语言事实提供了有意义的功能说明。其次，会话含义提供了它如何能够具有比实际“说出”更多意谓的清晰解释，即比对话文字表达的意思更多的意义。再次，会话含义导致了语义描述的结构和内容上的简单性。它容许人们去主张，自然语言表达式倾向于具有简单的、稳定的和单一的含义。最后，会话含义具有非常普遍的解释力，它可为明显地不相关的语境事实提供关联解释。

自然语言的一种纯粹的约定或基于规则的解释从来不能完成，并且所被交流的总是要超过通过语言的约定和它的使用所提供的交流力。同时含义不能够从尚未解释的表层结构来获得，因为存在许多的言说，它们在表层结构上不同但具有相同的含义。所以，“含义”不是语义的推论，不是产生于它们的句子的语言结构上，而是建基于所被说的以及关于日常字词相互作用的合作本质的假设之上的推论。这样，就保留着对并非建基于约定意义的交流观念的基本需要。会话含义的基本特点是：①可取消性(cancellability)。它是会话含义的最重要的特征。如果在原初的某一言说上附加某些前提，某种会话含义就会被取消，并能够在特定的语言或非语言语境中被排除出去，所以不能够根据语义的关联直接地模型化，但演绎或逻辑推理则不是这样。②不可分离性(non-detachability)。由于会话含义依附于所言说的语义内容，而不是语言形式，所以，不可能通过同义词的替换把会话含义从言说中分离出去。这也是使会话含义有别于其他的诸如预设和约定含义之类的语用推理的本质所在。③可推导性(calculability)。对于每一个假定的含义，它既可以展示字词意义和言说意义，也可以展示合作原则和准则，使听者做出相应的推理以保护相互合作的假设。④非约定性(non-conventionality)。因为只有在知道言说的字面意义之后，才能在语境中推导出它的含义，所以会话含义不是言说的约定意义部分。同时，言说命题的真假不会影响到含义的真假，反之亦然。可见，会话含义是随着语境的变化来变化，而不是随着命题的真假来变化。⑤不确定性(indeterminacy)。具有单一意义的表达式，在不同的语境场合中，可以给出不同的含义，并且在任一语境场合，相关的含义集合都不是可精确地确定的。

3. 预设

在语用学中，预设的论题产生于关于“指称”(reference)和“指涉表达式”(refering expression)的哲学争论。此问题位于逻辑理论的核心，并且源于对自然语言中，指涉表达式应如何转换为严格的逻辑语言的思考。第一个探讨这个问题的哲学家是弗雷格。他早在1892年写的《意义和指称》中，就使用预设来解释一些语义中的逻辑现象。他看到，在任何命题中总有一个明显的预设，即所使用的简单或复合专名都具有一定的指称对象。因此如果断言，“开普勒死得很惨”，那么就预设了名称“开普勒”具有相应的指称，即开普勒这个人的存在性。名称“开普勒”有指称既是“开普勒死得很惨”的预设，也是其否定命题“开普勒并非死得很惨”的预设。弗雷格的预设理论包括：①指称短语和时间从句预设它们在实际指称上的结果；②一个句子及其相应的否定物共同具有同一组预设；③一个断言或句子或真或假，其预设必定成真或能够得到满足。

可见，弗雷格的预设理论本质上是坚持名称和指称之间的符合论观念，即一个名称必定有相应的对象存在。这一思想后来在1905年受到罗素的强烈反对。罗素认为，应该把实际存在的东西和不存在的东西区别开。因为，比如在“法兰西国王是英明的”这个句子中，如果按照弗雷格的理论，虽然都知道没有“法兰西国王”所对应的个体的存在，但由于整个句子有意义，所以作为谈论对象的“法兰西国王”就具有了某种意义上的存在性。罗素正确地看到了这一点，认为它错在把“法兰西国王”这个语法主词当成句子的逻辑主词，从而把句子当成具有主谓词的结构。为此他提出“摹状词理论”，其目的就是要揭示句子的真实的逻辑结构。在此，他认为“法兰西国王”并不是名称，而是对人或物做出特征性描述的短语，即摹状词，它本身并没有意义。这样，“法兰西国王是英明的”就可以分解为三个断定：

存在一些实体X，以至于

(a)X具有属性F；

(b)并不存在另外的实体Y，它既不同于X，又具有属性F；

(c)X具有属性G。

由此"法兰西国王是英明的"的逻辑形式为：∃X(国王(X)&～∃Y((Y≠X)& 国王(Y))& 英明的(X))，换言之，即"存在一个法兰西国王，并且不存在其他的法兰西国王，并且该国王是英明的。"

罗素的这一理论在此后的45年里一直支配着对于预设的研究，直到1950年斯特劳森(P. Strawson)提出新的理论。斯特劳森看到罗素的理论中有一个前提，即句子的主词是真正的逻辑专名，因此它必定具有所指物。他认为应当区别句子和句子的使用，句子没有真假，只有句子做出的陈述才有真假。比如"法兰西国王是英明的"这个句子，很可能在1670年是真的，在1770年是假的，而在1970年则既非真又非假。因为1970年不存在一个法兰西国王，不会产生真假问题。但当说"现在有一位法兰西国王"时，它就成了去推断"法兰西国王是英明的"为真或为假的一个先在条件。他认为两者间的这种关系就是预设，预设是一种特殊的语用推理，它跟逻辑含义或蕴含不同，它是从指涉表达式的使用规约得出的一种推理。

一般地讲，自然语言有两类不同性质的预设，即语义预设和语用预设。语义预设是一种真值条件的预设，它是逻辑的、理性的、一贯的和真理性的。由于预设总是随着语境的变化而存在或消失，所以，语义预设理论通常在解释具体现象时总是失败，不能够达到预期目标，所以不得不求助于语用预设。语用预设描述的是讲话者和语境中句子的适当性之间的关系，它所涉及的核心概念是：适当性(或适切性)和相互知识(或普遍背景、共同假设)。在此，语义预设的真值性问题与语用预设的适当性问题有着根本的区别。语用预设是情景的、心理的、流变的和劝导性的。这种意义上的语用预设可以表述为：一个言说 A 语用地预设了命题 B，当且仅当 A 是适当的，且 B 是对话参与者所共同认定的命题。就是说，如果所陈述的命题被假设为真的话，句子的使用就存在着语用的约束，仅仅能够适当地使用。这样，去言说一个句子，如果它的预设为假，则只是产生一个不适当的言说，而与对该句子的真假断定无关。

4. 言语行为

真和假的论题在整个指示词、预设、含义理论和言语行为理论中具有核心作用。早在 20 世纪 30 年代的逻辑实证主义学说，其核心信条就是，除非一个句子在原则上能被证实(即验证其真假)，否则就是无意义的。当然，由此而来的是，大部分道德的、美学的和文学的话语都被归结为无意义的。这一结论被逻辑实证主义的支持者视为绝对正确的。后期维特根斯坦在其《哲学研究》中，提出“意义就是使用”对这一学说进行了攻击，并主张，言说仅仅在与活动或语言游戏相关时才是可解释的。

同一时期，即当可证实性和对日常语言的不精确性和不信任达到高峰时，奥斯汀提出了他的言语行为理论。后期维特根斯坦对语言使用和语言游戏的强调，与奥斯汀主张的在全部言语情景中，所有的语言行为就是我们最终需要去阐明的唯一实际现象，两者之间从理论上讲，具有一种相似的主张。

在其以《如何以词做事》为名的讲演集中，奥斯汀着手去推翻把真值条件视为语言理解核心的语言观。他注意到，一些日常语言文字如宣称句，与逻辑实证主义的假设相反，显然不可被用于做出真或假陈述的任何意向中，它们自身就形成一个特殊种类的句子形态。因为它们通常并不被用于去说出某事，即描述事态，而是要求通过讲出它们来引发积极的做事情的行为。比如当某人宣布战争时，已经相应地发生了战争，它们没有真或假。只有适当与否的问题。奥斯汀把这些特殊的句子以及通过它们所实现的言说，称为施行句，把与它们相对的陈述、断言和言说，则称为叙述句。尽管不像叙述句，施行句没有真或假，但它们有对或错，即适当性的问题。为此，奥斯汀给出了“适当性条件”（happiness conditions，felicity conditions）：

①必须存在一种具有一定约定结果的约定程序，正如在程序中所阐明的，环境和人必须是适当的。

②此程序必须正确地和完全地实施。

③正如在程序中所阐明的，参与者必须具有必要的思想、感情和意向，以及如果后继的行为被阐明的话，那么相关的整个参与者都必须这样做。

奥斯汀进而提出了言语行为三分说的新言语行为理论。他把言语行为分为三类：①叙事行为，具有确定的含义和指称的句子的言说；②施事行为，在言说一个句子中，借助于与此句子相关的约定语力做出的承诺、命令等；③成事行为，通过言说句子在听者中产生特定的效果。在此，对于奥斯汀来说，核心的是施事行为，它是通过约定的语力所直接地获得的，这种语力在与约定程序相一致中，与特定种类的言说的发出相关，并因而是可确定的，相反，成事行为对于言说环境来说则是特殊的，并不能由发出那种具体的言说通过约定来获得，它包括了所有的意指的或非意指的效果，因而经常是不确定的。

奥斯汀的言语行为理论后来被塞尔进一步系统化。两人在基本论题上没有较大的差异，只是塞尔对言语行为进行了新的分类并试图把言语行为逻辑化和规则化。

通过上面对语用学基本研究对象的分析，列文森认为，当前对语用学研究的广泛关注以及研究兴趣，从语言学的发展角度讲，其原因主要有：①

其一，语用学是对乔姆斯基把语言作为一种抽象设计或精神能力，反对使用、使用者和语言功能的一种反应或抵抗，充分展示了语言使用对于理解语言本质的重要性。特别是随着各种语言的语法学、音位学和语义学知识的增长，存在一些特殊的现象，它们仅仅能通过求助于语境的概念，才能获得本质的描述。只有在涉及语用条件时，各种语法规则才能得到强制执行。

其二，语用学存在着使语义学获得根本简化的可能性。语言使用的语用原则可以通过系统的和语境的分析，展示出远比约定的和文字的意义更多的言语的意义。特别是，这种语用分析方法的引入，使得对于理解交流中之言说的真实内涵具有了更大的可能，更为明确和简洁。

其三，语用学可以填补语言学理论和语言交流的解释之间存在的现实鸿沟。这就是说，语用学的研究将成为语义学、语形学和语音学与语

---

① Stephen Levinson, *Pragmatics*, Cambridge: Cambridge University Press, 1993, pp. 35-47.

言交流的可行理论间的桥梁。因为语言结构并不能够独立于它的使用，有可能通过对语用原则的引入而给予语言现象以功能主义的解释，从而在语言结构的基础上建立语言使用的效果。

无论如何，对人类语言使用进行研究的语用学必然地涉及三个层面：①语境层面。这里的语境包括整个人类的语境，是一种生理的、社会的、文化的融合体，只有在语用语境的基底上才能对语言的认识论难题进行有效的求解。②交流层面。交流的目标构成了语言使用的基点，只有在交流中，对语言的本质、功能和结构才能获得真正的理解。③认知层面。语用学的主题本质上是一种特定的人类能力和特定的人类行为，通过认知层面，语用学获得了自身在实践中的应用价值。

语境、交流和认知层面在语用学中的融合，促进了语用学的认识论和方法论特征的形成，并有机地与社会语言学、心理语言学和认知科学结合在一起，共同构成了对人类知识进行探求的新的思维平台。可以说，语用学思维必将逐渐地渗透到整个自然科学和社会科学各个学科的研究中，并对人类的认识产生深远的影响。

三、语义学和语用学的界面

源自于解决语言意义问题的语义学和语用学，随着它们作为一种方法论策略在自然科学和社会科学各个领域中的渗透和扩张，其界面问题显得愈益鲜明和重要。一方面，从语用学作为语义学的“废物篓”(Wastebasket)开始，在其基本要义上，两者之间的界域和范围一直处于争论中；另一方面，在从作为一种语言逻辑和概念分析的语言哲学朝向认知科学哲学(Philosophy as cognitive science)发展的“认知转向”(Cognitive turn)过程中①，语义学和语用学实际上代表了不同的认知过程和认知机制，从而体现为不同的认知形式。因此，如何从一个合理的思维角度处理两者的界面问题，事实上对于关涉语言哲学诸多问题的解决，是一个颇为重要的论题。本节拟立足于语义学和语用学之关系的起因、传统划界，从认知科学哲学的角度对两者界面做系统分析，这对于揭示哲学方法论在认知科学发展中的作用，探讨语言哲学和认知科学之间的内在关联，从而冲破计算机的思维瓶颈，真正实现自然语言的人工智能化和人脑的计算机思维模拟，均具有重要的科学价值和现实意义。

(一)传统的划界理论

基于对皮尔士语言符号意义理论的回应，莫里斯历史上第一次明确给出了语义学和语用学的各自研究界域，他指出“语用学是对符号和解释者间关系的研究”，而语义学则是“对符号和它所标示的对象间关系的研究”。② 后来，莫里斯进一步对两者的范围做了轻微修改，认为“语用学研究符号之来源、使用和效果”，“语义学研究符号在全部表述方式中

---

① Brigitte Nerlich, David Clarke, *Language, Action, and Context: the Early History of Pragmatics in Europe and America 1780-1930*, Amsterdam/Philadelphia: John Benjamins Publishing Company, 1996, p. 6.

② Charles Morris, *Writing on the General Theory of Signs*, Walter de Gruyter, 1971, pp. 21-22.

的意义”。[①] 莫里斯给出的这种理论和纲领式的意义观念划分，在卡尔纳普那里获得了更具体和更广泛的支持，他指出：“如果研究中明确涉及讲话者，或语言的使用者，便是语用学的领域。如果撇开语言的使用者，只分析语词与指涉物，就是在语义学的领域中。”[②]特别重要的是他在“纯粹”语义学和语用学与“描述”语义学和语用学间做出区别，认为纯粹研究是逻辑学的一部分，与为特定科学目的而设定的语言之理性重建相关，描述研究则是语言学的一部分，与可用于更普遍目的的历史地检验的自然语言相关。自此，对语义学和语用学之界面的划分愈益受到了更多语言哲学家的关注，成为语言和哲学研究中的一种普遍态度。

从一般意义上讲，引入语义和语用区别的最主要原因，是为了提供一种新的解释框架，以便说明讲话者交流之失败，完全在于确定他言说句子的(约定的)语言意义方式的多样。从弗雷格将宣称句子的语义值论证为真值起，经过句子的语义值是从可能世界到真值的函数，自然语言的语义分析已经牢固地建立在真理观念上。然而，在任何情形下，讲话者所言说的意义并不能完全仅仅通过真理的获得来确定，总存在一些语词之字面以外的东西，如指示性、歧义性、模糊性和非真值内容，因此，总需要一些语用解释，即不只是通过约定的语言信息，而且需通过与超语言信息相结合。由此，“用对话推理而不是语义推衍或语法不良形式来对意义属性和语言表达式使用的句法分布进行解释总会受到语言

---

① Charles Morris, *Signs, Language and Behavior*, New York: Prentice-Hall, 1946, p. 219.

② Rudolf Carnap, *Introduction to Semantics*, Massachusetts: Harvard University Press, 1942, p. 9.

学家们的欢迎，因它一方面可以避免冗长的分析，另一方面又可避免对无限制歧义性假设的分析”，从而有助于将言说之严格的语言事实从涉及语言使用者(讲话者和听者)的行为、意向和推理中分离出来。[①] 这样，对语言符号意义的阐释就分裂为语义学和语用学两方面的研究。具体地讲，语言哲学的研究史上形成了以下几种语义学和语用学划界理论：[②]

1. 形式的语义学和语用学

阐述语义学概念中，最极端的是形式逻辑的方式。在其中，语言由一系列形式完善的程式组成，并在语义值的基础上通过真理来进行评价，后者被指派给了初始值以及生成此程式时所使用的句法规则。用于人工逻辑语言的这种方法被同等地用于自然语言的语义学中，而没有引入诸如内容、内涵、意义、命题和思想之类的中介实体，或者甚至调节语言形式和外延间关系的逻辑语言的翻译。因此，自然语言语义学像逻辑语言语义学一样是语境不变的。正如塔尔斯基和蒙塔古分别认为的，“E_XF_X”为真，当且仅当事物之集合 F 是非空的，“某物是白的”为真，当且仅当白事物之集合是非空的。

然而，自然语言中充满了指示词，它们的指称没有语境知识就不能确定。为此，蒙塔古接受了巴-希勒尔对指示词的语用研究，提出语用学是指示性表达式的形式分析，或称为形式语用学，涉及对表达式之用

① Georgia Green, *Pragmatics and Natural Language Understanding*, New Jersey: Lawrence Erlbaum Associates, 1989, p. 106.

② Ken Turner(ed.), *The Semantics/Pragmatics Interface From Different Point of View*, Oxford: ELSEVIER, 1999, pp. 87-101.

法语境的本质指称，如在对特定语词赋予真值时应考虑到其言说时间和具体的个体讲话者等。因此，这种语用学仅仅是语义的真值定义延伸到包括指示性词语的形式语言，它是相对于纯粹语义学的纯粹语用学，仍然是对一种语境不变的澄明。对于一个所予语句，其真值评价可以穿越所有特殊语境，并不存在语用原则、对话准则或有关交流的任何假定。所有这些属于对话蕴含的东西，由于处于自然语言句子的真值条件方法之外而远离形式逻辑的研究。

2. 内在论的语义学和语用学

不同于处理外在于心灵的程式并将该程式与真值评价相结合的形式逻辑方法，个体论、内在论的方式所关注的是讲话者的认知运算结构，即讲话者对语言所具有的前理论知识或个体的语言能力。这种内在论的语义学，产生自限定表象层次的运算原则和词的语音、语形和语义相互作用的系统中。作为一种从表象到表象的传递，语词的意义能够在接受者的认知系统中与其固有知识相互作用，而外在于头脑的世界并不会进入考虑之中。乔姆斯基强烈反对依赖于“词和外在事物间可断定关系”的形式语义学，因为对多数自然语言语词而言，其语义属性所提供的外在世界，更多涉及的是人类的利益和关心，语义学首要的应当是给予我们的包括信念、愿望和意向性等在内的命题态度等内容。

作为一种对语义学的真值条件的心理学化说明，内在论方法需要从人类的普遍知识和讲话者之当下观念所产生的信息中汲取知识。因此，它还需要作为“懂得一种语言”的精神状态之构成。为此，乔姆斯基在语法能力和语用能力间做出区别，前者涉及语言的运算方面，包括分析句子形式和意义的知识，后者是有关适当用法条件的知识，即如何使用语法和概念获得特定结果和目的的知识。这样，语义学和语用学的区别就是关于语言的两种不同类型知识间的区别：一方面是语词意义和逻辑形式结构的知识，另一方面是如何在交流中使用这些结构的知识。在这里，由于语用能力是由语境中基于特定语形或指涉的讲话者的选择原则和基于听者对它的理解原则所组成，故作为一种能力系统的语用学，不可避免地会转向通过行为来理解，从而，语义学和语用学的界面在内在论中，必然是与语言分析者和推理机制相关联。也就是说，使用构成语法能力的语言知识分析者，在知觉和概念资源的相关信息中，把逻辑形式或图式发送到理性约束的推理解释过程中。

3. 哲学的语义学和语用学

语言哲学中区别语义学和语用学主要是方法论上的原因。弗雷格、罗素等自然语言语义学家把语义学视为对思想、命题、事实和世界结构进行探求时的一种手段。因此，命题或思想之间的区别就被认为是自然语言语句语义学的反映。按照罗素的观点，具有真实的作为主词的指涉表达式语句，表达了一个作为成分的包含了此个体所指涉的单称命题，具有摹状词或其他某种量词做主词的语句，则表达了一个全称命题，因此，理解一个句子，就涉及对此句子所表达命题的把握。

转向语言使用和交流源自于斯蒂文森，特别是唐纳兰（K. S. Donnellan）对罗素限定摹状词解释的反应。斯蒂文森坚决主张，是讲话者来指称，而不是语言的表达式，是讲话者表达命题，而不是句子。唐纳兰则区别了摹状词的指涉性用法和归属性用法，从而在语义学和语用学间做出区别。对于归属性用法，一个限定摹状词句子表达了一个全称命题，而在它的指涉性用法中，相同的限定摹状词句子则表达了一个单称命题。因此，每个摹状词均能在指涉性的和归属性的两种不同意义上来使用，但这并不是语义歧义，而是语用歧义。它不是语义歧义，因为它并不是在词汇或语形歧义性中，也不是在语言系统自身之中，而是在讲话者对摹状词的使用中产生。一旦指涉性和归属性的区别被视为一种语用的事情，那么在用这两种用法表达的不同命题中，它就显现为一种真值条件的歧义，从而就在语言表达式的语义学和包含用法、讲话者意向的被表达式命题的语用学之间做出了区别。由此，就没有一个作为句子类型的自然语言句子，会表达命题或具有确定的真值条件。并非不存在这样的命题类型，也不是指在知识的种类间没有区别，而是语言系统所提供的表达工具和它们所被用于去表达的东西之间是一种“一对多”的关系，在任何特定情景中，具体表达式的关系是由语用来进行确定的。

可以看到，传统中关于语义学和语用学界面的各种理论尽管提供了对两者关系的基本认识，但由于各自背景的不同而显示出差异性和多样性，并因或者遗漏了某种东西，或者把界线画在错误的地方而显示出认识上的不足。在总结诸多划界理论的基础上，关联理论(Relevance theory)从新的思维视角为语义学和语用学的划界提供了一种可选择的模式。

(二)关联理论的新模式

美国语言哲学家格赖斯对语义学和语用学区别进行了概略式的描绘。他的对话准则系统和对推出言说的非对话或对话蕴含的理性内在过程的坚持，为从新的思维角度研究两者关系提供了基础。但是，“语义学”和“语用学”这种术语并未出现在他的工作中，他的基本区别是在“所说的”(What is said)和“所蕴含的”(What is implicated)之间。格赖斯把“所说的”意指为一个言说的真值条件内容，把“所蕴含的”意指为剩余的其他部分(即非真值条件的)。他对理性对话属性感兴趣的基本动机，是将“我们的语词所说的”从“我们在言说它们中所蕴含的”中分离出来。[①]然而，在此方面，他与罗素传统是一致的：他的一个句子或言说“所说的”的概念，只是句子和命题的一种替换表述，他置于对话蕴含中的用法，是在保护罗素限定摹状词的语义学而反对来自斯蒂文森和唐纳兰的挑战，即为了限定摹状词的所有出现而在所说的层次上，坚持罗素的量化解释。被肯定或否定的限定摹状词所具有的存在预设，由于依赖于某人信息的理性之出现的行为准则，而被解释为一种对话蕴含。但是，为了辨明“讲话者所说的”，一个人需要懂得表达式的指称物以及任何模糊语言形式的意指意义。一旦这两个超越约定的或解码的语言意义的要求由语境所确定的话，那么它们就明显地得到了满足，而不用涉及仅仅在对话蕴含的推衍中使用的对话准则。因此，“所说的”看来属于语言用法范围，属于言说或言语行为理论的概念，而不是属于句子语义学。格赖斯对两者之界面的认识具有模糊性，并因缺乏普遍的解释力而受到较大质疑。

为此，在承继格赖斯语义学和语用学基本理论的基础上，斯帕伯和威尔逊另辟捷径，从人类认知角度研究人类的交流，认为人类的认知过程就是用最少的运行力来获得最大可能的认知效果，为此，个体所关注

---

① Paul Grice, *Studies in the Way of Words*, Massachusetts/London: Harvard University Press, 1989, p. 59.

的应当是可用的关联信息，去交流就是去告知个体的意向，从而去交流就意含着交流的信息是关联的，交流信息因关联性而得到保证，这就是所谓的“关联原则”。[①] 关联论解释所依赖的基本主张是，人类认知系统被定向于关联的最大化。在这里，关联指认知过程输入的属性，是认知效力和在获得这些效力中所耗费的运行力的功能。认知效力（或语境效力）包括此系统存在假设的增强，即通过给它们提供更多的证据，在新证据帮助下，消除了错误假设，并通过新信息与存在假设的相互作用而获得新假设。认知系统要求被定向为关联的最大化，这意味着，所涉及的各种亚系统，应当协力共同去通过最少的运行力而获得最大数量的认知效力。由此，关联论认为语义学和语用学之间的区别，实际上就是在理解言说中两种认知过程类型间的区别：解码（Decoding）和推理（Inference）。解码过程通过一个自主的语言系统、文法分析或语言概念模块来运行，在辩明一种作为语言的特殊声音刺激之后，这个系统就施行一系列决定性的语法运算和映射，从而导致一种语义表象输出或者此言说中句子或短语的逻辑形式，它是一种概念的结构性系列，既有逻辑的又有因果的属性。语用推理过程则将语言认识与其他可利用信息结合起来，以达到一个与讲话者的信息意向相关的证实性解释假说。解释的这种推理阶段由关联的交流原则所约束或引导，容许听话者去寻求一种能够成功地与他的认知系统相互影响，并且无须将他置入任何未证明的过程结果中的解释。具体地讲，关联论的语义学和语用学理论特点

---

① Dan Sperber, Deirdre Wilson, *Relevance: Communication and Cognition*, Oxford: Basil Blackwell, 1986, p. vii.

在于：

首先，关联理论的语义学是由语言所编码的内容，意味着语言形式和它们编码信息间的一种关系，而不是形式和外在世界中实体之间的关系。格赖斯的形式的或约定的意义以及被表达的命题并不是纯粹语义的东西，而是语言解码意义和语用推理意义的混合体，不存在语言对象、句子与命题或命题类型间的对应性。因此，这种编码语义表象很难完全是命题的，它起作用仅仅是作为一种模块或假定图式，它必然地要求语用推理去将它发展为讲话者意图去表达的命题，这就是通常人们所认识的语义不确定性。这里的“语义”意味着在语言形式中编码的意义或信息，因为自然语言句子并不编码完全的命题，而仅仅编码(可评估真值)命题形式的建构，所以，语言代码(讲话者所使用的语言形式)并不能确定言说中精确地交流的命题内容(因此还有它的真值条件)，在它们被判定是对一个事态的摹状为真或为假之前，它们要求一个完全的语用过程。因此，精确交流的命题的出现依赖于语用推理，这种依赖性不只是在决定所意指的指称物和模糊表达式中，而且是在提供尚未清楚表达的成分和调整被解码的概念内容之中。这样，语言系统产生的无限句子集合就可以分割为两个无限亚集，一个由不确定的非永恒句子组成，讲话者从中发现了交流他们思想的非常便利而又节省运行力的手段；另一个是由完全确定的(即被编码的命题)永恒句子的无限集合组成，当完全精确并且没有给解释策略留下空间时，它就能得到使用。很清楚，这里所分析的语义学和语用学区别中的语义学概念，并不与真值条件相等同。依照这种图景，一种真值条件语义学不能够直接给予自然语言句子，而应当将完全的命题思想作为它的适当范围。

其次，关联理论的语用学是对涉及理解言说的认知心理过程的解释，它并非严格限制于语言过程，也不是限制于交流，而是应用于全部的人类认知或信息过程。在此种关联驱动的过程中，一种言说的语言编码成分，不应当普遍地提供以期获得尽可能高的精确度，而应当考虑接受者当下可接受的和容易得出的推理。如果没有注意到这一点，或者把它弄错了的讲话者，就会引起他的听者付出过多的不必要的运行力，并且冒着不被理解的危险。这种语用推理是接受者对实指刺激的一种自动反应，除了是我们以行为者的精神状态(信念、愿望、意向)来解释人类行为的通常习性之外，按它的顺序，它被定位于普遍寻求关联的信息过程的更大图景中。依此观点，语用推理是一种基本的认知过程，并且它作为一种实指刺激的代码(语言系统)的使用，也是一种很有用的附加物。代码所提供的形式应当成为永恒的或甚至完全命题的，不仅是一种不合理的期望，也是不可能期待的。在言说解释的关联论思考中，其目标就是去描述被表达的假定集合以及它们被获得的过程，在其中，语用过程居于逻辑形式和通过一个言说(的解释)而精确表达的命题之间。这一思想所蕴含的意义是，语用推理不仅建构、并且创造了逻辑形式，而且它们也可以导致逻辑形式中被解码的语言意义特征的某些成分的丧失。由此，解读心灵的能力就在解释实指行为中被使用，因为这种类型的行为可以为解释者带来关联的(即最小运行力的认知效力的)可观察层次的预设。由此，“关联的交流原则”所展示出的本质特征就在于：具有实指的每个行为交流它自己最佳关联的预设，该预设将至少具有足够的相关性，以保证可以引起收受人的注意。此外，同样相关的交流者能够并且愿意去为此而做出相应的行为。

最后，关联理论由此就垂直地定位于一种认知科学的构架中，这种构架采纳了一种心灵表象和计算的观点。按照此观点，语言意义提供给语用推理过程两种相当不同类型的输入编码类型：概念的和程序的。一方面，语言形式可以编码概念，概念作为经历推理运算的那些精神表象的构成物而起作用(即概念表象)。这样的话，在一个言说中所使用的语言表达式编码的概念，就构成了它的逻辑形式并且为解释的发展提供了概念的基础(精确地表达的完全命题假设)。另一方面，语言形式可以编码程序，程序并不是概念表象的构成物，而是作为对理解推理的某些方面的约束来起作用。进而，言说和其他种类的实指行为，通过把特殊类型的意向归属于它们的发动者而获得了解释，这里的交流意向是一种固有的更高阶的精神状态，是使得告知某人某事的意向更为明确的意向，通过收受人的认知系统与这种意向相一致的过程而自动地被实指刺激所激发，而不顾此刺激之产生者的实际意向。在整个从语义解码向语用推理的过程中，存在一种相当普遍的动机以推断出交流者的意向，以至它看来成了一种固有的澄明意向的反应。这样，由实指刺激所携带的关联预设，就产生了一种听话者在他们的解释中所使用的理解程序：他们依照最小运行力原则寻求满足他们关联期望的解释，并且当他们发现后就停止进行。

因此，语言表达式并不是关联论自身结构的最基本对象，而是思想(私人的、不可观察的)和实指行为(公众的、可观察的)，后者被施行以交流思想。交流的意向可以通过大量的实指行为来修改。交流意向中的思想和在实指行为中被解码的信息之间的差异，通过解释者的语用推理力量而得到沟通。这种推理过程本质上以相同的方式起作用，而不论是否与被解码的信息相结合。显然，语言系统或其他代码的使用，为实指目的提供了具有更为合适信息的关联的制约的推理机制，并且为交流带来巨大的便利。这样一种相互制约和相互促动关系正是关联论语义学和语用学之关系的核心所在。

(三)语义学和语用学划界的意义

从传统语义学和语用学划界的理论中可以看出，它们实际上体现了不同的划界模式和对两者关系的不同看法，可概括为[①]：其一，抽象模式。它把语用学描述为比语义学更为基本的东西，通过从语言的使用者和使用的成分中来抽象出语义学，进而再从语义学中抽象出语形学，包括莫里斯、卡尔纳普等在内的语言哲学家均是以这种模式开始他们的划界理论。其二，附加模式。这种研究模式源于对自然语言的理论构建，因为把形式系统的模式用于自然语言时，对诸如信念、知识、义务等意义问题无法得到解决，需要发展语用系统来补充语义实体。这样，对于一个命题而言，作为一种语义实体，它就可被用于不同的目的，在一种情景的交流中可断定它为真，而在另一种中则为假。语用学研究的就是对语义实体的“操作”，是对语义学和语形学的一种理论附加。其三，相邻模式。这种模式预设了一个巨大的语言现象领域，在该领域中，存在两个各自独立的观点，即语义观点和语用观点，从各自的视角出发对语言现象研究，它们有时处于重叠状态。

---

① Asa Kasher(ed.)，*Pragmatics：critical concepts* (*I*)，London：Routledge，1998，pp. 150-152.

而关联理论的研究模式则从新的视角上将语义学和语用学之划界的研究，定位并统一于人类的认知交流过程中，使语义学和语用学走出狭隘的语言学领域，从而为语言哲学走向广阔的认知科学哲学奠定了基础。具体讲，传统的与关联的语义学和语用学划界理论的哲学认知意义体现在：

首先，语义学和语用学的划界澄清了语言哲学研究中许多相关的论题。长期以来，对语义学和语用学的对象域的研究形成了各种对立的观念，并因此产生对两者各自研究界域的不同认识，它们是[①]：其一，语言的(约定)意义和用法。前者把语义学限制于语词的字面意义，具有形式的、不变的特征，后者则认为辨明语词之语义归属的唯一方式是给出它们是如何被使用的，因而只有语用学的研究才能真正澄清语词的意义，所以"语义学为语言提供了一种语句意义的完全解释，语用学则为语句如何在言说中被使用来传达语境中的信息提供了一种解释"，[②] 从而，"语义学和语用学之间的区别就是约定地或字面地与语词，由此与整个句子相关涉的意义和通过更普遍原则，使用语境信息得出的进一步的意义之间的区别"。[③] 其二，真值条件的意义和非真值条件的意义。这就是说，语义学研究命题，通过说明语言句子的真值条件来研究句子和表达它的命题的搭配规则，语用学则探究不能由直接指向句子表达的

---

① Ken Turner(ed.), *The Semantics/Pragmatics Interface From Different Point of View*, Oxford: ELSEVIER, 1999, p. 70.

② Frederick Newmeyer (ed.), *Linguistics: The Cambridge Survey*, Cambridge: Cambridge University Press, 1988, p. 139.

③ Nicholas Bunnin, Tsui-James (eds), *The Blackwell Companion to Philosophy*, Massachusetts/Oxford/Berlin: Blackwell, 1995, p. 124.

真值条件来说明的言说意义，所以，“语用学＝意义－真值条件”，[1] 它研究那些在语义学中所不能把握的各类层面的意义。其三，独立于语境和依赖于语境。语境在语义学和语用学的研究中具有重要的地位，通常被用于解释语用学如何补充语义学，语境填充了言说意义和语言意义之间的断裂，因此，语义学对语言意义的理解独立于语境，而“语用学则研究语言在语境中的使用，以及语言解释的各个依赖语境的方面。”[2]事实上，正是这些对立观念的澄明促进了语言哲学的进一步发展。

其次，语义学和语用学的划界提供了不同的哲学分析方法，展示了丰富的认知方式。作为 20 世纪哲学方法论的显著特征之一，语义学以言说对象为取向，形成本体论——语义分析，语用学以语言使用者为取向，形成认识论——语用分析。但这些分析方法长期以来一直处于一种割据状态，以至在处理意义和真理问题上形成了对立的理论。通过对两者各自对象域的界定，特别是关联理论的策略，无疑为语义和语用分析方法的整合提供了一条可选择的思路。通过语义的编码分析，得以进入到语用的层面上。语用的处理作为对真值条件语义学的一种拓展或补充，完全保留了对句子意义的形式语义学解释这一基本假设，并将它扩展到包括了非断定的语言表达式，使非交流地使用的句子可以完全用形式语义学的工具来分析。作为寻求关联和解读心灵的认知过程，主体对于真假的信仰选择、价值倾向和命题态度，在语义和语用分析的基础

① Gerald Gazdar, *Pragmatics: Implicature, Presupposition, and Logical Form*, London: Academic Press, 1979, p. 2.

② Robert Audi(ed.), *The Cambridge Dictionary of Philosophy*, Cambridge: Cambridge University Press, 1995, p. 588.

上，不仅是内在地具有实在的特性，而且现实地存在意向特性与相关行为之间的因果关联。它一方面有着语义的性质，规定着用于表征符号、语词和命题中所蕴含对象的指向；另一方面它仍然是语用的，只有在当下的、符号使用和语词指称的情景下，才具有完全的现实意义。所以在特定的语境关联中，语义和语用的统一内在地决定了认知的整体性和系统性，规定了真理的建构性和趋向性。

最后，语义学和语用学的划界促进了语言哲学向认知科学哲学的转向，提供了计算机模拟人脑理论的哲学基础。历史地讲，语言哲学对语言的处理有四种不同的方式[①]：其一，作为交流的语言，即语言的代码概念，语言被理解为由言说所组成。其二，作为逻辑的语言，即语言的逻辑概念，语言被理解为一种进入彼此逻辑关系中的命题类型。其三，作为语言学的语言，即语言的语法概念，语言被理解为按照语言的特定规则而被说出或写下的句子类型。其四，作为实在的语言，即语言的自然概念，语言被理解为物理实在的一部分。通过语义学和语用学对语言的这四种不同研究方式的界定，使语言哲学认识到，只有转向认知科学哲学，才能将语言的、逻辑的、交流和自然的模式有效地结合起来。在这样一种语义和语用相统一的认知模型中，一方面，语义学通过语言表达式的语法规则提供了语言的编码——解码装置，将物理实在与语言代码有机结合起来；另一方面，语用学则诉诸具体的言说和行为语境，通过主体的意向性，在交流中将思想转化为语言的推理过程，从而形成了

---

① A. Kanthamani, "From Philosophy of Language to Cognitive Science," *Indian Philosophical Quarterly*, Vol. xxv, 1998(1), pp. 88-90.

对世界的认识和对知识的传达。它们构成了解释人类行为和意义的认知系统。特别是，将这种认知模式扩展到对其他种群的行为解释以及特定的人造机(人工智能机和计算机)模型的建构上时，其优势体现的就更为明显。因为从根本上讲，意义理论对计算模型的建构是基本的，计算机语言具有语义仅仅在于它们的使用者的意向，而使用者的心理状态恰是主体神经系统的功能状态，这些功能状态既具有实在的因果力，是人脑的物质属性，又表现为表征状态而拥有了语义力。正是功能状态的因果力和语义力的心理统一，构成了心理状态的结构变换和对信息内容的加工处理，从而引发了人类的科学行为。通过对语义和语用的认知机制的考察，揭示了存在于各种心理状态之间的因果联系与命题对象之间所具有的语义联系之间的统一性，使任何逻辑理性的演算均可由在句法上被构建的符号表征的简单操作而确定。这样，计算机便成为可与人脑相比拟的"实在环境"，计算的过程就类似于特定的"语用推理过程"。事实上，由于使用者赋予计算机操作意向的存在，任何绝对中性的无意向东西都被消解了，语用认识论使表面上完全形式化了的计算程序实际体现出的是人类心理意向的深层展示，使人性化智能机的出现成为可能，并且计算机越更新换代，越显示出对人脑更为逼真的模拟。

四、语义学的语用化转向

语言哲学和分析哲学在其基本理论观念、核心研究内容和主要使用手段上，所发生的从语义学到语用学的转变，实际上提供了一个理解和把握20世纪哲学发展路径的基本思路，特别是对于探究哲学方法论的演变和哲学思维的演进均具有重要的认识论意义。

(一)语义神话的破灭

20世纪初的“语言学转向”使语言变得不只是对哲学具有影响或是哲学主题的一部分，而是语言成为刺激哲学发展和进步的唯一来源，哲学的激情就在于创造一种理想的形式语言，通过逻辑演算(通常是谓词演算)所确定的方法论原则，来建构语词世界与对象世界之间的内在关联，消除自然语言的模糊性和歧义性，以治疗各种形而上学的哲学病。弗雷格、罗素、前期维特根斯坦等人的工作均是基于这种“语义神话”，并在卡尔纳普那里达到了顶峰，形成了语义学的卡尔纳普模式。

1. 卡尔纳普模式

20世纪中叶，在莫里斯把语言视为包括语形、语义和语用的三元划分[①]的启迪和对逻辑经验主义精神的承继下，卡尔纳普系统地表述了自己对语言的洞察：“如果研究中明确涉及讲话者，或语言的使用者，便是语用学的领域。如果撇开语言的使用者，只分析语词与指涉物，就是在语义学的领域中。最后，如果把指涉物也撇开，而仅仅分析语词之间的关系，便是(逻辑)语形学的领域。”[②]卡尔纳普的三分法似乎是基于一种非常自然的“命名法”的语言图景。作为传统地依附于特定超语言实

---

① Charles Morris, *Writing on the General Theory of Signs*, Walter de Gruyter, 1971, pp. 21-22.

② Rudolf Carnap, *Introduction to Semantics*, Massachusetts: Harvard University Press, 1942, p. 9.

体的一系列标签的这一图景，在首先的位置上组成语言的是它的符号和符号所代表的事物之间的联结，正是这种联结理论构成了卡尔纳普语义学的主题。由此，此理论进而一方面通过符号自身的特性本质的理论，另一方面通过符号是如何被人类行为所使用的理论得到了补充。后两个理论即语形学和语用学，相对于语义学它们是第二位的。限定一种语言的是它的构成成分所代表的意义，分析这种代表关系就是分析此语言的真正的本质。因此，在卡尔纳普眼里，讲话者使用语言时作为对语词和语句之使用的特定方式的语用学，只是一个并无多大用处的东西。同样，语形学，尽管确实在它自己的确定范围里有特定的益处(卡尔纳普早期对此也倾注了很大的热情，但后来在塔尔斯基"科学语义学"的影响下，由语形学转向了语义学)[1]，但即使语言表达式在提供给"代表关系"时的句法特征相当不同，语言也能够履行相同的作用，因此它并不是核心的。导致卡尔纳普得出这种语言模式的主要根由在于：[2]

其一，这对于创建人工的、形式的语言极为便利。尽管卡尔纳普不像蒙塔古那样过于极端地认为人工语言与自然语言是完全同一的，但他认为两者之间具有相似性，故仍然把人工语言作为对自然语言的摹写，把建构一种"逻辑上完美的语言"作为哲学的主要任务，这种语言远离模糊性和歧义性，真理一旦被发现，就能被保存并传达给其他人。因而，它或者是逻辑的真理，包含适当句法(语言表达式在形式上完善)和逻辑

---

① 戴月仙、朱水林：《当代西方著名哲学家评传(逻辑哲学卷)》"卡尔纳普"，168页，济南，山东人民出版社，1996。

② Ken Turner(ed.)，*The Semantics/Pragmatics Interface From Different Point of View*，Oxford：ELSEVIER，1999，p. 426.

语形(语言的可证明性)，通过逻辑语形学来确定，或者是经验的真理，要求直接的观察或这些观察的结合，何者应被组成经验的真理由完美语言的语义学来确定。由此，卡尔纳普就为通过逻辑的形式语言的帮助，而模式化自然语言以解释自然语言语义学指明了方向，这就是，从语义学出发来开发逻辑语言，从而为自然语言的形式语义学建立牢固的基础。

其二，它符合了作为20世纪前半叶大多数逻辑学家和分析哲学家哲学观点支柱的逻辑原子学说。这种学说认为，逻辑的形式语言通常是由语形学和语义学来定义的。前者创建了它们的公式是如何被形成或重新形成的，后者则构成了此公式及它们的部分所代表的东西。正是基于此，卡尔纳普看到了语言和世界作为大厦是建立于特定的原子基础上，并且语言和世界的联结依据于大厦的同形结构，“原子命题与原子事实同构，分子命题与复杂事实同构，整个宇宙就是建立在原子事实之上的逻辑构造，它同构于一个理想化的逻辑语言体系。”①逻辑原子学说的这一基本原则构成了卡尔纳普哲学研究的方法论手段，使他认识到“一切科学命题都是结构命题”，试图通过概念分析达到对“世界的逻辑构造”。②

可见，卡尔纳普的语义学模式实际上概括了早期分析哲学传统对世界的哲学洞察。在这只大伞下，语义学成为一切问题的核心和出发点，它认为，通过在语词和它们的指称对象之间构筑不变的功能关系，就可以达到确定性和清晰性的目标，成为共同的坚定信念。在那里，一端是

① 刘放桐：《现代西方哲学》，390页，北京，人民出版社，1981。

② [德]卡尔纳普：《世界的逻辑构造》，陈启伟译，29页，上海，上海译文出版社，1999。

语言的语词世界，另一端是对象的实在世界，认识成功的标志是真理的符合论，具体表现为追求指称的唯一确定性和绝对所指。它预设了语言和实在、命题和现实之间的同构性，并试图在这种预设的阿基米德点上构建起语言哲学的整个大厦。

2. 原子主义的垮台

卡尔纳普的语义学模式的两个基础看来并不能令人满意。首要的一点就是，现代逻辑的发展提高了对自然语言的理解，自然语言和形式语言之间并不具有本质的同一性。如果说形式语言是对自然语言的在同等含义上的摹写的话，那么，对形式语言的研究决不能代替对自然语言的研究，前者只是研究的手段，后者则是研究的对象。卡尔纳普的语义学模式的局限就在这里，在本质上它对于形式语言是一种界限，但对于自然语言却是幻想，问题是我们如此习惯于通过自然语言的形式语言模型这一棱镜来透视自然语言，以至于经常错把后者当成前者。

更为重要的是，原子图景对于构建语言—世界关系的解释过于天真了。维特根斯坦，这位在《逻辑哲学论》中提供了对原子图景的最为哲学的和丰富的阐述的思想家也逐渐认识到了原子主义的缺陷。他看到，语言中的原子陈述，与世界中的原子事实相对照，这种基础的假设在实在中得不到支持。因为对于这种理论而言，它的基本特征是成分的独立性，即它们的每一个之为真或为假都应是独立于其他成分的真或假。在理想语言中所预设的这种看似合理的假设，在自然语言中却行不通，自然语言中的许多基本语句尽管构成语言的“原子”层次，但彼此并不独立（例如，如果“X 是红色”为真，则“X 是蓝色”就不能同时为真）。当然，对于原子思维而言，这还不是致命的，关键是，维特根斯坦看到事物以及与它们的表达式的关系，无论是其意义还是符合，都是不可证明和无用的，正像他在后期《哲学研究》中所指明的那样，意义最好被作为使用的方式，而不是被命名的事物来看待。

后分析哲学家蒯因、戴维森、塞拉斯(W. Sellars)以不同的方式表达了相同的洞识。蒯因指出，在概念和事实之间以及在哲学和经验之间做出严格区别是一种误导，特别是在翻译未知语言以及证明科学假说时，原子论阻止了我们对语言本质上是整体的认识；戴维森则通过思考"我们如何发现意义?"来逼近"什么是意义?"的问题；塞拉斯在对知识的本质进行思考时，意含了对在原子事实的知识和复杂事实的知识间划界的反对。这使得那种在其中每个表达式都反射它自己的、特殊于其他表达式的世界的作为表达式集合的语言，很难出现于后分析哲学当中。

随着原子主义思维在后分析哲学中的覆灭，特别是一方面"语言和逻辑的发展远远扩展了卡尔纳普语义学的界限并吞并了原本属于语用学的领域"，另一方面"整个语言哲学的发展对卡尔纳普处理语言的方式产生了质疑"，[①] 卡尔纳普以"命名法"为基点的语义学模式逐渐走向了衰落。在这种传统思维中打开第一个缺口的维特根斯坦改变了看待语言的方式。在他看来，语言不应被视为是贴于事物之上的标签，而应是一种工具盒，由此，语言之成分的意义就在于它们的功用而不是对事物的依附。对他来讲，言语形式的意义和理由必须建立在人类话语世界之中，而不是超语言的独立实体中。他之所以提出"一个词的意义就是它在语

---

① Ken Turner(ed.), *The Semantics/Pragmatics Interface From Different Point of View*, Oxford: ELSEVIER, 1999, p. 420.

言中的用法”，[①] 是因为他意识到人们常常被语法形式引入歧途，因而忽视了不同语法形式被赋予的不同用法。事实上，是什么东西表达了一条规则以及它所表达的规则是什么，这取决于它的用法而不是它的形式。因为，一个人是否理解了一个表达式，理解到了什么，这可从他使用它的方式中，也可从对他人用法的反应方式中看出。这并不是一种理论建构，而是表达式的用法规则。这样一来，是“作为人们如何使用语言符号的理论的语用学，而不是语义学，应当成为语言理论的核心”。[②] 在这个基点上，一种以“语言使用”为核心的语用学模式——戴维森模式逐渐在后分析哲学中建立起来了。

(二)戴维森模式的建构

后分析哲学家们普遍认识到，自然语言，并不像逻辑经验主义认为的那样一无是处，哲学问题，也并不完全是由于自然语言的模糊性和歧义性所造成的。把哲学的任务当作总是根据特定意义和句法规则，去翻译、解译或解释任意符号的思想，完全是一种形式主义和理想化了的语言学理解的图景。它并不具有覆盖所有哲学认识的能力，既不是自明的，也不是必然的。语言的主要功能在于实践，是人类的公共交往形式，也就是说，对语言而言，使用才是最根本的。在这方面，自然语言是先天的、自然的。因此，只有把语言理解与解释经验、语言分析与语言使用相互渗透和融合，才能真正地发挥语言在哲学认识中的功用，片

① ［奥］维特根斯坦：《哲学研究》，李步楼译，31页，北京，商务印书馆，1996。

② Ken Turner(ed.)，*The Semantics/Pragmatics Interface From Different Point of View*，Oxford：ELSEVIER，1999，p. 425.

面地强调任一方面，只能走向极端。对自然语言的这种理解构成了戴维森模式的基本态度。

1. 语言的整体论

如果说自然语言并无过错，且是促使由理想语言走向日常语言的因素之一的话，那么形式语言自身的两个致命缺陷则加速了这一过程的转化。这两个来自逻辑完美语言的思想的缺陷，一是盒子思维(Box-thinking)，由语言语形学的约束而产生；一是语境盲(Context-blindness)，即不依赖于命题被做出时的语境，是语义学的一种后果。[①] 这种语义学所标榜的表达式的意义可以“独立于语境”，即与它们被言说的语境或环境的改变毫不相干的思想，在自然语言中显然无法实现。在自然语言中，有许多类型的语词反对“语境独立”，离开了具体的言说语境，它们的意义便无法给予。首先的一类便是“我”“这里”“现在”等指示词。它们的意义类似于功能，只是在用于语境时才产生一个指谓。因此，作为某种语境的依赖者，为了使它们产生语义上的相关值，不得不通过语境来得到满足。另外的类型是如“他”“谁”等代名词，它们对语境的依赖更为特殊，不仅要求理解语境的依赖者，而且需认识到语境的生产者。看来，对于自然语言来说，要抛弃掉语境概念和语境依赖是不可行的，没有它们的帮助，特别是意义在被解释时没有考虑到言说是如何通过语境来相互作用的话，不能充分理解的语义现象的范围太大了。所以，事实上，“一个对象应当在不同的条件或不同的语境中表现出差异或展示出

---

① Craig Dilworth, “The Linguistic Turn: Shortcut or Detour?” in *Dialectica*, Vol. 46, 1992, pp. 207-208.

其未预料的属性”[①]。所有的经验知识均是相对于各种对象、条件、历史或文化的语境，并且随着语境的变化而改变。我们不可能也无须求助于人工语言来消除语词的歧义，丰富的语境本身已经为语词设定了灵活、生动、可变换的可能世界。所以，只有在具体的语境中，才能获得其有效的意义。

这样就进入了蒯因和戴维森关于语言的核心观点：语言的整体论。在他们看来，语言是一种通过共同合作才得以运行、发挥作用的事情，并且它们的运行不能被解释为独立词条相互间各自运行的结果。指派意义就是澄明其在一个共同合作中的作用或可能的作用，就是去陈述一个表达式如何能够对于我们使用语言的目的是有用的。由此，给语词指派意义并不是在发现影响此词的事物，而是此词从特定运行角度看，由其具有的价值所决定的。对于一个讲话者而言，他言说了一个陈述，表明他具有一个信念，并且此信念构成了该陈述的意义。在这里，讲话者的信念并不是能够通过打开他的大脑所发现的东西，其意义也不是能够通过考察讲话者与世界的联结可以发现，信念和意义都是通过从讲话者的言语行为这一可观察事实出发，进而把这些事实分解为讲话者所相信的理论和他的语词所意谓的理论而获得的。由此，对该陈述之意义的理解，本质上就是对该陈述在特定的语言游戏中被使用的方式的理解。

作为后分析哲学思想核心的整体论，是在批判传统理性和经验认识论的线性决定论原则意义上建立起来的。在基础主义认识论的死亡和逻

---

① Richard H. Schlagel, *Contextual Realism: a Meta-physical Framework for Modern Science*, New York: Paragon House Publishers, 1986, p. xx.

辑经验主义的衰落中，整体论的出现显示了思维方式的某种关节性的变革。这种整体论观念告诉我们，传统的那种赋予真值的"堆积木方法"的缺陷，在于试图通过定义语词的方式达到表征真理的目的。而事实上，任一语句的真实性都与该语句的结构和语素相关。因此，我们强调符号和思想与语境的相关性和感受性，本质上就在于把语言的形式和结构及其内在意义看作整体思维中的结合物。在这当中，诸多语句被证实或被正确地判定，并不仅仅在于其相关经验的存在，而是因为它们处于与其他已被证明为真的语句的推理关系之中，也就是说，处于证明或正确判定它的整体语境之中。语言整体论不仅体现了对整体语境的要求，强调当一个语词改变了它的意义，或取代了其他语词和短语的作用，或有新的语词被发现时，必然会反映在理论的整体语境之上，而且预设了语言本质上是一种工具或人类行为的一个方面，不可能从行为之网中走出。

2. 戴维森模式

通过对自然语言的新的理解以及语言整体论的认识，特别是通过对自然语言在整体的语言语境中具体用法、变化和特征的考察，戴维森认识到："实际的语言实践仅仅宽泛地与那些完全而明确地被澄明的语言相关联，这些语言具有语音学、语义学和语形学的特征。"①因此，他把更多的注意力放在各种"用法的怪癖"上，诸如误用文字、绰号、口误等。因为他看到，"误用文字引入了并不被先在的学习所包括的那些表达式，或者并不能通过至此所讨论过的任何能力来解释那些熟悉的表达

① Brian McGuinness, Gianluigi Oliveri(eds), *The Philosophy of Michael Dummett*, Dordrecht: Kluwer, 1994, p. 2.

式，误用文字进入了一个不同的范畴，它可能包括这些事情，诸如当实际的言说被不完全地或语法地曲解时，我们去考察一个形式很好的句子的能力，我们去解释我们以前从未听说过的词的能力，去改正口误，或者处理新的个人语言方式，这些现象威胁到了语言能力的标准描述。”①戴维森由此得出结论说：“我们必须放弃这种思想，即认为语言使用者能够获得语言的清晰的共同结构，并进而将之运用于特定的情景中，并且我们应当再次强调指出‘约定’是如何在那些极为重要的意义中被包含到语言中的；或者，正如我认为的，我们将放弃试图去通过诉诸‘约定’来澄明我们是如何进行交流的。”②依照戴维森的理论，像误用文字那样的现象，它预示了我们应该认识到，人类理解彼此言语的能力，并不能够整个地在预先的交流的具体情景中学到，并不存在我们首先同意并把它应用于具体的情况中的共同规则，也不存在预先约定并包括和确定了词的所有的有意义的用法。在这里，戴维森事实上放弃了自然语言作为一种具有被澄明的结构的语言观念，而是主张，在日常用法和交流中，涉及了语言的真正的创造性的和不可预见的成分。因为在许多真实生活交流的形式中，创造和想象起一个核心的作用。

现在，戴维森描述了一个新的可选择的交流和语言使用的图景，即在一开始，他认为，在某种意义上，讲话者实际装备了系统的意义理论，以使他们能够产出并进而理解语言言说。他所反对的是这样的观念，即所有讲话者能够共有一个他们得以应用于具体语境中的静态语言

① Brian McGuinness，Gianluigi Oliveri(eds)，*The Philosophy of Michael Dummett*，Dordrecht：Kluwer，1994，p. 162.

② Ibid.，p. 174.

理论。的确，戴维森相信，每个讲话者都具有一个整体的理论集合，这些理论集合没有一个是与其他人所共有和共同的。但这些理论并不是静态的和不可改变的，相反，经常发生的情况是，我们往往总是在具体的语言语境中，在做出当下的言说时才决定语言的语法的和使用的规则。

戴维森认为，在成功的交流中，对语言的理解、解释和交流是这样来进行的："解释者进入了具体的一个言说情景中，该言说情景提供了讲话者任一言说所蕴含的意义。讲话者进而说出了具有此意向的某种事态，这一事态在一种特定方式中得到解释，并且它本身具有要求得到如此解释的期望。事实上，这种解释和理解方式并不是由被解释者的理论来提供的。但在此，讲话者仍然能够得到理解，是因为解释者根据实际情形，调整他的理论，以便使该言说产生出讲话者所蕴含的解释。"[①]按照戴维森的这个模式，如果我听到一个并不适合于我偶然使用的过去理论的言说，我需要做的仅仅是去修改该理论，直至它产生出正确的解释。

应当看到，在戴维森本人的论述中并未更多地涉及或注意到语义学和语用学的概念，而且他经常在"给予一种对语言和语言能力的系统的、科学地可接受的解释和给予对语言可靠的并作为对于在真正对话中的参与者所使用的事情的描述"之间动摇，甚至希望两者都具有，而这是维特根斯坦和蒯因认为必须果断做出选择，而不能有丝毫妥协的。[②] 但无

---

① Richard Grandy, Richard Warner(eds.), *Philosophical Grounds of Rationality: Intention, Categories, Ends*, New York: Oxford University Press, 1986, p. 166.

② Martin Gustafsson, "Systematic Meaning and Linguistic Diversity: The Place of Meaning-Theories in Davidsons Later Philosophy", *Inquiry*, Vol(41), 1998, p. 451.

论如何，戴维森对自然语言的处理和对语言整体的强调，使得“语用语境”成为一切语言建构的出发点和生长点，特别是在把对语用的理解推向语义学的外部，关注其起作用的方式和实践意义的过程，语言本质上成为一组声音和符号，成为人们用以协调自己活动的方式，它的目的不在于去用形式化的体系，来规范各类哲学陈述或阐明言词与世界的“符合”关系，而只是在于清晰地展示出，拥有不同词汇的人在对理论的选择、接受、运用的社会实践中所表现出的信仰和价值取向。这样，由强调“语用性”所体现出来的就是一种与认识主体的直接当下的背景信念、价值取向、时空情景相关的对话认识论。毋庸置疑，在这样一种没有“形而上学”强制的对话中，主体之间平等的内在对话是自由的、有创造性的和易于统一的，这标志着分析哲学传统在认识方向上的一次根本性的转折，更预示着维特根斯坦之后语言哲学在新的方法论手段刺激下的又一次崛起。从这个意义上讲，走向语用对话的后分析哲学突破了传统分析哲学的语义层面，而在语用层面上构建了新的世界，使得哲学问题在所有方面都有了突破并发展到了一个新的阶段。

(三)语用学转向的哲学意蕴

以语义学为核心的卡尔纳普模式和以语用学为核心的戴维森模式，实际上分别代表了分析哲学和后分析哲学的典型思维方式，从卡尔纳普模式到戴维森模式的转变，本质上是一种“语义学的语用化转向”。[①] 可

① Ken Turner(ed.), *The Semantics/Pragmatics Interface From Different Point of View*, Oxford: ELSEVIER, 1999, p. 420.

以看到，后分析哲学视野中的这种“语用学转向”，既显示了语言哲学自身发展的内在必然，又反映了哲学思维发展的某种关节性的变革，具体地讲，其哲学实质和意义体现在：

首先，“语用学转向”重新定位了语言的三元划分结构，将语用学推向了哲学的中心舞台。卡尔纳普认为语言由语形学(表达式和表达式间的理论，进一步划分为语义适当和逻辑语义，即证明理论)、语义学(表达式和事物之间关系的理论)和语用学(表达式和讲话者之间关系的理论)所组成。戴维森模式对卡尔纳普模式所建基的语形学、语义学和语用学之间的界限提出了严重的质疑，但他的目的不是要否定这样的界限，而是要表明，卡尔纳普对语言界限划分的方式是不充分的。因为戴维森模式的出发点不是把语言当作一种命名的方法，而是当作一种工具箱的语言理论。一旦放弃语言作为一种命名的观念，就没有办法将语义学从语用学中解脱出来。当我们解读一种语言时，所学习到的每种东西(以及因此为弄懂这种语言而认识的每种东西)，是语言的使用者如何使用语言。如果语言是非命名的，如果意义仅仅是解释者的分类工具，那么通过意义的棱镜所透视的语言行为的那些方面，以及不能够透视的那些方面之间，就不存在鲜明的界限了。我们在其对认识意义有用的地方就做出假设，而在认为它并不能对理解和解释言说有帮助的地方，则不假设它。因此，它们的区别应当是，用来标示我们所用于去交流的和我们如何使用它的之间的界限，即把语形学当作人们使用表达式，以便进行交流的理论(形式上是好的理论)，把语义学当作人们如何使用表达式的理论。在这种有用性得到了充分发挥的新的戴维森模式的语言理论中，语形学被还原为可以进入到此种语言中的表达式，语义学被还原为对表达式进行使用的方式中的“原则的”“核心的”或“不变的”部分，语用学则被还原为对表达式进行使用的方式中的剩余的、“外围的”方面。由此，对于日常的语言交流而言，主体真正所面对的是语用学，而不是语形学和语义学。事实上，“语用学不是对句法和语义的排斥，而是兼容。返回到语用学也就返回到了具体。”①

其次，“语用学转向”导致了新的科学解释模型，从科学逻辑转向了科学语用学。亨普尔和奥本海默(P. Oppenheim)提出的科学解释覆盖率模型(D—N 解释)，本质上是逻辑经验主义对科学认识的产物，带有深刻的逻辑经验主义思维痕迹，该模型的目标就是在下述图式中对条件 C 提供解释：E 是一个好的科学解释，当且仅当 E 是一个满足条件 C 的语言单元，它根据逻辑和经验的条件来阐明 C。但基于科学逻辑的这种模式，根本不能解决意义的经验标准问题，既不能证实经验事实，又不能验证科学命题。因此，20 世纪 60 年代末，汉森、库恩和费耶阿本德等激进的历史主义者认为，C 应当根据历史的和世界观的条件来得到满足，科学的结果仅仅在一个所予世界观的语境中，才能够得到支持。20 世纪 70 年代末，拉卡托斯、夏佩尔(D. Shapere)和劳丹(L. Laudan)等人认为，C 应根据为阐明实在的概念框架、研究纲领而建立起来的理性模式来得到解释，他们并不在形式的方法论的论题和事实的、物质的论题之间做出明确的区分，而是认为，科学研究的结果最好是在关联于科学变化的过程中来得到理解。20 世纪 80 年代以来的语用学转向使这种

① 盛晓明：《话语规则与知识基础：语用学维度》，6 页，上海，学林出版社，2000。

"语用的语境论方法"更加日趋明朗,[1] 这种语用论模型根据做出解释的解释者来阐明C，要求按照语境的适当的指导，在听者中产生理解解释者的意向以及解释行为的核心性。这是一种反逻辑主义的思维，即反对解释是独立于语境的一种语言单元，以及所有好的科学解释都能满足逻辑条件的单一集合。而认为解释依赖于主体，由于解释语境的差异，不同解释主体形成不同的提问方式，因而形成特定的回答方式和特定的解释形式。这一过程实际上就是一种科学解释范式的转变，即从科学逻辑到科学语用学的转变，因为"正是语用学才分析整体作用；而在这个整体作用的语境中，对语言系统或科学系统句法——语义学分析才可能是有意义的。因此，唯有指号学语用学才能使当代语言分析的科学逻辑变得完整"。[2] 它所显示出的哲学意义不仅体现在科学解释的认识论和方法论的变化上，而且表明对科学理论的认识已不仅仅是科学解释的问题，更应结合人文解释，从科学共同体的意向、心理、行为等各个方面认识，在科学语用学基础上所建构的解释才能对科学理论的本质做出真正的认识。

最后，"语用学转向"为哲学发展提供了新的基点，构建了哲学对话的语用学平台。由于语言首要的不是词与事物关系的聚集，而是人类行为和作为这些行为的规则的聚集，并且真理也既不需要也不承认以符合论术语进行的解释。因此，使得一个表达式有意义的，并不是它所代表

---

① Harmon Holcomb, "Logicism and Achinstein's Pragmatics theory of scientific explanation", *Dialectica*, Vol(41), 1987, p. 239.

② [德]卡尔-奥托·阿佩尔：《哲学的改造》，孙周兴、陆兴华译，111页，上海，上海译文出版社，1997。

的那个事物或对象，而是它能作为一种交流工具得到使用这个事实——即存在一种我们能将之用于特定交流目的的方式。这样一来，最好不要把意义看作是一种对象，而应当看作是一种可以起作用或具有价值的某种东西，是它的表达式在实际言说语境中起作用的具体化。因此，“语义学必须符合语用学，把语义内容归属于意向状态、态度和行为，其目的就是要在各种语境中来决定它们所发生的语用意义。”①这样一来，作为语义学出现的，经常是伪装了的语用学。当我们表面上在陈述一个词和一个事物或对象之间对应的语义关系时，我们所真正做的，却是借助于其他相似的词来指明问题中词的功能和使用。正像蒯因和戴维森在思考根本翻译的实验时，各自进行的解释那样，去观察讲话者使用的表达式和观察他们是如何使用这些表达式的，实际上完全就是去观察和理解，除此之外，并不存在对词如何与事物相联结进行的观察。对一个陈述的意义进行的谈论，本质上所谈论的就是该陈述在具体语言语境中的有效性。仅当陈述的语义内容符合语境的要求，有助于去确定所有句子表达式的语言使用界限时，该陈述的语言意义才是有效的。

可见，语用学本质上就是一种规范，一种规则，其目的就是在语言交流的范围内，来制定语言使用的适当与否的规则。一个陈述的意义，即此陈述所具有的有效性，首先和主要的就在于对此陈述进行的断定所带来的承诺和行为后果，并且这些承诺和行为后果依次得到此陈述参与其中的推理的反映。一个陈述的意义就是它的推理作用。在这种方式

---

① Robert Brandom, *Making It Explicit*: *Reasoning*, *Representing and Discursive Commitment*, Massachusetts/London: Harvard University Press, 1994, p. 83.

中，任何“语义解释”仅仅是对“语用意义”的详细阐释，“这是可能的，将所有种类的抽象对象与得到形式化的语言中的符号系列连接起来，从模型集合到哥德尔数字。这样的连接，仅当它用于决定哪些系列是如何被正确地使用时，才算为特殊的语义解释。比如，塔尔斯基将一阶谓词演算的形式完善的公式，映射为形态领域，从而将它们修饰为一种语义解释，仅仅是因为他能够得到有效推理的观念，告诉它们正确使用的观念。”①

从“语形—语义”学的分析模式到彻底的语用化模式的转换，使得语用对话真正地建构在牢固的公共生活实践之上。因此，从卡尔纳普模式到戴维森模式的“语用学转向”作为后分析哲学发展演变的必然趋向，内在地显示了“现今的哲学无不带有语用”这一哲学基本特征，可以说，“在分析哲学的发展进程中，科学哲学的兴趣逐渐从句法学转移到语义学，进而转移到语用学。这已经不是什么秘密。”②走向语用学，是分析哲学经历半个世纪的曲折历程后的最终归宿。

---

① Robert Brandom, *Making It Explicit: Reasoning, Representing and Discursive Commitment*, Massachusetts/London: Harvard University Press, 1994, p. 84.

② [德]卡尔-奥托·阿佩尔:《哲学的改造》，孙周兴、陆兴华译，108页，上海，上海译文出版社，1997。

第三章　语言分析方法的语用传统

从20世纪后半期开始，语言分析方法的发展越来越倾向于对语用学的研究和应用，随着语用学作为一种方法论策略在自然科学和社会科学各个领域的渗透和扩张，其逐渐成为语言分析方法的重要工具。但哲学家对这种工具的青睐和使用却并不是在20世纪才开始。历史地讲，对语用的洞察自古希腊起就已经存在于人类的思维当中。亚里士多德在《修辞学》中最先发展了一种交流的语用模式。自此开始，语用思维的发展与哲学的演进历史地结合在一起，一方面，语用思维在哲学研究中的出现满足了解决哲学难题的需求，语用分析方法成为哲学家可以有效使用的语言分析方法之一；另一方面，哲学家对语用分析方法的借鉴也内在地促进了语用思维的发展，导致了现代语用学的诞生。

不过，语用思维在各传统哲学中的表现具有非常不同的形式，从而具有非常不同的特点。在德国，从康德的语言学转向开始，德国哲学传统对语用思维的研究很大程度上源于寻求知识的理性基础的目的，为交流和对话进行奠基。这一策略在哈贝马斯的“普遍语用学”和阿佩尔的“先验语用学”中表现得最为明显。在英国，从洛克的符号行为哲学出发，英国哲学传统主要地关注于具体的对话和交流，与日常语言哲学的发展结合在一起，形成了独立的言语行为理论。在法国，语用思维主要体现在语言学家们对语言本质的研究当中，尽管并没有形成自己的语用研究特色，但仍然在各个层次上涉及了语用的基本方面。在美国，语言哲学的研究与实用主义传统结合在一起，特别是莫里斯的语形学、语义学和语用学的三元划分理论，为语用学的研究设定了基本对象域，而塞尔的言语行为理论进一步延续了奥斯汀的思想，格赖斯则开辟了语用学研究的新领域。哲学传统中的这些语用思维交织在一起，不仅共同构成了语用思维发展的生动历史图景，而且在客观上促进了大陆哲学和英美哲学、人文主义和科学主义相互融合和渗透，成为这种融合的当代表现形式。本章试图通过历史地考察语用思维在这些哲学传统中的具体表现形式，客观地展示语用思维形成发展的路径和形态特征。

一、德国哲学传统中的语用思维

德国哲学传统中的语用思维肇始于康德的“语言学转向”。19 世纪，德国语言学决定性的语言思想是语言作为有机体的隐喻观念。语言学家研究语言的语法结构和内部规则，认为语言是独立于语言的讲话者并依照这些规则来运行的现象。因此，对于强调语言的结构和进化依赖于使用者、关注于社会语境中语言使用科学的语用学而言，这种语言学观念并没有为使用中或语境中的语言研究，或者语言和行为间关系的研究留有空间。正是康德在知识建构中的图式论和符号观念，把语言的因素引入理性的建构中，形成了德国语用思维的出发点和思想传统。在康德所开创的哲学轨道上，德国哲学中的语用思维表现为与英美语用学完全不同的发展路径，并成了现代语用学的主要来源之一。本节之目的正是要具体考察语用思想在德国哲学传统中的发展、表现和风格，从哲学渊源的角度认识现代语用学的形成、发展轨迹。

(一)康德的语言学转向

现代哲学开始于康德的所谓“哥白尼革命”。正像哥白尼通过把太阳置于宇宙的中心，并让地球和其他行星围绕它运行，从而在天文学中改变了我们对世界的看法一样，康德通过把理性置于核心地位，并让对象世界以它为核心，从而改变了我们对自身的看法。从这个观点看，我们并不仅仅是通过感觉来认识世界，即通过感觉积累世界经验和它的对象表征，相反，我们预先把一个结构强加于世界之上，并通过人类理性的原则来指导它。在此之前，并没有发现组织化了的世界，也没有因对象世界而束缚住人类的行动。人类组织了世界，人类自身就是自由的行为者，并能自由地按照人类道德原则来行动。为了发现理性和道德的这些最高原则，按照康德的理论，哲学应当不仅仅按照英国经验论者所赞同的经验方法来前进，而且应当按照先验方法来前进。

康德哲学的这种哥白尼革命的实质，“就是要建立起‘概念使对象可能’的新思维方式”①，这种先验方法基于一种“真正的语言哲学”，类似于维特根斯坦提出的思想。康德看到，“包括这些普遍的和必然的法则的科学(逻辑)简单地说就是一种思想形式的科学。并且我们能够形成这门科学的可能性的概念，就像仅仅包含语言形式而没有其他东西的普遍语法一样，它属于语言的事情。”②为了探询经验可能性的结构或思想的形式，它将实际地成为一种语法的研究。也就是，我们通常按照范畴所提供的先天法则，来建构对象并赋予其普遍必然性，就像语法在语言现象中的规则作用一样，经验是范畴这种先验语法对自然现象加以拼写的结果。对此，在《未来形而上学的导论》中，康德明确指出，“从普通认识里找出一些不根据个别经验、然而却存在于一切经验认识中的概念，而这些概念就构成经验认识的单纯的连接形式，这和从一种语言里找出一般单词的实际使用规则，把它们拿来作为一种语法的组成部分，是没有两样的，并不要求更多的思考或更大的明见(实际上这两样工作是十分相近的)，虽然我们指不出来为什么一种语言偏偏具有那样的形式的结构，更指不出来为什么我们在那一种语言里不多不少恰好找出那么多形式的规定。”③可见，康德事实上把他的先验哲学塑造在其时代的普遍

---

① 陈嘉明：《康德“图式”论的符号学分析》，载《厦门大学学报(哲社版)》，1991(4)。

② Brigitte Nerlich, David Clarke, *Language, Action, and Context: the Early History of Pragmatics in Europe and America 1780-1930*, Amsterdam/Philadelphia: John Benjamins Publishing Company, 1996, p. 15.

③ [德]康德：《未来形而上学导论》，97页，北京，商务印书馆，1982。

语法之上，语言的形式将理想地反映思想的形式，为语言的使用设定了界限，促成了他的哲学的“语言学转向”。

如果说范畴为经验现象提供了先天法则，形成了概念的语形学的话，那么概念如何具有意义，它又是如何与直观对象联结起来的？因为现象中并不会看到诸如“实体”“因果性”之类的东西，并且如果概念不用于现象的话，它就没有了意义，只是单纯的逻辑形式，因此必须寻求概念与经验间相联结的通道。

在康德那里，语言是理性的外在化和异化的唯一工具，这种简单的语言表征理论在对内在的精神表征和外在的语言表征区别的基础上，将外在的语言表征又分为符号的概念表征和概念的象征表征。但是，在康德看来，符号(包括语词)仅仅是概念的一种指谓，其唯一的功能只是按照想象的关联规则去唤醒概念，这种纯粹主观的作用避开了与对象直觉的任何内在联结，因此它只是概念的表达式，即语词表达概念，它们是任意的并且主观地用于思想的再生和转换中。另一方面，在概念的象征表征中，由于与概念一致的仅仅是程序规则，而不是直觉自身，且此种一致仅仅是在反映的形式中，而不是在内容中，所以它们完全没有可直观的对象，而只能通过类比方式，借助于另一个可直观的对象，反省出其中的意义，再把这些意义类比于原来的概念之上。因此，概念的象征表征的不充分性，决定了它不能直接指称对象。为此，康德不得不寻求其他建构概念意义的程序。

在康德看来，能够既符合先天的语形规则，又能够与直观对象相关联获得语义意义的唯一有效认知表征方式，只能是图式。图式通过先在性使直觉符合于概念。这里的先验图式就是时间的先验规定。因为时间是直观的先天形式条件，不掺杂任何经验的规定，同时，一切现象均在时间的关系中发生，这样，图式的作用就是提供一个纯粹概念的图景，即在感觉和认知之间的桥梁，“纯粹知性概念的图式，是这些概念能够与对象发生关系并具有意义的真正的和唯一的条件”[1]。在此，图式可以被创造，是我们创造性想象的结果，因此，是在概念和对象之间建立了一种关系的创造意义的手段。它在理性提供的概念和观念的基础上，对理性做出表征。所以，本质上讲，图式起着语义规则的作用，在时间序列、内容、范围等方面对用于对象之上的语形概念给出语义的解释，从而使抽象的概念在时间的图式中感性化，并指向了特定论域中的对象。康德的图式论实际上提供的是一种语言概念的意义理论，即如果没有把对象给予概念的话，概念就不可能形成，不具有任何意义。

可以看出，康德先验哲学中包含丰富的语言哲学思想，特别是他的语言图式论通过限定概念的使用范围，以获得有意义的语句的思想，在某种程度上，达到了后来的逻辑经验主义一切有意义的语句都是在经验中证实的理论。康德从概念的语形学到概念的语义学的发展，表明语言观念在他的先验哲学中具有重要位置，尽管它只是以一种附属的形式出现。但另一方面，康德对德国语言哲学发展的意义也仅限于此。在他那里，日常语词仅仅是任意符号，而未能看到，大多数日常语词开始都是作为象征，哲学语言依赖于日常语言为它提供完全的表征。特别是他未能看到，语言能够履行图式的作用，在直觉和概念或感觉和认知之间架

---

① Immanuel Kant, *Critique of Pure Reason*, Norman Smith (trans.), London: Macmillan Pbulishers, 1968, p. 186.

构桥梁。所以，康德的语言作为表征的理论，包括符号和象征的表征，在一段时期内阻止了语言的行为方面的发现。可以说，康德是从否定的意义上来促进德国语用思维的发展的，他的后继者在他的语言思想的启发下，通过跨越康德的纯粹理性哲学所设置的限制，以便去建立一种基于康德原则的新语言哲学，从而超越了 18 世纪处理语言的感觉论和经验论方法，并促成了一种语言的先验哲学，把康德的先在性从理性转换到了语言，并引入了符号和交流行为中对话者的观念，使德国语言传统慢慢发生了朝向语用的转变。

(二)后康德时代的语言交流哲学

康德之后，直到 19 世纪末的这段时间里，在语用问题方面的研究主要是在康德先验哲学的影响下进行的。包括费希特、哈曼(J. Hamann)、罗斯(G. Roth)、维特(S. Vater)、洪堡和施莱尔马赫(F. Schleiermacher)等在内的哲学家和语言学家，一方面，继承了康德的表征理论，并把对语言的研究集中于语言中精神和表征间的关系上，对语言来源和语言系统本身进行基本界定；另一方面，他们把康德的图式理论结合进语言理论中，语言取代了康德的图式论在其哲学中作为'第三'的作用，与概念和直觉结合在一起，使语言对于思维具有了核心的作用。具体讲，这一时期关于语言和语用思维的基本观点主要集中在以下几方面：

1. 语言的先验来源

由于康德先验哲学的影响，这个时期的哲学和语言思想，普遍地渗透着先在性是一种对所有知识和所有人类创造物而言，都是必不可少和构成性的观念。因此，费希特研究语言的基本目标，就是去给予语言来源一个道德基础，所以，费希特所希望的是一个语言来源的先验历史，是对语言观念被转换进人类言说中方式的描述，把语言本质和来源从人类本质中推演出来(以康德的先验演绎为模式)，而不是一部自然的或历史的经验历史，不是对人类所使用以形成语言的自然手段的描述。为此，费希特指出：

(1)语言是通过任意符号对我们思想的表达。“通过符号，这意味着不是通过行为。我们的思想把它自己显示于可见世界中：我思考并且依据这种思考的结果而行为。一种合理的存在可以能够从这些自我行为中推断出我们所思考的东西。但这并不称为语言。在能被称为语言的每一件事中，只有思想的指称能被思考；并且语言除了这种指称之外无其他目的。”后来费希特写道：“语言的目的只是指称，这就是在思想中获得一种相互作用，所有的适当行为的相互作用都可以被产生。”①因此，语言的这种表征功能在逻辑上是首要的。(2)语言本质上源自于，在与其他人相面对的情况中，主体试图与之发生相互作用的关系。这种相互作用仅能通过交流获得，也就是通过内在表征的外展来实现。因为人类面对的不仅是去征服的自然，而且希望与其他生物接触和联合，此时他所感受到的是一个指向自己的行为，此行为遵循特定的可以认识的规则，这使他意识到此生物像他一样富有理性，所缺乏的仅仅是去与之相联结的手段，而把这两个理性生物联结到一起的工具，必定是建立在个体意

---

① Brigitte Nerlich, David Clarke, *Language, Action, and Context: the Early History of Pragmatics in Europe and America 1780-1930*, Amsterdam/Philadelphia: John Benjamins Publishing Company, 1996, p. 35.

愿和行为之间的相交部分上。这就是，它超越个体意愿但又仍然与它相联结，这样做的唯一方式就是通过语言，即不是通过占有而是通过理性，通过行为和再行为的一种相互作用，这种相互作用不仅仅是本能的，而且表明了相互间的理解。

2. 语言的表征和交流

从康德的语言表征论出发，罗斯系统分析了内在表征观念和外在表征观念，以及它们的关系。他认为康德以及他的纯粹理性批判，并不像其时代的普遍语法家一样，大部分建基于归纳和心理学上。他试图解决的问题是，语言如何能够在认知的、尤其是交流的层次上，去履行它的符号功能。为此，他指出，一方面，表征可被视为是，表征把它自身呈现为一种内在认知表象的形式，即心灵的行为；另一方面，它意味着观念的外在语言表征是一种身体的行为，一种言语和交流行为。罗斯把这种使用言语来表征观念称为“交流行为”。

在罗斯看来，外在交流表征与内在认知表征是并行的，语言的表征形式就是对心灵及其行为的模仿。在此，词表征概念，句子则表征判断。词和句子作为外在行为，在内在行为中具有相应等值物。在形成一个判断的行为中，两个认知实体或表象被结合在句子这种逻辑单元中。罗斯对心灵行为的词(概念形式)和句子(判断)这两种外在表征的区别可用图示表示为：①

由此可见，在思想或观念的表征中，既存在概念形成和判断形成的

① Brigitte Nerlich, David Clarke, *Language, Action, and Context: the Early History of Pragmatics in Europe and America 1780-1930*, Amsterdam/Philadelphia: John Benjamins Publishing Company, 1996, p. 38.

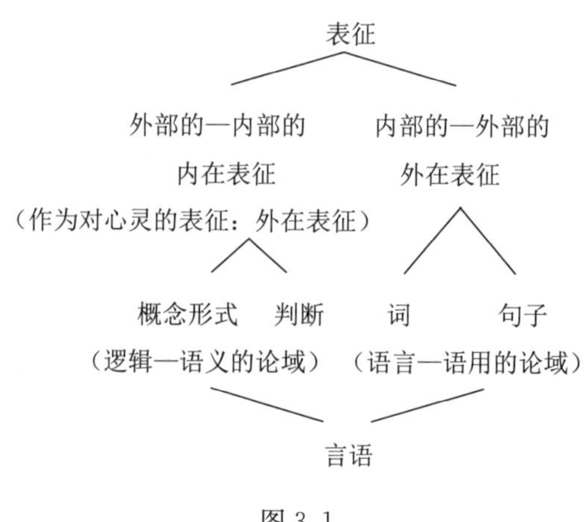

图 3.1

过程，又存在产生被发出的言语的过程，语言把言语变为表征思想的工具，从而，语言成为认知和言语之间的媒介。我们在语言中表征思想，就能够被称为语言的纯粹普遍理论规则。然而这种表征在实在中能运行的必然条件是交流。作为信息的发出者和接受者，人们能够真正地把信息的编码视为言语的产生，把信息的解码视为把缠绕于言语之中的声音和思想整理出来。为使真实的表征存在，它就不得不与另外的主体交流，在与他人的交流行为中，表征通过言语而变为基于思想的交流表征，并因此通过交流行为而完成。

所以，罗斯认为，可以从两个层次上来考察语言。其一，语言作为表征是一种日常的现象，它来源于交流需要，产生于他人的意愿。在这种情况下，交流是本质的，它发生于真实的时间和空间中，语言因为交流的需要而使用，并因为使用被改变；其二，在更高层次上，语言能够成为更自由地表征的手段，并与交流的需要相分离，可交流性的特征在此并不是本质的，表征者更多的是为他自己而不是其他人来决定他的表征，其他人的使用是次要的，讲话者仅仅具有历史的价值，听者能够是任何时间的任何人，比如在诗和科学的论域中。可以看出，这是两种不同的交流模式。

这种认为把语言从表征中区别出来的是通过发出言语的交流的观点，使逻辑主义和语言系统的观点在此就被功能主义和语言的交流观点所取代，尽管后者是基于纯粹理性的推演而不是日常语言的分析。

3. 语言使用和文本理解

随着言语交流观念的出现，德国语言学中有了作为一种交流手段的语言和作为向某人交流某事的言语的区别。语言的讲话者、听者、意向以及交流行为的目的等语用方面，开始受到越来越多的关注。在语言和语言使用的这些方面中，维特超越了费希特去把握语言纯粹观念的愿望，把它向人类意向性、历史以及经验事实开放。对于维特而言，符号的每一次使用，并不能绝对地源自于普遍哲学法则，符号的具体使用必须部分地被视为是人类心灵、自由意愿等自主活动的表达。这就是一种思想当它在一定时间、在特定场合与符号相关联时，为何仅仅能成为特定思想的原因。由此，维特认为，人们并不能够很容易地从心灵和语言关系的纯粹分析中，得出语言普遍特征。规范的语言使用总是根植于特定场合并基于习惯。当被分析为一种经验的事实而不是作为一种无限的观念时，语言就整个的是基于使用，基于在真实的时空语境中，通过实践交流转换得来的习惯。

同样，在费希特的直接影响下，洪堡也提出了类似看法。对他而言，语言是结合于每一个讲话行为中的两个有序过程的产物，即反映和言说。洪堡试图去表明，词不仅仅是观念符号，“而是一种生生不息的创造性活动"[①]。因此，符号并不是任意地与预先存在的意义相联结，而是符号以及它们相应的思想，是在同一时间以及讲话者的同一言语行为中形成的。这种讲话的"言语行为"成为洪堡语言哲学的轴心，正像"符号行为"是洛克的和"理性行为"是康德的一样，语言建基于真正产生它的行为。

神学哲学家施莱尔马赫则基于文本的解释，特别是圣经文本的解释，在康德的启示下，提出解释的先验问题：理解如何可能？意义的理解如何可能？在这当中，阐发了自己对语言使用和意义的理解。在他看来，语言不只是一种语法和词法规则的结合。我们试图去理解的总是言语行为。正像在洪堡那里一样，言语行为也是施莱尔马赫语言理论的焦点。所有的言语行为仅仅是语言本质展示它自身的方式之一。这就是为什么我们在没有看到语言使用的同时，也不会看到作为规则或语法系统的语言。这也意味着语言必须总是在与修辞学或心理学的联结中来研究。

在康德时代的德国语用思维的发展中，已经出现了许多与现代语用学相同的方面，特别是对交流互动和对话的探索。这一时期的思想普遍反对理性论以及语言的逻辑观。但是，在德国早期的这种语用思维中，尽管康德的图式论逐渐地转换为一种意义的语用论，语言是思想表达式的观点仍然统治着语言和交流的萌芽理论，特别是在语言的概念中仍然缺乏对语言的行为性的洞察。

(三)言语行为理论在德国的发展

随着康德时代的结束，德国哲学和语言学开始试图把语言从浪漫的

① 孙周兴：《论威廉姆·洪堡的语言世界观》，载《浙江学刊》，1994(4)。

灵魂和先验的精神中分离出来，并把它带入坚实的地面上，进入人类活动和广泛情景中。为此，首要的问题就是重新思考语言的本质，即语言的功能是什么？我们如何理解语言？

在魏格纳(P. Wegener)看来，语言的主要功能不是表达和表征思想，而是以特定方式影响听者。正是在这种影响中，语言系统地和个体地发生进化。可见，在语言历史中，语言功能是首要的促动者，而不是语言形式。因此应当不仅注意讲话者，而且应当注意听者，不仅应注意言语，而且应注意讲话者想通过言说特定词而获得的目的，只有在对话中，以特定方式影响他人的言语目的和意向才会出现，进而，一系列声音才成为语言工具。如果我们想理解交流如何进行的话，我们也不得不考虑语词被言说的情景，仅当听者和讲话者能够从一个语言的、认知的和超语言的背景中推理的话，讲话者才能获得他们的目的，听者才能理解讲话者。语言理解因此首要地是基于"语用推理"。

为此魏格纳把语言分析的单元称作言语行为或交流行为，即一种具有特定目的的意向行为。因此，语言并不仅仅是把我们的思想单元强加于他人之上，语言是语境中的行为。在对话中，我们用词来做事，影响他人的意愿。这里，魏格纳使用"行为"以指语言用法的语用方面。因为从来没有一种纯粹形式中的功能，语言的表征功能总是语用地被建基的，必须诉诸听者和情景。

但是，魏格纳的言语行为思想仍然隶属于19世纪末的哲学和心理学传统观念中，即康德的精神活动哲学和洪堡的表征心理学。奥地利哲学家和心理学家布伦塔诺(F. Brentano)，按照经验的原则来建立心理学的观念，促进了德国哲学中言语行为理论的发展。布伦塔诺的行为心理学，与旧的主张观念相反，后者是一种精神内容的感觉论和结构心理学。对他而言，所有的心理现象均是行为，是指称某事的行为，“讲话经常被认为与行为相对立，但讲话自身就是一种行为”①。自布伦塔诺之后，心理学家开始放弃了观念表征主义，这意味着对词和句子的语言研究，不再被视为反映由表征的建构所组成的精神过程，语言结构逐渐成为意向心理“行为”内容的抽象成分。

通过运用布伦塔诺的心理学，马尔蒂(A. Marty)产生了对语言问题的语用洞察。马尔蒂更多的不是关注于语言，而是讲话者。在他看来，讲话者具有双重意向：“讲话者的首要意向就是，在他的对话者那里产生一种精神行为——在最简单的情况中是判断。他的次要意向是去表达他自己的心理状态。表征讲话者判断的命题功能被意想为产生交流效果的手段，当使用中的符号被听到并且其意向被把握时，理解就达到了。”②在此，马尔蒂的意义理论并不是通过符号所表达的东西，内心生活的直接表达仅是语言符号的一种次要功能，首要的功能是去影响或控制听者的内心生活。马尔蒂这样就区别了语言的两种功能或意义的两种模式：表达功能和意义功能。它们都是意向言说的部分，但前者是次要意向，后者是首要意向。这样意义就是一种交流的功能而不是一种物理的或观念的存在。

---

① Barry Smith, “Towards a History of Speech Act Theory,” in Armin Burkhardt (eds.), *Meaning and Intentions: critical approaches to the philosophy of John R. Searle*, Berlin/New York: De Gruyter, 1990, p. 42.

② Kevin Mulligan, “Marty's Philosophical Grammar,” in Kevin Mulligan (eds.), *Mind, Meaning and Metaphysics*, Dordrecht: Kluwer Academic Publishers, 1990, p. 13.

现象学家胡塞尔则主要地继承了布伦塔诺的“所有的心理行为都是意向的，都是对象表象的”思想。他的思想基本上是一种意识哲学，并站在笛卡尔和康德的传统上关注于主体——对象的关系。对于胡塞尔来说，意识的本质是意向性，意向性是一种行为，指称某事的行为。他改变了布伦塔诺的意向性概念，即把在布伦塔诺那里的作为经验主义精华的意向性，看成为自己与经验主义相分离的关节点。“在此种或另一种方式中，所有的意识均指称一个对象。一些行为，尤其是判断以及外在和内在感觉行为，直接指称它们的对象。胡塞尔称此行为为‘对象化行为’或‘表征’。其他行为——比如感觉、愿望、意愿行为——仅仅间接具有意向性”[①]。本质上讲，胡塞尔的语言意义理论，作为一种基于行为的意义理论，是一种对象化行为理论。他把语言的使用视为不只是在自身中具有意义，而且通过相关行为获得意义。但所有这些行为必定是对象化的，必须与对象具有一种直接的指向关系。

在德国语用思维的传统中，另外一位心理学家比勒的语用思想具有承上启下的作用，他既总结了德国在康德之后对语用的洞察，又启迪了当代德国哲学家特别是哈贝马斯的语用观念，这使他成为德国语用思想之链发展中重要的一环。

对于比勒来说，作为言语的语言是一种有指向的目的活动，能够在社会生活语境中运行并被理解，而语言本身则是一种客观结构，可以从社会生活中抽象出并形式地被理解。依此，比勒区别了语言的三种功

---

① Karl Schuhmann, Barry Smith, “Questions: an essay in Daubertian phenomenology,” *Philosophy and Phenomenological Research* vol. xlvii(3), 1987, p. 354.

能：表征、表达和请求。这里，比勒更感兴趣于语言的请求功能。他把语言的三个功能视为语言的三个维度或意义的三个维度，强调这些维度不能彼此排斥，逻辑研究表征，修辞学研究表达和请求。在比勒看来，三者的关系应当是，当一种言说声音发出时，句子首先作为一种声音事态的表征起作用；其次，句子起表达作用，传递关于讲话者的信息和感情等，进而，最重要的是，这些言说通过请求的作用，成为驾驭行为的一种媒介，进入了语言的语用维度中，讲话者通过它施行行为并促使他人施行行为，此种语言的使用在特定语境中具有直接的实践后果。它也是语言的社会或行为层面。

可以说，这一时期德国哲学中的语用思维更多关注的是言语行为，特别是具有意向的行为，但他们从未达到一种完全发展的语言语用学的理论。尽管他们关注于通过语言理解实在的表征，但普遍忽略了在特定言语行为中，我们能够实现所表征的东西，即还没有理解到句子的自我指称性，可以在说某事时直接就在做某事。他们所主张的施行句，也只是指称它们自己在言说行为中构成的实在，而从未描述位于言说自身之外的实在，也未规定位于言说之外的行为，从而忽略了后来被维特根斯坦所重新发现的言语行为的多功能性。

(四)哈贝马斯和阿佩尔的语用哲学

经由比勒，德国语用思维发展到了现代的哈贝马斯“普遍语用学”和阿佩尔“先验语用学”的形式。但他们的语用思想源于不同的旨趣。哈贝马斯是批判理论运动的继承者，他从语言和交流在个体行为协调中起重要作用这一假设出发，形成“普遍语用学”。“先验语用学”的建立者阿佩尔的思想并不是起源于批判理论，而是受海德格尔的影响，特别是后来阿佩尔在其哲学建构中重新引入了由于第三帝国而中断了的分析哲学，接受了维特根斯坦和皮尔士的观点。但从总体上看，他们具有大致相同的语用范式，承继了德国自康德以来的语用传统。

1. 哈贝马斯的普遍语用学

出于为资本主义社会重新定位理性的界域，为主体交流寻求一种理想的语言环境，以建立合理的人际关系这一理性重建的目的，哈贝马斯成功地借鉴了英美哲学的方法论手段，发生了从意识哲学到语言分析的语用学转向。哈贝马斯首先的开始点是在工具理性和交流理性之间做出区别。在他看来，前者是社会语境中的策略行为，通过技术目的理性形成，后者则是某人就某事试图与他人达成理解，从而在一种合作的方式中通过有效性主张的接受来完成。交流理性由言语行为的双重结构所支撑，即原则上可以由通过施行动词表达的以言行事部分和命题内容组成。在此，起决定性作用的以言行事部分在讲话者和听者之间构成了主体间际的关系，命题部分则用于交流事态。因此每一个交流都同时在两个层次上发生：主体进行交流的主体间际层次和主体试图去达成理解的对象或事态层次。

通过理解性、真理性、适当性和真诚性四种有效性主张，哈贝马斯建立了这种讲话者和听者的主体间际关系。[①] 尽管这四个有效性主张都展现在每一个命题不同的言语行为中，但哈贝马斯认为，它们各自对有

① [德]哈贝马斯：《交往行动理论》第一卷，洪佩郁、蔺青译，120～121页，重庆，重庆出版社，1994。

效性主张的要求并不同。比如，在命题断定中，强调的是真理的有效性主张，而在命令中适当性主张占主要地位。在此基础上，哈贝马斯阐述了两种基本的言语模型，即语言的认知使用(通过断定)和与语言的这些使用相关的交流模型，后者最初是由奥斯汀提出作为施行的使用以反对语言的叙述使用。在比勒的启发下，哈贝马斯把这种二元区别转化为三元关系：在每一个言语行为中，我们不得不处理命题内容与外在世界中事态间的关系。在比勒那里是言语的表征功能，在哈贝马斯那里成为真理的有效性主张，比勒的言语的感情功能相应于适当性的有效性主张，处理讲话者和听者间的社会交流关系，比勒的言语的表达功能相应的是真诚性主张，考虑的是言语行为和讲话者内在世界间的关系。

有效性主张在哈贝马斯的以普通语用学为模式的理性重建中起着一种核心作用，因为它们既是依赖于语境的，它们总是通过有血有肉的个体们在社会文化和历史的情景中由于交流的需要而被产生，但它们又是先验于语境的，这种内在的先验语境力量，是建构交流的日常过程的理性潜势，以作为一种强理想化的普遍预设和行为规则，对个体之行为目的的实现起规范作用，并涵盖所有形式的交流行为。可见，普遍语用学与通常的经验语用学研究不同，它是“使得理解的实践过程成为可能的普遍前理论的和暗含的知识之重建的一种准先验的分析”①。

这样，哈贝马斯的“普通语用学”以一种全新的风格和方式使传统意识哲学的主观性的感性构想转变为对语言的、符号的互动过程的理想

① Maeve Cooke, *Language and Reason*: *A Study of Habermas's Pragmatics*, Massachusetts/London: The MIT Press, 1994, p. 3.

化、可操作性的分析，使得交流行为运行在规范有序的理想环境中，交流理性奠立在社会实践的基础上，生活世界和系统获得了协调发展。

2. 阿佩尔的先验语用学

阿佩尔对“语用学转向”和用语用思维来解决哲学问题抱有坚定不移的信念。他指出，“在分析哲学的发展进程中，科学哲学的兴趣逐渐从句法学转移到语义学，进而转移到语用学。这已经不是什么秘密”①。他的先验语用学正是对这一见解的身体力行。本质上讲，阿佩尔的先验语用学建立在三个不同领域的张力中：分析哲学中的语用趋向（维特根斯坦和奥斯汀），传统符号学理论（皮尔士，莫里斯）和先验哲学（康德）。

通过使用由（真实）对象、符号和解释者（符号使用者）构成的三元符号关系，阿佩尔区别了三种第一哲学纲领，即符号关系的三个域：②

其一，希腊和中世纪哲学中的传统形而上学纲领。这种哲学既没有把符号三元关系，又没有把主体——客体的二元关系，视为使有效知识可能的方法论相关条件，而是从符号和符号解释的心灵中抽象出本体论，并仅仅在对象—对象关系的层次上处理哲学问题，而没有允许对象知识通过符号或认知主体来调节的可能性。心灵和符号是处于对象中的对象，而没有视为能被哲学反思所把握的对象知识条件。

其二，从笛卡尔一直到胡塞尔的传统意识哲学纲领。它通过意识、

① ［德］卡尔-奥托·阿佩尔：《哲学的改造》，孙周兴、陆兴华译，108页，上海，上海译文出版社，1997。

② Joachim Leilich, “Universal and Transcendental Pragmatics”, in Jef Verschueren, Jan-ola Östman, Jan Blommaert, Chris Bulcaen(ed.), *Handbook of Pragmatics*, Amsterdam/Philadelphia: John Benjamins Publishing Company, 1995, p. 554.

对象知识的中介进入哲学的中心舞台。但对于这种纲领来说，符号并不是相关的，因为它们仅仅用于心灵中思想的标志，故把完全的三元关系还原为了双重主体—客体关系。在此，只是唯我意识而非符号是哲学反思的主题。

其三，先验符号学纲领。这正是阿佩尔先验语用学所主张的。在他看来，语言的先验性是知识可能的先决条件，为了成功地建立起解释和认识世界的语言系统，必须赋予主体以先验的功能。所以，它通过传统先验哲学的符号学转化，通过符号的三元关系，取代了主体—客体的二元关系，并将之视为知识可能和有效的先验条件。

从阿佩尔的符号三元关系“重解”的观点看，语用域既不是莫里斯的经验行为，又不是卡尔纳普的形式建构，而是一种以符号为中介的知识可能性的先验条件。这种作为解释中介和对象的主体间际的有效表征，原则上并不能被对象化。所以阿佩尔主张，一种先验解释，必须不仅指派给符号功能的语形—语义部分，而且应当指派给我们实际语言使用的语用域。对语言建构和解释的哲学谈论，在先验符号学的框架中履行先验语用学的反思功能。

在此，阿佩尔先验哲学之目的就是要辩护终结基础的可能性，而哈贝马斯普遍语用学则是一种重建的科学，即建立从“前理论的知识”被转化为“阐明的知识”的实际能力，所以哈贝马斯和阿佩尔间的主要差异并不在结果层次上，而是在对这种结果的元理论解释的层次上。因为阿佩尔是在符号地转化的先验哲学的启迪下，去解释他的理论标准的，试图去发现必须强加于经验科学之上的终结的和必然的条件。

从康德到哈贝马斯，德国哲学传统中的语用思维在经历了很长的一段发展之后又回到了其原初起点上。特别是开始于哈贝马斯，在 20 世纪 70 年代，开始去恢复被奥斯汀、塞尔、格赖斯和维特根斯坦发展了的英美言语行为理论所遮蔽了的德国语用思维传统，所发生的语言学中的语用革命和 70 年代批判理论经历的语言学转向，更是对康德哲学所经历的语言学转向的回应。整个德国哲学语用思维的发展，显示了一种与英美语用思维发展不同的主题和路向，他们特别地关注于语言使用的两个重要特征：主体间性和理解，就如英美言语行为理论家所强调的讲话者的意向性和语言的约定一样重要。而且对于德国哲学而言，语用思维是一种阐述理性、寻求理解的工具，倾向于一种人文主义的态度；而在英美哲学中，它们则是为科学共同体设定的科学交流环境，具有明显的科学主义倾向。

二、英国哲学传统中的语用思维

英国哲学传统中的语用思维以洛克的符号行为哲学为开端。从一开始，就表现为与德国哲学中的语用思维截然不同的观念。在德国，语用思维在先验哲学的框架下展开，以语言使用的主体间性和交流者间的理解为主导性论题。而在英国，语用思维则是在经验论的传统中进行的，洛克发现，对语词本身而不仅仅是语言形式的反思，本质上与知识哲学相关，认识论和符号学是同一哲学硬币的两面，因此，如果知识没有讲话者使用的词就是盲目的，而如果语词没有讲话者积聚的知识则是虚空的，在康德把“行为”引入知识解释的地方，洛克把“行为”引入对语言的解释中，这使得占据英国语用思想的主题是意义的本质、使用、文化、语境以及语言的各种功能。特别是分析哲学中日常语言哲学的发展和以言行事语力的发现，使英国哲学中的语用思维与言语行为理论相联结，构成了现代语用学的主要来源之一。本节之目的正是要具体考察语用思想在英国哲学传统中的发展、表现和风格，从哲学渊源的角度认识现代语用学的形成发展轨迹。

(一)洛克的符号行为哲学

笛卡尔的“认识论转向”之后，对语言的洞察发生了根本性变化，“语言被视为密切与知识相关，并由此能够阻碍或培育知识的发展。因此，科学知识基础的解释不能够忽视语言，甚至仅仅是对其缺点的批判”①。洛克的哲学正是典型的现代性哲学。与康德相比，他第一个把语言视为一种不能为认识论所忽视、也不仅仅是哲学思考的工具。他的语言哲学结合了语言的现代理论以及现代知识论思想，使得基于“认知”和“语言”的语用行为观念在洛克和后洛克的语言哲学中均具有了首要的意义。

具体地讲，洛克在其著名的《人类理智论》(1689)中阐发了他的语用哲学思想。在该书的“论语词”部分中，洛克详细考察了“理智世界的三大领域”，他看到，“所有能够位于人类理智中的东西，或者是，第一，事物的本质，事物间的关系及其运行方式；或者是，第二，人类自己为

① Marcelo Dascal, “The Conventionalization of Language in Seventeenth-century British Philosophy”, *Semiotica*(96), 1993, pp. 139-140.

了各种目标的实现，特别是幸福，而理性地和自愿地去做的行动；或者是，第三，获得和交流这些知识的方法和手段”[①]。洛克在此所讲的第三个领域，就是“符号学或符号的学说，是语词通常存在的地方”。在他看来，无论是对事物本质的揭示，还是人类目标的实现，一种语词的存在都是必要的，通过人类观念的符号（语词），才能向其他人交流思想。因此理智知识本质上就是符号，只有在人类能够理解自身的语词并能够与他人相互理解和交流时，知识才成为可能。可见，语言不仅仅是交流知识的主要工具，而且也是对知识进行亲知时的最为危险的障碍。洛克的知识论因此不可避免地与语言的理论，其本质、使用和意义关联起来，或者与语词意义的语力和方式关联起来。

洛克把这种新的符号学方法与已建立的知识感觉论或经验论结合起来，直接反对笛卡尔的天赋观念论。洛克认为，所有的人类知识都由观念构成，观念则来自经验，所以理智活动就是对已有观念进行的一种精神操作。这一思想完全不同于以前许多哲学家认为人类天赋的具有一些或甚至全部观念的假设。在此，洛克实际上以经验论的方式为我们提供了一种新的知识传递带，它由双重符号组成：观念是事物的符号，语词是观念的符号。为了交流观念，我们使用语词并把它们传达给对话者，源自经验的观念以及事物的符号反过来又是通过作为观念符号的语词来表征，否则人类就不能交流自己的思想。

但是，仍然要看到，在洛克的经验论哲学思想中，经验表现为两种

---

① John Locke, *Essay on Human Understanding*, Oxford: Oxford University Press, 1975, p. 5.

类型，即外部世界的感觉和我们心灵运行的反思。通过这两种经验，洛克认为，我们由此就可以既认识了外部世界，又能懂得我们自己内在的精神世界。洛克进一步认为关于心灵的直觉知识通过内省就可获得，故在此，事实上心灵的运行并不是通过客观经验而获得的。正如笛卡尔讲的那样，思考、记忆、感觉的力量全是天赋的，所以，在洛克的哲学中尚存有一些天赋论的残余。这使他得出心灵是观念的居所，“言语交流就在于心灵交流：即在于观念从某一个体的心灵中向另一个体心灵的传达。语言是工具，是最大的‘导管’，借此心灵交流得以发生。”[①]这样一来，洛克就把个体语词的任意的、自由的和私人的这三个重要特征引入了符号学中，从而导致这种理想的交流图景带有洛克的“语言自由主义”形式。具体讲，相对于观念而言，这种个体语词的三个特征是：

①语词是其所表征观念的任意符号，也就是说，它是依照讲话者的任意的决定、意愿和意向而与观念相联结的。在符号和观念之间没有自然的联结，只有一种任意的强加。

②言说一个语词的行为，即言说作为一种发声符号或所予观念名称的行为，是个体讲话者的意愿行为。语词是观念的自由符号，因此语词仅仅在意义行为的语境(语词的使用)中才具有意义。意义是使用，是心灵的一种行为，而不是符号的属性。

③这种“意义是用法”的理论因此是相当不同于维特根斯坦的意义使用的社会理论，洛克的“符号行为”是一种私人行为，讲话者的语词和他

---

① Roy Harris, Talbot Taylor, *Landmark in Linguistic Thought Volume I: The Western Tradition from Socrates to Saussure*, London: Routledge, 1989, p. 110.

的观念之间的联结仅仅为他自己所懂得。①

可见，在洛克那里，在其首要的和即刻的意义中，除了代表使用它们的人心灵中的观念之外，语词并不代表什么，只是讲话者观念的符号。

但在此存在的问题是，如果作为观念的符号是任意的、自由的和私人的，即纯粹主体的，那么，知识的交流、亲知和传达又是如何可能的？

为此，洛克列出一些规则来保证知识在不同个体间交流的顺畅，它们是：①在没有弄懂你让语词所代表的观念时，不要使用语词；②保证你的观念是清楚的、有特点的和确定的；并且如果它们是物质观念，则应当符合于真实事物；③尽可能地遵从于共同的用法，遵守语词普遍认可的使用规则；④尽可能通过定义来告知你所使用的语词的意义；⑤不要改变你给予的语词的意义。② 可以看到，洛克所列的语言行为的这些规则是启发式的或指导性的，但它们对于语言的不完全性和私人性这些先天缺陷而言，只是一种减缓的方法，而不能真正治愈语言的弊病。事实上，洛克是试图通过承认语词的不变的使用来认可私自创造的符号，而没有像后来的维特根斯坦那样看到，因为不存在私自遵守规则的问题，故不可能有私人语言的存在。语言是由主观的个体和客观的社会两

---

① Brigitte Nerlich, David Clarke, *Language, Action, and Context: the Early History of Pragmatics in Europe and America 1780-1930*, Amsterdam/Philadelphia: John Benjamins Publishing Company, 1996, pp. 18-19.

② Talbot Taylor, *Mutual Misunderstanding: Scepticism and the Theorizing of Language and Interpretation (Post-Contemporary Interventions)*, London: Routledge, 1992, p. 43.

个相互关联的方面构成的，对个体自由的抑制必须通过社会来进行。因此洛克的这种语言自由主义真正的问题在于个体无约束的自由。

但无论如何，洛克符号行为哲学中所发生的语言革命在某种程度上反映了康德所欲达到的哲学革命。康德通过发展理性的自发性论题而进行理性、道德的先验批判，为人类理性自由而建构人类的知识大厦，洛克则通过语言手段发展了个体自由的论题来建构观念世界和精神世界，为人类语言使用的自由而建构人类知识。

洛克的这种经由语言的理解来对知识进行建构的思路为英国17—18世纪的经验主义所继承和强调。经验论者普遍认为，洛克革命性的哲学客观上批判了亚里士多德本质论的形而上学。因为在洛克那里，语词和它们的意义不再反映永恒本质，同观念一样，它们是任意的，从而可以自由地被选择，它们并不可靠地反映世界，而是依人类经验而变化。在对事物的指称和交流的语义行为中，人类不再仅仅承认已经形成的语词种类而是自己根据实际的需要来建构，在语言的行为中给予具体的意义。从这个意义上讲，洛克事实上成为建构语言概念的逻辑的和历史的先祖。可以说，在洛克的符号行为哲学中内涵着哲学的、语言的和符号的建构观念，它承认，正是在语言的使用中，人类建构起自己对世界的表征知识，由此而包含了英国哲学思维发展的一切“语用潜势”。这样，语言本质上就不是交流表象的工具，不是从讲话者到听者的思想交换或传递，而是经验的语用建构工具。

(二)经验论视野中的语用观念

康德和洛克的共同之处在于，他们都意识到了语言的隐喻本质，即我们可以使用语言来创造一个新的世界，这在某种程度上削弱了他们仍然坚持的语言表征论，尽管他们都未能把这种洞察结合进自己的心灵理论中。但是，一旦从表征事物或思想的单一功能中解放出来，语言就能成为交流主体的自由所有物和工具，语言使用者就能够代替语言本身而成为关注的焦点，这将使语用思维进入语言变得更为容易。也正是由洛克所开创的这一思路出发，英国 17—18 世纪伟大的经验论哲学家霍布斯、洛克、贝克莱(B. Berkeley)和休谟与常识论哲学家里德，将对语言使用的认识与社会理论结合起来，从社会行为的角度揭示语言的本质，形成了语言和社会的语用哲学。

从洛克对语言并不能完全、正确地传达或交流思想的怀疑论出发，贝克莱进一步认识到，这种怀疑不仅仅与语言相关，而且与物质本身相关。他否定物质的存在，坚持仅有思想和精神事件存在。像洛克一样，贝克莱也关注于阐明语言和世界间的关系，但他把语言从传达或表征的功能中解放了出来，指出它事实上是思想建构的媒介，并给予语言相对于它的指涉物以更大的自主性，强调了言语的非指涉的和语用使用的多样性。在他看来，符号并不总是表达或指称思想的观念，即便当它们表达观念时，也并不是普遍的抽象观念，它们尚有另外的用法，即除了表达和显示观念之外，对于诸如产生特定性情或心理习惯、指导我们的行为，符号都可以表达这种关系，当然，除非在符号的帮助下，否则我们并不能理解它们。

休谟也反对知识确定性的可能，认为精神中只有感觉，通过研究洛克语言的经验论中的语用潜势，他提出了一种意义的语用论。休谟认为，“名称”通过它自身的语义力，可以在语言接受行为中起作用，但这并不是要展示或表征个体讲话者心灵中的观念，而是依照实践的动机或交流的需要，在受话人中唤起一种指称个体或观念的感觉。因此，意义是名称的一种潜势，它的实现依赖于语用因素。在此，休谟更多的是从社会行为的道德方面进行的，在《人类理解研究》第三卷“论道德”中，以“论承诺的义务”为题，休谟指出，个体遵守“承诺”的义务来自意向和约定这两个方面，因为个体本身并无遵守承诺的自然义务，个体行为的意愿和“承诺的履行”间并无本质的联结，故承诺本质上是与非理智联结在一起的，也不存在属于它的心灵行为。但是，这样一来，承诺如何得到执行？休谟的回答是，通过社会压力和约定，通过基于社会的必然性和利益的人类普遍意向。

与洛克不同，霍布斯认为语词不仅仅是观念符号，它们本身就是观念。在洛克那里，首先有了理性，进而用语词来表征它，而对霍布斯来说，首先有的是语言，人不可能没有语言来思考，理解仅仅是通过言语而引起的。霍布斯通过对语言的使用功能和语言结构间差异的认识，显示了自己对语言使用的直觉。

但霍布斯主要是在政治哲学中发展了言语行为理论。对霍布斯来说，社会自身是基于一种普遍承诺，从而在普遍义务上来建基的。因此这种普遍的相互承诺不仅是一种社会行为，而且是最基本的社会行为。在一开始，所有的社会成员出于相互的恐惧而把各自的权力交给君主和专制政府，使得自我主义和利己主义结束，形成普遍的言语行为，君主或专制政府发出的每一个言说，因普遍遵守的义务而被以命令的形式解释为法律。如果这一义务不能获得，此言说就被解释为商议、劝告或恳求，它具有一种不同的以言行事语力。可见，霍布斯在此把言语定位为诸如承诺、威胁、命令、证实等言语行为，而在言语中表达的感情则类似于命题态度，即霍布斯所称的‘意向’，是直接导致行为的感情或是行为的原因，通过澄清各种句形中的感情或意向，每个形式都被约定具有不只一种功能。

尽管这些言语行为对于社会的研究和霍布斯的政治哲学是重要的，但按照霍布斯的理论，它们在科学中并没有位置，即恳求、承诺、威胁、希望、命令等并不属于科学的范围。因为科学只使用可断定真假的句子陈述，科学家把自己与这些言语类型联系起来没有用处，它们只是表明了人的愿望和情爱，对他们来讲，只有命题言语才有用，因为它是可证实或否定、可表达真或假的命题。

常识论者里德则分析了作为社会行为的言语行为。他是第一个发展语言理论，以反对亚里士多德主张语言的科学研究应当限制于命题或陈述这一观念的哲学家，并把传统意义上的修辞学(语用学)废纸篓置于语言理论研究的核心，认为疑问、命令或承诺等都是可以像命题那样来分析的。这一思想源于里德对语言普遍概念的新认识。从培根以来，哲学家们感兴趣于语言，是希望为了哲学的对话而改正语言的不可靠。但里德相反，认为日常语言本身是好的，是哲学家们滥用了日常语言。对他而言，日常语言是常识的储藏处，并且日常语言的分析能够提供有价值的哲学洞察。这一主题成为后革命欧洲哲学重建的共识。具体地讲，里德的语用哲学思想体现在：

首先，里德发展他的这种语言语用的思想不仅是出于对洛克或休谟的反对，而且主要是由于他对亚里士多德探讨语言方法的反对。在里德看来，洛克所悲叹的那种通过语词来传达思想的不完全性，事实上正是日常语言的特性所在。如果语言的所有普遍语词都只具有一个精确的意义的话，那么所有关于语词的争论将结束，并且人类将从来不会看到观点上的不同，而事实上它们在实际上却是不同的，大多数普遍语词的意义并不是像数学术语一样通过精确定义学到的，而是通过我们所遭遇到的经验，通过听它们在会话中的使用来学到的。从这种经验中，我们通过归纳收集到它们的意义，并且因为这种归纳是不完全的和部分的，故不同的人把不同的概念置于同一个普遍的语词中，因此，正是在无数的争论中，人们发现，真正的不同并不是在他们的判断上，而是在表达它们的方式上。①

在这里，洛克和里德之间的不同就在于里德是根据理解语词来定义观念，而洛克则根据观念来定义理解语词。里德的方向是，根据语言的使用而不是精神基础来解释语言，语词的使用被认为是观念的证据，并且观念不再是理解词的先决条件。

另一方面，里德指出，尽管亚里士多德正确地看到"除了总是或真或假的称为命题的言语种类之外，尚有另外一类言语既非真也非假，如恳求或愿望；由之，我们可以提问、命令、承诺等"②，但亚里士多德错误地主张逻辑仅仅能够处理陈述或命题，而其他东西则必须被留给诗学和修辞学，它们被扔进了语用的"废纸篓"里。在里德看来，施行句是

① Brigitte Nerlich, David Clarke, *Language, Action, and Context: the Early History of Pragmatics in Europe and America 1780-1930*, Amsterdam/Philadelphia: John Benjamins Publishing Company, 1996, p. 108.

② Karl Schuhmann, Barry Smith, "Elements of Speech Act Theory in the Work of Thomas Reid," in *History of Philosophy Quarterly*(7), 1990, p. 53.

句子并具有与陈述句同等的权利和同等的理论重要性，所以，真正的语言理论必须是基于所有类型句子的研究，包括这些“施行句”，并且不应当以逻辑为理由而忽略它们。

其次，对日常语言的新认识导致里德去研究语言的其他方面而不只是纯粹逻辑的方面。在他看来，语言哲学应研究的不仅是命题和它的构成，主词和谓词，而且也应研究言语行为。在此方面，“像贝克莱一样，里德采纳了霍布斯作为概念结合的宽泛的符号观念，而不是洛克式的作为精神事件或条件的公共表征的符号思想”①，认为一种语言理论应当是更广泛符号理论的一部分。因为通过语言，就可以理解人类使用以向他人交流的思想和意向、目的和愿望的所有符号，语言由此就不仅是表征思想的工具，而且也是一种修辞工具。但里德对语言的基本兴趣不是纯粹符号学的，而是把与他强烈地揭示常识原则的愿望结合起来。在里德看来，这些常识原则是天赋的和普遍的，并且反映在语言结构的特定普遍性中。

为了通过语言的普遍特征从而揭示人类的本质特征，里德不仅接受了语言形式方面(即语形学)的普遍规则的普遍性，而且也接受了语言功能的普遍性(即言语行为或语用学)，诸如判断、接受、拒绝、提问、威胁、命令和承诺。通过不仅在逻辑框架内把语言与思想或词与观念相联结，而且在心理学框架内把语言与用法或词与理解相联结，里德建立了“意义的使用理论”。在那里，语词的意义建基在语境中的归纳过程上，

---

① Stephen Land, *The Philosophy of Language in Britain: Major Theories from Hobbes to Thomas Reid*, New York: AMS Press, 1986, p. 216.

因为语境和对话者都是时刻变化着的，故语词的意义从来不能明确地建立，也从来不是对每个人在任一时刻都是同一的，它总是不完全的。正是语言的这种不完全性恰好构成了语言之存在、存活和发展的基础。

最后，里德由此提出言语行为的分类法并试图在他的心灵哲学的框架内来分析它们。在此首要的问题是，如何把作为心灵的社会行为，如承诺、命令等与诸如判断、理解、意愿和意向等心灵独白行为区别开来？在里德看来，社会行为预设了在智能生物之间的社会交往，以及相互的理解和意向，它们必须通过语词或符号来表达，所以它们不能像以前的哲学家所做的那样还原为心灵的独白行为。一旦进入到社会交往过程中，就没有了独白存在的位置。

由此，在里德的视野里，命令就不仅仅是“通过语言而表达的愿望”，承诺也就不是“可被表达或不可被表达的某种意愿、赞同或意向”，为使心灵行为成为社会的，它们就必须在语言形式中表达，这些行为的意义并不是观念的精神行为，而就在它们自身的言说中，在指向交流者的对话和理解过程中。所以，语言的首要的和直接的意向并不是心灵的独白行为，而是通过命题判断表达的社会行为。

但是，应当看到，尽管里德的语用哲学观念在某种意义上成了日常语言哲学和言语行为理论的直接先驱者，他仍旧生活在 18 世纪的模式中，即把语言视为基于“思想”的反思，而“思想”正是他真正研究的对象，这仍旧是洛克、康德所坚持的传统模式。

(三)日常语言哲学的发展

经验论之后英国语用思维的发展，主要体现在诞生于英国哲学语境的分析哲学传统中。这一传统包括两个学派，一个是剑桥的形式语义学和语用学，其奠立者有弗雷格、罗素和摩尔(G. E. Moore)；另一个是牛津的日常语言哲学，其奠基者为赖尔、奥斯汀、斯特劳森和格赖斯，他们发展了包括言语行为理论在内的语言使用观念。维特根斯坦的前后期思想则分别对它们的发展做了贡献。与传统哲学不同，分析哲学不再关注于人、世界中的事物等，而是关注于用以去说出人、事物的理想的或日常的语言，以避免哲学家的误解并促进理性的一致。这种在从事哲学方式上的变化，源于许多哲学家试图促进科学家们的合作以便取得更大的科学进步，而寻求哲学中理性一致的理想。这一变化涉及对大部分传统哲学问题的语言重建问题。比如，基本的道德问题“什么是善?”成为关于“善”的意义问题或者关于“善”能够具有意义的方式问题，本体论的问题“那是什么?”成为关于什么时候和我们如何能够指称对象的问题。

理想语言学派之根本目的就是为哲学和科学研究寻求精确的、形式化的语言，消除洛克所担忧的语言不完全性和误用问题，它所发展了的形式语用学思想后来为美国哲学家蒙塔古继承，试图对语用学像语义学那样做形式化处理，认为“语用学可以看作内涵逻辑的部分的一阶化归”。[①] 语用学发展的这一方向随着形式化语言的失败而逐渐衰落了，从 1929 年起，维特根斯坦开始改变了他先前竭力主张的哲学观点和从事哲学的方法。在他看来，确实许多哲学源自所用的语言语法的误解，但是，尽管日常语言能误导，我们并不需要把它转换进另外一种理想的

---

① ［美］蒙塔古：《语用学和内涵逻辑》，翁世盛译，见中国逻辑学会语言逻辑专业委员会、符号学专业委员会编译：《语用学与自然逻辑》，186 页，北京，开明出版社，1994。

语言，语言本质上是一种规则所统治的语言活动或“语言游戏”，它植根于文化约束的社会活动和态度或“生活形式”中。维特根斯坦的这些新思想促成了牛津日常语言学派的诞生，从而把哲学的追问与日常语言的研究联结起来，并更关注于后者，形成了“二战”之后繁荣的日常语言哲学运动。由此分析的对象从科学语言转换到日常语言，反对形而上学的争论削弱了，越来越多地注意于语言的非陈述使用。

在维特根斯坦的“意义使用论”和“语言游戏说”的启示下，奥斯汀从行为角度阐释人类语言交流活动，提出了“言语行为理论”，成为第二次世界大战后牛津日常语言哲学的最有影响的代表。① 本质上讲，奥斯汀发展他的语用哲学是出于克服他所遇到的哲学问题的需要。基于理想语言理论发展起来的语言哲学，把理想语言的功能还原为描述真或假的事态，因此，命题陈述是一种形式的真值语义学，句子的意义等同于它的真值条件，也就是说，意义是根据其在世界中的真值条件来给予的，句子可用于做出真陈述。但是，奥斯汀考察句子的实际使用时发现，这并不是句子的唯一功能。为此，从 1939 年起，特别是在他的 1946 年的论文《他人之心》，和他的关于“词和行为”的牛津演讲，以及他在 1955 年哈佛大学的詹姆斯讲演，并于 1962 年在他死后以《如何以词做事》为题出版的书中，奥斯汀发展了他的“言语行为理论”的语用观念。

首先，奥斯汀否定了理想语言学派的形式化企图的可能性。通过对同时代语言分析方法的汲取，他把自己的哲学方法命名为“语言现象

---

① Marina Sbisa, “Analytical Philosophy,” in Jef Verschueren, Jan-ola Östman, Jan Blommaert, Chris Bulcaen (ed.), *Handbook of Pragmatics*, Amsterdam/Philadelphia: John Benjamins Publishing Company, 1995, p. 28.

学”。在他看来，语言是哲学家的工具，哲学家应当仔细地检查他们所使用的词的日常意义和蕴含。借助于语言语法特征，奥斯汀认为可以区别出“句子类型”，因为一直以来哲学家们都假定“陈述”仅仅能描述某种事态，它必定或真或假。但语言语法学家已明确地指出，并不是所有的“句子”都是陈述，除了陈述之外，还有疑问和感叹，以及表达命令或希望或妥协的句子。与逻辑主义或理想语言哲学相反，作为日常语言哲学家的他指出：“被假设的理想语言在许多方面是实际语言的更为不充分的模型：它把语形学从语义学中的仔细分离，它的精确的形式规则和约定，以及它对其使用范围的仔细划界全是误导。一种实际的语言几乎对它的规则使用没有任何限制，对何为语形的何为语义的，也没有严格的分界。”①一个陈述的真假不仅仅依赖于词的意义，而且依赖于在环境中所施行的行为。比如，在奥斯汀看来，我不能说“猫在席子上但我并不相信”，但这并不是因为它自身矛盾，违反了句法，而是因为它违反了我们在语境中使用词的语义约定。

其次，奥斯汀在叙述句和施行句之间做出了区别。他指出“言有所述”和“言有所为”是不同的，言有所述形成叙述句，可以为真或假，言有所为则构成施行句，无真假可言，但有适当或不适当之分。对这一点的洞察正是促成他的日常语言哲学的基本动因。在他看来，哲学家通常认为语言纯粹是描述的，通过“我知道 S 是 P”这样的陈述，就可以寻求到特殊的认知行为。但事实上，奥斯汀认为，“我知道”的功能像“我承

① John Austin, *How to Do Things with Words: The William James Lectures delivered at Harvard University in* 1955, J. Urmson, Marina Sbisa (eds.), Oxford University Press, 1962, p. 13.

诺”的功能一样，它做出了一种许诺，具有“你能答复我”的语力，因此，我们不能说“我知道它是这样的并且我可能错了”，在此并非是存在一种无错误的“知道行为”，而是因为这样一种断定同等地就是一种许诺，即不仅是描述事情，而且就是对该事情做出承诺，就是在做事，是在施行一种行为或礼仪以及遵守契约或承诺。[①] 为此，奥斯汀探究了诸如“做一种行为”和“说某事”之类的表达式，从两个方向上研究了“如何以词做事”，即词的方向和做事的方向。在他看来，说、做、语境和感觉是人类在理解世界如何与词相关时不得不研究的四个部分，当在考察语境中所应当使用的词时，我们看到的不仅仅是词(或意义)，而且是我们使用词所谈论的实在，我们正在使用对词的意识来区别现象的感觉。

这样，位于日常语言分析核心的感觉和描述陈述的问题就由陈述和施行问题所取代。奥斯汀逐渐看到，陈述并不总是我们所假设的那样，仅仅能对事实做出陈述，而且可以规定一种道德行为或感情。这些看起来像陈述但没有真值的句子不是用于去描述，而是使用它们去施行一种行为，即其首要功能并不是去描述事物、事件或事情，也不是去表达或激起感情或感觉，而是去做提出权利、发布命令、履行承诺等，如上面所分析的“我承诺”，它可以是或好的或坏的，但不会有人去主张它的真或假，在此意义上，我们是用做来代替说，这种句子的施行功能绝不是传统认识上的是归属的和附加的。

最后，在此基础上，奥斯汀提出了言语行为三分说的新言语行为理

---

① 杨玉成，王春燕：《知识仅仅是一种权威话语吗：论 J. L. 奥斯汀知识概念分析》，载《中共福建省委党校学报》，2000(7)。

论。他把言语行为分为三类：①叙事行为，即“说某事的行为”。包括发音行为、发声行为和表意行为，它表述意义；②施事行为，即“在说某事中所存在的行为”。如“命令”“警告”“通知”等，它们普遍具有语力，其功能是以言行事；③成事行为，即“说某事时对他人的感情、思想和行为发生影响或效果的行为”，其功能是以言成事。[①] 在此，奥斯汀详细考察言语行为的具体类型、澄清各行为类型间的界限和范围之目的并不是在解决语言问题，而是在解决感觉、真理、意义和指称问题。奥斯汀指出，哲学的千年谜之一，即如何在语言和实在或语言和世界间架起桥梁，在某种程度上是一个假问题。这个问题产生于我们把描述(或表征)视为语言的唯一功能，忽略了诸如承诺这样的讲话方式。在那里，语言和实在实际上都消解于伴随着语言的“行为”中，也就是说，在语言和世界之间实际上并没有什么鸿沟需要去填补。因而我们能够施行一种行为和通过使用特定形式的词从而让其他人施行特定行为，在使用语言时总是施行某种行为，每个言说都是一个言语行为，语言和世界在单一的、公开的、可观察的和可分析的行为中结合到一起。

奥斯汀哲学研究的新方法不仅激励了哲学家，也启发了语言学家，使奥斯汀成为当之无愧的现代语用学之父。随着这种看待语言和世界的言语行为理论思维的发展，语用学逐渐地在20世纪70年代发展成为一门显学，借助于语言哲学家对哲学的洞察来解决语言问题，成为一种风尚，“导致了对行为中的言语和言语中的行为的交流和社会的研究繁增

---

① 索振羽：《语用学教程》，152～155页，北京，北京大学出版社，2000。

的'语用学转向'",[①] 并渗入到哲学研究的方方面面中，构成了哲学对话和辩护的新思维平台。

三、法国哲学传统中的语用思维

法国哲学传统中的语用思维像在英国、德国和美国哲学传统中一样，源自于通过语言来理解人类心灵的信念。但法国语用思维的发展也有自己的特征。不像德国，普遍语法和源自康德哲学的观念合流导致了"纯粹的语用学"。在法国，语用发展更多地关注于语言在实际使用和理解中的驱动力，所以，法国哲学传统中的语用思维，是在经验所激发的符号学、心理学和人类学中发展的。可以说，正是普遍语法和源于洛克哲学对语言和特定理论的经验洞识的合流，导致了法国"经验主义语用学"，其对话分析理论构成了现代语用学的主要来源之一。本节之目的正是要具体考察语用思想在法国哲学传统中的发展、表现和风格，从哲学渊源的角度认识现代语用学的形成发展轨迹。

(一)波尔—罗亚尔普遍语法

最早播下法国语用思想种子的是洛克和笛卡尔。在《人类理解论》(1689)中，洛克第一个把他的哲学工作的一部分，致力于解决符号和语

---

① Brigitte Nerlich, David Clarke, *Language, Action, and Context: the Early History of Pragmatics in Europe and America 1780-1930*, Amsterdam/Philadelphia: John Benjamins Publishing Company, 1996, p. 6.

义问题。像培根一样，洛克对于作为交流工具的语词感到怀疑，认为它们是误导的工具，因为在他看来，语词只是代表着使用它们的人心灵中的观念。这种主观的、唯名论的语言理论遇到了不可避免的困难，如果词仅仅是指谓观念的唯我论工具的话，其他人如何能够进入其心灵？为了达到某种相互的理解和交流，洛克开出了很多补救措施，其中比较重要的就是对“普遍语词”的设计。

与洛克的观念源自感觉经验理论相对的是笛卡尔的天赋观念说。尽管笛卡尔几乎未谈及语言、具体语言或普遍语法，但他的哲学方法对于哲学家和逻辑学家阿尔诺（A. Arnauld）与郎斯洛（C. Lancelot）创立波尔—罗亚尔语法（The Port-Royal Grammar）具有直接的启迪作用，强烈地影响了法国普遍语法运动的发展和语用思想在法国的出现。在《方法论》（1637）中，笛卡尔的目标在于给出一种在科学中正确地运用理性并获得真理的方法，特别是在总结数学和逻辑方法的基础上，提出了理性演绎法，试图从清楚明白、确实可靠的天赋观念出发，经过严密的逻辑推演，由简入繁，构筑坚固的知识大厦，并把观念是否清楚明白作为真理性的标准。[①] 既然所有知识都仅仅能来自推理中，故如果人们想去适当地运作自身的理性的话，都应遵循这种方法。由此，他开创了法国对待语言的理性方法。阿尔诺的逻辑正是这种方法对逻辑推理的应用，阿尔诺和郎斯洛的普遍语法则是这种方法对语言的应用。

从语言学的角度讲，波尔—罗亚尔语法关注于概念和判断，继承笛卡尔的“认识论转向”，把认识论的因素引入语言语法和逻辑的研究中，

① 冯契：《哲学大辞典》，279 页，上海，上海辞书出版社，1992。

运用心理主义的观点看待逻辑问题，主张语词应精确无歧义，对普遍名词应做出“内涵”和“外延”的区分。[①] 这些思想归结起来主要体现在两个方法论的变革上：

其一，阿尔诺和郎斯洛重新引入了符号的中世纪观念，提出了言语的新定义。他们认为，语言不仅是一种系统，而且是一种符号系统，符号并不是通过语言语法，而是在阿尔诺的逻辑中被给予的。符号包括两个观念，一个是表征，另一个是被表征，它的本质在于通过第一个而激发了第二个。在阿尔诺和郎斯洛的普遍语法中仅仅保留了一种符号，它基于普遍逻辑的表征，并依赖于逻辑。在此，逻辑是语言作为符号系统的基础，因为作为讲话艺术的语法是不能够与作为思想艺术的逻辑相分离的。

其二，阿尔诺和郎斯洛依照言语在推理运行或过程中的作用，来定义言语。通过在思想的对象(名词、冠词、代词、分词、介词和副词)与思想的方式、模式或形式(动词、连词和感叹词)间做出区别，他们把由主词和谓词组成的命题，而不是句子置于关注的核心，逻辑判断的形式成了句子的基础。这构成了新句法理论的基石，并使这种新句法理论首要地是基于逻辑判断的分析。[②]

由此，阿尔诺和郎斯洛重新界定了语法动词的定义。在他们看来，动词是标示断定的词，而不是亚里士多德认为的那样，是标示时间的，

---

① 冯契：《哲学大辞典》，1075页，上海，上海辞书出版社，1992。

② Brigitte Nerlich, David Clarke, *Language, Action, and Context: the Early History of Pragmatics in Europe and America 1780-1930*, Amsterdam/Philadelphia: John Benjamins Publishing Company, 1996, pp. 64-67.

所以动词在事态断言或断定中具有重要的语法功能或意义。对动词的这一认识使阿尔诺和郎斯洛把“判断”视为人类心灵的核心行为。他们看到，人类存在有三种基本的心灵行为：感觉、判断和推理。在这里，推理仅仅是判断的一种扩展，即把两个判断结合起来从而产生了推理。同时，由于人类谈论的目的并不仅仅只是表达所感觉到的事情，更重要的是去判断我们所感觉到的东西，感觉提供给我们思想的对象，判断则是运转这些对象的方式，是心灵的适当行为，所以判断也包含了感觉。因此，人类思考的主要方式是判断。判断行为在命题的语言形式中是断定，我们就思考的对象而做出断定，给出相应的思考方式。正像维特根斯坦在《逻辑哲学论》中所做的一样，去断言或断定一个事实，是心灵的核心的语言行为，其他的认知行为都是围绕这个轴心来运转的。

除了作为心灵和言语行为的断定行为之外，阿尔诺和郎斯洛也提到其他心灵运行，认为在人类的思维中也应当包括我们心灵的连接、分离以及心灵的其他运动，如愿望、命令、质问等。这些方式或思考不仅仅包含逻辑思想，而且也包含了日常生活中涉及的实践思想。但他们主张，不应在细节上去分析这些行为，因为它们看来通过“语言表达思想”这一亚里士多德教条的强加而束缚了理论的边界。如果一个人想把这些心灵的运行转化为语言的层次，那么就应当在命题内容(我们思考的对象)和特定的言语行为类型(思考的方式，如断定、命令、质疑等)间做出区分。因此只有思想的逻辑方式才应当是普遍语法学家注意的核心。

可见，阿尔诺和郎斯洛一方面并未超越思维行为的分析，另一方面也未超越判断的语形学，这在很长时间内是法国普遍语法的特征。他们全都停留于维特根斯坦的《逻辑哲学论》的层次上，即意义和语言的图像论。后期维特根斯坦放弃了命题作为分析的核心对象，转向到我们心灵的所有其他运动上。

但是，应当看到，阿尔诺和郎斯洛把普遍语法的目的，视为就是去发现和建立心灵中所进行的东西，以及被意指以表达和交流这些进行之物的形式间的联结，试图从语言的分析中推断出特定的语言规则，作为思想的表达和转换，将认知—语言运行的断定作为最重要的思想行为，主张句子的词序是一种“主词—动词—对象”的逻辑形式。这成了18、19世纪法国语言哲学研究的热门话题，但是，另一方面，在词序问题上，由于过分地强调逻辑的作用，而忽略了修辞的和语用的词序，以至排斥了主体性，后来受到了孔狄亚克(E. Condillac)的激烈批判。可以说，波尔—罗亚尔语法从两个不同的方向上促进了法国语用思维的发展。

(二)孔狄亚克的语用观念论

洛克的所有观念都源自经验，观念和词是密切地联结的思想，也激发了法国语言哲学家孔狄亚克的语用思想。在继承洛克感觉经验论的基础上，孔狄亚克创立了自己的感觉主义语言哲学，认为语言使有序的思想过程出现。但他并不完全赞同洛克，因为对洛克来说，语言并不仅仅表征思想，而且还构成了思想，允许心灵有特定自主的天赋能力，如注意力和记忆力。而孔狄亚克则认为，思想的反映只是传达感觉，从而努力以一种纯粹经验论的方式来考察心灵，因此他否定了反映的存在，并试图把所有的精神行为都视为源于简单的感觉，指出语言是基本的，而不是心灵，因此更多关注于去分析言语行为，而不是分析思想的行为。

具体地讲，孔狄亚克的语用思想主要体现在：[1]

首先，对于孔狄亚克而言，语言并不是逻辑的有序的思想的镜子。在他的观点中，有序的思想仅仅是在符号的帮助下才会凸显，它把思想的同时性转换为连续性。在此方面，语言是分析的方法，所有的语言都是分析的方法，并且所有的分析方法都是语言。孔狄亚克由此不仅进入了语法中，而且进入了逻辑中。在他看来，语法中的词序(Word Order)问题不能够通过指称思想来辨明，因为语言并不仅仅是思想之分析的工具，语言也是交流的手段。正是由此，逻辑被人类的需要和兴趣所取代。可见，孔狄亚克关于语言的革命性的见识是，他从一种发生学的观点来看待语言，他认为全部语言都源自于一种原初的“行为语言”。从此开始，语言在成为表征工具之前就是一种行为。

这种语言独立于逻辑思想的新思考，以及语言历史的独立性观点，对于孔狄亚克的词序理论和他对自然逻辑词序的反对具有直接的后果。因为词序并不转化为思想的顺序，思想在语言出现之前并无顺序，它自身是在使用中确定的，由于缺乏任何内在的组织来源，思维的主体必须整个地依赖于语言，去建构表征自身。对词序的约束因此就不仅仅是逻辑的或认知的，而且也是语言的或结构的。孔狄亚克得出结论说，词序并不是由逻辑判断或命题的自然顺序所规定，而是围绕作为核心的动词，按照语法的依赖性组织的。按照孔狄亚克的理论，语言的目的不再主要是表达我们的思想，而是去行为、反应、获得和交流。

---

① Brigitte Nerlich, David Clarke, *Language, Action, and Context: the Early History of Pragmatics in Europe and America 1780-1930*, Amsterdam/Philadelphia: John Benjamins Publishing Company, 1996, pp. 72-79.

其次，孔狄亚克的语言观念由此就不同于波尔—罗亚尔语法，以及所有哲学语法。这些语法形式关注更多的是思想行为或心灵运行，而不是言语行为。但对孔狄亚克来说，语言是从行为开始的，人类使用自然符号，如姿势等，进一步则使用人工符号，来分析或安排思想行为。在此，原初的东西是，这种运行更多的不是心灵的运行，而是一种适当的语言运行，源自于被称为断定的言语行为。这种言语行为在纯粹感觉和纯粹思想间建立了必然联结。所以，孔狄亚克的独创性并不在于认为主要动词表达思想的行为是一种断定的观点，而是在于主张断定就在于主要动词的发出上。换言之，断定并不是心灵的行为，而是语言的行为，此行为并不会对感觉的表征内容增加什么，从而在对句子形态的处理上形成了一种以言行事理论。所以，对于阿尔诺来说，断定是思想的方式，但对于孔狄亚克来讲，它是讲话的方式。他因此在命题和断定命题的行为的判断间做出了区别。可以说，孔狄亚克的这一思想已经发现了言语行为的语用理论的萌芽。

最后，孔狄亚克由此开创了法国语用观念论的思想。这种思想从感觉在每个方面都是首要的这个假设开始，关注作为一种感觉主体的讲话主体，分析言语行为和对话的重要性。它把语言视为思想的一种演算，思考基本上就是在谈论，哲学问题是假问题，必须借助语言的变革才能揭示和消除。可以说，它完全是反形而上学的思维，在普遍语法中分析的更多的是具体现象，如冠词、代名词、连词。但他在这里所指的言语行为，并不同于英美哲学传统中的言语行为，而指的是讲话主体的语言活动，其主要成就在于作为言语的语言的现实化。在言语中的这种语言方法，主要是在时间和空间中建立指称点的过程、建立与他人的关系的过程，标示句子间关系的过程。同时，也与德国哲学传统中对主体性关注的语用思想不同。尽管他们都关注主体在交流和对话中的作用，但康德、费希特和洪堡的语用理论，是从先验主体的自由和自发的活动是首要的这个假设开始，关注于创造主体，以及主体的理解和主体间性问题，而孔狄亚克的观念论则更强调主体言说的语言情景。

尽管孔狄亚克的语用观念论对法国哲学传统中的语用思维的发展具有重要的意义，但应当看到，孔狄亚克从未发展一种施行理论或现代意义上的言语行为理论。因为他没有像后来的奥斯汀那样看到，在言说某事时，我们能够做该言说所意谓的事情。特别是他仍然主张符号代表着观念、语言具有表征思想的功能这一传统框架下的语言本质的理论。

(三)布列阿尔的讲话主体论

在18世纪末至19世纪初，受洛克感觉经验论、孔狄亚克的语用观念论、索绪尔的结构主义和社会学的影响，法国语言哲学普遍地感兴趣于通过作为工具的语言和符号来解释精神活动，认为对感觉影像的思考必须与作为符号的词相联结才能进行，因为物质世界可以还原为符号系统，每一个物质事物对人类而言都是一种符号，由此消除了语言是一种命名的信念，同意洛克意义上的词代表着我们形成事物的观念，而不是事物本身的思想。

这种看待符号的新方式启迪了语言哲学家布列阿尔(M. Bréal)通过语义方法来揭示语言的本质，以反对流行的语音方法的建构。当时，关于符号本质的思考，在英国是“表达论”，在美国则以“指号学”为名，而德国和法国则把语言分析为一种准生物的有机体，希望用自然科学的方法来研究语言，形成一种有机体的自然主义语言学。针对这种把人类自身从一种语言的自主分析中排除出去的思想，布列阿尔想通过辩护人类语言使用者在语言运行中的影响，把语言学返回到基于历史原则的观念理论，试图“对语言变化的原因做个体心理学的解释”。[①] 正是在这个过程中，布列阿尔阐发了自己对语言语用的洞察，其思想主要体现在：

其一，对语言本质的新认识。基于当时对语言本质上是形式化语法的观念，布列阿尔指出，它实际上忽略了人类这一语言使用者在语言运行中的作用，因为人类自身不仅在持续地创造声音和意义，并使用语言形式进行知识表达，而且还赋予语言以更多的功能。布列阿尔因此认为，我们从来不会仅仅通过解码形式来理解语言，语言理解总是基于两个其他环境：潜在的精神观念系统和言说语言时的历史语境。语言符号的价值依赖于先前情景、当下情景、时间、地点和语言行为人。在此，布列阿尔的符号价值由它的使用语境所确定，即语用地确定。因此布列阿尔更多地研究语言理解问题，在那里心灵和语言协同做出意义，不仅是在自身中和出于自身需要，更是为了与他人交流的目的。可见，在关于语言本质的问题上，布列阿尔实际上继承了德国语言哲学家洪堡的思想，认为语法现象大部分是在语言表达之前就在思想中增加的，内在的语言形式像外在语言形式一样是逐渐获得表达的。这对于理解一个相互的对话同样为真，因为交流并不仅仅是从一个大脑向另一个大脑转换思想，而是把两个大脑置入同一个思维序列，尽可能把它们限制在相同的轨道上。

---

① 李延福：《国外语言学通观》(上)，557页，济南，山东教育出版社，1999。

其二，语言的语用和对话理论。既然在任何情况中，语言的讲话者和听者对世界的认识，总是依赖于语词使用的语境而不仅是词的字面意义，所以事实上，心灵和精神总是在语言理解的语境中运行，只有在行为和对话的特殊情景中，交流和理解才有可能。“确定整个讲话主体的一个事实是，我们的语言被认定为是在词和事物间比例的永久失衡，表达式有时太宽泛，有时又太狭隘。我们并没有注意到这种精确性的缺乏。对于讲话者，表达式通过环境、地方、时间和对话的各种意向把自身应用于事物。同时，听者的意向，总是直接达到词之后的思想，而没有详述它的字面承担物，故依照讲话者的意向而限制或扩展了它。”①布列阿尔的语言和意义理论，因此就是一种认知的、语用的和对话的，考虑到了讲话者、听者、意向以及背景等所有使听者理解此言说成为可能的互动因素。对于布列阿尔，语言是一种人类行为，它不会在人类活动之外存在，语言中的一切都来自人类并面向于人类，所以讲话是心灵的行为，此心灵从它与其他心灵建立的对话情景中得出推理。在此，布列阿尔希望发现的是语言的理智规则，即语言的语义和语用规则。因为在此肯定不存在“自然的规则”，而只有“人类行为的规则”。

正如布列阿尔之前的里德和之后的维特根斯坦一样，这些规则之一是“意义就是使用”。对于布列阿尔，符号的使用总体上并不是由规则制约的。因为并没有精确的规则，而只有“弹性结构”。对于相互理解，唯一必然的事情是关于符号使用的心照不宣的一致。这种一致自身是可以

---

① Michel Breal, *Semantics: Studies in the Science of Meaning*, Henry Crust (transl.), New York: Dover Publishing, 1964, p. 106.

改变的，但是，符号是有用的和可理解的，以至于它能够保持它的真值，以至于能够在把符号用于对象时不会被中断。故词的意义整个地依赖于我们如何使用它，理解一个词就是去懂得它是如何被使用的，词的意义并不会被包含在最初的使用中，而是在最终的使用中，最终的解释中，用维特根斯坦的话说，“意义是最终的解释”。

其三，语言中的主体性。所有这些关于语言的语用本质的洞察，是在布列阿尔反对那些认为语言是一种有机生命，可以独立于使用它的人类的观点时做出的。因为布列阿尔想强调的是人类和人类意愿的重要性。传统的把语法作为一种逻辑的语言自然主义观念中，一种逻辑的理想语言模式是虚空的，即语言仅仅用于描述事实，具有真或假。它所支持的语言方法是对日常语言给予适当的逻辑思考。尽管逻辑和语法总是和谐地联结在一起，但这两个科学并不是同一的，语法包含着大量被逻辑所忽视了的观念。在逻辑中，思想总是以判断的形式表征自己。而把日常语言从逻辑语言中区别出的是言语的语用域。因为在语言中，我们发现除了判断之外，还有怀疑、命令等。把所有这些言说都归结为仅仅是一种判断的形式显然是徒劳的。语言不仅仅是表述思想，更多的是用于表达愿望、要求和意愿。语言这种主体的方面应当得到更多的研究。没有人会单使用语法规则讲话。或者如奥斯汀所言，没有人会仅仅用陈述讲话。当我说“这只猫或许并不在那个席子上”时，我不仅仅做出了一个陈述，描述了一种可能的事态，我还给这一事态一种私人的、主观的观点。但是，对于一个命令表达式或命令句，主体的成分具有更多有力的影响。对命令句的描述就是结合了讲话者意愿观念的行为观念。大部分命令句的形式很难寻找到对这种意愿的指示。它是声音的声调、面部表达以及表达它时的身体的态度。为了理解一个命令，在给予命令句的形式中，听者不仅仅需要知道句子意义，而且不得不考虑讲话者的声音、姿态、态度，即整个言语情景。所以，语言并不是由描述、叙述或无意义的思考的目的组成的。语言的首要用法是去表达愿望，发出命令，去指出人或事的所有物。

语言的这些使用就是人们所称为的具有特定的施行语力的言语行为。布列阿尔写道："语言并不被单一地定位于推理：它寻求变动、劝说和满足。"[①]除了表征思想或世界的描述功能之外，语言具有表达或影响功能。

(四)对话分析理论

布列阿尔的语言的语用和对话理论，开创了法国将言语和语言置于个体的和社会的心理学中研究的传统。在他的启示下，包括鲍汗(F. Paulhan)、柏格森(H. Bergson)和本维尼斯特(E. Benveniste)等在内的法国哲学家和语言学家，将心理的、社会的、功能的因素引入对语言本质和言语行为的分析中，改变了以往对意义和思想间关系的关注，而转向对意义和行为间关系的研究。正像后来的维特根斯坦那样，"'语言的目的是去表达思想'——因此可以说每一个语句的目的就是要表达一个思想。那么，例如'下雨了'这个语句表达的是什么思想?"[②]事实上，重要的不是通过语句来表达思想，而是由此引起听者的行为趋向。因此，

---

① M. Breal, *The Beginnings of Semantics*, G. Wolf (transl.), London: Duckworth, 1991, p. 158.

② [奥]维特根斯坦：《哲学研究》，李步楼译，210页，北京，商务印书馆，1996。

语言具有双重本质，它是思想表征的工具和行为的工具，一个句子的言说不仅具有一种符号功能，而且具有一种社会的或实践的功能。

另一方面，柏格森的生命哲学也为这一时期对语言功能的认识提供了启示。柏格森的二元论哲学把世界分为生命(或意识)和物质。他把进化解释为生命冲动的持续运行，是寻求把自身强加于反对它的物质之上的单一的原初冲动。我们通过理智来考察物质，但是通过直觉来考察这种生命力和作为不可分割之流的时间实在的。基于这种认识，在语言本质问题上，柏格森也主张语言的二元论，认为语言具有感情的和理智的功能。在他看来，语言首要地被视为一种人类约定，我们语言的每一个词可以都是约定的，语言对于人类来讲，就跟行走一样是自然的。现在，语言的首要功能，就是在合作中建立交流。语言传达命令和警告，规定和描述话语，在其中，不仅有即刻行为，而且指出了事物或它的某一属性，在心理中有一个未来行为。但在任一情况中，语言具有工业的、商业的、军事的和社会的特征。这个观点渗入了鲍汗等对语言功能的研究中，使当时一种作为自然的和创造的浪漫语言观点取代了启蒙的理性观点。

由此，鲍汗在语言上的两个主要功能，即作为符号系统和行为工具之外，增加了第三个功能，即启示功能。鲍汗指出，语言的每一个功能在社会中都有一个特定的作用。作为一种符号系统，语言为言语共同体建立了一种统一的精神世界，它为所有相同的实在符号化并建构了思想。作为行为手段，它能够创造新的实在，修改讲话者和听者以及他们所谈论的世界间的关系，其言说预设了社会的差异。最后，在它的启示功能中，语言创造了新的思想，符号不再替代真实对象，而是去发明和创造新的观念、未知的影像，以及去经验新奇的影像。我们能够通过语言创造可能世界和虚构世界。这就是所谓语言的诗的功能。

这些对语言功能的新洞察导致鲍汗给予意义一个新的定义。依照语言的这种双重本质，他在系统的、形式的、社会的意义和语用的、个体的、语境的意义之间作了区别。鲍汗的意义理论可概述为："一个词的含义就是它在我们的意识中产生的所有心理事件的总和。它是一种动态的、流动的复杂整体，具有许多不同的稳定性领域。意义是这些含义领域中的唯一一个最稳定和精确的领域。一个词从它出现的语境中获得含义；在不同的语境中，它改变这种含义。但在含义的整个变化过程中，意义保持着稳定。"[①]在鲍汗的思想中，由此就可以发现与词的意义的语境方法相联的对句子意义的功能的或语用的方法。词的意义就不只是一种精神表征，语言也不只是思想的表达，不只是一种去交流我们灵魂事态的工具语言，而是在我们意想的方式中，成为一种去使其他人思考、感觉或行为的工具。在这种情况中，词不仅成为一种符号，更是心理的和社会的行为间的手段。

这种作为影响他人手段的、语言的、社会的和语用的观点，而不只是表达某人内部灵魂的手段，把基本的社会行为视为通过一个人的意识行为，去加于其他人的行为意识状态中的交流或修正。基本的社会行为并不是一种比较独立稳固的语言系统或社会表征的稳固系统，而是交流行为。鲍汗的心灵联想观点就这样解释了系统性，而他的语言的语用观

① Lev Vygotsky，*Thought and Language*，Gertrude Vakar，Eugenia Hanfmann (transl.)，Cambridge：MIT Press，1962，p. 146.

点，则解释了语言系统如何依赖于有指向目的的行为并通过它而不断地进行改变。语言是心灵的核心的亚系统。它的成分，即词的意义，并不是通过它指称的对象所构成，而是通过对行为的倾向性和以特定方式对词的反应而构成的。这样，鲍汗预示了一种意义的行为主义的和功能主义的理论。

在所有这些对语言语用和行为的本质的新认识下，本维尼斯特对这一时代的所有语言和哲学传统进行了融合，在克服当时在作为语言的语言学和作为言语的语言学间分裂的基础上，形成了法国对整个语用思想具有重大贡献的对话分析理论。

本维尼斯特想用对话分析理论，来超越把语言分析为一种有意义系统的观点，而认为意义应当不仅是结构的，而且是功能的，它处理的是诸如讲话者、指称、谓词、指示以及更广阔的对话和情景中言语的理解。为此，本维尼斯特批判传统对第一、第二、第三人称代词的分析，而认为代词是一种语言事实，仅仅能作为对话现象，在特定言语行为中被使用和在特定情景中被说出，比如人称代词和指示词“这里”“现在”，仅仅在指到讲话主体和语言使用情景时才起作用。对于本维尼斯特来说，它们并不指任何实在或任何时间和空间中的对象，而仅仅是对话的例子，在每一个情况下都是唯一的，是主体间的交流的例子。它们是被填充于对话中的空的符号，其作用就是提供转换工具。可以将这一过程称为语言进入对话的转换。通过这种自指的指示词，讲话主体为他们自身的目的而接受了语言系统。

本维尼斯特由此就在作为系统的语言和使用语言的主体的活动间作出了区别。前者是符号学领域，后者是语义学领域，实际上就是语言和言语之间的区别。他认为仅仅通过语言，我们形成了作为主体的我们自己。他讲道："语言中'主体'的建立创造了人的范畴，包括语言之内和语言之外的东西。"[①]这一思想的更多意义在于，主体在语言中的进入，能够具有许多变化的效果并能够以不同的方式得到表达，从而主体将语言转化为行为。语言的这些语用方面，在本维尼斯特的作为与指号学相对的语义学中进行了处理。从指号学的角度看，语言是作为一种符号系统来进行研究的。而从语义学的角度看，语言则是在它的使用中进行研究的。本维尼斯特看到，词对于前者来讲是核心的，而句子则对于后者是核心的。利用语义学的概念，我们进入了使用中的和行为中的语言的论域，我们把语言看作在人类间、人类与世界、心灵与事物间的中介。它们可以转换信息、交流经验、发出一种反应，等等。简言之，可以组织起人类的整个生活的和实践的功能。

本维尼斯特的对话分析理论，把系统的个体行为改变引入了对话情景的使用中。在讲话者和听者合作创造意义的这种转换和聚合的过程中，最重要的因素之一，就是指称的建立，即词和世界的连接。语言使用和交流的先决条件是，一方面要求存在对话中的讲话者，另一方面是这种转换必须是可能的。在语用的一致中使每一个对话都成为合作的对话。由于指称是发音的一个重要部分，因此对话理论的研究对象是指示词、样式、施行句和指称。

因此，本维尼斯特批判了语言表征思想，即认为语言是无形思想的

---

① Emile Benveniste, *Problems in General Linguistics*, Florida: University of Miami Press, 1971, p. 224.

唯一表达，是与思想和行为主体相分离的这一观点，而主张词建立了作为主体的讲话者，它在对话情景中，从讲话者到听者进行变化或转换。本维尼斯特认为，通过语言的使用，我们不仅形成了作为主体的我们自己，而且形成了社会。因此，指示词必定是语言的符号，因为它们有一个特定的形式，即它们必定总是可以从符号学的视角来分析。这些具有虚空特性的符号，只有在对话和交流中，才能根据语境的需用被填充了意义和获得指称。因此，它们应当成为语言的语义分析的明确对象。当然，它们并不全部都是虚空的符号，诸如名词或动词。

本维尼斯特的理论对于法国语用学的发展是积极的和解放性的，“他是第一个在语言学和其他领域，特别是与心理分析和符号学间建立联结的人之一。其次，他关注于代词的新语言学，把所有作为言说、作为静态对象的概念转化为作为表达行为的语言，即转向对话和主体间性。”[①]他认为，不仅语言形式应当得到分析，而且同样应当对语言的功能进行思考。语言产生了实在，也就是说，实在是借助于语言而得以产生的。讲话者通过他的对话，重新创造了事件和他经历的事件。听者首先把握和理解了这一对话，并通过这种对话，在讲话者那里的事件，在听者那里得到了重新产生。这样，内在于语言实践的情景，即交流和对话，由此就形成了关于对话行为的双重功能。对于讲话者，它表征了实在，而对于听者，它则重新创造了实在。这使得语言成为主体间交流的有力工具。

---

① R. Barthes, “On Emile Benveniste,” in *Semiotica*, 1981, Special Supplement, p. 25.

但是紧随着布列阿尔，本维尼斯特最后仍然主张语言表征思想的理论，或语言是精神思想的唯一表达式，而与思考和做事的主体相分离。他主张，从讲话者到听者的传递过程中，在对话情景中，词建立了作为主体的讲话者自身，即通过语言使用，我们不仅建构了作为主体的我们自己，而且也建构了社会。这些观点后来为英国语境论和功能主义传统所扩展。

四、美国哲学传统中的语用思维

美国哲学传统中的语用思维滥觞于皮尔士开创的实用主义哲学和普遍符号学。一方面，从洛克开始的语言哲学中的语用思维，经过德国、英国和法国的发展，最终在美国结合进了实用主义哲学中。美国实用主义和现代语用学特别是言语行为理论之间，具有内在的关联，实用主义的功利主义和经验主义的理念强烈地影响了现代语用学的科学目的和对象，另一方面，皮尔士普遍符号学的建构经由莫里斯发展，将语用学视为现代符号学的分支之一，构成了现代语用学的另一主要来源。本节的目的正是要具体考察语用思想在美国哲学传统中的发展、表现和风格，从哲学渊源的角度认识现代语用学的形成发展轨迹。

(一)实用主义视野中的语用观念

皮尔士是实用主义运动的奠基者，他的哲学纲领可以看作对哲学中占主流的笛卡尔主义的一种反应。笛卡尔式思维认为，观念是心灵中的事情并构成它的内容，从而心灵作为内在空间具有优先进入的权利。这种心灵和意义的表征理论把现代哲学引入到怀疑论的道路，成为实用主义首先批判的目标。[①] 在皮尔士看来，哲学的普遍目标应当是使我们的观念清晰，去澄清符号的意义，去便利交流。从这个意义上讲，实用主义作为一种哲学方法，类似于后期维特根斯坦的哲学，“实用主义并不解决真正的问题。它仅仅表明，所提的问题并不是真正的问题”[②]。为此，皮尔士在“如何使我们的思想清晰”一文中提出了“实用准则”：“考虑一下我们设想我们概念的对象应该具有什么样的效果，这些效果能够设想有着实际的影响，那么，我们对这些效果的概念，就是我们关于对象的概念的全部。”[③]所以，为了确定一个理智概念的意义，应当思考必然地源自此概念的真理的实践后果，这些后果的总数就构成了此概念的整个意义。

基于这种认识，实用主义用概念所产生的行为和效果来界定概念和符号的意义。尽管在此，意义的“证实”在于概念所被认为具有的实践后果，而不仅仅在于与实在的一致与否，因而与逻辑实证主义的理论具有特定的类似性。但在实用主义那里，并不像证实论那样把意义和真理等同并用对象或事态来检验意义。而是，概念、信念或观念的检验，并不

① Filip Buekens, “Pragmatism,” in Jef Verschueren, Jan-ola Östman, Jan Blommaert, Chris Bulcaen (eds.), *Handbook of Pragmatics*, Amsterdam/Philadelphia: John Benjamins Publishing Company, 1995, p. 424.

② Horace Standish Thayer, Pragmatism, in Paul Edwards (ed.), *The Encyclopedia of Philosophy*, The Free Press, 1967, p. 432.

③ [美]皮尔斯：《如何使我们的观念清楚》，洪谦（主编）：《现代西方哲学论著选辑》(上)，187 页，北京，商务印书馆，1993。

是消极被动的观察而是积极的检验。信念或思想必须使我们的行为有意义，并对我们的活动行为有影响。因此，信念的感觉是一种特定的指示，在人类的本质中存在的某种习惯，它确定我们的行为、信念不同从而产生了不同的行为模式。这一核心观念不仅在皮尔士的哲学中，而且在整个实用传统中都是特别重要的。但应当看到，它们并不是通过布伦塔诺和现象学传统中它们所指向的抽象的意向对象或通过弗雷格意义上的命题来个体化的，而是通过它们所产生的行为习惯来进行的。习惯决定着意义和内容，习惯的一致依赖于它如何导致我们行为和实践。

为了标示这种哲学观念上的变化，皮尔士把“实用主义”(Pragmatism)追溯到康德对“Pragmatisch”的使用上。在其道德哲学中，康德已经在三种类型的行为和支配这些行为的三种规则间作了区别：道德行为、实用行为和技术行为。第一种类型的行为具有支持自由的目的，基于理智并被绝对命令所统治，这种行为是善的，独立于任何外在目的；第二种行为，即实用行为，则是某事的使用或某人去获得一个特定目标的行为，基于智慧和对世界的知识；第三种行为，即技术行为，是事情的机械操作，基于技术并通过严格规则来确定。后两种行为均是基于假设的命令，不像绝对命令一样，在它自身中并没有告诉我们什么是善的，而只是为了特定目的时是善的。[①] 在康德的影响下，皮尔士指出，“‘实践’(Praktisch)和‘实用’(Pragmatisch)之间可谓差之千里，绝大多数对哲学感兴趣的实验科学家也持有同样的看法。‘实践’适用于这样的

---

① Brigitte Nerlich，David Clarke，*Language*，*Action*，*and Context*：*the Early History of Pragmatics in Europe and America 1780-1930*，Amsterdam/Philadelphia：John Benjamins Publishing Company，1996，p. 122.

思想领域，在那里实验科学家的思想根本无法为自己建立坚实的基础，而‘实用’则表达了与人类的特定目的的联系。这种崭新的理论最为引人注目的特征正是在于它对于理论认识与理性目的之间不可分割的联系的确认。正是这种考虑决定了我对‘实用主义’这个名称的偏爱”①。

后来的詹姆斯进一步发展了皮尔士的思想。但他把“Pragmatism”解释为源自希腊的“Pragma”，意为“实践”“行为”。这与语用学(Pragmatics)具有相同的词源。他把意义和真理，与价值的基本范畴联结起来，并在实用的检验中用“有用性”来替代“效果”概念，认为知识并不是意义或存在的沉思，而是在事物的确定中用行为来对未知发现假说的检验。这种视角上的改变，使詹姆斯的实用主义成为以道德为基础的心理学和真理理论的一部分。对于詹姆斯而言，信仰、观念及真理的意义，在于它们的使用或有用，在于它们在我们的生活中所做出的差异，即真理就是使用。詹姆斯由此就发展了一种真理的实用概念。一个陈述的功能的可能性和操作构成了它的真，这使他与陈述仅仅被归于真或假的静态意义的思想完全不同，而是，真理不仅涉及陈述，而且涉及陈述在特定行为语境中的作用。

另一位著名的实用主义者杜威则不仅仅关心于意义和价值，而且关心于那些需要解决的真实的生活问题，包括逻辑的、政治的、伦理道德的、美学的、科学的和教育的等问题。他把自己解决这些问题的理论称为“工具主义”。在他看来，理智是一种工具，它处于生活的即刻的和实

---

① [美]皮尔斯：《实用主义要义》，陈启伟(主编)：《现代西方哲学论著选读》，124页，北京，北京大学出版社，1992。

践的利益的生物需要之外，并且是为了这些实践的利益和关系发展的目的而创造的，“工具主义通过主要思考思想如何在对将来的后果做出实验性决定中起作用，来构建出关于概念、判断和推理的各种形式的、准确的逻辑理论。这就是说，它企图通过从那种归之于理性的改造或媒介的作用中，引申出普遍为人们所承认的区别和逻辑规则，从而把这些区别和逻辑规则建立起来”①。杜威试图去发现理智行为的普遍的形式的预先条件，强调思想的有目的本质。

实用主义的产生使语用学获得了迅速的发展，特别是由于皮尔士把实用主义视为符号和意义的普遍理论的符号学的一部分，更使语用思维在美国有了体系性和建设性的发展。从大约 1860 年起，皮尔士就开始了占据他整个生命的计划：普遍符号学的建构。这一思路源于洛克，并反映了中世纪语法、逻辑和修辞三学科间的区别，而作为语言符号理论的语言则是符号学的一部分。本质上讲，皮尔士的整个哲学系统都是建基于他对现象和实在的分类上，借助于康德的范畴学说，他在纯粹感觉、无生命事实和符号表征三种类型的现象和实在间作了区别，并将之称为：第一位、第二位和第三位的实在。第一位的存在模式是可能性，第二位的存在模式是现实性，第三位的存在模式是实质性。在皮尔士看来，所有更高级的精神过程，如理性、表征和符号自身，均是建基于第三位实在之上。由此，皮尔士把语法、逻辑和修辞三学科重新解释为符号学的三个分支，并把它们系统化为各自处理作为第一位、第二位和第

---

① Horace Standish Thayer, “Pragmatism,” in Paul Edwards (ed.), *The Encyclopedia of Philosophy*, The Free Press, 1967, p. 434.

三位符号的学科。

因此，传统的符号(如语词)代表或表征了一个对象或一类事物或对象的观念的二元关系，就由此被皮尔士的三元关系所取代，使先前符号仅静止地代表事物的状态被激活了，而与符号的使用者和理解者联系起来。这种三元关系包括三个方面的指向，即抽象观念、对象和解释者。在此，符号自身经由解释倾向才能代表对象，解释倾向自身是解释过程的结果，或者是通过符号的行为在解释者中所产生的效果，它调节了符号和所指对象间的关系，并把符号约束于解释者心灵中的所指项上。因此，一个符号能够作为符号起作用并具有意义，是通过一种精神的运行，在此，讲话者和听者在对话或语境中把意义归属给它。

此外，由于这种语言使用的规则仅当人类能够使用符号时才能被获得，所以皮尔士在图像(icon)、标记(index)和象征(symbol)三种不同的符号类型间作了区别。在他看来，图像是一种直接表征事物的符号，而不论对象是否实际存在，它的意义基于相似性，如一幅画；标记是通过在符号和对象之间的自然联结的关系而代表事物的符号，它的意义基于邻近性，如烟代表了火；象征则是通过规律，通过把此符号与对象相关联，或为那个对象而积极地使用该符号的规则或习惯而表征对象的符号，它的意义基于约定、使用或习惯，如语词。[①] 所以，总体上，皮尔士的符号学的特征在于，认为符号和对象之间的关系，是通过使用或解释此符号的行为来调解的，此行为在日常语言使用中是基于一种习惯或规则。

---

① 涂纪亮：《美国哲学史》(第二卷)，95～98页，石家庄，河北教育出版社，2000。

以皮尔士为代表的早期美国实用主义思想，不仅在其理论的建构中赋予语用思维以全新的意义，而且启迪了后来的美国哲学家，特别是实用主义所导致的行为主义思想和皮尔士的符号三元关系理论，由莫里斯继承和直接利用，成为语用观念在美国发展的新基点。

(二)莫里斯的行为主义语用学

皮尔士的符号学和实用主义很大程度上是认识论的和逻辑的，而杜威则使它用于实践上。在杜威工具主义实用主义哲学中，最为核心的概念是“行为”，这是一种真正的整体的行为概念。在他看来，一些理论对行为的整个单元的特殊刺激做出了特定的反应，所有其他行为都是由这些单元构成的。因此，行为是在有机体和意识内部进行的，具有有意识的、感情的和理智的特性。但对杜威来讲，行为的原初单元是整个有机体被涉及的行为，并且反应的机制存在于行为的整体发展中。按此观点，环境并不是行为存在的地方，而是行为的一个真正部分和有益条件。因此，实用主义首先并不是与抽象的玄思相关，而是与对科学方法、教育、法律以及社会道德等的具体问题的反思相关。心灵不再被视为是静止的，而是自然的一部分，它通过人类行为发展并改变了世界，这种行为在检验假说、信念、思想和在改进它们中作为工具而存在。

像杜威一样，米德(G. Mead)的实用主义关心的是“心灵和自我如何能从社会互动中突现出来?”的问题。米德把语言不仅仅视为思想的表达或事物的表征，而且基本地视为社会互动的一种重要类型。他写道：“我们不仅从表达内在意义的立场上，而且通过发生于群体的合作大语境中的信号和手势来探讨语言。意义就在这一过程中出现。”[①]所以，米德认为，“人们是通过使用意义符号进行社会交往的，也正是在使用意义符号进行社会交往的过程中，人们才产生了心灵、自我”[②]。意义符号的形式最先表现为姿势和对姿势的反应，经过长期演化，最后固定为语言符号，就是说，对于语言的来源和使用基本的东西是有机体发出的形体姿势，如手势或形体语言。动物间和人类间的交流的渊源是：某一个体的形体姿势促进了另一个体的相应反应，此反应由此发出另一个形体姿势以及他们间的反应。

意义由此就不是与词相联结的观念或表征，意义出现于我们对他人发出的信号效果的意识。这是一种意义的实用的和行为的理论。对自己的形体姿态有了意识，意味着个体开始对他们自己的形体姿态有了反应，就像他人对该姿态的反应一样。由此我们意识到我们自己和我们的行为的意义。同时，从一种刺激反应的部分到有指向目的的有意义行为，形体姿态由此就改变了自身的地位。人类能意向地使用它，使它成为一个有意义的符号，个体行为也成为社会行为的一部分。这就是说，意义是主体间际地被建构的，符号和人类社会秩序由此就是相互依赖的，因为意义既组织经验，且依赖于社会过程。这样，意义不仅密切地与行为和互动相关，而且也与对话整体相关，即该符号被埋藏于其中的整个社会和文化的语境。

---

① George Mead, *Mind*, *Self and Society*: *from the Standpoint of a Behaviorist*, Charles Morris(ed.), The University of Chicago Press, 1934, p. 6.

② 王元明：《行动与效果：美国实用主义研究》，208 页，北京，中国社会科学出版社，1998。

另一位美国行为主义者德·莱格纳(De Laguna)也强调讲话行为的社会功能。她把语言理论与实用主义哲学联结起来，对语言的社会功能进行了研究。她首先指出语言的三个基本的事实：其一，语言不能被归纳为"观念的表达式"。讲话的行为是一种社会行为，就像买和卖一样。它在社会中施行一种社会功能；其二，思想并不能先于会话，相反，会话是思想的先决条件；其三，语言的来源并不在于去交流观念的愿望。[①] 因此，语言是一种表达或交流观念的手段是无益的和无结果的。但为何观念应当被交流？在她看来，不是去表达思想，而应当是影响行为。因为言语是最大的媒介，通过它人类的合作才得以发生。人类的各种不同的活动，通过合作而联系起来，以达到共同的和相互的目标。人类并不仅仅通过讲话来缓解感情和表达他们的观点，而是在他人那里唤起一种反应和影响他们的态度和行为。

可见，德·莱格纳对语言的功能和发展的解释是一种行为主义的观点。语言出现于人类的行为和互动中，并直接地被与行为的协调相联结。但是，在它的大部分的进化形式中，语言也能被与对行为的直接影响相分离，并成为交流和知识的转化的工具。尽管语言的语用功能，即触发并协调行为的功能是基本的(以疑问和命令为句子类型)，但语言的最高功能是符号的功能(以宣称为句子类型)。前者的功能并不会使后者消失。它们总是一起出现，结合在大部分语言的基本功能，即社会功能中。可见，德·莱格纳想从语言的结构和使用上来研究语言，认为语言

---

① George Mead, *Mind*, *Self and Society*: *from the Standpoint of a Behaviorist*, Charles Morris(ed.), The University of Chicago Press, 1934, p. 140.

具有一种确定的和复杂的结构，正是这种内在结构，促使我们去探询它的发展与言语所施行的社会功能间的联系。

德·莱格纳指出，语言的结构是宣称的或陈述性的结构，而宣称或陈述的核心特征是断定，它的各种功能是社会进化的产物，在语境中获得解释。因此会话本质上是在发展的社会中具体行为的先决条件。在此，她提到会话的两种本质特征：第一个是事态或意向行为的陈述的本质的相关性——或功能的相互依赖。一个所予事态存在的陈述之所以如此，首要地是因为它可能承担着他人的行为。意向行为的陈述相关于情景来做出，该情景的基本特征被假设为对于讲话者和听者双方都是自明的。这就是说，会话导致了一种具体行为，叙述本质上就是施行。会话的第二个特征是话轮：在提出一个问题和回答或赞同或反对间的转换全都是行为，这可以称为言语的特殊行为。语言这样就是一个深刻的社会现象，它首要地是基于讲话行为的。在其中，当语言在会话中，出于对话和交流的目的使用时，使用语言就是要激发起并协调人类的各种行为。因此，这些行为都可以称为是一种“言语行为”。[①]

在英美语用学和大陆语用学的发展和融合中，莫里斯起了重要的作用。他的整个一生的雄心之一，就是在三种发展于美国和 20 世纪前半期欧洲的哲学间架起桥梁：实用主义、经验主义和逻辑实证主义。在这个过程中，特别是在继承皮尔士的符号学理论和杜威、米德与德·莱格纳的行为主义思想的基础上，莫里斯创立了行为主义的语用学理论。

---

① Grace De Laguna, *Speech: Its Function and Development*, New Haven: Yale University Press, 1927, pp. 282-284.

莫里斯将自己对符号的研究命名为指号学(semiotic)，认为逻辑实证主义、经验主义和实用主义各自强调它的语形、语义和语用方面是片面的。事实上，符号具有三种类型的关系，包括与其他符号、与对象以及与人的关系，他把解决这三种符号关系的理论分别称为语形学、语义学和语用学。莫里斯明确指出，语用学是对"实用主义"这个词的有意复制，是"符号与它们的解释者之间关系的科学"，"解决符号学的生物方面，即处理存在于符号的作用中的心理的、生物的和社会的现象"，"从语用学的观点来思考，语言结构是一种行为系统。"可见，莫里斯的语用学明显地受到逻辑经验主义和行为哲学的影响。[①] 后来卡尔纳普选择了由莫里斯所介绍的三分法，并在1939年的《国际统一科学百科全书》中，把思考讲话者或听者的行为、陈述和环境的领域归于语用学。

莫里斯和卡尔纳普的语用学概念具有明显的行为主义倾向。他们都认为一种语言就是一种活动或习惯系统，也就是对特定活动的倾向，主要用于交流及群体成员间活动的目的。语言的成分是符号，如声音或文字记号，是由群体成员所产生，以使其他成员觉察到并影响他们的行为。但与莫里斯不同，尽管卡尔纳普承认"语用学是所有语言学的基础"，它再由语用学、描述语义学和描述语形学组成，处理的是自然语言而不是理想语言。但他自己则关注于纯粹语义学和纯粹语形学，处理理想语言。卡尔纳普把对符号现象描述的和纯粹的研究间的区别，即自然语言使用的研究和形式语言的研究间的区别追加到莫里斯的语形学、

---

① Charles Morris, *Foundation of the Theory of Signs*, Chicago: University of Chicago Press, 1938, pp. 108-110.

语义学和语用学三分法上。开始时，卡尔纳普没有意识到，除了他设想的作为语言学部分的经验的语用学之外，还有纯粹语用学的可能。莫里斯认为，卡尔纳普本人的工作就属于这种纯粹语用学，并且它还成了后来形式语用学的理论基础。这种形式主义的语用学首先在 1954 年由巴—希尔在关于指示表达式的论文中，通过对指示词进行一种形式分析而提出。这种形式语用学的思想进一步由蒙塔古在 1968 年的“语用学”一文中得到发展。

而莫里斯的语用学则属于“行为主义的语用学”。在莫里斯看来，语用学是“一种符号学，它在符号存在的行为中处理符号的来源，使用及效果。”[①]基于他的时代的行为科学，莫里斯建立了一整套新的符号术语，其中最重要的是指号过程和指号行为的概念。指号过程中包含五种因素，即包括指号的接受者和使用者在内的解释者(interpreter)，指号或指号媒介物(sign-vehicle)、解释(interpretation)、意谓(signification)和语境(context)，它们共同构成了一个指号过程。同时，莫里斯看到，指号过程是同解释者的行为密切地联系在一起的，从而强调指号与行为以及行为环境的关系，认为指号只有在交往过程中有人或动物充当它的解释者的情况下，才能起指号作用。

莫里斯的行为主义语用学总结了实用主义创立以来的语用思维，改变了把语用学单纯地视为与思想和心灵理论相关的传统观念，把语言的语形、语义和语用整合于指号学中，从而研究了人类行为的各个方面，

---

① Charles Morris, *Signs, Language and Behavior*, New York: Prentice-Hall, 1946, p. 219.

有助于符号的、逻辑的、行为的、心理的和认识论知识的统一。正是通过莫里斯，美国哲学中的语用思想获得极大传播，特别是影响了阿佩尔、哈贝马斯先验语用学和普遍语用学的发展建构，可以说，实用主义和行为主义是美国语用思维的肥沃基础。

(三)后实用主义时期美国语用学的发展

从语言哲学的视角看，除了实用主义所激发的语用观念外，美国语言哲学家塞尔和格赖斯也分别通过对"言语行为"理论和"会话含义"理论的研究促进了语用学的整体发展。

1. 塞尔的言语行为理论

英国哲学家奥斯汀开创的从行为视角研究语用的道路，后来由塞尔所继承和修正，使言语行为理论进一步完善化和系统化。具体地讲，塞尔的言语行为理论主要体现在：

其一，塞尔对言语行为进行了新的分类。在奥斯汀把完整的言语行为分为叙事行为、施事行为和成事行为的基础上，塞尔提出言语行为的四种类型，包括：①发话行为(utterance act)，是说出语词和句子的行为；②命题行为(propositional act)，通过对事物的指称和表述实施的行为；③施事行为(illocutionary act)，在说某事中所存在的行为，如提问、命令和许诺等；④成事行为(perlocutionary act)，对听话人的行为、思想和信念等产生了影响的行为。[①] 可以看出，在此塞尔用命题行为取

---

① John Searle, *Speech Acts: an Essay in the Philosophy of Language*, London: Cambridge University Press, 1969, pp. 23-25.

代了奥斯汀的叙事行为，因为他认为奥斯汀不适当地分割了叙事行为和施事行为，而事实上，用作陈述的动词同样可以实施行为。本质上讲，塞尔和奥斯汀在言语行为理论分类上的分歧，实际是对语句意义（sentence meaning）和语力（illocutionary force）间关系的认识上的差异。奥斯汀把言语的意义归诸叙述的或描述的内容，不承认对言事行为可以进行意义分析，并认为语力和句子意义有根本的区别，前者是言语行为的非理性部分，而实际的理性部分则为命题内容所独占。塞尔则认为，命题不同于断定和陈述，断定和陈述是施事行为，而命题则不是，尽管并非所有施事行为中都包含命题内容，但大多数完成了施事行为的语句中，都包含命题成分和施事成分，后者指明了该语句的语力，所以语句意义和言语行为事实上是同一的。因为有意义的句子凭借所具有的意义，都能施行一定的行为，而言语行为同样可以借助于句子来表达，不同的话语可以用来表达同一命题，但可具有不同的语力。所以，塞尔指出，命题的表述是命题行为而不是施事行为，但命题的表述总是通过完成施事行为来表述的。

其二，塞尔对言语行为进行了新的认识，试图把言语行为逻辑化和规则化。对于塞尔来说，言语行为理论是其语言哲学的核心理论。因此，语言交流的最小单位不是符号（包括语词、语句等），而是言语行为，是在施行言语行为中所构造出或言说的符号、语词和语句。既然言语行为是人类交流的基本单位，那么必然受各种规则的制约。在塞尔看来，言语行为有两种规则，一是制约规则（regulative rules），它对现已存在的行为或活动实施制约作用，如交通规则；另一是构成规则（constitutive rules），它能够生成或创立新的行为形式并实施制约，如游戏规则。言语行为正是由一系列构成规则生成的并受其制约。为了找出构成规则的方法，塞尔提出“语力显示手段”(illocutionary force indicating device)的概念。“语力显示手段”是指能够显示所说出的话语的语力的施事动词、语调、语气等语言手段。在塞尔看来，“语力显示手段”的构成规则包括：①命题内容规则(propositional content rule)，指在表达命题时也表述了将要施行的行为；②预定规则(preparatory rule)，讲话人和听者间具有共同的讲出并施行某种行为的意愿；③真诚规则(sincerity rule)，讲话人真正想施行某种行为；④本质规则(essential rule)，讲话人承担起实施某种行为的义务。事实上，这些构成规则不仅是“语力显示手段”的使用规则，同时也是施事行为的构成规则，它们可以应用于各种类型的施事行为上，使每一个言语行为在特定的语境中都是可表达的，并施行特定的行为。

塞尔的言语行为理论颇具特色的一个方面，就是赋予语言交流以意向性特征，认为人们之所以能够对理解讲话者表达的静态符号或语词，是因为讲话者在发出该符号或语词时具有特定的意向，希望将所含信息传达给听话人并使他获得理解，这也是言语行为具有语力的原因所在。

除了对言语行为进行系统研究之外，塞尔后来看到，言语行为理论存在的一个基本假设就是，每一个言语行为，都是一个言语对应一种行为，这是一种理想化的交流模式。实际上，很多情况下是“一言做多行或一行得多言”，为此，塞尔提出“间接言语行为”(indirect speech acts)的概念，认为间接言语行为就是通过实施另一种施事行为的方式来间接地实施某一种施事行为，从而具体地丰富了言语行为理论的发展。

2. 格赖斯的会话含义理论

美国语言哲学家格赖斯的对话准则系统和对推出言说的非对话或对话含义的理性内在过程的坚持，为从新的思维角度研究语用学提供了基础。为了在信息的偶然传达和真正的交流间划出界线，格赖斯把“意义”分为两类，即“自然意义”(natural meaning)和“非自然意义”(non-natural meaning)。前者指如果不存在施事者从而也不涉及施事者的意图，话语的意义只是自然地被理解，那么，这类话语就只表达自然意义。关于非自然意义，格赖斯给出了它的如下特征：讲话者发出一个言说，具有非自然意义，当且仅当，①讲话者发出的言说，试图在听者那里引起某种效果；②听者理解了讲话者的意图并使该意图真正地实现。可见，在格赖斯看来，交流是由讲话者意图引发听者去思考或做某事所构成，它仅仅是通过使听者认识到讲话者是在努力去引起思考或行为，所以，交流过程中，讲话者的交流意向成了对话者之间的一种共有的知识，获得了交流意向的共有知识的话就意味着交流的成功。①

格赖斯区别“自然意义”和“非自然意义”的根本原因，就是看到了交流过程总是与交流的意向不可分割的，任何交流都涉及交流意向，成功的交流总是取决于听者对讲话者交流意向的理解，因此使用“非自然意义”来分析交流中话语的意义或信息交流的内容。格赖斯看到，在交流过程中的“非自然意义”，是由“所说的”(What is said)和“所蕴含的”(What is implicated)两部分组成的。“所说的”意指一个言说的真值条件内容，是字面意义，“所蕴含的”则是剩余的非真值条件的部分，在特定

① 索振羽：《语用学教程》，54～55页，北京，北京大学出版社，2000。

的语境中超越字面意义的含义。其区别见如下图示：[1]

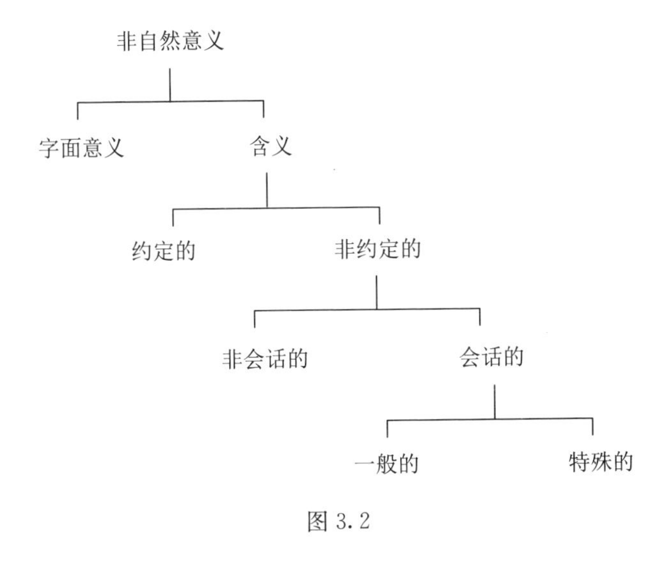

图 3.2

格赖斯对理性对话属性感兴趣的基本动机，是希望将"我们的语词所说的"从"我们在言说它们中所蕴含的"中分离出来，而蕴含理论本质上就是关于如何使用语言的理论。为了这个目的，就必须使交流的目标明确，朝向对话者共同的关心的方向，所以，格赖斯提出对他的蕴含提供支持的"合作原则"(cooperative principle)，即要求对话者的言说，符合所参与的会话的公共目的或方向。在这种有效合作的基础上，格赖斯进而提出四个基本的对话准则或普遍原则，作为指导方针，它们结合在一起表达了一种普遍的合作原则：[2]

①质的准则(the maxim of quality)。该准则要求所说的话语力求真

① Stephen Levinson, *Pragmatics*, Cambridge: Cambridge University Press, 1993, p. 131.

② Ibid., pp. 101-102.

实，特别是（ⅰ）不要说自知是虚假的话；（ⅱ）不要说缺乏证据的话。

②量的准则（the maxim of quantity）。该准则涉及的是所提供的信息问题，要求（ⅰ）所说的话应包含为当前交谈所需要的信息；（ⅱ）所说的话不应包含多于需要的信息。

③关联准则（the maxim of relevance）。该准则要求所说的话都是相关的。

④方式准则（the maxim of manner）。该准则要求清楚明白地说出要说的话，特别是（ⅰ）避免晦涩；（ⅱ）避免歧义；（ⅲ）简练；（ⅳ）有条理。

格赖斯的这些准则，就是要求交流者在对话中，为了获得最大效果而不得不理性地和合作地遵守的东西，即交流者应当是真挚地、关联地和清晰地提供有意义的信息。

但是，交流者有时候会故意去违背这些准则，就是说，迫使听者去超越话语的表面意义而设法理解讲话者所说话语蕴含的意义，因此这种蕴含意义并不是从语音、语义和语法等语言系统内部来获得语言本身表达的意义，而是依据语境来理解话语的真实意义，解释话语的言外之意。会话蕴含关注的不是讲话者说了什么，而是讲话者说出的话语可能意味着什么。为此，听者必须从语言使用的真实语境方面来把握，它随着语境的变化而变化，而不是随着命题的真假而变化。

格赖斯在20世纪60年代提出的这种“会话蕴含”理论，使语言哲学关注的中心从“意义”（meaning）转到了“含义”（implicature），推动了语言学和逻辑学的发展，并使“语用推理”和“语用逻辑”成为语用学研究的新领域。特别是“合作原则”的适当问题一度成为争论的焦点，引起了一系列新的替代原则的研究。比如，在承继格赖斯语用学基本理论的基础上，斯帕伯和威尔逊从人类认知角度研究交流，于 1986 年提出“关联原则”(principle of relevance)，认为只有那些表现出关联性的现象才易于接受和理解，进行话语处理。这里的“关联”指话语内容或命题与语境之间的关系，其基本规则是：①在相同条件下，为处理话语付出的努力越小，关联性越大；②在相同条件下，获得语境效果越大，关联性越大。可见，关联论解释所依赖的基本主张是，人类认知系统被定向于关联的最大化，付出最小的努力而产生最大的语境效果。

美国哲学传统中的语用思维与英国哲学传统中的语用思维具有很多相通的地方，它们普遍地把语言视为一种分析工具，关注于语言使用、语境和行为，形成了声势浩大的英美传统，可以说，现代语用学正是产生自美国实用主义和英国的日常语言学派这两个思想之流的融合。

第四章　语言分析方法的现代发展

某种意义上，20 世纪是一个“语言学对哲学进行改造”的世纪。“语言学转向”使语言成为刺激哲学发展和进步的主要动力，以逻辑经验主义为核心的分析哲学运动使得语义分析方法成为哲学中被广泛使用的方法论手段。随后，由于现代逻辑技术本身的局限性，理想的形式语言对自然语言的误解，对非理性因素的忽视及其对文化的消解，顺应哲学发展本身的内在规律，在继承和延续“语言学转向”的前提下，发生了“语用学转向”。这一转向引入了新的语言分析，特别是语用分析的方法，成为新的哲学研究的手段。而无论是维特根斯坦的“语言游戏论”，还是哈贝马斯的“普遍语用学”、阿佩尔的“先验语用学”，本质上都是将语言学的研究注入哲学的思考中，在语用学的基础上来寻求哲学的新观念。就此，语用分析方法的蔓延与哲学的当代演进结合在一起，一方面展现了语言分析方法对于哲学的改造，另一方面，也显现出其自身从基于逻辑语言的语形和语义分析，朝向后分析哲学之语用分析，这一当代发展特征和趋势。

现代哲学追求的已经不再是传统意义上的理论建构，而是一种活动，是在生活世界中有规则的语言游戏，因此是参与者(包括讲话者和听者)间的对话和交流，而不是单纯的主客体模式，可以说，语用思维构成了"当代思维的基本平台"①。在这一现代语用对话平台的建构当中，维特根斯坦和哈贝马斯的语用思维和理论方案分别体现了英美和大陆哲学传统的风格，是语用思维在这两种哲学传统中最具有代表性的建构形式。从早期试图通过语言逻辑的分析来洞察世界结构的科学逻辑，到后期通过语言游戏来构筑对话规则的科学语用学，维特根斯坦的哲学转变典型地反映了语用分析方法所取得的发展及其对哲学的冲击和影响，这不仅是哲学发展方向上的变化，更是思维领域中根本性的革命。哈贝马斯的规范语用学思想，则从另一种意义上表现了语用学转向及其对哲学研究方法论上的影响。尽管对语言的关注从来不是大陆哲学研究的最终目标，但通过语言的途径进入人类的心灵，寻求语言的精神家园，这一哲学发展思路自语言学转向以来，已经深入于大陆哲学家的哲学建构中。哈贝马斯对于主要从英美哲学传统中发展起来的语用分析方法的借鉴，用于重建现代资本主义社会理性的目的，既表明语用学转向

---

① 盛晓明：《话语规则与知识基础：语用学维度》，前言，2页，上海，学林出版社，2000。

形成的语用分析方法所具有的生命力和影响力，也表现出大陆哲学和英美哲学正在有意识地进行着某种融合，而这种融合，首要地就体现在哲学方法论的相互吸收和利用上。在语用思维的发展中，言语行为理论既是它的重要组成部分，更是它得以形成独立形态思想的重要原因，因此，从历史发展、表现形式和未来趋向上，对言语行为理论进行研究，对于理解语言分析方法的当代发展具有特别重要的意义。

本章之目的就是要通过对维特根斯坦和哈贝马斯的语用学思想以及言语行为理论进行独立考察，进一步了解语言分析方法在现代哲学中的表现形态，呈现语言分析方法的当代发展特征和趋势，以及在哲学理论发展中所独具特色的方法论意义。

一、维特根斯坦"语言游戏"语用学的构造

在 20 世纪语言哲学和分析哲学的发展中，维特根斯坦的哲学占有特殊重要的地位。一方面，以《逻辑哲学论》为标志的前期思想促成了英国剑桥理想语言学派的诞生，开启了影响整个 20 世纪哲学发展方向的"语言学转向"，把笛卡尔"认识论转向"以来对主体的认识，从私人的"自我"扩展到公共的人类总体意义上的"形而上学的主体"，使对个人经验和思维的认识从认识论推进到语言论的层面上；另一方面，以《哲学研究》为标志的后期思想影响了英国牛津日常语言学派的产生，为哲学的"语用学转向"奠立了基础，使语言分析从语形和语义域面拓展到语用分析的维度上。本节之目的正是试图从"语言游戏"的语用学构造上，系

统分析和把握维特根斯坦思想转变的动因、本质和意义。

(一)从科学逻辑到科学语用学

维特根斯坦的前期哲学是以“逻辑”为中心进行构架的。他在《逻辑哲学论》序言中明确指出，“这些哲学问题的提法，都是建立在误解我们语言的逻辑上的”[①]。因此，当无法用逻辑命题来表达时，就应当保持沉默，逻辑语言的界限，也就是思维和世界的界限，哲学的目的在于通过语言的逻辑分析来把握语言的本质，解决语言如何能够表达和描述世界这一认识论问题。历史地讲，贯穿于维特根斯坦整个前期哲学的这一核心观念有三个主要来源：

其一，弗雷格创立的现代逻辑直接影响了维特根斯坦用语言逻辑手段解决传统形而上学问题。在《算术的基础》中，弗雷格指出，传统的唯心主义对世界的描述是错误的，因为构成世界的成分除了物理对象和主体的观念外，还有逻辑和数学等，它们并不是思维的产物，而是思维的对象，它们研究客观实体的形式关系，逻辑应当是哲学的起点。这使维特根斯坦非常关注于数学和逻辑问题。

其二，德国物理学家亥姆霍兹(H. Helmholtz，1821—1894)的“图像论”和赫兹(R. Hertz)的力学批判思想，间接启迪了维特根斯坦的语言图像论。亥姆霍兹通过对感觉符号的分析发现，符号系统不是任意的，它总是与外界相关联的。由此，他提出了观念世界与实在世界间对应关系的图像说，认为知识理论作为符号联结而成的系统，只能是外物间关

---

① ［奥］维特根斯坦：《逻辑哲学论》，郭英译，20页，北京，商务印书馆，1962。

系系统的图像，只有在图像和外物同类的基础上，才能说它是一种图像。赫兹则通过对经典力学的批判来澄清力学的逻辑，认为物理学的命题只是关于事物的符号联结而成的一个整体系统，它们构建了现实的图像和模型，从而刻画了科学理论与外在世界的一致性问题。亥姆霍兹和赫兹实际上为维特根斯坦提供了一种关于实在的思想图像，把一切本质的东西都归结为科学理论的逻辑结构。维特根斯坦把这些思想进一步拓展到语言与世界的关系上，把作为世界的本体论系统与作为命题形式的逻辑系统联结起来，构造出语言图像论思想。①

其三，康德的先验哲学为维特根斯坦指明了语言分析批判的方向。康德的先验论哲学，把哲学的任务规定为寻求各种可能经验的形式结构，其目的是为了使实在服从于思想的形式，以先验的形式去解释和认识实在。特别是康德在进行理性批判时，把人类理性能力统归于知性范畴，而这些范畴不仅是先天的，而且是纯粹直观的形式，“包括这些普遍的和必然的法则的科学(逻辑)简单地就是一种思想形式的科学。并且我们能够形成这门科学的可能性的概念，就像仅仅包含语言形式而没有其他东西的普遍语法一样，它属于语言的事情”②。为了探询经验可能性的结构或思想的形式，因而它将实际地成为一种语法的研究。也就是，我们通常按照范畴所提供的先天法则来建构对象并赋予其普遍必然性，就像语法在语言现象中的规则作用一样，经验是范畴这种先验语法

---

① 许良：《亥姆霍兹、赫兹与维特根斯坦》，载《复旦学报(社科版)》，1998(6)。

② Brigitte Nerlich, David Clarke, *Language, Action, and Context: the Early History of Pragmatics in Europe and America 1780-1930*, Amsterdam/Philadelphia: John Benjamins Publishing Company, 1996, 15.

对自然现象加以拼写的结果。可见，康德事实上把他的先验哲学塑造在其时代的普遍语法之上，语言的形式将理想地反映思想的形式，为语言的使用设定了界限，从而也就有了“自在之物”和“现象世界”的区别。这一先验论思想在维特根斯坦那里得到进一步的发挥，整个前期哲学所关心的正是语言描述如何可能的问题，因为思想的形式最终要依赖于语言的形式，而语言形式又是在描述实在时不可怀疑的和最为确定的前提，所以语言的逻辑形式就像“自在之物”一样，它是命题所不能表达的领域，是语言设定的先验形式，因而也是不可说的。①

这些思想正是维特根斯坦创作《逻辑哲学论》的思想来源，作为他早期最重要的著作，《逻辑哲学论》虽然只有两万余字，却是哲学史上最精练、最难懂的经典著作之一。在这本形式简单明了、语言晦涩难懂的书中，既有对现实、思维、语言、知识、科学和数学等难题的清晰明确的逻辑分析，又包含了关于世界、自我、伦理、宗教、人生和哲学的深奥神秘的警句箴言。其核心思想是全书最基本也最重要的七个命题：

命题 1：世界是一切发生的事情。

命题 2：所发生的一切，即事实，就是事态的存在。

命题 3：事实的逻辑图像是思想。

命题 4：思想是有意义的命题。

命题 5：命题是基本命题的真值函项。

命题 6：真值函项的一般形式就是命题的普遍形式。

---

① 江怡：《对语言哲学的批判：维特根斯坦与康德——兼论英美与欧洲大陆哲学的关系》，载《哲学研究》，1990(5)。

命题7：对凡是不可说的就保持沉默。

维特根斯坦在这七部分中所表述的思想可以合并为四方面的内容，它们是：

1. **逻辑原子论**

这主要体现在维特根斯坦对命题1和命题2的论证中。与传统的世界是由事物组成的思想不同，维特根斯坦认为世界是事实的总和，而不是事物的总和。事实与事物的区别就在于，事物在时空中的状态构成了各种不同的事实。作为维特根斯坦逻辑原子论基本概念的原子事实，就是指各种简单事物在不同时间和空间中的状态，或者是说这些状态的总和。由此，世界不是静止孤立的单个事物，而是每个事物都处于不断的运动变化的状态之中。世界上所发生的一切，就是原子事实的存在，这些原子事实是彼此独立的，从任何一个原子事实的存在或不存在中，不能推出另一个原子事实的存在或不存在。但它们并非物理意义上的原子，而是逻辑原子，即思维用以描述简单对象的逻辑原子。这里的简单对象在逻辑上是不可分的，也不可能由其他东西构成，它们在原子事实中的存在形成了原子事实的结构，成为原子事实的内容，而原子事实则是简单对象的存在形式。

维特根斯坦的这种把日常事实分析为原子事实，再把原子事实分析为简单对象或逻辑实体的方法，就是通常讲的逻辑原子论。它不同于古希腊哲学的原子论，它所强调的是逻辑思维的必然性和语言意义分析所提供的理由，而把经验感觉对象排除在外。它运用数理逻辑手段，把逻辑原子的结构用逻辑函项表示出来，从而将世界观和语言观联结起来，不仅提供了世界的逻辑结构，而且为进一步的语言逻辑分析提供了可能。尽管维特根斯坦从未为自己的思想加上“逻辑原子主义”的标签，而是由罗素首先提出，但他在《逻辑哲学论》中开门见山地提出的这一思想，使他成为名副其实的创始人。

2. 语言图像论

维特根斯坦在命题 3 和命题 4 中阐述了他的这一思想。在他看来，人类用语言符号描述世界上的事实，类似于画家用线条、色彩、图案来描绘世界上的事物，用语言来思考和说话，就是用语言来摹写出事态的逻辑图像。图像是对简单对象的摹本，它描述着简单对象在逻辑空间中的结构和运动。图像与它所描述的对象之间的关系是由于它们共同具有的逻辑形式。逻辑形式不仅是原子事实的存在方式，而且构成了逻辑图像的本质。当我们用它对原子事实进行思考的时候，就形成了表达思想的命题，由此，维特根斯坦指出，命题是事实或事态的逻辑图像，一个命题就是一个图像，它反映事实的逻辑结构，它与事实的关系是投影与被投影的关系，即命题以词的连接、配置方式反映了事实之中事物的结合方式，命题与事实具有相互对应的组成结构以及相似的组成部分，命题作为逻辑图像投影着事实。这样，维特根斯坦就通过图像论而在语言和现实之间建立了某种一一对应的关系，即语言与世界在逻辑上具有同型的结构，通过考察语言就可以揭示出世界的逻辑结构和存在方式。这样，对命题的分析便显得极其重要了。

3. 真值函项论

在命题 5 和命题 6 中，维特根斯坦论述了《逻辑哲学论》中最重要、最富有创造性的观点之一的“命题是基本命题的真值函项”理论。在维特根斯坦看来，由于命题是对应事实的图像，因而它必然在结构上与事实有着相同的对应关系，即事实有原子事实与复杂事实之分，命题也就有原子命题和复杂命题之别。他把这种对应原子事实的最小命题——原子命题称为基本命题。基本命题是独一无二的命题，没有其他任何命题可与之矛盾。在这里，维特根斯坦为了进一步揭示基本命题的特征，使用了“函项”概念。所谓函项就是指两个变量之间的关系，某一变量的值由于另一个变量的值的变化而变化。例如数学等式 $y=f(x)$ 中，y 是 x 的函项，其中 x 是自变量，y 的值根据 x 的值而变化。弗雷格和罗素首先把这种函项关系引入到逻辑中，并创立了以命题演算为基础的数理逻辑。因为在数理逻辑中，命题不是用于简单地描述对象如何，而是用于表达命题中所包含的函项之间的关系。所有的逻辑命题都应被看作是表达这种函项关系的表达式。维特根斯坦接受了他们的这一重要思想。在他看来，既然所有的命题都是关于事实的图像，是对事实中各种对象之间关系的描述，都表达对象之间的函项关系，那么必定存在作为自变量的命题，其他命题的值都是由这些命题的值确定的，它们就是所谓的“基本命题”。再者，由于所有的命题都是由基本命题构成的，所以所有的命题也就是基本命题的真值函项，即每一个命题的真值是由命题中所包含的各个基本命题函项的真值所决定的。

维特根斯坦首次将真值函项用于表示一个作为其他命题真值函项的基本命题的真值条件，从而表明基本命题的真假与其他命题的真假之间的关系。同时，他还把这种真值函项关系用于说明日常语言中的命题，根据真值函项关系，把这些命题都还原为符合逻辑形式或逻辑句法的逻辑命题，而凡是不能实现这种还原的命题就被看作是无意义的命题予以抛弃。这就为他的划界之说埋下了伏笔。

4. 划界之说

命题 7 虽然只有短短的一句话“对凡是不可说的就保持沉默”，但却是《逻辑哲学论》全书的主旨和核心内容，也是维特根斯坦前期思想的立脚点。维特根斯坦前期哲学思考的目的，并不是为了解决逻辑问题，而是通过对语言的逻辑分析，来解决我们的语言如何能够表达和描述世界的问题。因为语言中存在着大量的问题，使得整个哲学都充满了这种由于语言形式上的误导而造成的混淆。为此，有必要首先澄清语言，即把有意义的命题和无意义的命题区别开。维特根斯坦对命题 1 至命题 6 的分析和阐释，都是在试图通过建立符合逻辑句法的语言来令人满意地描述和表达思想。但当这些工作完成之后，维特根斯坦却发现，既然世界是由事实构成的，我们只能通过命题的逻辑图像认识这个世界，那么表达基本命题的逻辑语言就构成了我们的世界概念，因而也就决定了我们的世界范围。但包括逻辑语言在内的任何语言都是有限度的，我们只能表达能够表达的东西，因此“我的语言界限意味着我的世界界限”。这样维特根斯坦就划分了可说与不可说的界限。在他看来，可说的都可以用逻辑表达出来，可以通过研究逻辑来弄清楚。传统形而上学的错误在于试图说出不可说的东西，因此，维特根斯坦认为，避免这种错误的方法也就是要对不可说的东西保持沉默。

从语言分析方法的角度看，早期维特根斯坦建立的这种以逻辑学为根基的哲学世界观，事实上采用的是语形分析和语义分析手段。一方面，他把逻辑语句和数学语句作为分析命题，它们本身与经验事实无关，而只是一种符号和符号之间的关系。但它们的意义在于构成了世界的脚手架，形成了先天的基本语句，显示了语言和世界的形式的逻辑性质。可以说，这种语形学基础上的纯粹逻辑形式，构成了维特根斯坦早期思想的基本出发点；另一方面，由于维特根斯坦意义上的事实的存在，并不在现实世界中，而是在逻辑的可能世界中，所以，如何把可能世界与现实世界联结起来，或者说，如何通过逻辑上可能的世界达到对现实世界的认识，就成为问题的关键。这也正是他的语言图像论的主要思想。在他看来，经验事实或原子事实之所以能够进入人的思想中，是因为思想创造了逻辑图像，逻辑图像是现实的模型，对事实进行描述，并通过命题的形式表达出来，图像本身无意义，但命题却有真假，它与现实的符合与否正是它的真假所在，如果在现实中有对应的实在存在，就是有意义的，否则就是无意义的，“可证实性”是意义的标准。可见，维特根斯坦在此正是运用语义分析的手段进入了思想的表达领域，将可能世界与现实世界联结在了一起。

但是这种基于语言逻辑的语形和语义分析所遭遇的困境，也正是导致维特根斯坦后期哲学转向的根本动因。因为构成维特根斯坦“逻辑原子主义”核心的，就是命题与所描述的实在之间具有共同的逻辑形式这个观念，但这只是一种理想的状态，比如，如果语句都可以分析为彼此独立的基本命题的话，那么，两种颜色在视觉空间的同一点出现为何是逻辑上不可能的？“这是红的”与“这是绿的”两个语句并不是彼此独立的，当表达“这是红的”时，同时也就意味着“这不是绿的”或其他，这就与“原子命题独立性”的观念截然不同了。另外，事实上，对意义的哲学追求不仅仅限于科学语言的范围，尚有很多包括诸如命令、问题、规则、隐喻及美学判断等常常被忽略的话题，这些命题很难用逻辑形式表达出来。这都促使维特根斯坦放弃了他最初确信不疑的逻辑理论。由此，建基于逻辑基础上的一系列观念，诸如命题图像论、语言与实在的同构论等都随着逻辑形式神话的破灭而彻底失败了。维特根斯坦认识到，这种失败是一种哲学基本观念上的失败，即把哲学看作对命题形式的逻辑的、语形的和语义的分析，并认为这种分析能够揭示世界的逻辑结构，但事实上，它只是一种同义反复，并不能像物理分析或化学分析一样带来新的知识，而一旦把这种逻辑分析视为哲学的主要任务的话，所导致的致命后果就在于完全误解了日常语言的使用，用“分析”的比喻简化了原本复杂的语言使用的多样性。所以，哲学的任务应该是对日常语言的语法规则(如何使用的问题)进行研究，考察词和句子在不同语境中的用法，根据使用来确定它们的意义。同时，这也是由于语义分析基础上的意义证实论的不可能所导致的结论。因为既然命题的意义是无法完全证实的，我们就没有必要为证实它们的意义而费心，而应关心命题在日常语言中的不同的意义，正如他所言，“意义就在于使用”①。这一思想最终促成了维特根斯坦的“语用学转向”。

(二)语言游戏论

维特根斯坦后期哲学的本质所在，就在于他完全改变了探讨语言本性和语言表象的方法论策略。传统分析哲学家普遍认为，研究语言是解决哲学问题的最好途径，因此为了获得关于语言本性的认识，首要的就是把意义概念放到首位，如果意义概念能得到澄清的话，那么许多与之密切相关的概念就能通过参阅它而得到解释。由此，从一开始，包括弗

---

① 江怡:《维特根斯坦传》，117～125页，石家庄，河北人民出版社，1998。

雷格、罗素、卡尔纳普，以及语言学家乔姆斯基等在探讨意义理论时就未加分析地预设了许多前提，诸如意义本质上在于把词和事物联系起来，句子的意义由它各组成部分的意义构成，或是它各部分的意义的函数，句子的本质作用是描述事态。这些理论或者采取的是意义规则的一种运算的和语形的形式，或者是一种自然语言的语义学形式。而这正是维特根斯坦后期语用方法策略试图摧毁的基本思维框架。因为这些意义理论将焦点集中于意义概念，而完全忽略了理解概念。事实上，任何澄清语言性质因而是澄清思维性质的努力，都必然与意义、意义的解释和理解这三个中心概念相关。语句或命题表达了对象，故它具有意义，而这种意义正是在对它的意义的解释中被说出的东西。同样地，它的意义也正是当我们理解它时我们所理解的东西。所以，意义是理解的相关物，理解一个表达式，就是知道它的意思是什么，这并不是一个心理状态或心理事件，或弗雷格意义上的存在一个对象或事态的图像和神秘地领悟一个抽象实体。它同样也不是一个心理过程或心理活动，像乔姆斯基那样从句子成分的已知意义及它们的联结方式中推演出句子的意义。

相反，在维特根斯坦看来，一个人是否理解了一个表达式，他理解到了什么，这可以从他使用它的方式中看出，也可以从他对他人的用法的反应方式中看出。他的用法正确不正确，他的反应适当不适当，这就构成了他理解了或没有理解这一表达式的基础。同时，理解通过对一个表达式意义的正确解释而表现出来，一个人在一个表达式上所理解的东西，恰恰是他在解释这个表达式时所解释的东西。一个表达式的意义就是，当我们理解这个表达式时我们所理解到的东西。理解与解释的能力内在地联结在一起。一种意义的解释为正确地使用一个表达式提供了一个标准。意义解释的这种规范角色取决于我们赋予这个表达式的用法。解释在实践中的规范角色，在维特根斯坦的语言哲学中占有核心的地位。①

维特根斯坦实际上颠倒了传统上让意义与理解相适应的方向，对解释在说明语言性质和语言功能方面进行了彻底的重新定位。这种使用语用分析来理解语言使用多样性的策略方法，主要的表现形式就是“语言游戏说”的提出。语言游戏说既是维特根斯坦后期思想的核心内容，又是他后期哲学观的基础。具体地讲，语言游戏说的基本内容有：

首先，语言游戏是直接针对逻辑原子论思想提出的，是维特根斯坦意义上的另一种治疗哲学病的途径。理想的形式语言的计划希望用逻辑来纯化自然语言，去除其多义性和不定性，使之成为描述世界的精确图像，但这样一来，最致命的缺点就在于招致两个误解：语言的功能是否仅仅是描述世界？有无可能设计出一种能替代日常语言的精确的语言系统？② 在维特根斯坦看来，语言的功能并不仅仅在于指称和描述事物，它还可以有发布命令、提出问题等非陈述性用法。尽管日常语言确实具有模糊性和歧义性，但我们总是在特定的情景中来使用语言的，一旦进入了具体的语境，语言的意义也就可以确定了。所以，语言的各种用法已经融入了具体的生活形式中，成了人类不可或缺的一部分。这就像游戏一样，只有在具体进行中，它才有存在的意义，语词也是只有在使用中才能具有意义。这正如维特根斯坦自己所讲的，“我也将把由语言和

① ［英］G. 贝克尔、P. 海克尔：《今日维特根斯坦》，李梅译，载《哲学译丛》，1994(5)。

② 刘放桐：《现代西方哲学》，411页，北京，人民出版社，1990。

行动(指与语言交织在一起的那些行动)所组成的整体叫作'语言游戏'",在此,使用"语言游戏"这个词的主要目的在于指出"语言的述说乃是一种活动,或是一种生活形式的一个部分。"[①]这样,哲学的目的就不是去建构语言与世界的逻辑形式了,而是要向人们展示如何正确地玩各种语言游戏。

其次,语言游戏具有整体的"家族相似性"。语言游戏主张理解一个语句必须置于语言活动的整体语用中,因而将语言分析为彼此独立的基本命题和真值函项,肯定是不合适的。也就是说,它不能用"逻辑形式"来涵盖,不能用语言本质上的共同性来统一。但由于各种语言游戏都是语言的使用、活动,因而又像真实的游戏一样,具有许多相似的特性。维特根斯坦指出:"我想不出比'家族相似性'更好的表达式来刻画这种相似关系:因为一个家族的成员之间的各种各样的相似之处:体形、相貌、眼睛的颜色、步姿、性情等,也以同样方式互相重叠和交叉。——所以我要说:'游戏'形成一个家族","我们看到,被我们称之为'语句''语言'的东西并没有我所想象的那种形式上的统一性,而是一个由多少相互关联的结构所组成的家族。"[②]具体地讲,这些特性主要有[③]:①自主性。语言游戏是一种自主的活动,只有使用语言的恰当与否的问题,而不涉及语言活动之外的意义对象,使用语言的活动就构成了游戏本身;②无须证明。语言是不需要用其他的目的或标准加以证明的,语言

---

① [奥]维特根斯坦:《哲学研究》,李步楼译,7、23页,北京,商务印书馆,1996。

② 同上书,67、108页。

③ 江怡:《维特根斯坦传》,171~174页,石家庄,河北人民出版社,1998。

规则并不来自外在的实在世界，而是任意的，其目的只是为了语言本身；③非推论性。语言源于使用的目的，是生活的一部分，只是在语言的训练中才会具有语言的能力，所以语言不可能是推论的结果；④无须反思。语言游戏无须反思，因为对他人讲话的理解并不是通过由这些话所带来的内在过程进行的，语言游戏本身就是一种行为活动；⑤多样性。语言游戏是由多种成分构成的复杂形式；⑥遵守规则。语言游戏的中心是，它们拥有规则，没有规则的话，语言符号就失去了意义，不同的规则还会使它们具有不同的意义；⑦变易性。语言规则像其他游戏一样是易变的，没有必要坚持现有的规则；⑧无本质。无数的语言使用构成的语言游戏没有共同的本质，而只有家族的相似性。

第三，语言游戏就是人类的生活形式。维特根斯坦使用语言游戏的最终目的，就是要表明，语言并无神秘可言，它不过是我们生活的一部分，只是非常重要的一部分而已。语言使用的多样性构成了人类生活的多样性。在这里，生活形式包括人类的期望、意向、意义、理解和感觉等，它们都是由于人们共同生活和使用语言才成为可能，特别是语言本身就是一种生活形式，“想象一种语言就意味着想象一种生活形式”①，作为人类活动的语言游戏，构成了人类的生活形式，同时，生活形式也限制了语言游戏的社会特征。因为生活形式是特定时代、特定文化的人们所共有的行为方式，是语言共同体所不得不接受的已被给定的东西，这使得语言游戏只能是社会的、公众的和非私人的行为。可见，这里维特根斯坦使用“语言游戏”是要指出，人类的基本的和首要的活动就是语

① ［奥］维特根斯坦：《哲学研究》，李步楼译，12页，北京，商务印书馆，1996。

言活动，通过语言游戏，不仅可以揭示出语言使用的基本特征，而且可以进一步深入于社会生活形式中，将语言的使用置于整体的社会语境中。

维特根斯坦把语言视为一种游戏，这就从根本上排除了从语言与实在的对应中寻求意义的观念，使对语言的分析从语形和语义的层面转向于语用层面，并不存在语言之外的意义实体，语言的意义就在于它的使用，语言只有在使用中才有价值。

尽管维特根斯坦本人并没有完全看到自己的哲学转向对后来哲学发展路向的巨大意义，而只是看作一种自身哲学反思发展的必然，但应当看到，维特根斯坦从以“逻辑”为核心的语言分析方法，转向以“语境”分析为核心的语用学，其意义不仅仅在于影响了日常语言学派的诞生，更重要的是，这表明了一种哲学和语言观念上的根本变革。由此开始，语言不再是抽象的准数学运算概念，而是一种社会实践，它由松散结合的语言游戏聚集而成，语言游戏的全体构成了一种生活方式。所以哲学也就不是用自然科学的方式构造体系的问题，哲学的目的在于为知性的各种疾病进行治疗。维特根斯坦的这种“语用学转向”的本质正在于，把语言、知识和科学置于人类生活实践的语境中来理解和认识，从而在根本上改变了哲学发展的方向。这一“语用学转向”潮流的肇始者正是维特根斯坦。

(三)遵守规则与反对私人语言

维特根斯坦建立在“语言游戏”基础上的语用学的构造，把意义解释为不是一种理论建构，而是表达式的用法规则，所以，“语用学所谓的

‘意义’，就是语言使用的界限。有无意义的问题，在语用学中就转换成为语言使用得当或不得当的问题，而不再是真假与否的问题”[①]。既然把语言视为一种游戏，它就必定会遵循一定的规则，否则游戏将无法进行。可见，意义和规则间有特定的联系，语词有意义，就是说它有使用词的规则，语言游戏必须“遵守规则”(follow-rule)。但问题是，语言游戏如何来遵守规则、这种规则应当是一种什么样的规则？因为语言游戏通常是在我们不了解规则的情况下进行，而我们又只能在预先遵守规则的情况下才能进行语言游戏。这样一来，规则的遵守和真实的语言游戏之间就出现了一种恶性循环：做游戏需要规则的指导，否则无法进行，但规则又只能在游戏的过程中才能显示出来。正如维特根斯坦所言，“没有什么行为方式能够由一条规则来决定，因为每一种行为方式都可以被搞得符合于规则。答案是，如果一切事物都能被搞得符合于规则，那么一切事物也就都能被搞得与规则相冲突。因而在这里既没有什么符合也没有冲突”[②]，对于这一悖论，维特根斯坦认为，我们实际上既不是先掌握了规则再去进行语言游戏，也不是在进行了语言游戏之后才懂得规则，而是，只有在语言游戏之中才能感受到规则的存在并遵守规则，因为规则不是预先学得的，只有在游戏中才能显示出来的。比如，在下棋游戏中，“毫无疑问我现在想要下棋，但下棋之为棋类游戏则有赖于它的全部规则(等等)。那么，在我确已下棋之前，我是不知道我要进行什么样的游戏呢，还是所有的规则都已包含在我的意向活动之中了

① 盛晓明：《话语规则与知识基础——语用学维度》，50页，上海，学林出版社，2000。

② [奥]维特根斯坦：《哲学研究》，李步楼译，121页，北京，商务印书馆，1996。

呢？是不是经验告诉了我这种游戏是这样一种意向活动的通常结果？所以，我是不是不可能肯定我意欲去做的是什么事？如果这是没有意思的话——在意向活动和所意向的事物之间存在着的是什么样的超强联系？——'让我们下盘棋'这个表达的意思和棋类游戏的所有规则之间的联系是在哪里实现的？——在游戏的规则表中，在教人下棋的活动中，在日复一日的下棋的实践中"①。

维特根斯坦在这里以下棋为例类比语言游戏与遵守规则的关系，目的在于使人们认识到，语言游戏的意义是在规则节制下语词的使用。以往的错误就在于往往把规则等同于语言的句法分析，似乎掌握了语言的句法规则也就懂得了该种语言。但这种语法规则是以逻辑和实在的对应为前提的，是一种真值逻辑，追求的是形式的普遍的联系并用真假来判定，因而与任何特定的语言游戏存在的语境无关，而语言游戏所欲遵守的是一种"语用规则"，它奠立于包括讲话者和听者在内的语言游戏参与者的生活实践和形式中，追求的是实质上的有效性，只有相对于特定的语境，从而特定的语言游戏参与者才谈得上遵守规则的问题，所以是主体间约定俗成的结果。事实上，是什么东西表达了一条规则以及它所表达的规则是什么，这取决于对它的用法而不是取决于它的形式。一个特定的句子表达了一条规则，这是由该句子在我们交往中的用法所扮演的角色决定的。因此，我们赋予一个规则的表达方法并不是规则本身内在地具有的。正是在指导、辩护和解释中使用一条规则的实践，才使规则

---

① [奥]维特根斯坦：《哲学研究》，李步楼译，119页，北京，商务印书馆，1996。

和它的使用之间的鸿沟消除。[①] 具体地讲，维特根斯坦的这种“语用规则”可表述为：其一，一种语言游戏必定是有规则的，但这些规则并不决定语言在具体的语境中的使用，而是，随着语言游戏的进行，这些规则可以进行调整甚至修改，因此，这些语言规则之间彼此独立。任何一个规则都不能使其他规则成为必然；其二，给出语用规则也就构成了对意义的解释，即“语言的意义在于它的使用”，因而语言规则独立于实在，实在的无论经验的还是先在性质以及逻辑规律，都不能规定语言规则，即实在的结构不能规定命题的真假，实在所具有的确定的逻辑结构只是我们设想它所具有的，因为我们的表象形式、语言习惯所具有的形式是我们赋予它们的；其三，对规则的遵守完全是一种实践的活动，因为规则并非具有超自然力的神秘实体，即使不懂得一种规则，也可以进行这种语言游戏，完全可以在进行语言游戏中去理解规则。

贯穿于维特根斯坦后期工作中的这种关于“语言游戏遵守规则”的观念，把规则和语言看成一种规范性的实践，并进而衍生到维特根斯坦哲学的各个方面，特别是反对“私人语言”(private language)的存在，更是直接从语言游戏必须在具体语境中遵守规则、而且不可能私自地遵守规则这一思想推断出来的。正如维特根斯坦讲到的，遵守规则不可能是一个人的“私自”行为，“我们所说的‘遵守一条规则’是仅仅一个人在他的一生中只能做一次的事情吗？……仅仅一个人只单独一次遵守规则是不可能的。同样，仅仅一个报道只单独一次被报告，仅仅一个命令只单独

① ［英］G. 贝克尔、P. 海克尔：《今日维特根斯坦》，李梅译，载《哲学译丛》，1994(5)。

一次被下达，或被理解也是不可能的。——遵守规则，作报告，下命令，下棋都是习惯(习俗，制度)”[①]。可以看出，维特根斯坦意义上的私人语言并不是通常理解的独白、暗语等，因为这些事实上仍然是一种定位于实践中的真正语言，可以转换和翻译为整个语言共同体的语言。他所谓的私人语言，是指那种只有讲话者本人所能理解的语言，是一种建立在私人感觉之上从而不可为别人所理解的语言。

具体地讲，这种私人语言的特征有：其一，私人语言的内容是只有讲话者自己知道的东西，因而它是仅仅为讲话者所使用的语言，即语言中的语词和符号只有讲话者自己能够理解，与之相关，私人语言是只有讲话者自己懂而其他人都不懂的语言，讲话者使用这种语言的目的，是为了表达自己当下的私人感觉，该感觉只有他本人能够理解。这样一来，每个个体都会有自己的心理感受和感觉经验，由于彼此无法进入对方的心灵之中，因此根本没有判别私人感觉对错的标准，或者说，无法判断私人语言使用的正确或错误。事实上，这种私人感觉不仅无意义，而且对于语言游戏也是无足轻重的。因为在语言游戏中，人们关心的是具体言说的使用和在游戏中的作用，而不是所谈论的内容本身，所以私人感觉是不可靠和无意义的。

其二，私人语言无法交流。一般地讲，语言存在的必要条件是能够交流和理解，私人语言并不具有这样的功能。因为它表达的是个体直接当下的感觉，也就是，指称的是私人的对象，但任何人都不会知道他人的私人对象是什么，因此也就无法用一个公共的标准来判定私人对象是

① [奥]维特根斯坦：《哲学研究》，李步楼译，120页，北京，商务印书馆，1996。

否相同。从而，这就导致既不了解该语言的内容，更不能了解讲话者的私人感觉和私人对象，所以，从严格的意义上讲，私人语言并不是一种真正的语言。

维特根斯坦否定私人语言存在可能性的著名论述意在表明，不存在诸如对语言和符号的个人理解这样的事情。所谓私人的理解即是没有公共标准和检验的理解。但是，自洛克以来，“近代的语言观念，乃至整个哲学观念恰恰是奠立在‘私人语言’的观念基础上的”[①]。洛克的观念论力主在进行认识时，先考察人类自身的认识能力，进而得出结论认为，观念只能是私人的，即我们只能具有私人感觉，而不可能形成公共的经验，因为主观的、心理的和私人的语言较之客观的、物理的和公共的语言能更好地被认识。这导致近代哲学一方面走向怀疑论的泥潭，对人类认识外部世界的能力产生了怀疑；另一方面，由于主张人类关于经验世界的一切知识，都建立在对主观感觉确定不疑的知识上面，所以，人类关于经验实在的一切知识，就因为有关于事物如何主观地向我们显示的知识而具有了合理性，从而不可避免地走向了认识论的唯我论，把一切知识都视为是在主体自我意识中的私人感觉的构造。维特根斯坦的私人语言的观点，正是要反对这种传统的哲学观念，因为人类的语言就是一种生活方式，只有语言使用者才可能有自我意识，无论是思想的交流，还是对人类所特有的感情、倾向和抱负的表达，都完全有赖于首先精通公共的自然的语言，从而依赖于与公共语言的连接。

---

① 盛晓明：《话语规则与知识基础——语用学维度》，61页，上海，学林出版社，2000。

由此，维特根斯坦通过“语言游戏”的语用学构造整个地扭转了哲学发展的方向，并改变了长期以来形成的根深蒂固的关于哲学和语言的观念，“哲学不应以任何方式干涉语言的实际使用；它最终只能是对语言的实际使用进行描述。因为，它也不可能给语言的实际使用提供任何基础。它没有改变任何东西”①。哲学只是一种阐释性的活动，它的目的就是搞清楚日常语言在具体语境中的用法，因为正是语言的语法产生了哲学困惑，它把我们引入了歧途，而忽视了不同的语法形式被赋予的不同用法。所以，源自于对语言的误解或误用的哲学问题，不可能通过描述语言的逻辑或语法而得到解决。只有正确描述语法和语言用法的确切特征，才是达到哲学的明晰的最好途径。正是在这个意义上，我们说，维特根斯坦“语言游戏”语用学更像是一本语言语法的哲学手册，它决不会去干涉现存的具体的语言语法，而是，它在具体的语言语境中指导语法的使用。

二、哈贝马斯的规范语用学

德国哲学自康德以来便形成了独有的思想传统和思维方式，哲学家们普遍地关注于寻求作为知识基础的理性基点，并试图由此而建构整个知识的大厦。这一梦想尽管在“二战”期间由于纳粹的统治受到了冲击和破坏，但 20 世纪现代科技革命的发展和资本主义社会的空前繁荣，人

---

① [奥]维特根斯坦：《哲学研究》，李步楼译，75 页，北京，商务印书馆，1996。

们在享受富裕物质生活的同时，却因精神的空虚承受着道德沦丧、心理失调、精神反常等现代社会病症的折磨，从而对理想信念与精神解放充满了满腔热情和迫切需要。如何通过对现代工业化资本主义社会进行全面的反思和批判，进而继续启蒙运动的优良传统并重建知识的理性基础，就成为困扰哲学家们的时代命题。德国当代著名哲学家、法兰克福学派第二代批判理论的代言人哈贝马斯在这样一个风云变幻的时代中脱颖而出，以在理性主义的立场上承继启蒙精神的传统为毕生理论耕耘的核心目标，提出了自己的现代性的社会批判理论——“交往行为理论”(Theory of Communication Action)，致力于重新定位理性的界域，为主体之交流寻求一种理想的语言环境，以建立合理的人际关系。

哈贝马斯 1929 年 6 月 18 日出生于德国的杜塞尔多夫，1961 年到 1964 年在海德尔堡大学讲授哲学，1964 年起担任法兰克福大学哲学社会学教授，1971 年主持施塔恩堡新成立的普朗克科学技术世界生存条件研究所。[①] 他是当今哲学界最具有体系性和原创性的思想家之一，主要代表作有《重建历史唯物主义》(1976)、《交往行为理论》(两卷，1981)等。他著述丰富，思想独特，力图通过规范语用学重建交流理性，并建构联结大陆哲学和英美分析哲学、人文主义和科学主义的“桥梁”，其思想在西方引起极大争议并受到广泛的关注。

与老一代法兰克福学派相比，哈贝马斯的社会批判理论的建构是基于一种完全不同的路径，他成功地借鉴了英美哲学的方法论手段，使其基本的哲学路向发生了从意识哲学到语言分析的语用学转向，所导致的

① 冯契：《哲学大辞典》，1187 页，上海，上海辞书出版社，1992。

规范语用学思想的首要任务，就是为理性重建提供新的模式，以支持交往行为理论。哈贝马斯对英美哲学产生的兴趣以及对人文主义和科学主义的合流所做的贡献，都是以规范语用学为基础的，可以说，规范语用学构成了他的社会批判理论的核心。

本节全面系统地描述和分析了哈贝马斯的规范语用学思想，哈贝马斯在对其进行建构中，继承和批判了包括马克思、康德、霍克海默(M. Horkheimer)、马尔库塞(H. Marcuse)、米德、阿佩尔、奥斯汀、乔姆斯基和达米特(M. Dummet)在内的许多哲学家的思想，并与他们进行了思想的直接对话，因此，具体地揭示他们与哈贝马斯思想之间的内在关联，展示规范语用学的形成路径、理论基点、内在核心、基本目标以及在当代哲学中的意义，对于整体把握哈贝马斯社会思想的本质，理清当代德国哲学的发展方向，进而洞察 20 世纪哲学方法论的演变特征，具有重要的认识论价值和方法论意义。

(一)从文化意识批判到语言分析批判

随着现代资本主义社会矛盾的加剧和激化，作为西方马克思主义的一个基本流派的法兰克福学派(Frankfurt School)，自 20 世纪 60 年代末期开始成了现代社会理论中主导性的思潮之一。以霍克海默、马尔库塞和阿多诺(T. Adorno)为代表，他们的社会批判理论以马克思的理论为出发点，以对现代资本主义社会进行综合性研究与批判为主要任务。在他们看来，虽然现代资本主义比以前任何时候都更加富裕、更有竞争力，但本质上它是一个“极权主义的社会”，宣扬的是极端化的科学技术理性，以牺牲人的积极性、创造性和劳动的目的性为代价，来达到经济、技术的一体化，因此是一种“打着理性旗号的现代奴隶制”[①]。但是，在如何摆脱这种使个体泯灭的社会制度上，他们与马克思主义分道扬镳了。他们认为马克思的无产阶级的政治革命、经济革命已经随着社会实践的变化过时了，现在应当用“本能革命”“意识革命”来取而代之，即通过对人类行为的心理基础和人的本能结构的改造，来改变个体的现实状况。这样，法兰克福学派的这种以文化意识哲学为核心的社会批判理论，就由对现实的揭示走向了构建现代“乌托邦”式的革命理论。

同时，对现代资本主义压抑个性的另外一种批判是由尼采(F. Nietzsche)以及其后继者福柯(M. Foucault)、德里达(J. Derrida)等后现代主义和后结构主义者所做出的。他们采取了对作为工具理性愿望的理性进行批判的形式，并将工具理性作为理性的全部，认为正是工具理性的过分发达，使得金钱和政治等异己存在干涉了人的主观世界，动摇了人的意义感，因此，必须压制理性而发扬感性。

在哈贝马斯看来，这两种对现代资本主义社会的批判，就其对资本主义社会现状的揭示而言，无疑是正确的，但它们过于悲观化了。尼采及后现代主义和后结构主义者由于对理性社会的不满而走向了对非理性主义的宣扬，而老一代法兰克福学派思想家则对现代化社会的前景感到暗淡，并在前者的侵蚀下走向了理论的死胡同。面对理性概念在现代资本主义社会中所处的这一悲惨境地，哈贝马斯既不愿意放弃社会批判理论，即他认为任何时候都需要一种对西方资本主义的批判理论，又不愿意像老一代法兰克福理论家那样，屈服于后现代主义和后结构主义而压

---

① 徐崇温：《用马克思主义评析西方思潮》，387页，重庆，重庆出版社，1990。

制理性概念。他确信完全有可能在正确揭示现代社会病症的同时，为这种畸形化了的资本主义社会提供一个非病理的、规范的、正常的评价标准，即进行理性启蒙的计划。但是，他也看到，为了这一目标的实现，必须探寻另一条可选择的道路，以重新奠立理性的地位。在他看来，这种重建的理性应当既为个体的和社会生活的不合理或不公正的形式的批判提供一种标准，从而继承老一代法兰克福社会批判理论的根本目的，揭示资本主义社会的本质，同时，它也应当避免不合理地压制理性，而忘却了个体和社会生活之理性实现这一现代性的计划。在继承和批判老一代法兰克福学派社会批判理论和广泛汲取英美语言分析哲学、释义学与实用主义哲学的成果基础上，哈贝马斯最后选择了"规范语用学"为模式对理性进行重新的建构。

首先，在马克思精神的引导下，哈贝马斯对现代资本主义社会病源进行了深刻的分析。马克思把社会划分为经济基础，以及通过标准化的符号来建构和管理的上层建筑这两个层面，并根据由前者所施加的暴力来解释后者的扭曲。尽管哈贝马斯心底里存有对于资本主义社会中的民主制度和民主观念的承诺，以及不可能没有生产的资本主义模式的信念，并批判马克思：(1)过于严格地把经济基础和上层建筑强置于一起，而未看到两者的独立性；(2)没有把上层建筑的传统形式的破坏从后传统的具体化形式中区别出来的标准；(3)过分狭隘地关注于资本主义的经济系统作为一种对于社会的符号化建构和管理的上层建筑领域的威胁，而忽视了在后一领域中所暗含的解放的潜势。但他仍然为马克思对社会的这一两分模式所折服，认为马克思的社会批判理论是极为成功的，同样将之作为自己社会批判理论的出发点。只不过是，在马克思所指称的经济基础和上层建筑的地方，他用“系统”(System)和“生活世界”(Lifeworld)所取代，以分别作为物质的和社会的再生产的领域。

由此哈贝马斯进一步指出，它们实际上对应的是两种不同的社会整合方式。系统作为物质再生产的领域，在现代资本主义科学技术高度发达的情况下，趋向于极度膨胀，它借助于行为后果的功能的相互联结来运行，并且避开了个体行为的行为定向，生活世界则是某种前逻辑性、前科技性和前工具性的本体论的世界，主要关涉于文化再生、社会整合和社会化，它首要地借助于交流行为来发生，并依赖于社会中个体的行为定向。正是由于它们的不平衡发展，导致了现代社会中理性启蒙的被动局面。在现实社会中，生活世界和系统的过程是相互联系的，而且正是由于生活世界的理性化，才促成了今日之西方社会的政治、法律、经济的成果，但是，从生活世界中解放出来的系统，逐渐地与生活世界相脱节，使生活世界之交流地被建构的领域，逐渐地越来越受制于系统(功能)整合的命令，系统整合所操纵的权力、金钱等媒介取代了生活世界的语言媒介的地位，甚至取代了原属于生活世界的沟通整合功能。这种系统对生活世界的侵入最终造成了生活世界的殖民化，表现出意义的丧失、反常以及心理的失调等现代社会病症。为了避免生活世界造成控制和侵犯，以及由此而引出的生活世界的非理性的种种后果，就必须使系统重新定位于生活世界之中，再服务于生活世界。

其次，在美国实用主义者米德的影响下，哈贝马斯对个体的社会行为进行了重新思考。德国哲学传统从康德以来，重思辨而轻实践，只认识到孤立的、抽象的个体，未看到主体之间的相互交流的互动过程，这也是导致老一代法兰克福理论家在揭示了现代社会的不合理状况之后走向悲观主义的主要原因。因此，哈贝马斯认为，在追寻到现代资本主义社会中，以损害生活世界为代价，系统的单方面的发展这一病源之后，现在最重要的就是，需要恢复生活世界作为行为主体及社会不受系统压制而自主地相互交往的理性地位。在这方面，米德的社会行为理论启迪了哈贝马斯。米德强调人的心灵、意识存在于人的行为之中，人的行为是一种社会的行为，因此，心灵、意识是人在运用语言符号进行社会交流的过程中产生的。[①] 在此，哈贝马斯特别地注意到，其一，米德强调个体与社会的互动的而不是被动的关系，就将社会的理性定位于行为之中；其二，米德的这种行为理论强调符号，特别是语言在人类行为活动中的媒介作用，这就使得语言分析而不是意识分析成为问题的核心。

由此出发，哈贝马斯进一步考察了主体在社会中的四种不同行为类型：(1)工具性行为。这类行为涉及的是孤独的行为者，以目标和手段为取向，将策略性和工具性作为成功指向的理性手段，它狭隘地对应于客观世界；(2)规范调节行为。它涉及的是社会集团的成员，以群体的共同价值来确立个体的行为，行为者在任一情景下都需满足规范所要求的行为期望，它对应于社会世界；(3)戏剧行为。这种行为类型涉及相互构成自己公众的内部活动的参与者，通过自我表现或表演来吸引听

① 王元明：《行动与效果：美国实用主义研究》，218～219页，北京，中国社会科学出版社，1998。

众，丧失了相互的真实性，它对应于主观世界；(4)交流行为。它涉及的是至少两个以上的具有语言能力和行为能力的主体借助于语言符号来作为相互理解的工具，以期在行为上达成一致。在这种行为中，客观世界、社会世界和主观世界整合在了一起。[①]

前三种行为指的是人与自然的关系，对应的是工具理性，以成功为取向，强调对自然控制以达到系统整合的目的，而交往行为则是一种定位于理解(Understand)的行为，是行为主体之间所共有的一种实施言语行为的过程，由此，“人与人之间通过符号协调的相互作用，在规则的引导下，进入人的语言的世界，从而以语言为媒介，通过对话，进而达到沟通与相互理解”[②]。由日常语言所支撑的交流行为组成的世界就是生活世界，对应的则是交流理性。

最后，在现代语用学的启迪下，哈贝马斯以“规范语用学”为模式，来重新建构交流理性。历史地讲，现代语用学产生自维特根斯坦、奥斯汀、塞尔、格赖斯等一大批语言哲学家们使用语言分析解决哲学问题之中，特别是随着莫里斯的符号学范围的语形学、语义学和语用学三分法的出现，以及将语用学限定为探讨“符号与解释者之间的关系”[③]语用学逐渐地在20世纪70年代发展成为一门显学。由此，借助于语言哲学家对哲学的洞察来解决语言问题，成为一种风尚，“导致了对行为中的言

---

① [德]哈贝马斯：《交往行动理论》(第一卷)，洪佩郁、蔺青译，120～121页，重庆，重庆出版社，1994。

② 魏敦友：《释义与批判：哈贝马斯的“交往合理性”述评》，载《江汉论坛》，1995(7)。

③ Charles Morris，*Writing on the General Theory of Signs*，Walter de Gruyter，1971，pp. 21-22.

语和言语中的行为的交流和社会的研究繁增的'语用学转向'"[①]。哈贝马斯显然在创立作为他的社会批判理论之核心的交往行为理论中，顺应了这一潮流，将主要关涉于主体、语言使用和对象之关系的语用学，视为是对交往行为理论的一种理论支持。因为哈贝马斯看到，虽然尼采正确地认识到，由于工具理性的极度膨胀而导致了现代社会的各种病症，但他把理性仅仅归结为工具理性，并进而对它采取压制的态度却是不适当的。因为通过对工具理性的批判来拯救社会，仍然是通过系统来救助系统的方式。事实上，生活世界自身就充满了解放的潜能，所要做的，只是为主体的交流行为提供一种理想的、规范的交流环境。因为交流行为作为个体互动的一种形式，是最基本的社会行为，自身具有达成理解、协调行为以及个体的社会化，它们相应于生活世界的文化再生、社会整合和社会化三个基本论域，因此，交流行为对于生活世界的社会再生产而言，不仅是基本的和依赖性的，而且是生活世界实现社会整合机制的主要模式。随着交流行为越来越成为合理，生活世界也呈现出重要的稳定的功能。

由此，哈贝马斯认为，在这种交流行为基础上所建构的交流理性，既避免了老一代法兰克福理论家们压制理性概念的覆辙，又为个体的和社会生活的不合理或不公正的形式的批判提供了一种标准。

交流理性在历史地被限定的语言活动实践中的重建，使得哈贝马斯用以交流互动为核心的交往行为理论，取代了以认识和行为的主体——

---

① Brigitte Nerlich, David Clarke, *Language, Action, and Context: the Early History of Pragmatics in Europe and America 1780-1930*, Amsterdam/Philadelphia: John Benjamins Publishing Company, 1996, p. 6.

客体模式为核心的早期意识哲学。这种作为哈贝马斯现代性的社会批判理论的交往行为理论，并不是建立在主体性的、私人的意识之上，而是建立在主体间的交流之上。由此，哈贝马斯就发生了他的哲学的“语言学转向”，或者更确切地讲，“语用学转向”，试图“通过对语言的运用所作的具体考察，恢复语言作为‘交往行为’的中介的地位，并建立一种可能的、有效的、理想化的语言使用规范”①。

(二)规范语用学的建构

哈贝马斯最初将他的这一作为理性重建新模式的研究计划命名为“普遍语用学”(Universal Pragmatics)。但在他理论发展的后期，更倾向于使用“规范语用学”(Formal Pragmatics)来表述。这种术语上的变换，既表明了他在语用学研究中所使用的语形、语义和语用分析方法逐渐趋于整合的洞察，又展示了他的“语用学转向”的彻底性。无论如何，哈贝马斯语用学的根本目的，就是去辩明并重建可能的相互理解的普遍的、规范的条件或者交流行为的普遍的、规范的预设，为交流提供一种理想的环境。可见，规范语用学在他的整个理论中具有核心的地位。他的“语用学转向”，以及对“规范语用学”的探究，都是出于对理性重建的需要。具体地讲，哈贝马斯的这种“规范语用学”思想的特征体现在：

1. 言语行为理论是规范语用学的出发点

为了使“规范语用学”这一理性重建的新模式建立起来，哈贝马斯认

---

① 陈学明：《哈贝马斯的“晚期资本主义”论述评》，410页，重庆，重庆出版社，1993。

为，首要的一点就是应澄清语言使用的过程。因为现代社会的病源本质上是一种交流的扭曲，是在语言使用的过程中，主体之间缺少规范的对话情景所造成的，交流理性之重建的意义，只是在语言的使用中才凸现出来。规范语用学本质上就是把有能力主体之实践地被掌握的前理论的直觉知识（Know-how），转换为一种客观的和精确的知识（Know-that）的重建过程，即主体依靠对语言的规则系统的隐性知识，来在具体语境中转化为明确知识的过程，这一过程实际上是通过对语言的使用达到的。因此，寻找一种可靠的分析语言使用的方法论手段作为规范语用学的出发点，对于理性的重建就显得颇为重要了。为此，哈贝马斯考察了传统的从逻辑、语言学以及语言分析哲学的角度来处理语言使用意义的三种主要方法：

其一，意向论语义学方式。这种方式强调，讲话者使用符号以及由他所产生的符号的连接，来作为一种工具，去告知他的听者关于自己的信念和意向。以格赖斯等人为代表的这种意义理论，其基本思想可以归结为：①讲话者的言说效果，依赖于讲话者和听者对言说意向的理解；②主体用语言表达式来意指某事；③具体场景的言说用法，可以靠意向来延展到一般的情况中。[①] 尽管这种意义理论仍然是基于语言使用的，但它只是把讲话者通过他在所予情景中使用的表达式意指的东西视为基本的。这使得以语言为媒介的主体的互动，与个体主体的表征的和有目的的活动相比，处于一种次要的地位。意向论语义学只是把握住了语言

① 徐友渔：《“哥白尼式”的革命：哲学中的语言转向》，98—99页，上海，三联书店，1994。

的意谓事态的功能，偏离了交流。在这里，所意谓的并不是由被所言说的决定的，语言的使用仅仅是有目的的行为主体的普遍主权的一种特定的现象。

其二，形式语义学方式。这种方式从弗雷格以来，就一直关注于语言表达式的语法形式，并把语言归属于一种独立于讲话者主体的意向和思想的地位。与语言的规则系统相比，语言使用的实践和语言理解的心理学只具有一种次要的地位。这种意义理论可以表述为：①它的对象是由语言表达式所构成的，而不是由讲话者和听者之间的通过语言使用的关联来构成，而后者是在交流过程中获得的；②对语言表达式之正确的用法和理解，并不源自讲话者的意向或语言使用者之间约定的一致，而是源自表达式的形式属性自身以及它们之间被构成的规则；③它以句子为核心，将语言与世界连接在一起。讲话者使用语言表达式讲述某事，从而表达一种思想，听者处于一种对所说命题做出“是”或“否”的断定的位置上。因此，“理解一个命题就是懂得在何种情况下它为真”[①]。这种方法，只是将言说独有地定位于语言与被视为事实之总体的世界的关系上，而未看到，参与者在交流中通过使用关于世界中某事的句子来达成理解。

其三，意义的使用论。这种方式则基于对语言意义进行理解的完全不同的洞察，它是维特根斯坦从对他曾经坚持过的形式语义方式的批判中发展而来的。它主张：①语言最基本的功能是使用，只有在使用中，

---

① Ludwig Wittgenstein, *Tractatus Logico-Philosophicus*, David Pears, Brian McGuinness(trans.), London: Routledge & Kegan Paul, 1961, p. 4, 24.

语言才有意义；②语言的使用是一种游戏，没有共同的本质，而只有“家族的相似”，因此，语言和现实之间没有对应的逻辑形式，而是相关于社会实践的制度和约定，即语言表达式实践的习惯语境；③语言使用的有意义模式是多样的，语言工具并不首要地和主要地去描述或建立事实，它同样应在同等的尺度和重要性上去命令、要求、许诺等，因此，语言的表征功能在语言使用的众多方式不具有优先的地位。这种看法揭示了语言言说的行为特征，强调了具有互动实践的语言的内在联结，由此语言与世界的关系就退居到讲话者和听者之间的关系之后。但因为它强调确定语言表达式的语言游戏的实践不是在孤立的、有目的的个体之行为的后果，而是“人类的共同的行为”，是在制度和约定所制约的主体间际，通过共有的生活形式的先在理解来保持理解和交流上的一致。因此，学会去掌握一种语言，就是要求进入这种生活形式中。生活形式先在地制约着词和句子的使用，言说之有效和无效仅仅依照它们所属于的语言游戏的标准，从而把语言使用的意义都提交给语言游戏的习惯语境来决定。

在哈贝马斯看来，一般地讲，一个言语具有三种语用功能：表达讲话者的意向、表征世界的事态以及建立合理的人际关系。上述传统研究方式更多关注的是语言对世界的真理性表征和对主体的意向性表述，但事实上，对于交流行为和交流理性以及由此生活世界的理性化而言，最为核心的应当是合理的人际关系的建立。尽管这些理解语言意义的每一种方式都明确地占据着达成理解过程的一个方面，并具有相应的语用功能，或者从所意谓的视角、或者从所言说的视角，或者从所使用的视角，但它们并不能作为规范语用学的出发点，因为在这些方式中至少存在下列缺陷：①它们并未概括出交流之普遍的和不可避免的预设；②它们过于严格地将自己限制于逻辑和语法的工具上；③它们将人误导进实际上并未获得充分分析的形式化方式中；④它们孤立的、单一的目的决定了各自的片面性。[①] 鉴于此，哈贝马斯不得不寻求能够克服这些缺点的第四种途径。

出于对上述传统分析方式之困难的反应，由奥斯汀开创并由舍勒进一步完善的言语行为理论这样就进入了舞台。奥斯汀紧随后期维特根斯坦，在个别的以言行事行为的基础上，探讨语言如何在生活形式中与互动实践密切关联，认为①讲话者在表征事态和表达意向的同时，更重要的是在施行相关的行为，即他在说某事时，也在做某事，因此言语行为是意义和交流的最小单位；[②] ②通常的言说包括“言有所述”和“言有所为”，前者即叙述句(Constatives)，有真假，后者即施行句(Performatives)，无真假，只有适当与不适当。因此，以真假来判定陈述之有无意义是不对的，施行句无真假，但确实有意义；[③] ③言语之首要的功用并不是表明所述之命题内容，而是通过施行某种行为来建立人际关系。这样，言语行为理论就认识到了说某事的域面(形式语义学所关注的)和做某事的域面(语言使用论所关注的)。因此，它试图在两者之间构筑起相通的桥梁，从而超越了传统狭隘地关注于语言使用的断定和描述的模

---

① Jürgen. Habermas, *On the Pragmatics of Communication*, Maeve Cooke(ed.), Massachusetts: The MIT Press, 1998, p. 28.

② John Austin, “How to Do Thing With Words,” in Asa Kasher(ed.), *Pragmatics: critical concepts* (*II*), London: Routledge, 1998, p. 7.

③ 索振羽：《语用学教程》，146～147页，北京，北京大学出版社，2000。

式，还包括了其他的诸如承诺、要求、警告等使用方式，这就本质地假设了主体在言语行为中去使用句子的交流能力，并将之视为就像语言能力一样是一种普遍的预设。这样一种看似简单的洞察，却在两千年来人类理智发展史中被忽视了，它启迪人们认识到语言的真正目的是去交流、达成理解并建立合理人际关系，而不是其他。同时，这一认识并未忽略通过真值条件语义学所产生的语言和客观世界、句子和事态之间的关系。这样，奥斯汀就在“朝向把真值条件语义学与语言游戏语用学相结合的言语行为理论的路途中，走出了第一步”[①]。更为重要的是，一方面，它克服了形式分析方法由于聚焦于句子而内在地存在着的三种抽象谬误：①“语义学家的抽象”，即语言意义的分析能够把自身限制于句子的分析，从而独立于影响此句子使用的语用语境；②“认识论者的抽象”，即所有的意义都可以追溯为命题内容，间接地把意义还原为已断定句子的意义；③“客观论者的抽象”，即根据可客观地明晰的真值条件来确定意义，从而抽象于能够被归属于讲话者和听者的真值条件的知识。[②] 另一方面，它也避免了语言使用论将语言的使用等同于语言游戏，过分地强调游戏的无共同本质性，导致普遍规则和共同预设无法建立的局限，在一定意义上通过语用分析的途径对语义分析方法做了有效补充。正是在这个意义上，哈贝马斯认为言语行为理论“表征了一种范

---

① Jürgen. Habermas, *On the Pragmatics of Communication*, Maeve Cooke(ed.), Massachusetts: The MIT Press, 1998, p. 289.

② Ibid., p. 6.

式的转变”，是“语言哲学中向前发展的重要一步”，[①] 从而将之视为自己规范语用学研究的一种成功的出发点。

当然，言语行为理论对哈贝马斯的规范语用学而言，只是一种必要的出发点，并不是全部。事实上，由于言语行为理论自身存在的局限，同样受到了哈贝马斯的批判。

2. 有效性主张是规范语用学的内核

规范语用学之所以能够成为理性重建的模式，关键在于，其一，哈贝马斯意义上的语用学，把定向于理解和交流的语言使用视为是语言使用的原初的或主要的模式，其他的诸如策略的、工具性的使用都是寄生于它的，这就内在地与他对交流理性的重建相符合；其二，产生自日常交流过程中的有效性主张(Validity Claim)，即主体在交流中为了交流的顺畅所预先假设的理想化的合作原则，自身具有的先验于语境的潜势(Context-transcendent Potential)，既为交流理性定位了一个基础，又为社会批判提供了一种标准，而对有效性主张的阐明正是语用学的核心目的之一。因此，交流理性特别地依赖于对这种有效性主张的探究。哈贝马斯的这一洞察是通过下列途径达到的：

首先，从奥斯汀、舍勒等人的言语行为理论出发，哈贝马斯将理性重建定位于日常的交流之上，将言语行为视为交流的最小单元。这样，言语行为就在文化再生产、社会整合以及社会化的论域中，成了社会的(生活世界)整合和再生产的一种重要的机制，成了交流行为理论的核心

---

① Maeve Cooke, *Language and Reason: A Study of Habermas's Pragmatics*, Massachusetts/London: The MIT Press, 1994, p. 56.

内容。因此，它的语用功能的实现，特别是合理人际关系的建立就显得特别重要了。但是，不同的交流者为何能在具体的交流过程中达成理解，他们如何能够在不同的具体语境中使用言语来履行行为，这些问题成为促使哈贝马斯进一步思考的动力。

其次，阿佩尔的"先验符号学"思想启示哈贝马斯思考存在于言语行为中的普遍预设。德国当代哲学家阿佩尔在建构自己的"先验符号学"思想时认识到，语言的先验性是知识可能的先决条件，为了成功地建立起解释和认识世界的语言系统，必须赋予主体以先验的功能，这就是说，为了使交流得以进行，一种对语言共同体的先验约定是必不可少的。[①] 这使哈贝马斯认识到对共同言语行为的普遍预设的需要。因为交流者在施行、理解和反应言语行为时，实际上已经不自觉地做出了特定的假设，必然地已经接受了某种共同约定的东西，而这种共同的预设只有离开行为的事实时才会观察到，它具有一种先验的约束力量。

最后，乔姆斯基的语言学理论为哈贝马斯对交流之普遍预设的研究提供了思路。美国当代著名的语言学家乔姆斯基在阐述他的语法理论时，将人所具有的语法知识分为两部分，普遍语法和个体语法，前者是全人类先天所共有的，后者则是后天学得的。[②] 普遍语法的存在使得人具有了普遍的语言能力，因此，语法理论的任务，就是去面向所有有能力的交流者建构普遍的规则系统，从而允许潜在的交流者在一种语言

---

① 李红：《先验符号学的涵义：卡尔-奥托·阿佩尔哲学思想研究(一)》，载《自然辩证法研究》，1999(11)。

② 李延福：《国外语言学通观》(上)，65页，济南，山东教育出版社，1999。

中，就能生产出并理解了所有语言中句子的能力。从方法论上讲，哈贝马斯认为他的规范语用学的交流理性的重建，是与乔姆斯基的语言学思想相通的。借助于乔姆斯基对语言能力的阐述，他提出交流者同样应当具有“交流能力”，即言语行为之主体是否具有“交流能力”，是使得交流者能否在各种语境之下，都能以可接受的方式完成交流行为的前提。这进一步加深了他对一种交流主体的普遍预设的思考。

由此，哈贝马斯认识到，进行交流的行为的任何人，如果他想使交流成功的话，在施行任何以达成理解为基本取向的交流行为中，必须提出普遍的、有交流能力的言语者自觉地遵守的基本预设——有效性主张。具体地讲，这些有效性主张是：①表达的可理解性(Comprehensibility)，即讲话者必须选择一个可理解的表达，以便讲话者能够与听者从语言结构中获得正确的理解；②命题的真理性(Truth)，即讲话者提供的陈述，必须是真实的，以便听者能够分享讲话者的知识；③意向的真诚性(Truthfulness)，即讲话者表达自身的意向必须是真诚的，必须满足以导致听者对讲话者的信任；④言说的适当性(Rightness)，即讲话者选用的言说必须是适当的，应当符合公认的言说交流背景，从而使听者认可。[①] 这些有效性主张作为每次交流行为的背景知识，只有在预设并满足它们时，交流行为才能得以持续。

这样一来，讲话者和听者也就在有效性主张的基础上具有了作出承认、接受或拒绝等行为的可以依赖的普遍的理性基础——交流理性。这种

---

① 曾庆豹：“哈贝马斯”，《当代西方著名哲学家评传》(社会哲学卷)，466页，济南，山东人民出版社，1996。

建立于有效性主张之上的交流理性表现为：①它并不是理性的一个本质概念，而是借助于纯粹形式的特征，通过程序来进行定义的。因此，它首要地指称语言和行为中的知识的使用，而不是知识的一种属性。尽管它包含着一种乌托邦的视角，但这个视角仅仅表明生活和生活历史的可能形式的结构之特征的形式说明，而未扩展到生活或个体生活历史的具体形式上；②它是对康德以来为知识构筑形而上学式理性基础论企图的一种反对。自康德以来，为知识寻求一种“阿基米德基点”，就成为哲学家们思考的中心。特别是康德通过对理论的、实践的和美学的理性的重建，把哲学归结为具有“引路者”和“最高判断”的作用，可以一劳永逸地建立所有知识的基础，并且为理性的所有论域提供最终裁决和保持这些论域统一的任务。与此相反，哈贝马斯认为，哲学更应扮演一种“位置守候者”的角色，即由它而产生的知识不是绝对的，而是假想的，并受制于经验的检验。在交流地建构的理性的各个论域之间，只有一种规范的、通过程序来进行限定的统一。交流理性作为一种调解者，把各个域中在专门的对话中所获得的知识反馈进日常的交流实践中；③它并不是那种抽象地位于社会生活的历史和复杂性之上的理性的概念，而是已经运行于现代社会的日常交流实践中。因此，它并不从超现实主体的观点来运行并指称一种独立于语境的理想语言，从而产生必然的和确定的陈述，而是产生自既受语境限制又先验于语境的有效性主张。尽管有效性主张在各种方式中先验于有效性的所予语境，但它们总是产生于交流行为的特定的时空地被限定的语境中。由此，交流理性就定位于现代社会的交流实践中，只有在这样的社会中，交流行为才可能作为社会(生活世界)的再生产的首要机制发挥作用；④它克服了西方哲学的“逻各斯中心”(Logocentric)的偏见，并在以实践为理论的首要性这一出发点上，重新思考了传统哲学的信念。西方哲学传统一直保持着固定于命题的真理性这一有效性的单一论域上，并受制于逻各斯中心主义的统治。而哈贝马斯则把他的交流理性视为，它不仅包含了命题的真理性，而且包括了表述的适当性和交流的真诚性。这种交流理性的多论域性就要求有更多的话语，从而有效地克服了单一话语所导致的极端性和统治性，既避免了系统和工具理性的过分膨胀，又为主体的互动交流提供了鲜活的语境基础。[①]

可见，有效性主张在哈贝马斯的以规范语用学为模式的理性重建中，起着一种核心作用。因为它们既是依赖于语境的，它们总是通过有血有肉的个体们，在社会文化和历史的情景中，出于实际交流的需要而被产生，但它们又是先验于语境的，这种内在的先验的语境力量，是建构交流的日常过程的理性潜势，它作为一种强理想化的普遍预设和行为规则，对个体之行为目的的实现起规范作用，并涵盖所有形式的交流行为，从而将规则的"规范"和语言的"使用"内在地连接起来。只有在这个意义上，一种"规范语用学"的研究才成为可能。因此，它与通常的经验语用学研究不同，它是"使得理解的实践过程成为可能的普遍前理论的和暗含的知识之重建的一种准先验的分析"[②]，而后者并不与普遍的能力的重建相关，只是与语言使用的特定成分的描述和分析以及具体的言说语境相关。同时，这样一种理性重建的新模式也与康德式理性的"先验重建"不同，康德的重建，采取的是寻求可能的理论知识和道德行为

---

① Maeve Cooke，*Language and Reason*：*A Study of Habermas's Pragmatics*，Massachusetts/London：The MIT Press，1994，pp. 38-43.

② Ibid.，p. 3.

之先验基础的形式，它不可避免地与经验相割裂。而哈贝马斯的普遍条件和普遍结构的重建，则只是一种假设，其目的主要是唤醒有能力主体对其自身语言所具有的规则意识(Rule Consciousness)，自觉地遵守交流的合作原则。只是在此意义上，它才具有先验性，而无论是具体的知识重建还是检验，都需要经验主体和经验科学的直接参与，因此，它又是与经验不可分割的。

3. 交流模式的设计是规范语用学的目标

一旦规范语用学的研究以言语行为理论为出发点，并将有效性主张作为基本预设，一种新的交流模式就有可能被设计出来。奥斯汀、舍勒等人的言语行为理论将言语行为分为叙述式和施行式言说，前者以认知为目的，显题化(Thematized)了言说的命题内容，后者以交流为取向，显题化了人际关系的建立，并给予表达式一种具有承诺的约束特征的力量的施行语力(Illocutionary Force)，使得朝向世界的语言的认知使用成为可能，讲话者和听者借此得以用言语行为建立起人际关系。这样一种命题/施行的言语双重结构被哈贝马斯所采纳，并将之视为规范语用学理性重建的任务。这一结构的特征可以图示为：

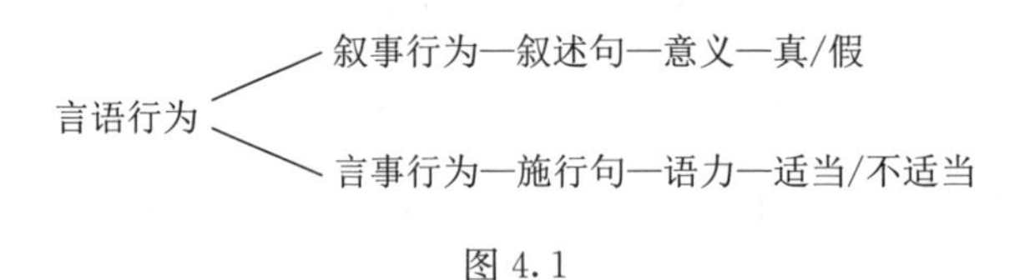

图 4.1

但是，哈贝马斯认为，在奥斯汀的言语行为理论的这个图式中，至少存在两个方面的问题：其一，他把言语的意义归诸叙述的或描述的内容，不承认对言事行为可以进行意义分析；① 其二，他把施行语力看作一个非理性的概念而不是理性概念，认为语力是言语行为的非理性部分，而实际的理性部分则为命题内容所独占。这两方面的问题所导致的后果在于，奥斯汀的言语行为理论，本质上仍然是停留于早已被哈贝马斯所批判过的语义分析的层面上，而未进入语用空间中。特别是他的“施事语力”作为非理性的概念主张，忽视了作为所有交流句子之理性基础的施行语力与有效性主张之间的关联，故事实上未能把全部的交流地使用的言说与原则上是超语境的有效性主张联结起来，而只是将所有的有效性主张都归结为单一的真理性主张。这导致了以损害与世界的其他关系以及相应的语言功能为代价，片面地强调与世界的认知的和工具的关系。因为正是这种讲话者用言语行为来激发听者依照所做承诺(即对有效性主张的满足)来行为的能力，使得有效性主张就不再仅仅关注于命题部分，而是开放向所有的真理性、适当性和真诚性主张。这些有效性主张，实际上构成了所有涉及的主体间际认知的聚合点。故如何从语用的层面上，在言语行为和有效性主张之间建立起全面的连接，就成为交流模式之成功与否的关键所在。

在哈贝马斯看来，重要的是，不再仅仅为了句子而在语义层次上澄明有效性条件，而是在语用层次上为言语来澄明有效性条件。在此方面，达米特的语言意义思想为朝向对有效性问题的语用的重新解释走出了第一步。达米特指出，在听者认识到，只有在简单的直陈式观察句子

---

① 鲁苓：《语言·言语·交往：哈贝马斯语用学理论的几个问题》，载《外语学刊》，2000(1)。

中，断定句的真值条件才能被满足时，真值条件语义学就能从其中抽象出来。依赖于句子“真”和借句子作出一个断定之权利的“可断定性”之间的语用区别，达米特就用一种间接的知识取代了真值条件的知识，即根据认识断定条件，而不是断定本身来解释意义。这样一种用当真理条件被满足时，讲话者应懂得什么的“可断定性条件”（Assertibility Condition），来取代对真理条件的强调的“认识论转向”，就与交流者自身的知识关联起来，使句子的有效性问题，就不再能够被思考为从交流过程分离出来的语言和世界之间的关系。

但哈贝马斯对此并不满足，他似乎要转向得更远一点。在他看来，达米特的可断定性条件仍然存在两个主要的缺点：①他的可断定性条件的概念先在于断言性言说，从而真理性主张的先在性，超越了其他种类的有效性主张；②他的可断定性条件的概念是不充分地语用的，它仍然停留于分析的语义层次上。因为它在概念上独立于履行有效性主张的实践。① 为了使非断定性言说诸如诺言、祈使、承认等在同等的基础上留有空间，哈贝马斯提出“可接受性条件”（Acceptability Condition）。他指出，“当我们懂得什么使一个言语行为可接受时，我们就理解它的意义。而当我们懂得了一个讲话者能够提供的为了达到与听者就主张之有效性达成理解的理由种类时，我们就懂得了是什么使它成为可接受的”②。由此，哈贝马斯就完成了从分析的语义层次向语用层次的变动，有效性主张构成了所有涉及的主体间际认知的聚合点，它们在言语行为提供的

---

① Jürgen. Habermas, *On the Pragmatics of Communication*, Maeve Cooke(ed.), Massachusetts: The MIT Press, 1998, p. 9.

② Ibid., p. 11.

动力以及听者用“是”或“否”采取的态度中，起一种语用的作用。讲话者在此所关注的是言说而不是句子，言说成为核心的分析单元。从而使得有效性主张内在地成了语用的概念。这样，一方面，哈贝马斯就既在言说意义和超语境的有效性主张之间进行了结合，将语用分析视为是对语义分析的补充；另一方面又在语用的层次上，将语言的意谓、表征和使用功能与达成理解的真诚性、真理性和恰当性的有效性主张结合起来，从而既注意到了使用语言表达方式的多样性，又强调言说的意义和社会实践之间的联结，注意于对交流活动所发生的生活形式的建立和约定。在这个意义上讲，哈贝马斯的对言说意义的语用分析，可被视为是“奥斯汀、舍勒和弗雷格及达米特的幸福联姻”[1]。

同时，哈贝马斯由此也看到，在日常的交流过程中，交流者为了理解言说，就必须懂得，支持有效性主张的理由尽管原则上是无止境的，但它们总是要受到具体言说语境的限制，因此，这些理由之有效性从来就不是可一次并永久地被决定，而是，它们是可错地被进行解释的，即可以在新证据和新直觉基础上修改。同样，言说的语用域并不全部地依赖于有效性主张，这种语用语境自身为有效性主张提供一种语用解释，因此，它也内在于有效性主张。对这一思想的深刻洞察使哈贝马斯同时提出了真理的语用概念，即真理只有在语用语境的基底上，能够经受住所有拒斥它的企图时，一种主张才是真的。因为这种语用语境“既是一个命题集，又是一个复杂的事件”[2]，它为真理提供了行为的、社会的

① Jürgen. Habermas, *On the Pragmatics of Communication*, Maeve Cooke(ed.), Massachusetts: The MIT Press, 1998, p. 7.

② 郭贵春：《语用分析方法的意义》，载《哲学研究》，1999(5)。

实践基础以及一致性的表达和记录，使真理成为一种规定的观念的力量，而不是理想化假设。这些思想构成了哈贝马斯语用学的标志性特征。

通过对有效性主张的澄明，哈贝马斯就认识到了言语行为与有效性主张之间的关系：①言语行为产生有效性主张，这些主张拥有不同的类型，对于每一个言语行为，讲话者均同时产生了三种有效性主张，它们都是言语行为的确定特征；②语言的交流使用是语言使用的首要模式，其他模式，如间接的和工具的模式，都是寄生于它的；③在以交流为核心定位和使用的言语行为和有效性主张之间，存在一种内在的连接。理解一种言语行为，就是理解它所产生的主张；④有效性主张确定言语行为的言事模式和言语行为种类。[①] 这样，哈贝马斯就建立起他所需要的交流模式：对于每一个有效性主张而言，言语行为都有一个相应的结构成分来与之相对应：命题的、施行的以及表态的。在此基础上，发展出三种交流模式：认知的、互动的和表达的。它们分别指称客观世界、社会世界和主观世界。尽管对不同的交流目的而言，讲话者对有效性主张、交流模式和世界的选择会有所不同，但它们同时地存在于每一个言语行为中，使交流的语用功能得到了全面的实现。这种模式可表示如下：[②]

---

① Maeve Cooke, *Language and Reason: A Study of Habermas's Pragmatics*, Massachusetts/London: The MIT Press, 1994, pp. 52-53.

② Jürgen. Habermas, *On the Pragmatics of Communication*, Maeve Cooke(ed.), Massachusetts: The MIT Press, 1998, p. 165.

表 4.1　规范语用学的特征

行为类型	特征化的言语行为	言语的功能	行为的定向	基本的态度	有效性主张	世界关系
策略行为	以言成事命令式	影响某人反对的次数	定向于成功	客观的	（可行性）	客观世界
会话	记述式	事态的表征	定向于达成理解	客观的	真理性	客观世界
规范调节行为	规范式	人际关系的建立	定向于达成理解	规范—构造的	恰当性	社会世界
戏剧行为	表达式	自我表现	定向于达成理解	表达的	真诚性	主观世界

从表中可看出，哈贝马斯实际上试图将运行于现代社会中的人与人之间的所有行为，都统一于这样一种以语言为媒介的交流模式中。这种交流模式能够使人类在一步一步地逼近自然情景的同时，不会牺牲掉人类行为的协调发展。具体地讲，这种交流模式体现出的优势在于：①除了言语行为的标准形式之外，它承认言语行为的语言的实现的其他形式，从而使得在交流的基本模式外，形成了以言行事语力的多样性，进而得以在每个个体语言中形成规范的人际关系的文化网络；②除了精确的、直接的言语行为外，它承认超语词地提供的暗含的、间接的、非言词的言说，对它们的理解依赖于听者从语境中来推断；③它包含了从孤立的言语行为到言语行为系列、文本以及会话的所有交流类型；④除了客观的、“规范—构造”的和表达的态度之外，它承认对每个言语行为来说，交流中的参与者同时地与客观的、社会的和主观的社会相联结；

⑤除了言语这一达成理解的层次之外，它通过个体参与者的行为的协调产生了交流行为的层次；⑥除了交流行为之外，它内在地与既作为参与者的背景知识又为行为之发生提供了舞台的生活联结起来。[①] 依靠这种交流模式，哈贝马斯的"规范语用学"就以一种全新的风格和方式，使传统意识哲学的主观性的感性构想转变为对语言的、符号的互动过程的理想化、可操作性的分析，使得交流行为运行在规范有序的理想环境中，交流理性奠立在社会实践的基础上，生活世界和系统获得了协调发展。由此，业已被老一代法兰克福理论家们带入死胡同的社会批判理论真正地重新建构起来。

(三)规范语用学的哲学意义

哈贝马斯的社会批判理论是战后德国哲学重塑中最为典型的代表之一。它重新思考并恢复了自康德以来强调人类自由、理性及自我反思的启蒙传统，在积极汲取英美分析哲学和实用主义思想的基础上，试图从理论与实践话语相统一的基础上，为理性的重建寻求一条出路。他的规范化语用学在整个社会批判理论中，具有重要的和基础性的作用。这种地位可以图示如下：

可以说，正是规范语用学的建构，使得哈贝马斯从德国 18 世纪以来的意识哲学传统，进入了以语言为媒介的现代性的社会批判理论，从而建立起 20 世纪末期最具创造性、体系庞大的社会哲学理论。规范语

---

① Jürgen. Habermas, *On the Pragmatics of Communication*, Maeve Cooke(ed.), Massachusetts: The MIT Press, 1998, pp. 166-167.

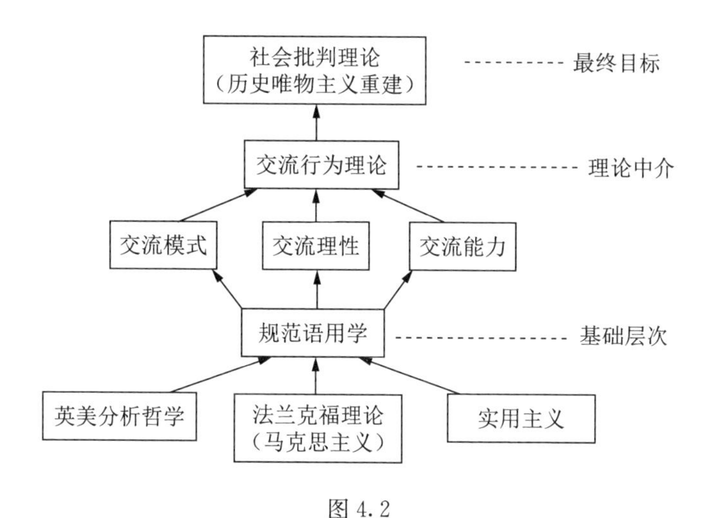

图 4.2

用学除了在哈贝马斯的理论中的核心作用之外，它对当代哲学的发展也具有极为深远的意义，具体表现为以下三方面：

首先，对从严格的语言哲学的观点看，哈贝马斯的规范语用学除了作为交流行为理论的一种理论支持之外，它还给现代哲学中激发了“语言学转向”的意义和真理的问题提供了一种方法，即语形、语义和语用相整合的语言分析方法。作为 20 世纪哲学方法论的显著特征之一，语形学以句法形式为取向，形成逻辑——语形分析，语义学以言说对象为取向，形成本体论——语义分析，语用学以语言使用者为取向，形成认识论——语用分析。但这些分析方法长期以来一直处于一种割据状态，以致在处理意义和真理问题上形成了对立的理论。通过对规范语用学的建构，哈贝马斯无疑为语形、语义和语用的整合提供了一条可选择的思路。正如他自己所言，他并不一般地反对分析的语义方法，相反，在寻求规范语用学的成功出发点中，正是通过传统语义分析方法才得以进入到语用的层面上。事实上，他甚至将语用的处理视为是对真值条件语义学的一种拓展或补充，即完全保留了对句子的意义的形式语义学解释这一基本假设，只是将它扩展到包括了非断定式的语言表达式，认为即便不是以交流使用为基本定位的句子，也完全可以用形式语义学的工具来进行分析，只不过它们仅是语言使用的一种特殊情况。同时，在结合了语义分析的同时，他也吸收了语形分析方法。哈贝马斯规范语用学这一重建语言分析的计划，实际上在分析交流者的"交流能力"之前，预设了他的"语言能力"，即交流者是一个有能力的主体，他不得不已经掌握了语法规则的符号系统。只有在一个语法句子满足可理解性主张的前提之下，主体才能对言说提出其他有效性主张，整个交流实际上只是把一个形式正确的句子定位于达成理解的行为中，从而实现句子结构内在包含东西的过程。这样，无论是去表征事态、表达意向，还是建立人际关系，句子的语形分析都是必要的。因此，主体的"语言能力"和"交流能力"是内在地联结在一起的。这样，他就在寻求言语行为的语用分析的途径中，将语形、语义和语用分析方法整合在一起，为规范语用学提供了合理的方法论基础。

其次，规范语用学成了沟通两大传统的"桥梁"。随着 20 世纪哲学的语言学化和语言的哲学化发展，各哲学传统之间的本体论的规定性在弱化，认识论的疆域在拓展，方法论的手段在相互渗透，这使得大陆哲学和英美哲学之间已经没有了绝对性的分界，而是在寻求一种有原则的联合。特别是由于认识到人文主义和科学主义的割裂所导致的种种思维缺陷和社会后果，寻求两者的融合更成为 20 世纪哲学发展的中心主题之一。同时代的美国哲学家罗蒂和德国哲学家阿佩尔，分别从分析哲学的角度和先验哲学的角度做了卓有成效的工作。罗蒂通过自然主义的再语境化，使分别体现人文传统的大陆哲学和体现科学传统的英美哲学，聚合在了自然主义这一共同趋向上，试图在反基础主义、反本质主义和反表征主义的后哲学文化中，来达成两者的融合。[①] 阿佩尔则通过先验符号学改造康德先验哲学，从意识转向了语言和主体间性的建构中来完成对两者融合的目标。

这样的学术背景和哲学趋势，使得哈贝马斯从一开始，就以一种完全不同于老一代法兰克福理论家们的路径来建构他的社会批判理论。哈贝马斯既要承继德国哲学关注理性、注重启蒙的传统，又不得不寻求新的方法论途径来重建理性，这客观上促使他自觉地将大陆哲学和英美哲学融合在一起。规范语用学最为突出地反映了他的这一思想实质。一方面，规范语用学以重建理性为核心目标，试图在分析现代资本主义社会本质的基础上，对资本主义社会的社会矛盾、现实状况和结构变化进行揭示，以重新定位理性建构的界域；另一方面，老一代法兰克福理论家们的经验和教训，特别是 20 世纪英美哲学的“语言学转向”，促使他选择了语言分析方法来作为理性重建之目标的途径，从而试图在经验所幻想的客观性位置上，用建立成功的主体间相互理解的交流模式，来取代知识的表征模式。尽管这只是一种理想化的企图并仍然延续了德国的理性传统，但它无疑从一个侧面深刻地折射出，20 世纪哲学思维和方法论正在发生着大陆哲学和英美哲学、人文主义和科学主义之间合流的整体演进趋势。

---

① 郭贵春、李红：《自然主义的“再语境化”：R. 罗蒂哲学的实质”》，载《自然辩证法研究》，1997(12)。

最后，规范语用学为认识马克思的社会理论提供了一种新的视角。客观地讲，自20世纪50年代以来，随着新科学技术革命的出现，西方资本主义社会的各种矛盾和危机，都与马克思当年生活于其中的自由资本主义社会在表现形式有了一定的变化，因此在西方许多思想家包括哈贝马斯看来，马克思的历史唯物主义已经“过时”。正如哈贝马斯在《论历史唯物主义的重建》(1976)所表明的“马克思确定，对客观化的思维、技术和机制的知识及工具化和策略的行动，简言之，生产力方面的演变的卓有成效的学习过程，能推动时代发展。但有充分的根据可以肯定，对在较成熟的社会协调形式和新的生产关系中所反映出来的、并且代替了新的生产力的道德观、实践知识、交往行动和协调行动冲突的规则方面的学习过程，也能推动时代发展”①。可以说，基于对马克思理论的不满，也是促成哈贝马斯创立新的社会批判理论的动力之一。尽管在出发点上，哈贝马斯和马克思都以资本主义现代社会为批判对象，但他们之间至少存在以下的不同：①马克思的历史唯物主义对资本主义社会矛盾的揭示，意在以新的社会形态取而代之；哈贝马斯则是出于维护的目的，想改良资本主义社会中人的生存状况；②在社会的结构认识上，马克思用的是生产力和生产关系或经济基础和上层建筑的区分模式；哈贝马斯则分别代以系统和生活世界，后者所导致的后果是将认识的界域限定于符号，特别是语言上；③作为两人理论出发的基石，马克思认为“劳动”是人的第一性的存

① [德]哈贝马斯：《交往行动理论》(第一卷)，洪佩郁、蔺青译，3页，重庆，重庆出版社，1994。

在，劳动实践构成了一切事情的根源；哈贝马斯则将“互动”（Interaction）看作是在范畴概念和本体论的原则上，都优先于“劳动”范畴而存在。正是由此出发，他把规范交流行为视为是社会批判的首要任务，从而建构了“规范语用学”。尽管哈贝马斯的规范语用学的模式由于过于理想化，特别是过分地夸大语言这一原本是人类交流的一种工具的作用，最终不可避免地失败了，但它的失败，却使我们更加认识到了马克思历史唯物主义理论的真理性，也为我们在继承马克思理论的同时，如何现实地结合时代特征、合理地借鉴当代哲学思想来发展马克思主义提供了可参考的思路。

无论如何，哈贝马斯的规范语用学对于现代哲学的发展无疑具有深远的启迪意义，它的研究路径、理论视角以及方法论手段，必将渗入21世纪哲学研究的方方面面之中。

三、言语行为理论的发展

言语行为理论的产生和发展，对于语言哲学乃至科学语言研究的影响具有革命性的意义。这不仅因为言语行为的发现，从根本上改变了哲学和语言学研究的方向。而且，对于语用学而言，核心的两个理论观点正是，“一是言语行为理论，即把语言交往的基本单元首先理解为是言语行为，而不是记录下来的静止不变的符号和语句；二是语用意义的构成理论，即把言语的主体（包括讲话者和接收者）同时也理解为是构成意义的情景条件”[①]。正如施太格缪勒(W. Stegmüller)所言：“说起来真是荒唐，而且对于过去2500年间所有那些比任何一种方式研究语言的人来说这也是一件令他人感到羞耻的荒唐事，即他们竟然没有远在奥斯汀之前就做出这样一种本质可以用一句很简单的话来表示的发现：我们借助于语言表达可以完成各种各样的行为。特别值得注意的是，到有一位哲学家发现存在着像语言行为这样的东西时，甚至可能已经是现代哲学中‘语言学转向’几十年以后的事了。”[②]可以说，奥斯汀的“说话就是做事”的宣言，最本质地标示了语用学的核心理念。因此，从历史发展的角度厘清言语行为理论的发展历程，对于进一步把握言语行为理论的发展脉络、主要内容和未来趋向，具有重要的认识论意义。

(一)言语行为理论的历史溯源

从历史的角度看，对言语行为的思考已经存在于早期的哲学和语言学中，特别是哲学家通过思考语词的意义、命题的表达和断定行为之间的关系，洞察到了意义和行为间的不同。比如，亚里士多德就在词的意义和宣称句子的断定间做出区别。早期的语言哲学家、修辞学家和语言学家也已经意识到语言用法和功能的变化。希腊的智者普罗泰戈拉第一个在不同的对话模式间做出区别，这些模式实际上就是后来的言语行为。而斯多葛学派的语言理论则从疑问句、命令句和愿望的表达句中，

---

① 盛晓明：《话语规则与知识基础：语用学维度》，11页，上海，学林出版社，2000。

② [德]W. 施太格缪勒：《当代哲学主流》(下卷)，66页，北京，商务印书馆，1992。

区别出只有判断句才有真和假的问题，并把它们的功能与各自的语法形式相互关联起来进行思考。这些对语言的语气、功能、模式的思考开启了言语行为的早期理念。到了20世纪，随着对语言基本问题的进一步思考，以及在符号学、语言学和社会语言学等广泛领域中的研究，讲话者的行为的作用也逐渐在语言的研究中得到考虑。比如德国心理学家和语言学家比勒的语言理论，认为言语就是行为，法国语言学家本维尼斯特的言说理论则探讨作为系统的语言和人类主体的使用间的关系。

这种类型的语言哲学和语用学中的研究趋势，就是通常讲的言语行为理论。一般地讲，这种言语行为理论主要包括两个方面的思想：一是必须在通过言说而表达的意义和此言说被使用的方式(即它的语力)间做出区别；另一是，每一种类的言说(包括断定)都可以被思考为是一种行为。[①] 简单地讲，言语行为理论的这两方面的发展过程为：

第一，从主张意义和语力区别的方向上讲，弗雷格在为了概念的表征而阐明新的符号语言的理论中，区别了命题和判断两种不同的符号。弗雷格指出，判断就是对命题成真的断定，它赋予命题以断定力，因此，对命题的思考是不同于断定的，即便在没有被指派真值的情况中，思想也可以得到确信。前期维特根斯坦在《逻辑哲学论》中原则上同意这种观点，但在后期，他从一种新的视角上来看待语言，不再承认语言的断定使用的核心作用，而关注于语言的各种异质的规则统治的使用，并

---

① Marina Sbisà, "Speech Act Theory," in Joachim Leilich, *Universal and Transcendental Pragmatics*, in Jef Verschueren, Jan-ola Östman, Jan Blommaert, Chris Bulcaen (ed.), *Handbook of Pragmatics*, Amsterdam/Philadelphia: John Benjamins Publishing Company, 1995, p. 496.

强调语言游戏和社会文化或生活形式间的联系。奥斯汀与后期维特根斯坦的思想具有某种相似性，也对弗雷格把语言局限于断定功能不满，但他同样对维特根斯坦试图把意义融化于无尽的使用中的趋向感到怀疑。因为他发现了一种特殊种类的言说，即他所命名的“施行言说”，尽管采取了断定句的形式，但当在适当的环境下被发出时，并不是报告或描述，而是行为的施行句。比如，“我命名这艘船为‘伊丽莎白女王号’”和“我保证明天一定来”之类的句子，在发出声音的同时也就是施行了相应的行为。后来的塞尔继承了他的思想，并在具体的技术性方面做了进一步的发展。格赖斯则通过使用意向性来定义讲话者的意义，进而发展了言语行为理论。他认为讲话者的意义先在于句子意义，并且它是由讲话者借助于听者对产生效果的意向的认知，从而在听者中产生一种效果的意向所组成，并且这种意向使得讲话者的意义同样具有了言语行为的语力。另外，格赖斯也通过会话含义的观念，在推理的基础上，而不是在语义的基础上，来解释听者对言语行为的理解和把握，从而进一步拓展了言语行为的应用范围。

第二，从主张言说就是行为的方向上，认为把言说视为行为是可靠的、可能的和可感的，一个言说就是语言结构的符号的产品(口头或书写)，行为就是我们“做”，即一种活动的行为。这样，通过把言说视为行为，就把词或句子的所指视为言语的施行，从而言语行为就成了语言交流的基本单元。因此，在这一方向上，言语行为理论的任务，就是去解释在何种意义和条件下，言说某事就是做某事。这就为描述和理解各种语言行为的种类提供了一种概念框架。这一方面的工作主要体现在奥斯汀和塞尔的思想中。[①]

在奥斯汀看来，语言理论的真正目标，就是去阐明“整个言语情景中的所有言语行为”。为此，他在言语行为的不同方面，即“说某事就是做某事的不同意义”间作了区别。首先，奥斯汀认为，我们能描述一个言语行为为一种叙事行为，即说一种行为。但这种叙事行为自身有各种方面，也就是说，说某事这种行为，还包括①去施行一种发声行为，即言说特定声音的行为；②去施行一种发音行为，即言说特定种类声音的行为，符合于特定的规则(特定词，在一种特定建构中，具有特定的音调)；③去施行一种表意行为，使用具有特定意义的词的行为。这样一来，当我们告诉某人的叙事行为时，或者是关注于发音行为并仅仅引述被言说的词，即直接言语，或者是关注于表意行为并使用“间接言语”，它陈述了特定的意义，但是并不在它们被言说的形式中引述被言说的词。

其次，我们能够通过使用动词如“命令”，“建议”，“许诺”，“陈述”，“请求”，“感谢”来描述或报告某人的言语行为。这样，我们关注的就是讲话者使用他的言说的方式，或更精确地讲，关注于他在说他所说的东西时所施行的行为，即施事行为。讲话者在发出特定的言说中，施行了一种特定的施事行为这个事实，通常称为言说的施事语力，与它的叙事意义相对。但是，讲话者如何在实施一个叙事行为中也同时能够

① Marina Sbisà, “Speech Act Theory,” in Joachim Leilich, *Universal and Transcendental Pragmatics*, in Jef Verschueren, Jan-ola Östman, Jan Blommaert, Chris Bulcaen (ed.), *Handbook of Pragmatics*, Amsterdam/Philadelphia: John Benjamins Publishing Company, 1995, pp. 498-500.

实施施事行为？按照约定所实施的施事行为，由此就不得不满足一些已经约定好的适当性的条件，包括：为了施行此行为而不得不接受的约定程序；由于程序的要求，参与者和环境必须是适当的；此程序必须得到正确的和完全的执行；参与者不得不被期望具有适当的内在状态和态度，并在适当的方式中持续地实施行为。在奥斯汀看来，这种施事行为具有三种效果：①理解的安全。这种效果可以归结为产生了对特定意义和叙事力的理解，并且除非能够获得这一效果，否则施事行为不会得到实际的执行；②约定效果的产生。产生事态的行为，不同于在事件的自然过程中产生一种变化的行为。例如，命名一艘船为“伊丽莎白女王号”的行为指出这是船的名字，并且用其他名字来指称它就是不正确的，但这在事件的自然过程中并无变化；③反应或结果的请求。请求一个特定的后继行为的行为，如果此请求被接受，参与者的特定的进一步的行为将紧随而来。

最后，说出某事产生了具有感情、思想或参与者行为的后果。这些后果可以被认为是通过讲话者来产生的，并且由此我们进而就可以说，讲话者通过讲出他所说的话，就已经实施了一个进一步的行为，即成事行为(如说服，警告某人去做某事)。一个成事行为的施行，并不依赖于约定条件的满足，而是依赖于特定目的的实际获得(因为一个成事行为也能非意向地得到实施)，或者依赖于言语行为具有的实际地引起的特定超语言后果。因为这个原因，设定成事行为的动词并不能在实施行为的意义上来进行使用。

塞尔继承了奥斯汀的这一理论，但他更感兴趣去从规则制约的方面来考虑言语行为。首先，塞尔看到，在言说一个句子因而在实施一个施事行为中，讲话者也实施了另两种不同种类的行为：①言说行为，即词的言说；②命题行为，即表达一个命题。像施事行为一样，命题行为产生于，在特定的语境中，包括在特定的条件和具有特定的意向中，句子中的词的言说，然而，它并不能单独存在，而仅仅存在于实施某种施事行为中。正如一个完整句子包括指谓的和表述的表达式一样，一个施事行为也包括了命题的表达式。这样，施事行为既具有语力又具有命题内容。由此，塞尔就在施事行为或完整的言语行为中，将施事语力和命题内容进行了区别。

其次，塞尔提出施事行为施行的必要的和充分的条件，即施事行为的适切性条件，它们包括：①本质条件，即此言说可算做何种施事行为；②命题条件，即说明此言语行为具有何种命题内容；③预定条件，即说明语境的要求，特别是关于讲话者的和听者的认知的和意向的状态；④真诚性条件，通过言语行为得到表达的讲话者的心理状态。从施事行为的适切性条件中，一系列的关于施事语力显示手段的规则就可以被挑选出来。仅当施事行为的适切性条件，即它们所指示的语力被满足时，这种手段才能被适当地使用。适切性条件的满足和讲话者对标明了相关的施事语力的施事语力显示手段的使用，在通常的交流条件下，能够使讲话者获得施事效果，即去向听者交流此言说的语力。

最后，塞尔也接受了奥斯汀的成事行为的观念。但是，成事并不被他视为完整的言语行为的一个方面，而是被视为一个附加成分。获得一个成事效果的意向，对于施事行为并不是本质的。即便存在一个相关的成事效果，讲话者也可以说出某事并使它具有特定的意谓，而不必事实上意图去产生相应效果。例如当说出一个陈述时，可以不必关心听众是否相信。

(二)言语行为理论的发展现状

通过奥斯汀和塞尔的工作，在言语行为理论的发展中，出现了许多有争论的问题，它们或者与言语行为理论的内在结构，或者与言语行为理论自身如何有助于语言使用的认识相关。具体讲，这些问题包括：[①]

第一，施事语力显示手段。施事行为不得不通过听者来得到理解，因此，在此就必定存在着讲话者标明他们的言语行为的施事语力的方式。言语行为理论家已经普遍主张，当一个精确的施行公式，即在第一人称中，施行动词表述了指示活动得到使用时，施事语力可以完全精确地被作出。在这个已经接受的信念的基础上，出现了三个相关的主要的问题：①施行言说如何真正地起作用？②当没有明确的施行公式得到使用时，如何指示出言语行为的施事语力？③施行同一个彼此相关的施事行为的方式，如何在明确的行为和隐含的行为之间做出区分？第一个问题的回答涉及施行言说是否具有真值，以及成功性和真理性之间的关系问题。作为对第二个问题的回答，各种施事显示词已被奥斯汀注意到。他认为应当包括情态和模态动词、语调、连词和超语言姿态或伴随言说的语境特征。塞尔强调语言施事显示词的作用和用明确的形式替代暗含形式的可能性。作为对第三个问题的回答，最著名的回答就是“施事假

---

① Marina Sbisà, "Speech Act Theory," in Joachim Leilich, *Universal and Transcendental Pragmatics*, in Jef Verschueren, Jan-ola Östman, Jan Blommaert, Chris Bulcaen (ed.), *Handbook of Pragmatics*, Amsterdam/Philadelphia: John Benjamins Publishing Company, 1995, pp. 500-503.

说”，主张在任何句子的更深结构上中，存在一个更为明确的施事。

第二，施事行为的分类。应当看到，施事行为的分类(行为类型)并不必然地与对句子的分类相符合。但是，为了实施各种施事行为而进行使用的句子种类，以及为了明确地实施施事行为而进行使用的动词种类，经常被考虑为与后者的分类相关。塞尔的目标就是对施事行为进行一种整齐的分类。作为分类标准，他选择了施事行为的三个域：①行为的目的，在它的本质条件中得到表达；②适当的方向，即是否语词(或命题内容)必须符合于世界、或世界必须符合于语词；③被表达的心理状态，即关于命题内容的讲话者的心理状态，它满足施事行为的真诚性条件。

第三，理解的模式。施事语力可以借助于它们的语言显示词的语义学，或者通过在语用基础上进行的推理而得到理解吗？在这个问题上存在着争论，因为施事语力处于语义学和语用学间的模糊位置上。如果有可能在语言显示手段的唯一基础上，指派施事语力给言语行为时，它就可以被认为是一种纯粹语义的现象，整个地依赖于词的被编码的意义。但在言说中，指示词的存在自身并不决定言语行为的实际的和适当的施行。那么，施事语力整个地就是语用的吗？这一主张承认，对直接的和间接的言语行为有不同的理解模式。当直接的言语行为展示适当的施事指示词时，间接的言语行为就在其言说并不包含它们的意指语力指示词的句子，得到了实施，以至于听者不得不通过推理来理解这种语力。施行并理解间接言语行为的这种策略，内在地与礼貌现象和不同的社会文化环境相关联。

第四，言语行为和真理。在哲学中，存在一种去区别断言或描述的语言和无真或假的语言使用的倾向。在逻辑中，也存在另外一种倾向，即除了它们在语境中的实际被说出之外，去把句子视为具有真值。对此，言语行为理论提出了一种不同的视角，它主张，断言就像命令、承诺等一样是言语行为，由此就没有句子可以说是或真或假。真或假的论题，仅当一个句子在施行一个断言的言语行为中得到使用时，才可以产生。但是，这个视角还是存在一些问题。比如，我们称为真或假的东西精确地是什么：整个的断言言语行为，还是它的言事或命题部分？尽管在哲学和逻辑中，关于这个论题的争论并不能被认为可以一劳永逸地解决，但一个广泛的共同的观点是，所讲的真或假是断言言语行为的命题内容。但进一步的问题是，是否存在对符合于事实的非断言言语行为的评价，并由此对真或假的评价。按照奥斯汀在“伴随的言说对象的评价”中，存在着我们能够把非断言言语行为与事实相联结的方式。比如，一个建议可以为好的或坏的。塞尔则通过区别两种主要的“适当性方向”，即从世界到词或从词到世界，来探讨这个论题。

(三)言语行为理论的发展趋势

言语行为理论中的这些论题的争论，促使它在发展方向上有了很大变化，这些变化主要体现在：[①]

---

① Marina Sbisà, “Speech Act Theory,” in Joachim Leilich, *Universal and Transcendental Pragmatics*, in Jef Verschueren, Jan-ola Östman, Jan Blommaert, Chris Bulcaen (ed.), *Handbook of Pragmatics*, Amsterdam/Philadelphia: John Benjamins Publishing Company, 1995, pp. 503-505.

1. 从施行的约定性到推理的自然性

奥斯汀主张，施事行为，以及精确地实施它们的施行言说，是约定的。在格赖斯根据意向对讲话者的意义进行分析的影响下，施事行为的意向成分开始凸显出来。同时，施事行为的约定性，除了明显的礼节施行外，都被与施事语力的显示手段的语言约定性相关联。

但并不是所有的言语行为都依照它们的施事语力而依赖于语言的约定，并且一旦这个事实被注意到，那么就产生了去修改理论以解释它的需要。尽管塞尔并没有改变他对言语行为的核心解释，但还是用间接言语行为来对它进行了补充。依照这种间接言语行为理论，当施事指示词所提出的语力是不适当的或不相关的时，此言说的真正语力，就被听者在施事行为的适当性条件和对语境的共有知识的基础上，利用约定蕴含的观念来进行推断。

这种推理模式具有很强的解释力，因为在推理的领域中并不存在清楚的边界，并且越来越多的听者把对言语行为的理解指派给了它。这样一来，言语行为的施事语力是听者从讲话者的言说中得来的各种推理中的一个。

在言语行为推理模式的影响下，关注的焦点不再是讲话者按照特定的约定或规则而施行的行为，而是关注于听者的认知活动，以重建讲话者的意向(包括言语行为的施事点)，以及讲话者自己的语言行为的认知活动为目标，从而认知推理活动就被自然地视为属于人类。

2. 从相互的行为到讲话者的意向性

施事行为的社会特征在奥斯汀的施事行为的描述中是显著的，并且在塞尔的理论中也仍然保持着某种重要性。但是，塞尔在他的施事行为分类里，并没有使用社会的变量，诸如讲话者的权利的程度或种类。这种选择源自于一种把社会的特征视为相对于言语行为的核心结构而言是边缘的倾向。

同时，在施行言语行为中，讲话者的意向成了言语行为的核心特征。因此，言语行为的施事效果与向讲话者的特定的复杂意向的听者的交流是一致的。这使得施事行为的效果观念逐渐消失，所不得不研究的就不再是效果的种类，而是讲话者可以具有和交流的意向的种类。因为意向仅仅是行为的成分之一，尽管是一个重要的成分。事实上，这已经涉及一种从行为(和社会的互动)到心理的转换。由此，塞尔转到了心灵哲学上，提出了意向性的分析。

从总体上讲，对言语行为理论的关注已经超越了自身的框架，而成为定向于社会语言的话语分析的工具之一，特别是在关于自然语言的人工智能研究，言语行为的研究越来越发挥出重要的作用。

第五章 | 语言分析方法与语言哲学的发展

本书前四章内容对 20 世纪哲学中语言分析方法之发展历程及其影响做了理论探索。对语言分析方法基础理论的剖析与回溯，成为深刻理解该方法经由语形和语义向语用转变这一内在逻辑的理论前提。然而，语言分析方法最终还是要在哲学和科学的具体应用中才能充分释放其优越性和价值。事实上，语言学转向之后，融合语形分析、语义分析和语用分析三大语言分析手段的研究方法确实对 20 世纪的哲学和科学产生了根本性的影响。语形和语义分析方法催生的分析思维几乎渗透于所有的哲学理论构造、阐释和说明之中，同时形成了把握科学世界观和方法论的新视角。而语用分析方法作为语言分析的新维度，由于克服了语义分析方法之形式理性的极端迷信和科学主义的缺陷，而内在地与后现代科学和哲学结合在一起，并作为一种横断研究的方法论逐渐地渗透和扩张于科学研究的各个领域中，显示出其自身所独具的特征和意义。本书的第五章和第六章内容正是着眼于此，考察了语言分析方法对语言哲学核心论题的重构，并将语言分析方法应用于科学问题的求解之中。

作为语言哲学的核心论题，指称理论、真理观和意向性问题无一例外地经历了朝向语用化发展的过程，从绝对的确定性到相对的非确定性，从心理观念的排斥到心理意向的重建，从微观语义分析到整体语用构造，指称理论逐渐从传统语义学的解构中过渡到科学语用学的形式，真理观念在摆脱传统符合论的基础上，通过对语用对话的建构，形成了语境化的真理观，而心理意向问题则通过自然化的认识途径，把意向性的研究构建成为一种基于语用的理论，在语境的基础上对意向实在进行了新的阐释。当意向性作为一种思想的客观意指具有合法性，实在论与理性之间就产生了先验关联，经验知识获得可靠性，心灵哲学与知识论产生交融。

本章的目的正是要把语用学和哲学的研究有机地结合起来，运用语用分析方法来对传统的语言哲学难题进行新的求解，具体地展示语用思维与语言分析方法的哲学方法论意义。

一、语言分析方法与指称理论

在所有独具人类特色的事物中，语言始终处于首要的位置，而且人类对语言自身的思考也具有历史的和现实的深远意义。因为，一方面，对语言的研究可以追溯到柏拉图的《克拉底鲁篇》，甚或更早；另一方面，发于20世纪初的“语言学转向”和20世纪后半期的“语用学转向”，重新突现了语言理论并为语言哲学、分析哲学甚至整个科学哲学的发展作了明确的思维限界。在历史和现实所设定的这种基本框架中，探讨语言和实在关系的指称理论，也因整个背景视角的转变必然而然地发生了某种时代性的演变，其特征深刻地渗透着语用分析方法所独具的风格、意义和历史印迹，展现出指称理论历史发展的语用化趋向，同时这种演变又从另一个层面上显示了人类整体理论思维的变化。因此，从宏观上揭示这种演变的背景，阐明这种演变的总体特征和意义，将是整个后语言哲学和科学哲学研究所需面对的一个非常重要的趋向。

(一)从传统语义学的解构到语用学的设定

历史地讲，语言哲学中的“语用学转向”始于指称理论在传统语义学研究中“战略性”的失败。语用分析方法把一切语义表征、真理一致性和语词指称等都看作是依赖于语言概念框架而生成的，因而本体论的范畴就嵌在指称说明中，并且这些说明是历史地和文化地变动着的。这使得语言哲学家们在指称理论研究的一切方面能够不断地走向“开放”、“弱化”和“建构”这三个最基本的趋向性上。从而，在消解传统语义学和构建语用学的语言实在观的基础上，描画出语用学的蓝图。

1. 现代指称理论的困惑

在传统的语义学中，指称理论所探讨的是关于语言的指称语词，也即关于名称、谓词以及它们指称或应用的对象和原因的理论。其重要性就在于它研究语言表达式与非语言的外部对象之间的关联，即它直接地揭示了语言和实在之间所具有的某种对应的或映射的关系。这一研究方向及其目标在相当长的时间内决定了指称理论的命运。我们看到，在“前分析”和“分析”时代的语义学中，大致有四种探讨指称理论的途径，它们从各自不同的角度对指称难题进行了特定的求解：①现代符号学是一种直指式的理论。它要求语词的使用者必须先在地把握对象，从而在头脑中产生作为该对象的自然符号，以使这一符号通过与指称该对象的语词之间的关联而被约定地表达；②因果论者倡导从对象到语词使用者心灵的分析途径。在他们看来，对象在使用者的头脑中引发了一个通过语词而被表达的陈述或大脑事件，而语词正是借助其与这些陈述或大脑事件之间的约定性结合而因果地指称了对象；③“逻辑—数学”理论则是从自然符号及思维过程中抽象出来的，主张指称是一种从语词集合到对象集合的映射。因而指称理论的目标，就是检验建立在非循环地给定的各语词的语义域和各种类型对象之上的关系结构；④早期的分析理论则追求在精确的或理想的形式语言基础上，通过语法分析来建立对象和符号之间的确定关联。从而，遵循严格的“投影规则”，在科学和数学的形式体系中，确定每个语词所具有的相应意义和指称。从本质上讲，这种理论途径是在“逻辑—数学”的方法上进行的。

站在世纪之交回顾语言哲学家们所做的这些工作，我们至少可以发现“前分析”和“分析时代”在指称问题上所存在的几个理论缺陷：

其一，出于构造精确语言的需要，他们大都是在概念构造的基础上展开其特定理论的。所以，内在地讲，指称理论是“来自一个人如何尽可能合理地在论争解释和理论所能证明的对象中达到指称”[1]。因此，对弗雷格而言，指称是一种抽象关系，但对皮尔士来讲指称则是认知的形式，是一种假说推论。塔尔斯基、卡尔纳普以及他们的后继者所称道的“纯粹语义学”，则事实上是一种数学的形式系统，根本不包括指称理论。而乔姆斯基所开创的生成语言学，在其形式上同样如此。总之，理论语言学家们注重于整体上作为语法构成的语义学，而忽略了作为语词指称的语义学。

其二，现代认识论是他们共同的认识基础。这种笛卡尔式的认识论预设了心灵或观念与物质世界的对立和分离，而指称恰是精神存在与物质世界之间的一种关联，表明了“词——表象——对象”之间的关系。指称在这里的地位是不言而喻的，但由此却也便产生了一种误导：似乎传统的诸多难题纯然是误用语言或混淆了范畴的结果，哲学家们只要通过语言或范畴的分析和批判之后就可以一举消除认识中的全部谬误，达到崭新的、绝对无误的观念。

其三，无论是弗雷格的含义理论、罗素的摹状词理论，还是前期维特根斯坦的语言图像论，都是一种描述性的理论，即静态地对专名、通名的对象给予相应的描述性说明，而不追求在具体的语境、特定的语用或动态的命名中赋予指称的因果性或历史性。在这里，最明显的缺陷在于仅仅从语言的内部去探究语词指称的方式。

正是由于理论自身的这种缺陷和不足，许多语言哲学家基于各自不

---

① Raymond Nelson, *Naming and Reference: the Link of Word to Object*, London: Routledge, 1992, p. 26.

同的背景和需要，从语言使用的研究视角上，对指称理论作了新的构建和诠释，使指称理论的研究自然地走向了语用化的发展。

2. 语用学的语言实在观

在现代思想状况下，实在论者们所要做的是为理论术语寻求指涉或为科学理论的真理探求一致性的解释。为此，在指称理论方面，它所追求的是语言的表象或指涉论，即语言必须是通过标示它指称的对象或事实来获得它的基本意义。他们超越了早期的“朴素实在论”和“批判实在论”者，已经从经验的极端表象立场上做出了理性的后退。因而，他们强化了科学语言的隐喻本质，并把科学模型和理论看作现存的、可选择的和可尝试的表象，而不是仅仅当作本质的字面图景。同时，他们也不只是在一种静态的句法形式结构内部寻求指称，而是把“命名”看作一种首要的、事物获得其名称必不可少的“仪式”。可以说，这是一种“分析时代”或“现代思潮状况下”适当的指称态度。

然而，必须指出的是，这种企求于一一对称“映射”式的指称理论仍是一种具有二元论色彩的立场。它把世界对立为两极，一端是语言的语词世界，另一端是对象的实在世界。而且指称成功的标志是真理的符合论，具体表现为追求指称的唯一确定性和绝对所指。它预设了语言和实在、命题和现实之间的同构性，并试图在这种预设的阿基米德点上构建起语言哲学的整个大厦。

“后分析”或具有语用思维的哲学家们敏锐地看到，传统指称理论的错误在于其根基于主张只有具备确定性所指的语词才有意义的语言实在观。正是在这一意义上，抛弃绝对所指的语言实在观，确立语用学的语言实在观，就成为设定科学语用学的第一要务。因而，蒯因、戴维森等人明确限制自己在科学的新领域中为“实在”和“存在”的语词使用给出约定。在他们看来，对“实在”和“存在”的讨论只能限定于在语言的界域之内。倘如我们不是把语言当作一种社会地、历史地和文化地决定的仅仅是人类本质上为了实践的和社会的目的创造的产品，那么语言就具有了一种已为分析哲学传统所拒斥的本体论性。因此，任何对象的存在均是相对于特定语言的存在，并因而是以那种语言为基底的。在这里，语言和实在是同一的。由此，“本体论所描述的对象依赖于人们使用变元和量词所意指的东西……因为在任一情况下，问题并不在于实在是什么，而是人们所说或意含的实在是什么。所有的这些都表明，实在依赖于语言。”①可见，本质的东西就在于，“不能把语言看作是‘自我’和‘世界’之间的媒介；它不是媒介，而是确定的客观实在，一种不断进化的实在。”②

不难看出，语用学的语言实在观的确立是指称理论语用化演变的基础。正是它昭示了语用学与传统语义学截然不同的世界图景，也改变了人们头脑中根深蒂固的“语词——实在”对立的观念。更重要的是，正是从这一宏观的背景改变出发，指称理论在其所有的基本问题上，开始了朝向语用化的演变。

(二)从绝对的确定性到相对的非确定性

20世纪中叶，语言哲学家奥斯汀、维特根斯坦开创性的工作使得

---

① Willard Quine, “Existence,” in Wolfgang Yourgrau, Allen Breck(eds.), *Physics, Logic and History*, New York/London: Plenum Press, 1970, p. 94.

② 郭贵春：《后现代科学实在论》，304页，北京，知识出版社，1995。

"指称使用"观念逐渐在整个思维领域全面扩张起来。一方面，强调语词的主要功能在于语用而不是语义，无疑是对"弗雷格—卡尔纳普"传统语义学所倡导的"内涵—外延"严格区分观念的消解；另一方面，也使得指称理论不必再执着于追求确定的指称，更不可能仅满足于在静态的语法结构和语句层次内部寻求这种指称的意义。为适应由于这种语用学转向所导致的语言使用和指称的"非确定性"(indeterminacy)特征，人们更多地关注了在动态的命名活动中指称的相对性和语境把握的整体性。

1. 指称使用观念的确立

指称使用观念的普遍认可，极大地促进了语言哲学的后现代演变。尤其是指称相对非确定性态度的确立，是由语言哲学的发展以及指称理论自身的内在要求所决定的。

首先，"精确对应"神话破灭之后，需要寻找一种促使语言哲学发展的新动力。严格区分了指称的内涵和外延的传统语义学，把内涵对应于语词的外延，使后者成为语词应用的对象集，而前者则成为事物所具有的使它在外延使用中适合于其身份的属性。其本质要义在于，所有的语词均具有特定的意义和指称，而语词的指称取决于语词的意义。在这样一种"内涵中心论"的引导下，它所建立的指称理论表现为对指称对象绝对确定性的追求。也就是说，不仅每个语词均具有固定的决定其所指对象的意义，而且正是语词本身而非其他显示了对象的存在。问题在于，为了追求精确的"语词—实在"对应，不惜抛弃日常语言而建构的理想形式语言，不仅未能真正地建立起来，而且，就连其认为最重要的两个问题也未得到有效的解决。这两个问题是：(i)"同一可替换性"(substitutivity of identicals)问题，即两个具有相同语义价值的语词却具有不同的认知价值；(ii)虚名问题，即有意义的虚名却没有指称。在这样尴尬的境况中，“分析时代”的哲学家们显得无能为力。

其次，日常语言面向生活讲话的本质，在某种程度上适合了这一需求。维特根斯坦在其后期坚定地反对私人(纯粹表达的)语言，而认为我们必须设想一种纯粹“指涉的”语言游戏。对他来讲，言语形式的意义和理由必须建立在人类话语世界之中，而不是超语言的独立实体中。他之所以提出“一个词的意义即它在语言中的用法”，是因为他意识到人们常常被语法形式引入歧途，因而忽视了不同语法形式被赋予的不同用法。事实上，是什么东西表达了一条规则以及它所表达的规则是什么，这取决于它的用法而不是它的形式。因为，一个人是否理解了一个表达式，理解到了什么，这可从他使用它的方式中，也可从对他人用法的反应方式中看出。这不是一种理论建构，而是表达式的用法规则。这样一来，指称成为意义的核心，而意义的关键又在于语用。在这个基点上，语言便可与“生活形式”(实践活动)联系起来。由此，作为语用化发展的一个显著特征，指称理论便由探求作为词项与所指对象之间静态关系的“指称”(reference)，转变为作为动态的、使用中的“指称”(referring)。这充分地表明，形式词项的指称是与它们的现实使用不可分割的。

2. 指称相对性的转化

长期以来，指称的确定性问题一直是语言哲学家们探讨的中心。这不仅源于早期的分析哲学家们大多以数理逻辑为工具，更重要的是他们认为妨碍哲学进展的主要障碍是对日常语言的迷恋。因而，放弃日常语言，追求具有确定意义和指称的人工语言，就成为“分析时代”哲学家们所共同期望的目标。然而，语词是在社会历史发展的实践中形成的，具有各种不同的职能，并不存在绝对的确定性，因此，我们不可能仅仅赋予它们唯一的属性。正是在这一认识的基础上，后分析时代的语言哲学家们吸取了前人的教训，在“指称使用”观念的直接引导下，毅然地抛弃了绝对确定性的迷信，进而把指称的相对非确定性当作语言哲学发展的合理趋向。在他们看来，相对非确定性决不是语词的盲目指称或“主体的任意选择”，而是在更为广阔的“语境”之中，在相对“弱化”的意义上，赋予指称语词或实在以确定性。这主要表现在：

其一，放弃“完全翻译”的幻想。传统的绝对确定性观念主张，既然语词与实在之间具有确定无疑的对应关系，那么，给予适当的条件，一种语言和另一种完全不同的语言之间必定可以进行完全的翻译，即“翻译手册”可以人为地编纂出来。然而，这一理想却在实际的操作中遇到了不可解决的难题：(i)当一个语言学家在着手建构其母语与另一种语言之间的翻译手册时，他实际上是通过观察语言使用者的语义事实进行语词与实在对照的。然而，“任何真正的语义事实都是通过行为所构成的，而行为本身并不足以确定意义或翻译”①。因此，不存在确定的意义或翻译。(ii)即使使用同一语言的语言学家，他们各自的翻译手册可能完全与所有参与者的行为相适应，但他们之间却彼此并不相容。(iii)事实上，即使是同一种语言的学习者，也不得不在学习该语言之后继续观察、概括、检验和再检验。因为，尽管他们对语词意义的把握通过语音的一致、周围习惯的和谐以及意向网络的统一得到加强，但当他

① Simon Evnine, *Donald Davidson*, Stanford: Stanford University Press, 1991, p. 122.

们面对翻译手册时也仍然存在迷茫，受制于同样的非确定性的影响。由此可见，理想的完全翻译从来都不会达到，因为语言是在相对不完备的社会实践中被社会地和历史地确定的，人类在对任何语言的翻译或解读中，非确定性始终是不可能被完全消除的。我们只能在背景语言之中，相对地“询问”指称，而对绝对指称的“询问”则是无意义的。

其二，在语境中赋予指称确定性。传统的本质主义和表象主义反对经验世界服从于不断的变化和分解，认为变动不居的经验世界不可能成为知识的对象。因此，倡导不可改变的、完全的、永恒的经验实在的表象，从而使得共相、数学和价值语词的指称在绝对的方式上为通常的谈话提供了客观意义。这样一来，面对自我解释、自我包含和自我充足的世界，所谓知识的问题就成为多余的了。但是，科学和哲学的发展恰恰证明，对象的确定正是在变动不居的世界中进行的，“一个对象应当在不同的条件或不同的语境中表现出差异或展示出其未预料的属性”①。因而，所有的经验知识均是相对于各种对象、条件、历史或文化的语境，并且随着语境的变化而改变。我们不可能也无须求助于人工语言来消除指称的歧义。丰富的语境本身已经为语词的指称设定了灵活、生动、可变换的可能世界。所以，只有在具体的语境中，指称才能获得其有效的意义。

需要明确的是，语用学意义上的相对非确定性，并非单纯语词指称对象意义上的不确定，而是一种整体世界图景的“不确定”。正如戴维森

---

① Richard Schlagel, *Contextual Realism: A Meta-Physical Framework for Modern Science*, New York: Paragon House Publishers, 1986, p. xx.

所言，不仅可接受理论可能在它们断言相同语词时指称会不同，而且真理性结论和逻辑形式本身也可能是不确定的。总而言之，从指称确定的绝对性而走向可接受的相对性的趋势，构成了指称理论语用化发展的基本态度。

(三)从心理观念的排斥到心理意向的重建

随着形式语言绝对化的不断削弱和自然语言合理性的逐渐回归，以及试图在语形、语义和语用的统一语境中研究指称理论的语用思维的确立，“心理意向”在指称理论的研究中获得了重建。

1.“布伦塔诺论题”的重新发现

在早期的分析哲学家那里，心理观念严格地被排斥在指称理论之外。弗雷格在《算术的基础》一书中明确地表示，始终要把心理的东西和逻辑的东西、主观的东西和客观的东西明确地区别开来。作为哲学观念的第一条基本原则，这不仅是建构理想语言的需要，更重要的是，语词的指称只有在客观的逻辑规则和语法结构之中，才能获得与实在世界的一一对应，任何主观的心理参与，均会使得指称打上随意性和模糊性的烙印。

然而，这样一种排斥心理观念的态度，随着语言形式化运动的“失败”而失去了它往日的价值。我们从来没有也不可能彻底地离开自然语言，而一旦进入自然语言，有关“心理实在”的问题就会重新回到议事日程上来。事实上，早在 20 世纪初，奥地利心理学家布伦塔诺就提出了以“布伦塔诺论题”而著名的“意向性是精神标志”的思想。在他看来，意向性是一切精神现象的根本特征，它表明的是心理现象与物理现象之间的关联。在这里，精神关系并不排斥物理关系，相反，它比后者具有更大的包容性。因为，无论是实在的还是抽象的对象均以意向的方式存在于心理现象之中。

布伦塔诺关于心理意向性的思想由于后现代“语境”概念的提出和指称的相对非确定性使用而具有了全新的意义。一方面，它重新恢复了主体在指称过程中的地位。传统的确定指称对象的依据，大都是在“内涵”的基础上，用语词的意义来决定语词的对象或外延。作为外延论者，普特南（H. Putnam）和克里普克（S. Kripke）把语句的意义看作语句中原始成分指称的函项，认为语词对象的确定是一种历史的因果的命名过程，从而为指称对象的选择提供了更大的范围，由“内在论”走向了“外在论”。应当说，这种因果关联的指称对象的确定是必要的，但却是不充分的。语用化的心理意向性的重新发现进一步完善了这一观念。人们主张虽然在语境相关的外在指涉中确定指称对象是合理的，但在因果链条的每一阶段和层次上，主体的心理意向性都起着很大的作用，都存在着对具有意向特性的事件的要求。因而，首要的问题就在于，在确定指称对象的过程中，既要看到语词的具体语境的使用，更要关注构成语境要素的主体的偶时意向。在这里，决定指称对象的不是语词本身所具有的“内涵”，而是语词使用者当下的“认知态度”。

另一方面，它所倡导建立的“意向整体论”观念，使我们并不因此而陷入心物对立的二元论泥坑中。因为一旦指称和信仰是整体的，便没有了对非实体精神的单纯许诺。“意向整体论”的具体化容纳了日常语言，预示了意向行为并将行为动机归因于谈论的意向主体。这表明信仰、愿望、行为等是在相互作用的“脑事件”的本体性中被因果地反映，是一种内在的活动，它不受制于形式的逻辑法则。这使得我们不仅可用心理、思想、行为和语词来恢复人们的清晰图像，而且提供了心理的本体性和因果性相互作用的“意向推定归纳”。在这里，没有必要担心失去逻辑规则“统治”的“意谓指称”会引起什么严重的“指误”后果。事实上，“由于语言成分范围的可能差别所造成的自然语言的模糊性，应完全由语境来负责。”[①]这就是说，在具体的语境使用中，正是心理意向选择对象所造成的指称相对非确定性本身，显示了在这一问题上所具有的语用思维特征。

2. 心理意向的“语境化”建构

在语境域中，指称离不开具体的语境使用。因而，主体的意向性或态度作为语境构成的必要组成部分，对于指称的确定就不是可有可无的了。至少在下述两点上，心理意向与指称理论的命运不可分割地结合起来，并由此获得了自身的重建：第一，“实在论要求意向性”的趋势，使得“意向语境”在实在论的立场上得到了重建的依据。[②] 从一般意义上讲，在这一问题上，实在论坚持两个原则：“①成熟科学的语词典型地具有指称，②属于成熟科学的任一理论的规则典型近似地为真。”[③]这一原则客观地表明，实在论要求理论语句为真并坚持相关理论语句的本体

---

① Julius Moravcsik, “Nature Language and Formal Language: A Tenable Dualism,” in Robert Cohen, Marx Wartofsky(eds), *Language, Logic and Method*, Dordrecht/Boston/London: D. Reidel Publishing Company, 1983, p. 236.

② Ron Wilburn, “Semantic Indeterminacy and the Realist Stance,” in *Erkenntnis*, Vol. 37, November, 1992, p. 281.

③ Hilary Putnam, *Meaning and the Moral Sciences*, New York: Routledge & Kegan Paul, 1978, p. 20.

论的存在性。事实上，这是一种相对的本体论承诺，也就是说，它与指称本质上是相对的语义“非确定性”论题内在地相容。由此可见，“实在论要求意向性”这一趋势存在这样两方面的意义：一方面，它在指称的确定性问题上给出了一个隐含的价值，即具有意向特性的、作为心理表征对象的命题态度是实在地存在着的，因而可以在“意向实在”的基点上深化实在论的研究；另一方面，它有助于我们在心理意向和与其相关的对象特性之间构建由此达彼的桥梁，从而将命题态度、指称对象以及科学理论的不同逻辑结构内在地统一于具体的语境使用之中，展示心理意向性重建在指称理论中所具有的地位和作用。

第二，虚指和“同一可替换性”问题使语言哲学不可避免地陷入了某种困境。从本质上讲，这是由于对指称意义的混淆而引起的。为了消除这种混淆，罗蒂严格地区分了通常的“所论”(talking about)和“指称”(reference)。在他看来，前者指的是特定语词表达和某种非存在对象之间能够确立的纯“意向”关系，而后者则指的是哲学意义上纯技术性观念的指谓，特指存在于语词表达和特定实体之间的实际关系。对于一个虚构词，它不具有“指称”的可能性，但却存在“所论”的意义。通常的错误就常常出现在未加区别地把纯技术性的“指称”当作日常应用的“所论”，并不适当地要求对它及其对象的关系做出实在的说明。事实上这种要求是没有意义的，而真正有前途的出路在于重建意向概念，强化意向性在指称确定中的地位和作用，从而使得虚构和真实之间的解释差异在心理意向性的调节下获得消解，同时也满足“同一可替换性”问题在具体的语境使用中的要求。

应当明确的是，重建“心理意向”绝非是在重新恢复传统心理主义的地位。这里的"心理意向"是单就在语词指称对象的具体语境之中，重视主体地位的语境化建构而言，没有必要担心所谓"机器中的幽灵"会导致什么令人不安的后果。在语用学的语言实在观念中，语言的边缘标示了世界的限界，"心理意向"也只有在语言的谈论中，在语境的具体使用中，才有其存在的地位。因而谈论"心理意向"时不必带有疑虑，更不必为了担心笛卡尔式二元论的侵蚀而把对精神的谈话降到"二级地位"，或只是某种"慈悲"的"戏剧性的习惯语"。

(四)微观语义分析到整体语用构造

在语用学的语言实在观基本图景中，指称理论所表现出的相对非确定性和心理意向性的基本特征，是与其在方法论上出现的相应变革分不开的。这一方面归因于语用学的兴起和克服自身理论技术缺陷的迫切要求，使得语言哲学愈益走出自己狭小的圈子，不再拘泥于单纯的逻辑分析和句法研究；另一方面语用整体论的认识论有效地促进了传统微观语义分析的弱化和整体语用方法的构造。

1. 传统的微观语义分析方法

语义分析方法作为早期分析哲学所建立起来的一种研究手段，在指称理论的历史进步中，确实起了不可低估的作用。但随着人类理论思维的进展，它已远不能适应指称理论发展的需要。

首先，它带来的是对绝对指称和经验意义的追求，并导致了在对象和语词之间建立一一对应世界的古板图景。它所期望的试图用分析方法来消解传统形而上学哲学问题的目的，远未达到。它所尊崇的"语义上升"战略，即哲学家们不仅应注意到事实和观察，而且更重要的是应注意到事实描述和观察语句，则令人陷入更为尴尬的境地：除了语句分析之外，别无所事。事实上，随着语用整体论的认识论的扩张，单一的语义分析方法已不能再满足日益多元化的研究格局和追求非确定性指称理论的需要，它作为一种研究方法已逐渐地失去了它的首要性。

其次，这一方法建立在一种错误的背景语言观上。这就是既把语言当作某种“自解”的东西，同时又用它去解释一切。这种“自解”的解释者就像柏拉图的形式、康德的范畴、罗素的逻辑实体一样，可以用作为被解释项的语词得到解释。这样一来，在语言“自解”的意义上，要解决“自我指称的问题，就必须改变整个图景”①。而“图景”的改变实质上即是“世界”的改变，它需要在全新的视角下开拓新的思维途径。

从本质上讲，早期的微观语义分析是一种还原论的方法论。这一方法论认为科学概念和科学理论均可通过语义分析还原为感觉经验的概念和基本的经验命题，并由此依靠观察或经验就可证实或确证这些理论。特别是甚而主张把一切科学语言均还原为物理语言，更是达到登峰造极。由此也使这一狭隘的还原论遇到了不可克服的困难，尤其是试图把科学哲学构造成一门类似自然科学那样具有高度确定性的尝试的失败，更使它不可避免地为语用整体论思想所取代。

2. 整体语用方法的构造

语用整体论的思想导源于逻辑实证主义对意义解释的失败。因为这种意义解释既是证实主义的，同时又是反整体论的。而且那种认为一个

① Michele Marsonet, “Richard Rorty's Ironic Liberalism: A Critical Analysis,” in *Journal of Philosophical Research*, Vol. xxi, 1996, p. 397.

句子的意义在于证实它的经验的实证主义形式，更直接地导致了反整体论的认识论趋向。这就是说，如果每一个句子都有它自己唯一的证实经验，那么特定语言中的每一个句子均可在仅仅给予证实其单个句子经验的前提下，独立地得到解释。这种实证主义的意义解释随着蒯因对逻辑实证主义的经验论的批判而破产。在他看来，诸多句子被证实或被合理地判定，并不仅仅在于其特定经验的存在，而是因为它们处于与其他已被证明为真的语句的推理关系之中。也就是说，处于证明或合理判定它的整体语境之中。事实上，这样一种整体论的思想是多数具有语用思维倾向的哲学家的态度，“甚至坚定地反对整体论的达米特也适当地接受了这种观点”①。由此，整体论的思想内在地与语义分析方法结合在一起，成为语言哲学及科学哲学研究的一种合理有效的方法论。整体语用分析方法的特征在于：

其一，整体观念的在先性。出于反对现代个体论的要求，整体论强调认知共同体在指称确定中的独特作用。在一个特定的共同体中，语言游戏规则的约定先在于全体言语的合理表达。因此“讲话者在未对单个语句所处的共同体的全部理论熟悉之前，不可能理解这一语句”②。

其二，语义分析的必要性。微观语义分析的狭隘性，不等同于一般语义分析方法的无效性。事实上，语义分析作为一种内在的语言哲学的研究方法，“像血管和神经一样渗透于几乎所有理论的构造、阐释和说

① James Young, “Holism and Meaning,” in *Erkenntnis*, 1992, Vol. 37, November, p. 309.

② Ibid., p. 310.

明之中”[①]。尽管由于狭隘还原论的主张而使得这一方法存在着绝对化的倾向，但通过语义分析把理论还原为基本的经验命题，以使这些命题在操作中与理论实体相关，从而保证科学和真理的客观性，仍然显示了语义分析在理论注释中所具有的不可或缺的意义。

其三，整体语用分析要求整体的思想和语义分析之间保持必要的张力，呈现互相补充、相互制约的合理态势。这就要求在具体的理论构建和语词指称当中，既要看到一切语言行为和语言实在均内在地处于由人类思想的各种信念、欲望、语句态度和对象所构成的关系之网中，又要注重于在整体背景中对具体的语句和语词做出语义的分析，使之建立在经验实在的客观基础上。从而在这种关系之网的动态发展和建构之中，消解各种指称悖论，把指称理论的确定推向语用学研究的新视角。

由以上分析可见，指称理论的发展演变具有很强的语用化趋向。这表明，语用学的研究视角、方法以及认识论基点对指称理论的确定具有特定的借鉴意义。同时，对指称理论的语用学关注并不意味着仅囿于语言本身的狭隘圈子，而是在科学主义和人文主义逐步整合的趋势下，从语言学、哲学、心理学和社会学等多方位进行的整体研究。当然，这里应当特别指出的是，指称理论的语用化演变，并不具有任何机械的有形阶段性。也就是说，它并不是在某一阶段、某一“强”基础理论所支持下的有“招牌”的“统治”观念。从这个意义上讲，指称理论的语用化演变及其所昭示出的语用思维特征，也只是这一研究中特定的“趋向性”或“态度”，它引导我们去进行战略性的思考和把握，而不是去做任何教条式

① 郭贵春：《后现代科学实在论》，125页，北京，知识出版社，1995。

的断言。

二、语言分析方法与真理观

当回顾20世纪哲学的发展历程时，我们会自然地发现，一方面，真理问题在现代科学和人文背景之下，仍具有着常新的意义，依然是各哲学流派所争论并困惑不已的问题；另一方面，随着20世纪初的“语言学转向”和世纪后期的“语用学转向”的影响，它逐渐改变了自己的原有形式，脱离了传统意义上的本体论论争，开始了“朝向语言而生长”的语用化走向。这一走向不仅显示出语言哲学在指称理论语用化演变中的趋势，重要的是在“语境化”真理观的构建中，更透示出语言哲学，甚至整个人类思维所面对的某种发展倾向。因此，正是在这个意义上，我们认为，通过揭示真理观在语言哲学的层面上所经历的发展脉络，阐明其特征和意义，最终展示真理走向“语境化”的必然性，将是颇为重要的一项工作。

(一)通向自然语言真理论之路

历史地讲，在真理问题上，作为主流而又颇具影响的观点是“真理符合论”。亚里士多德所表述的“把不是说成是，或者把是说成不是，即为假；把是说成是，把不是说成不是，即为真”的思想，清晰地阐明了这一观念所坚持的主张。尽管在20世纪二三十年代，随着逻辑经验主义的如日中天和“拒斥形而上学”的普遍深入，在某种程度上消解了力图构造统一的、包容万有的形而上学世界观的动力，但真理符合论仍是大多数哲学家所坚持的信念。无论罗素、摩尔还是前期维特根斯坦，甚至在某种意义上戴维森，他们均把真理当作对实在的某种符合或表述；因为在他们看来，在这种语言和实在、命题和现实具有同构性的世界中，“世界包含着事实，即我们可以选择出所思考的东西。而且……也存在着信仰，它具有对事实的指称，并通过指称而或真或假”①。但必须注意的是，他们并不等同于传统的符合论者。因为尽管他们仍然诉诸符合的一致性，但他们却理智地改变了论证的策略，消除了在“语言之外”寻求对应的难题，而把“语言的界限当作世界的限界”，从而试图在“语言之内”消解“符合”问题。值得庆幸的是，语义分析方法在20世纪的普遍深化，为沿着这一方向前进提供了不可或缺的手段。

1. 塔尔斯基真理论的语义学概念

在致力于澄清并使传统真理符合论精确化的道路上，塔尔斯基所做的工作为真理概念寻求语义学基础无疑是其中最富创造性和最具影响力的。他试图通过现代逻辑工具，运用语义分析的方法，为特定语言建立一个本质上适当、形式上正确的关于“真语句”的定义。他的真理论就体现在对真理概念的这种分析中。塔尔斯基之所以把对真理的讨论限制于语言尤其是人工语言之内，这并不仅是出于利用现代逻辑技术的考虑，更在于他看到了动摇传统真理符合论根基的两个因素：①这一理论自身基本概念的模糊。在传统认识论意义上，“命题”“信仰”“事实”“符合”等

① Bertrand Russell, *Logic and knowledge*, London: Unwin Hyman Ltd, 1956, p. 182.

概念含混不清，容易产生歧义，急需用语义分析方法予以厘清；②界定不严的“符合”极易产生悖论，从而给了主张取消“真理”概念的真理冗余论以可乘之机。既然“真”和“假”只是描述或论断命题的属性，而在使用中那些概念又易于产生悖论，那么它们的存在性就是可争辩的了。正是基于上述考虑，在塔尔斯基的真理论中，他预设了两个初始限定：(i)避开认识论的圈套，尤其是存在于语句和事实或事态之间的“符合”；(ii)剔除所有未加定义的语义性和意向性的概念，诸如意义、信仰等。在做了如此限定之后，塔尔斯基进一步阐述了语言的层次理论，把人工语言明确区分为对象语言和元语言，以避免语义悖论。由此，他得出被称为“约定(T)”[Convention(T)]的等值式，即“X是真的，当且仅当T”。严格地讲，这一形式并不是真理的定义，它只是单独句子的成真条件，可以看作是真理的部分定义。但是，正如塔尔斯基所言，“在某种意义上，普遍的定义应是所有这些部分定义的逻辑合取”①。当然，塔尔斯基也看到部分定义的总和可能是无限的，因为语词“真的”所具有的逻辑特性在于它表示某些表达式的一种性质或指示这些表达式的一个类。为此，他选择了递归定义，运用是否某些表达式满足了表示它们所涉及的对象之间的“关系”来定义真理，从而实现了在形式语言中构造本质上充分、形式上正确的真理定义的愿望。

应该看到，塔尔斯基把真理概念看作一个语义学概念并就其所做的工作是极具现实意义的。他启示了尔后的哲学家们沿着他所开辟的道

① Alfred Tarski, “The Semantic Conception of Truth and The Foundations of Semantics,” in *The Philosophy of Language*, Aloysius Martinich(eds.), Second Edition, Oxford: Oxford University Press, 1990, p. 50.

路，从不同的视角上进行了新的发展。尤为重要的是，正是塔尔斯基所力主的真理概念始终是与某一特定语言相关联，为真或为假只是作为特定整体语言的一部分的语句，而不是孤立存在的语句性质的思想，使得20世纪哲学对真理问题的论述在“语言学转向”的浪潮中，加速了“朝向语言而生长”的走向，开辟了一条全新的研究路线。

当然，需要指出的是，倘若真理仅涉及“陈述”，而不是“语句类型”，那么，正像达米特所指出的那样，塔尔斯基的真理概念仅限于精确的形式语言，而与真理不具有相关性，因为真理的语义学概念应用于日常语言不会达到通过先在分析而获得的“真理”所具有的意义。事实上，塔尔斯基理论本身就是基于对自然语言无法精确地定义“真语句”的“强烈不满”，因此，它本质上已排除了对任何形式的自然语言真理论的思考。

2. 自然语言真理论

塔尔斯基通过给予成真谓词的外延来定义“真语句”，但却未能指出其所具的“意义”。然而，“意义”的缺失并未因此宣告塔尔斯基真理论的完全破产。如果我们把他的形式系统解释为一种语言的经验理论的话，那么，一方面，我们就可以避开认为塔尔斯基的工作在很大程度上并不与真理的概念相关的观点，保护已发展了的真理理论不受损害，使得我们在探索被解释语言的真理理论时，不必再寻求其他途径；另一方面，具有经验内容的“T语句”意味着，存在有塔尔斯基真理论所未能提供的，关于自然语言的真理观念。正是在这个意义上，戴维森提出著名的“戴维森纲领”，力促建立一种完全依据语句的真值条件给出语句意义的意义理论。我们看到，戴维森这一通过意义理论探求自然语言真理论的策略，是由语言哲学自身发展的内在必然决定的。

首先，语用学的语言实在观的确立，提供了全新的世界图景。传统语义学认为，语词的意义先于语词的指称，从而意义先在于任何关于对象和命题的真假判断。这就是说，对于一个所予语句，我们必须先通晓它的意义，才能进而判定它的真假值。语用学的语言实在观则把实在和语言构想为同一的，因此并不简单地断言实体的存在，而是把它理解为实际的事件或关系，也即通过分析语言的结构来展现实在的结构。正如戴维森所言，“研究语言的最一般的方面也就是研究实在的最一般方面”，“如果把语句的真值条件置于一种详尽完整的理论的语境之中，那么展现出来的语言结构就会反映实在的大部分特征”[①]。这就要求语言与实在之间必须先存在确定的真值关系，从而真理研究蕴含了意义研究在语言哲学中的地位。事实上，从一开始，戴维森就把对意义问题的讨论置于真理理论的框架中。

其次，塔尔斯基真理论的语义学概念在某种程度上提供了有意义的思维视角。尽管人们普遍认为塔尔斯基的真理定义仅适应于人工语言，但戴维森却另有所见。在他看来，语言哲学最终关注的是理解自然语言，目标在于为自然语言建构一种真理理论。因而，我们能够借用塔尔斯基的真理语义学概念去建构自然语言的真理论。这就在于：(i)塔尔斯基真理概念的实质是为了解决意义问题。所以他的真理论的策略是在解决意义问题时，把内涵表达式逻辑地转换成外延表达式，从而在外延

① [美]戴维森：《真理、意义、行动与事件》，牟博编译，133页，北京，商务印书馆，1993。

的域面中给出真理的定义；(ii)在本质上，给出真值条件也就是给出语句意义的一种方式。因此，了解了一种语言关于真理的语义学概念，便是了解了该语言任一语句为真的方式，从而也就理解了这种语言；(iii)“这样一来，意义理论便自然地转换成为一种经验理论，它的宗旨便是对自然语言的活动方式作出解释。”[①]可见，正因为戴维森认为对意义理论所提出的条件，在本质上就是塔尔斯基那种检验关于真理的形式语义定义是否适当的约定 T，所以完全可以利用它来达到我们的目的。这一点蒯因也颇为赞同，所以他清晰地指出，“塔尔斯基的真理论是意义理论的一种恰当建构”。[②]

最后，传统真理符合论的困境促进了新的真理观的建立。为了走出传统真理符合论的困境，戴维森提出了一种融贯论的真理观。在他看来，真理本质上与信仰和意义密不可分，意义将真理和信仰内在地聚合在一起。考虑到一个人不可能在他的信仰之外达到对实在的把握，而且只有信仰能成为其他信仰的原因，所以，戴维森认为并非某一信仰符合于其他外在事物时才具有真假，而且还依赖于它与其他信仰之间的融贯。在知识的探求中，我们的目的并不是去获得僵化的信仰与实在的符合，而是最大限度地融贯所有“信仰集”间的一致。当然，我们并不要求规定无限强的融贯性以保证“信仰集”中所有句子成真，它只坚持一个融贯的信念集合总体中的大多数信念是真的。因此，并不需要一个外部的

---

① Donald Davidson, “Truth and Meaning,” in *The Philosophy of Language*, Aloysius Martinich(eds.), Oxford: Oxford University Press, 1985, p. 76.

② Willard Quine, “On The Very Idea of A Third Dogma,” in Willard Quine, *Theories and Things*, Cambridge: Harvard University Press, 1981, p. 38.

标准，在互相竞争的融贯的系统中做出选择，更不必担心这一真理体系会成为某种编造得很自洽的“童话”。因为我们完全放弃了任何追求与外在世界“符合”的企图，而仅诉诸在把语言当成一种整体的知识系统中，在遵循普遍原则的网状“信仰集”内部，来对语句或陈述真假做出判定。由此，“除非参照我们已经接受的信念，否则，任何东西都不能充当辩明的理由；除了融贯性以外，无法在我们的信念和我们的语言之外找到某种检验方法。”①

我们看到，戴维森对真理理论所做的努力，无疑是对塔尔斯基工作的继续。只是，当他把人工语言看作是它们从中汲取生命力的自然语言的推广或组成部分，或更复杂的语言系统来处理的中介手段的时候，他使得真理理论在新的思维形式下具有了更为广阔的空间。首先，其实质意义在于，戴维森真理融贯论所蕴含的整体论思想，是语用思维中的一种普遍态度。尽管后来受罗蒂的影响对坚持融贯论有所动摇，但却始终未放弃整体论的态度，而恰恰是这种态度，为“语境化”真理观的建立奠定了基础。

再者，戴维森把真理论看作“一种经验的理论”，为真理问题走向生活实践开辟了道路。② 我们知道，信念的产生伴随着各种不同的生物学上的和物理上的事实，如果我们把真理论看作一种对感觉的因果性的“依赖”，而不是对证据或辩明的“依赖”的经验理论的话，赋有意向和心

---

① Richard Rorty, *Philosophy and The Mirror of Nature*, Princeton: Princeton University Press, 1979, p. 178.

② Donald Davidson, “The Structure and Content of Truth,” in *The Journal of Philosophy*, Vol. Lxxxvii, June, 1990, p. 309.

理意义的信仰就不必还原为某种更基本的东西，或乞求于不可触及的形式语言。它仅在成真的意义上，依赖于言说的外部环境，即依赖于人们充分的生活实践中所予以的价值取向和标准。因为，语言哲学后现代转变的目标不仅在于消除纯粹形式语言的建构，更重要的是促进人们更宽泛地使用自然语言，并在自然语言的使用中显现真理存在的方式。正如戴维森所见，"塔尔斯基为我们所做的是在细节上展示如何去描述真理所应采取的模式。而我们现在所需要去做的是，去认明这样一种模式或结构是如何显现于人们的行为之中。"①

需要强调的是，在真理问题"朝向语言而生长"的路途中，塔尔斯基无疑是促成真理与语言紧密结合的开拓者。但他只是在语言之内求解真理问题，把真理局限于语形、尤其是语义的层面，他采用对人工语言进行语义分析以明晰真理的途径，最终导致了僵化而又不可通达的真理图景。而戴维森的机敏在于，他有效地借鉴了塔尔斯基的工作并进而将之运用于构建自然语言真理论。在戴维森的建构中，我们还可以敏锐地看到，他所选择的通向自然语言的真理论之路，包含了真理问题走向语用对话和"语境化"建构趋势的基本生长点。

(二)走向语用对话的真理论

以戴维森自然语言真理论为基底的"语用对话"真理观的构建，鲜明地显示出后维特根斯坦哲学强调"语用"为主的语言哲学语用化演变的必

---

① Donald Davidson, "The Structure and Content of Truth," in *The Journal of Philosophy*, Vol. Lxxxvii, June, 1990, p. 295.

然趋向，同时，经典实用主义向新实用主义的转换也预示着哲学主题在真理观的建构中寻找到大陆哲学与英美哲学相融合的成熟的结合点。

1. 经典实用主义：语用对话的滥觞

20 世纪上半叶，与分析哲学运动遥相呼应的哲学流派是其在美国的变种经典实用主义。经典实用主义在本质论题上，与分析哲学一脉相承，力图抛弃形而上学本体论，舍弃近代哲学种种解决认识真理的形而上学方法，力主将真的信念与人的行为关联起来，并由此把关注的焦点投置于真理的效果上。尽管他们并未真正地从语言哲学的角度来思索走向生活实践形式的真理，但他们却直觉地把真理问题定位于语用的层面上。所以，新实用主义者之所以仍自豪地沿用"实用主义"来作为其哲学的标签，有着其内在的历史根源。

首先，经典实用主义抛弃传统真理符合论，为尔后新实用主义的发展奠定了解构形而上学二元论的基础。经典实用主义尽管仍把真理看作观念的属性，但他们所强调的却是"效果"，即在走向生活的经验形式中信念会导致什么样的利益。所以传统的符合真理论对他们来讲是空洞的因而毫无意义。另外，真信仰是有用的非表征性的心理状态，还是对对象的精确而逻辑的表征，这在实践经验中并不存在本质的对立。因而，他们放弃符合论而强调真理的效用，其目的恰在于通过消解传统的心理和自然、主体和客体之间的对立，来归化真理实践的影响，这正如后来戴维森所指出的那样，"我们对真理谓词的观察不应视为'严格二元论的'。"①

① Richard Rorty, "Is Truth a Goal of Enquiry? Davidson VS. Wright," *Philosophical Quarterly*, Vol. 45, 1995, p. 291.

其次，经典实用主义把真理归结为一种效用，就不可避免地要引入语用的因素，而语用则渗透了人的价值取向。正如詹姆斯所言，“真是在信仰和善的方式中证明自身为佳的名称。”[1]一旦在真理与人的价值取向之间搭取了由此及彼的桥梁，那么，真理的语用性就会强化。从某种意义上讲，塔尔斯基真理论中所缺失的语用因素，在经典实用主义理论中获得了弥补，因为“语义”所诉诸的主要是指涉，而“语用”则主要诉诸的是语境和行为。总之，当符号或符号系统的意义与使用者相关时，真理便具有了走向语用层面的合理通道。

最后，经典实用主义把真理当作一种被解释的效果而不是被假设的教条，启迪了新实用主义的真理态度。由于经典实用主义者看到了传统真理“神话”的不可及性，从而使真理变换成一种被解释的东西。因为既然我们生活于人类文本的世界中，我们的言说是否与他人具有一致性，就自然地成为实践的焦点，从而更多关注的就必定是语言效果。这样，当我们宣读一段陈述为真时，就是把真理当成了一种被解释的东西，即“说一个命题为真就是指明对它的解释为真”。[2] 由此，按照新实用主义的说法，被解释的真理便不再是传统所追求的“模式”，而转换成为一种生活形式的对话。

2. 语用真理论：走向公共实践的真理建构

经典实用主义所做的这一切对于新实用主义的目标来说，还远远不

---

① Richard Rorty, “Is Truth a Goal of Enquiry? Davidson VS. Wright,” *Philosophical Quarterly*, Vol. 45, 1995, p. 282.

② Ron Bontekoe, “Rorty's Pragmatism and The Pursuit of Truth,” *International Philosophical Quarterly*, Vol. xxx, 1990, p. 231.

够。新实用主义不能把真理仅仅归结为一种语言效果而了事，他们必须面对由于反对传统符合论而来的种种责难，尤其是要在实在论和反实在论的激烈争论中表明自己的立场。这样，摧毁基础主义哲学的大厦，营造一种在生活实践的基础上平等对话的氛围，便成了他们消解传统的第一要务。为此，他们批判了传统的"大写"哲学，主张在哲学对话中所有主体之间的自由和平等，从而在走向生活形式的语用对话层面上去构造新的真理观。从总体上讲，主要表现在这样几个方面：

首先，放弃追求传统"真理"，促进解释对话的多样性。在新实用主义者看来，要实现这一点，就必须进行"语调转换"，实现"对话的转折"，从而涤荡各种"形而上学的舒适"。换句话说，人类是通过在不同文化背景中讲说不同的语言，来追求不同实用目的而产生了对话的多样性，而这种对话的趋向性并不在于某种绝对的教条，而是多种具体实用趋向一致和融合。所以，当各种跨学科、跨文化的对话达成多样一致时，它本身便成为真理的目的。因为除去参与和构建这种对话，哲学便失去了它存在的意义。

这样一来，特定的语言便成为建构性的机缘产物，而真理则不过是"为了获得纯粹的交换意见，在欢乐的讨论中所得到的偶然附产品"，即是在苏格拉底意义上的，在公开的、探索性的讨论中所获之物。①

其次，由"确定性"的真理概念转向"非确定性"的真理概念。走向语用层面的真理对话，使得传统固有的"大写"真理为一种世俗的、随机

---

① Ron Bontekoe, "Rorty's Pragmatism and The Pursuit of Truth," in *International Philosophical Quarterly*, Vol. Xxx, June, 1990, p. 222.

的、可变易的“小写”真理所替代。这种传统的“确定性”真理向“非确定性”真理转变的可能性就体现在：(i)对话的多元性造成了将真值条件指派给语句的各种不同方式，这种不同方式一致地遵守所有形式的和经验的约束条件，换句话说，在这许多不同的真理理论对于一种特定语言是同样充分地等值的条件下，却可以给具体的语句指派真假完全相反的值；这便使得(ii)要保证不同真理理论的等值仅当讲话者言说句子的态度对于那些句子的真值是直接的证据。这样一来，讲话者坚持句子为真就取决于两个因素：他们通过句子所言说的和他们所信仰的东西；由此(iii)一旦讲话者坚持句子成真的事实能够是认为该句子成真的理论论据，因而真理理论的任何选择均可通过一种信仰的适当归属来衡量的话，真理的非确定性便成为显然的了。事实上，真理的“非确定性”特征是一种普遍的后现代态度，在后现代语言哲学的视野中，不仅真理，而且包括逻辑结构和指称，均可是非确定的。

最后，强调真理是被构造的，而不是被发现的。在认识世界的过程中，我们一旦发现有些东西在确定的语言框架中不可表达，就会借助于隐喻的方式在该语言中发明或创造出一种方式来表达它。这样，语言的普遍性就可与“理智的普遍性”保持一致，使得我们在消解绝对客观真理观念的同时，通过“命令”来构建相对内在真理的观念，就具有了合理性。这种在主体对话的层面上所构建的真理，是信念之间以及信念同经验之间的某种理想的融贯，它内在地包括了理性的可接受性、简单性、自洽性、贴切性等价值标准，而不必要求直接当下的经验证实。正如普特南所言，真理应被理解为“某种(理想化的)理性可接受性某种我们的信仰之间及与表现于信仰系统中的经验之间的理想的一致性”①。

由此，不难看出，语用真理论的本质要义在于，“效用性”成为一切建构的出发点和生长点。在把对语用的理解推向语义学的外部，关注于其起作用的方式和实践意义的过程，语言本质上成为一组声音和符号，成为人们用以协调自己活动的方式。其“效用性”就明显地体现于它是从认识的结果而不是原因来考察我们的知识，突出强调生活实践中经验的地位，把这种经验不是当作任何物理实在或认识的阿基米德点，而是看作在进行实践活动的各种相互作用的东西总和。这样，由强调“效用性”所体现出来的就是一种与认识主体的直接当下的背景信念、价值取向、时空情景相关的真理对话论。毋庸置疑，在这样一种没有“形而上学”强制的对话中，主体之间平等的内在对话是自由的、有创造性的和易于统一的。这标志着两千多年来亚里士多德意义上的真理符合论的解构，更喻示着维特根斯坦之后，在语言哲学内部后现代趋向的又一次崛起。从这个意义上讲，走向语用对话的真理论大大促进了新实用主义者构建未来新哲学的进程，他们所主张的主体与客体、事实与价值在对话中的统一，为科学主义与人文主义的合流创造了一个新的聚合点。同时，这种真理论突破了塔尔斯基主张的语义层面，而在语用层面上构建了新的世界，使得真理问题在语言哲学中发展到了一个新的阶段。

(三)“语境化”真理观的建构

“语境”概念突破了传统静态地指示相关语词关系的狭隘层面，引入

---

① Hilary Putnam, *Reason*, *Truth and History*, Cambridge: Cambridge University press, 1981, pp. 49-50.

了整体论观念，将语形、语义和语用的因素内在地结合起来，并进而突出强调了主体意向性在语境中的不可或缺地位。这种语境概念表明，一方面，语境实在成为自然而然的观念，而且这一观念的建立在很大程度上决定了真理“语境化”的进程；另一方面，“语境化”的实质意义就体现在，我们是按主体的再现规约而不是按照自然本身的再现规约来对知识进行成功的再现。因此，本质上“语境”是主体所构造的，为达到人类交流的现实目的而自然存在的一种认知方式或认知结构。正是在这个意义上，“语境化”真理观的建构不仅是可能的，而且是必然的。其特征表现在如下方面：

①语境成为本体论性的实在基底。从具有工具主义低调的实用主义观念向完全后现代观念的转变，使得“语境”已作为一种带有本体论性的整体实在和行为集合出现了。在这种带有很强后现代性的语境构造中，语言不再是一种反映或表达思想的媒介，而是思想本身，是确定的客观实体，是一种不断进化的“实在”，而真理又是语言实体的特性或句子的属性。这便使得语境能够在“观念世界”和“对象世界”的两极对立中，寻找到自己的合理存在地位，摒弃导致真理符合的途径并使其载体脱离与外在世界的僵化关联。在这里，语境本身已展示了其作为人类认识基底的合理性，我们可以在语境结构自身之中去建构任何语言的合理对话，去探索一切适当的真理理论。①

②语境构成了公共实践的具体形式。在语用学视角上把真理“语境化”，不仅为其提供了一个十分“经济的”基础，而且使得语用对话真正

① 关于语境的实在性问题，请参阅郭贵春“论语境”一文，原载《哲学研究》，1997(4)。

地建构在牢固的公共生活实践之上。语境所展示的作为人类对话要素结构的特性，内在地规定了对话的公共性、实践性和历史趋向性，使得人类思想的各种信念、欲望、语句态度、对象都被“语境化”了，没有超人类权威的“上帝之眼”来选择真值，一切均取决于在当下情景状态中所进行的平等对话。信念的每一次变动，真值的任一重新取舍，都只是语境的再造或公共实践具体形式的变易，都是在公共实践具体的、多样化的关联之网内所进行的信念的重新编织。这就是说，人们是根据语境关联的整体性、公共实践的具体性、对话要素的结构性而不是严格的逻辑推演来进行哲学的对话。

③语境成为展示价值趋向的认知方式。语用对话理论，无疑使得主体的偶时意向在真值的选择中起着规定性的作用。相对于具体语境而言的主体意向性，由于它所具有的深厚的历史的、文化的、社会的背景约束，并不会因为它的偶发性而陷于“本体的任意选择”和“心理主义的幽灵”当中。因为，作为心理表征的过程，主体对于真假的信仰选择、价值倾向和命题态度，在语境的本体论性意义上，不仅是内在地具有着实在的特性，而且现实地存在意向特性与相关行为之间的因果关联。这样一种主体的意向性，一方面，具有语义的性质，它规定着用于表征符号、语词和命题中所蕴含对象的指向；另一方面，它仍然是语用的，只有在当下的、符号使用和语词指称的情景下，它才具有着完全的现实意义。所以在特定的语境中，对于相关的语形结构及其表达来说，心理意向在本质上构成了语义和语用的统一。也正是这种统一，内在地决定了语境的整体性和系统性，规定了真理的建构性和趋向性。

④语境满足了整体论的方法论要求。语用整体论是在批判传统理性

和经验认识论的线性决定论原则意义上建立起来的。在基础主义认识论的死亡和逻辑经验主义的衰落中，整体论的出现显示了思维方式的某种关节性的变革。这种整体论观念告诉我们，传统的那种赋予真值的“堆积木方法”的缺陷，在于试图通过定义语词的方式达到表征真理的目的。而事实上，任一语句的真实性都与该语句的结构和语素相关。因此，我们强调符号和思想与语境的相关性和感受性，本质上就在于把语言的形式和结构及其内在意义看作是整体思维中的结合物。在这当中，诸多语句被证实或被正确地判定，并不仅仅在于其相关经验的存在，而是因为它们处于与其他已被证明为真的语句的推理关系之中，也就是说，处于证明或正确判定它的整体语境之中。

由此，不难看出，“语境化”真理观作为语用学转向的必然结果，内在地显示了“语境”作为一种具有本体论性的实在，不需要在形式上再做抽象的语言哲学的本体论还原的合理存在性。并且它消除了强加于存在之上的任何先验或超验的范畴或本质，强调存在的意义就在于相互关联性，因而“关系可以解释一切”。因此，不是真理具有任何独立于语境的意义，而是只有在动态的语境中才能展示真理的存在。我们现实地关注的只能是“语境化”了的真理，那种绝对抽象的形而上学真理只能被“悬置”一旁。

当然，真理的“语境化”，只是真理发展的一种“趋向”或“态势”，并不要求赋予它以描述世界或人类自身的语言特权地位，更不是在寻找人类普遍的知识标准。“语境化”仅意味着，它不对知识做任何本体论的简单“还原”，仅只是进行具体的、结构性的“显示”。这一特性使得真理无法独立于人类的心理意向而外在地存在。事实上，在“语境化”的意义上，真理已不再被视作哲学旨趣的终极主题，“真”这一术语也不再是分析的结果，“真理的本质”已不再是类同形而上学的“人的本质”和“上帝的本质”那样的无意义的话题，它展现了具体的、结构的、语用的、有意义的人类认识的趋向。因此我们所应努力的，便是在“语境”的既非还原论也非扩展论的意义上，现实地展示出真理发展的未来走向。

无论如何，“语境化”真理观的构建冲破了传统真理符合论的桎梏，内在地体现了语用学转向的迫切要求。在这个意义上，“语境化”真理观既是整体语义论、语用对话论的历史继续、发展和开拓，更是从语言哲学角度探讨真理问题在语境基底下的圆融。尽管这一理论本身尚需要不断地自我完善、充实和进步，但它作为一种语用学的思维视角无疑将渗入语言哲学方方面面的研究之中，确是不容置疑的。

三、语言分析方法与意向性

在坚持心灵与世界二分的前提下，我们始终面临着心灵与外部世界的关系问题，意向性(intentionality)研究正是人类对解决这一问题所进行的尝试。从阿奎那将其赋予心智外客观实在的中介属性，布伦塔诺、胡塞尔从心理学、现象学对其进行深入探讨，到现代心灵哲学家从“内在论”的心理语义学出发，试图分析意向性概念本身以描绘其与语言的图景，以及功能主义、突现唯物论等科学主义流派企图在现代科学基底上对该问题做出哲学探讨，这些努力无一不昭示着这一传统心灵哲学议题在当代哲学研究中同语言哲学和知识论密不可分的关系。

作为关乎“脑—世界”“思想—实在”关系的重要方面，伴随“语言学转向”，意向性问题的语言属性逐渐显现，语义和语用分析方法的思维改造作用让人们意识到，意向性研究需从语义地内在分析与语用地实在论建构两方面进行，从而论证心理意向结构的存在，实现“脑—世界”关系的现实性。

而对以上两点的确证也是经验知识获取其合法地位的前提与基础。麦克道尔将塞拉斯对“所予神话”的批判解读为非传统的经验论，进而从意向性问题出发，将塞拉斯日常知识和科学知识的关系延伸到世界与心灵关系的层面上，借塞拉斯的哲学完成了实在论与理性之间的先验关联，使客观意指，即意向性问题有了合法性，也为心灵哲学与知识论创造了融汇之所。正是在这个意义上，我们认为通过揭示心理意向性的语用化建构，阐释其路径和意义，继而以麦克道尔对塞拉斯理论的批判为线索，阐发其实在论与理性的关联，是看待现代哲学问题的一条独特路径。

(一)心理意向的语用化建构

从语用学转向的视角上，理性地审视20世纪哲学异彩纷呈的发展，我们会自然地发现，一方面，科学主义和人文主义的相互融合和渗透，无疑最广泛地标示了哲学浪潮的主题趋势；另一方面，由于“语言学转向”尤其是“解释学转向”的不可逆转，心理解释的意向重建成为两大思潮全新的融合点和生长点。这不仅使得“心理学转向”成为自然而又必然的趋向，同时为科学实在论的进步提供了新的界域和形式。从这个意义上讲，通过揭示传统心理意向性问题在语用学研究层面上的“策略性”转移，阐明“意向自然化”的必然性，最终在科学的意义上建构意向实在论，将是颇为重要的一项工作。

1.“意向性”研究的主题转变

历史地讲，意向性问题属于心灵哲学(Philosophy of mind)研究的范畴，指有所意指的意识的性质。这一研究渊源于中世纪经院哲学家阿奎那，他从本体论的视角考虑，赋予意向性以心智外客观实在的中介属性。在批判、继承和改造阿奎那意向性学说的基础上，奥地利哲学家布伦塔诺纯粹从心理学的角度对意向性作了深入的探讨，开创了现代心灵哲学意向性理论研究的传统。

(1)传统的意向性理论

作为一种颇具代表性的意向性理论，布伦塔诺对意向性问题的探讨开始于他对心理现象与物理现象的区分，因为他把心理现象定义为在心智中以意向的方式涉及对象的现象。在他看来，心理现象之不同于物理现象的最重要原因就在于它具有意向性，因此，“意向性是心理现象的根本标识”。由此，布伦塔诺进一步考察了意向性的特征，把意向性规范为：①意向性是一种属性。它作为属性的意义就在于它并非心理现象或其他心理属性所赖以存在的不可还原的基质，它仅在活动主体的意义上而不是非物质实体或心智实体的意义上作为属性而存在；②意向性是一种指向(directed)或涉与(aboutness)。这就是说，既然每种意识都是关于某一对象的意识，那么，任何心理活动就都不是纯粹的活动，其独特本质就在于它必然地指向相关的物理对象，而不论该对象是否是现实的存在。物理现象正因此而包容在心理现象之中；③意向性是一种对象的内在存在性。作为意识对它所涉与的对象的一种主观性态度，意向性所指的对象不是外在的实在，而是内在的存在，只具有内在的客观性(immanent objectivity)。

在布伦塔诺工作的基础上，现代西方心灵哲学家们从不同的视角对意向性问题作了有意义的探索。从总体上讲，存在有这样两种截然不同的趋向：

其一，以语言分析为基础，对表示心理现象的语词和概念给予普遍而优先的关注。这种趋向的形成源于实证主义的意义理论和行为主义的持续衰落以及随之而来的认知心理学的蓬勃兴起。在总体上，与此趋向相对应的理论形态，包括罗素的中立一元论、石里克(M. Schlick)的分析行为主义及奥斯汀等人的理论。他们从"内在论"的心理语义学出发，把心理意向性的自然位置定位于思想或头脑自身之中，试图通过对意向性概念本身的地位、本质、作用进行完整而系统的分析，从而展示意向性与其对象、意向性与语句、意向性与语言之间的清晰图景。从本质上讲，这是一种试图从语义分析的方法论上解决意向性问题的尝试。

其二，现代物理主义的发展和科学实在论的兴起，导致了"自然主义的回归"并因此提出了解决心理现象的新策略。包括功能主义、突现唯物论等在内的科学主义流派，试图利用计算机科学、神经科学等前沿学科的理论和方法，在坚持多元主义的基础上，把意向性问题建构在现代科学的基底上并进而做出合理的哲学探讨，以提供有意义的新理论，构筑出"新的模型"。他们从自然主义的立场出发，把自然当作是一切存在的总和，因而不存在超自然的东西，心智及其语言表现形式仅仅是特定实在世界中的存在。所以，意向性问题并没有超出科学的界限。事实上，他们正是从"外在论"的角度，将意向性的对象延伸于外在的客观实在的自然世界，从而做出了某种“函数式”的对应求解。

应该看到，布伦塔诺及其后继者们从“内在论”和“外在论”的不同视角就意向性问题所做的研究是极具其时代特征和意义的。至少他们已经敏锐地洞察到了意向性问题的语言哲学属性，从而能够系统地从现代语言哲学的分析方法出发，在句法和语义的层面上，给予意向性问题以较为合理的阐述。更重要的是，他们已初步意识到，意向性及其对象不应只是思想之内的事物，只有将它们与自然实在联结起来，才能进行有意义的说明。

但是，需要指出的是，如果仅仅对意向性本身做一种“内在化”的概念明晰，或只是从语义分析的角度为其指派实在的“映射”值的话，仍然没有避开传统形而上学框架的局限，仍是企图一种机械论式的求解。意向性问题的研究决不能局限于语言分析本身或单纯的语义层面。事实上，语言本质上是一种社会的现象，因而“在语言基础上的意向性的形式必然是一种社会的形式”。[①] 它不仅内在地具有其本身的功能、结构和逻辑形式，而且也必然受制于其所处的文化的、社会的、科学的和心理的氛围。因此，如何合理而又批判性地把语言分析与自然化的方法内在地融合起来，在广阔的背景上寻求其共同的关节点，才是真正解决意向性问题的最有前途的出路。

(2)命题态度理论

传统地解决意向性问题，或是从本体论上对“心灵”和“肉体”孰先孰后争论不休，或是从认识论上把意向性建构为思想的内在解释和语言意

---

① John Searle, *Intentionality: An Essay in the Philosophy of Mind*, Cambridge University Press, 1983, p. viii.

义的原子论说明。但是，这样一种策略显然是狭隘的。因为意识或内在意识，并不是心智或思想的唯一标志，更为确定的(外在的)标志在于它的言说或使用语言的一种能力。可以说，在特定语境中，这是思想显现的唯一确定标志。而这样一种能力，无疑会促使主体的心理意向性诉诸(i)他所具有的精神行为或态度；以及(ii)此行为或态度的对象或表征内容。这样一来，思想就成为一种心理表征能力，而作为主体对其提出命题所具有的心理状态的命题态度(propositional attitude)，便成为心理表征的对象。事实上，把思想看作"命题或类似于命题的观点在当代哲学中是一种普遍的共识"。[①] 在这里，命题态度作为被表征的对象被看作是具有客观性的心理实在，它既不同于承载思想运动的物质实在，也不同于被表征的事物的形式实在。在严格的语词意义上，它是一种具有确定命题趋向性的心理状态。不言而喻，思想把客观实在的观念还原为一种具有心理趋向性的命题态度，对于意向性理论的研究具有极为重要的意义。这具体体现在：

首先，命题态度的引入，使得心理表征(mental representation)观念在语言和心灵哲学中具有了普遍的认识论意义。具有语义和句法特征的心理表征，是思想的一种语言，它"既作为命题态度的直接对象，又作为心理过程的域而发生作用"。[②] 因此，一方面，作为意谓或指称能力，它具有"关联"的属性，要求一种机体和环境相互作用的解释，这使得它指称事物的方式形同于自然言说的语句，从而自然地进入了语言交

---

① LiLLi Alanen, "Thought-talk: Descartes and Sellars On Intentionality," *American philosophical Quarterly*, Vol. 29, January, 1992, p. 23.

② Jerry Fodor, *Psychosemantics*, Cambridge, MA: The MIT press, 1987, p. 17.

流的公共媒介；另一方面，它自身又具有内在表征的特性，因而它的意向内容能够“指称”并且“表征”所有存在或非存在的对象，以补偿人类认识中现实对象的缺失。所以，任何具有命题内容、满足条件(或真值条件)的命题态度便可成为具有适当指向的意向状态的表征，而表征的意义就在于，由此我们能够透视出主体在完成命题态度的过程中，客观地展示出意向性的结构特征及其逻辑形式。这样一来，“理解意向性的关键就在于表征便成为不言而喻的了”①。

其次，命题态度成为连接主体意向性与其言语行为的中介。“语用学转向”要求对意向性的研究决不能仅限于语义层面，而必须把它当作是在人类进化当中，充溢社会文化特征的语言心理现象，即它必须外展于语言使用的界域中。这样一种语用化的要求为命题态度提供了广阔的拓展空间。因为，主体意向的完成，绝不仅在于某种心理状态或态度的形成，更为重要的在于由此而引起的特定言语行为的发生和完成。存在一个主体意向，即存在某种心理状态或心理事件，意味着必定具有付诸相关行为的趋势。其因果关系表现为：

引起
先在意向——→行动中的意向——→身体的变动

这样，言语行为作为心理陈述的外在表达，能够使我们通过对它的分析来展示心理意向的结构，从而使言语行为成为心理意向图景的自然的外延表达。

最后，心理意向分析方法已成为必然而又普遍的研究手段。在人类

---

① John Searle, “Intentionality and method,” in the *Journal of philosophy*, Vol. xxviii, November, 1981, p. 721.

行为从语义的理解走向语用的解释过程中，必然内在地蕴含着形成主体命题态度之个体的、心理的、规范的和社会的背景，从而体现为不同心理意向的趋向性。因而，对本文的解读已不是单纯语义分析所能把握的，必须诉诸心理意向分析。事实上，言语的意向性作为心理意向性的一种特殊情况，使得我们能够用意向性观念来分析意义、指称等观念。具体地讲，主体的言说为真，内在地蕴含着他不仅给出了某种承诺，而且提供了形式语句陈述的真值条件。而这样一种语句陈述的真值条件也正是相关言语行为的心理表征的真值条件，从而也恰好就是意向状态的满足条件。这样一来，为把握不同的心理意向的趋向性，用意向分析方法揭示意向状态的满足条件便成为首要手段。

由此不难看出，一旦将意向性问题的研究奠基于命题态度并诉诸主体的言语行为，意向性理论就会在语用的整合中生成更为广阔的应用空间。首先，其实质意义在于，“意向整体论”成了意向性研究的必要前提。从本质上讲，一种命题态度所涉及的内涵是深刻的，外延是广阔的。它不仅要求关注主体的偶时意向及语词选择的当下“认知态度”，而且由于其现实化而诉诸了言语，预设了意向行为并将行为动机归因于意向主体的先在意向，从而使得“我们不仅可用心理、思想、行为和语词来恢复人们的清晰图像，而且可提供心理的本体性和因果性相互作用的意向归纳推理”。[1] 而正是这一主体态度的整体意向性选择，显示了在此问题上所具有的语用学特征。

再者，面向语用而生长的意向性研究，适应了“实在论要求意向性”的

① 郭贵春、殷杰：《论指称理论的后现代演变》，载《哲学研究》，1998(4)。

趋势。既然具有意向特性的、作为心理表征对象的命题态度是实在地存在着的，那么，它不仅有助于我们在心理意向和与其相关的对象特性之间构建由此达彼的桥梁，从而在“意向实在”的基点上拓展实在论的界域，而且，正是命题态度的实在特性，使得我们能够将意向自然化，从而为深入地进行“意向实在”的研究提供自然的逻辑前提和本体论性的必要基础。

2. 意向性的自然化

从语用思维发展的趋向上看，摆脱传统的“心理——世界”形而上学难题，首要的就在于必须把对二元对立的信仰论争转变成对中介手段和实现途径的选择，从而把意向性问题与科学的、语言的、实践的、历史的自然化趋势关联起来，在自然化的轴心上使科学主义与人文主义实现某种不可分割的相关性，进而在自然化的心理意向这一“收敛”性的哲学基点上，向所有不同的科学知识和文化领域“发散”。

(1)意向性自然化的必然性

作为主张用自然原因或自然原理来解释一切现象的哲学观念，20世纪的自然主义在新的科学认识和实践条件下获得了某种意义上的“回归”。在这当中，维特根斯坦的后期批判哲学和蒯因的自然主义认识论无疑是其中的两个主要形式。正是它们在冲破逻辑经验主义和约定主义的僵化的理性等级结构，代之以灵活而又广阔的自然主义的认识和理性结构，从而在用以明晰心理表征的本体论性的基础上，“自然地导致了现代物理主义的取向”①。可见，意向性的自然化，是由心灵哲学的发展以及意向性理论自身的内在要求所决定的。

---

① 郭贵春、殷杰：《论指称理论的后现代演变》，载《哲学研究》，1998(4)。

首先，绝对抛弃心理主义的分析运动破产之后，需要寻求新的哲学形式以弥补这一缺失。在传统哲学的发展中，错误地预设了这样两个假命题：①对认识论的研究只能用非心理学的方式，即所用的语词应是逻辑的而非心理学的；②哲学的反思(或具言之，意向性的本质)是先验的，即先在地具有不以实践为转移的逻辑结构。然而科学的发展表明，心理和生理能力根本不可能与我们对人类知识的研究毫无关联。因此，作为自然化"回归"的首要义务，便是在心灵哲学的研究中，将心理学重新引入并反对意向性的先验论。事实上，对心理学的普遍自然化这一后现代趋向要求，一方面，能够超越经验和形式描述的约束，而给出多层次、多向度的"语义下降"，从而说明物理实在和心理实在之间的相关性；另一方面，正是由于对意向性的自然化，使得它能够抛弃传统先验唯我论的"悬置"，更真实地走向与其对象密切相关的生活实践当中，从而在人类广泛的科学和文化所形成的背景之中，充分地理解命题态度的主体价值取向和言语行为的语用特征。

其次，命题态度的本体论性与其相关的物理环境或物理过程的内在统一，客观地要求意向性的自然化。在自然化的基点上论述意向性问题，必须解决①命题态度的实现过程能否与物理过程相容；以及②意向状态能否与对象世界和科学行为相关联。从本质上讲，这是就意向性是自然化的还是先验的不同性质之间的抉择。传统地把意向性看作是在先验的意义上先在的，其认识论困惑在于，由于把意向性与因果性(即自然化的理论)截然地对立于不同的话语层面上，从而抹杀了二者在语境中相互关联的内在统一。事实上，完全有可能在自然化理论的构建中存有一种意向性的解释。因为，在意向性是现象的被解释项而因果性是理论的解释项的意义上，二者是相互补充的。被意向性所特征化了的心理行为，是在自然的时空和因果秩序中作为事件而存在的，因此，自然存在性显示了意向性的属性；另一方面，在身体和精神被视为特殊类型的自然存在的观念中，整体地预设了实体及其系统的自然指称的因果可能性，从而，在这一特定条件下，意向性成为物质自然的映射，成为自然秩序的意义所在。在这个意义上，意向性的自然化不仅是必要的，而且是可能的。它内在地显示了与因果性的相容性，展示了作为语用学研究趋向的特性。

(2)意向性自然化的方法论特征

意向性的自然化以自然化的“回归”为契机，以走向语用为基本目标，在不断地寻求科学主义和人文主义的相互融合、相互渗透的关节点中进行的。在这当中，一切由于传统“心——脑”对立的机械二元论所导致的“机器幽灵”的神秘性，由于认识论的唯我论而导致的意向性对象的先验性，都随着自然化的普遍展开而消解。在新的意向性图景中，语言的形式结构和心理的意向结构、逻辑的证明力和论述的说明力、静态的规范标准与动态的交流评价之间的传统僵化界限被消除了，显现出的是在心理重建和语言重建的内在统一之中生机盎然的景象。从总体上讲，其语用学的方法论特征体现在：

首先，功能与指谓的统一构成了意向性自然化的基本特征。随着当代科学心理学的提出以及要求作为一门建制性学科而发展的必然趋势，使得人类认识的视域已远远超越了传统的“内涵”与“外延”之争，而投向更为广阔的“整体意义论”。在这种整体图景中，如何更有效地将系统网络及其各个网点联结起来，成为问题的焦点。从本质上讲，功能涉及的是整体意义，它强调意义在整体的信仰之网中的作用，而指谓关联的则是意义的个体化，它强调意义在实现因果的真值条件中的作用，在意向性的自然化境况中，二者是相互融合内在统一的。它们之所以能够在外在同一和内在明晰之间保持适度张力，其原因在于①功能作用决定了命题态度，即命题态度生成于心理意向相互作用的关系状态之间，其表现方式被这些关系所限定，所以其表征符号所具的形式属性决定了它在信仰之网中出现的位置；这样一来，②由指谓作用所决定的个体化要想与外部世界建构起因果关联的真值函项，从而实现各个态度所达致的内容的话，就必须借助于其整体的功能才能保证内容与符号之间的正确映射；由此③一旦这种映射关联被确定，命题态度的趋向性被指谓作用个体化，真值内容被功能作用确定了相互依存关系，那么在两者动态作用的张力之间，自然化的意向性就可能建构起来。这一"建构"使得由句法结构的存在特性中自然获得的"因果力"与通过符号表征状态所实现的"语义力"之间保持了内在的统一。

其次，主体的整体意向在科学理论的构建和科学文化的说明中起着不可或缺的作用。在哲学的解释和说明中，试图避免任何意向性的概念是没有出路的。对于一种科学理论或一种文化说明而言，它是被科学家共同体的意向运动所构成的。由于理论实体是在特定语境中被假定的，所以，相关主体间已预设了科学理论的建构和有效的意向行动。正因为如此，理论实体才可被当作是在意向性构建的意义上相对这些理论而独立的。因此，孤立于任何科学共同体的整体意向性来谈论理论实体是否是"真的"、"有意义的"或"可确证的"是毫无意义的。正是共同体的整体心理意向的说明，客观地显示了理论实体在框架构建中的自主性、独立性和相对性。

最后，意向性的自然化是将人类意向与实践语境联结起来的中介。在传统的心理主义理论中，由于没有意向范畴的位置，因此意向性不可能被自然化。它仅是在指称表征状态的“狭隘”内容中，被构想为某种机械论的随附。意向的自然化从反传统的意义上，调和了“自然主义”和“心理主义”。在这里，不仅意向内容成为广阔的，而且意向状态也不再是纯粹内在机械论的功能，它通过寻求内容与表征之间协调的因果关联而从本质上依赖于主体对语境信息的各种解读。在这一点上，意向性自然化的路途就是走向语用、走向实践语境的过程。总之，对于意向性的自然化来讲，“如果没有考虑到它的因果作用及其存在的语境性，是不可能被阐明的”①。

由此，不难看出，意向性的自然化是在语用学视角下重新建构意向性理论的中介点和生长点。其本质要义在于，把意向性的研究构建成为一种基于语境的理论。在这一过程中，意向性对命题态度从而对心理表征能力的选择，无疑走出了关键性的一步。正是由于关注于心智的心理表征能力，使得人类的命题态度直接当下地与认识主体的背景信念、价值取向、时空情景相关联起来，从而通过语境行为被自然地表达出来。另一方面，正是在这个基础上，对意向性的自然化表述使得心理语义分析具有了深厚的心物基础，使它得以在对心理符号、图像和语言的变换、重组中，揭示出语言使用的必然性和对信息处理的心理意向性之间

---

① Kathleen Emmett, “Meaning and Mental Representation,” in Herbert Otto, James Tuedio(eds.), *Perspectives On Mind*, Dordrecht: D. Reidel Publishing Company, 1988, p. 77.

的一致性，从而在具有本体论性的层面上对语言的意向结构进行深层探索，最终将心理意向性构建于实在的基底上。

3. 意向实在的语用建构

命题态度的选择和意向性的自然化这些背景论题一旦被解决，意向实在论的建构就成为必然的了。因为自然化的目的，是要论证“脑——世界”关系的现实性，而不仅仅是心理意向结构的存在。从本质上讲，心理意向结构仅仅是实现“脑——世界”关系并对其进行自然化的语义分析的手段和途径。在这个意义上，意向性的自然化不仅是达致意向实在论目的的可行的方法论理论，而且它本身表明了作为意向特征与语义特征相统一的意向结构的实在性要求。正是在此基础上，意向性的自然化为意向实在论的建构扫清了两个关键性的障碍：其一，源于命题态度既具有意向性的特征，故是否命题态度能与实在性具有特定的关联值得质疑；其二，源于一般公认的心理学法则总是显然地在一种理性的(逻辑的、证据的)关系中与意向状态相关，故意向心理学的一般公认法则是否是实在地可操作的深受怀疑。事实上，如果相关心理行为生成了某种命题态度并由此代表了在思想语言中与语句的一种特殊关系，那么，这种特殊关系就为思想语言中可能的无限心理表达行为的要求和以标准的逻辑规则来选择这些表达的能力提供了基础。这样一来，对命题态度本质的论述从而对心理表征能力的确定，对心理过程本质的阐明从而对思想的演算功能的考察，便可转化为在预设的语义价值、逻辑结构、因果效应状态基础上来解释人类行为的意向实在论的建构。可以说，意向实在论建构的目的也正是基于提供这样一种解释的目的，即“意向状态如何能够因果地与其他状态、与世界及其被感知为意向内容的行为相关联”[①]。这样一种意向实在论，一方面，具有一般意向实在论的特点，即主张真实地存在着命题状态，它具有实在的意向属性，并且这种属性因果地意含于心理行为的过程中；另一方面，它是科学的，其科学性就体现于，它包含着应用意向术语来测定意向现象的理论规则。从总体上讲，这样一种意向实在论的语用思维特征体现在：

(1)意向实在论满足了科学心理认识的本体论需求。科学心理认识在走出传统“心——脑”对立二元论的形而上学束缚之后，首先要解决的便是失去本体的“无根迷途”的困惑，而意向实在论的立场，不仅接受了一般成熟科学理论所假定的理论实体，而且对这些科学的性质和规则也给予了理性的认同。从本质上讲，意向实在论就是“关于命题态度的实在论，其本身事实上就是关于表征状态的实在论”[②]。它的理论内核在于坚持(i)存在心理状态，并且它们的存在和相互作用引发了特定的行为；以及(ii)这些因果地同样有效的心理状态，在语义上也是有价值的。这样一来，由于它不仅关注于主体态度的指向而且赋予其特定的意向值，从而就将内在心理意向要求或意向趋势与外在因果指称分析或方法融合起来，合理有效地为科学心理认识提供了实在性的基底。

(2)意向实在论体现了人类文化解释的“语境趋向性”。20 世纪“语言学转向”所引致的极端形式理性和纯科学主义困境使得“解释学转向”

---

① Barry Loewer, Georges Rey(eds.), *Meaning in Mind: Fodor and His Critics*, Oxford: Blackwell Publishing, 1991, p. xvi.

② Jerry Fodor, *A Theory of Content and Other Essays*, The MIT press, 1990, p. 32.

成为哲学发展的必然。其根本抱负便是要把心理解释的意向性重建作为解释事业的重要特征。在这种由“单纯理性的说明”转向“心理解释的全面实践”过程中，如果没有对心理意向的自然化解释，那么所面对的将是极其严重的“解释赤字”。事实上，心理分析的解释实践的引入，就在于它构成了一种“深层解释学”，一种解释人类行为的方法。其意义就在于，人类的文化解释是一个具有广阔内涵的整体的结构系统，在其中，包含着各种客观的、实践的、文化的或共同体的整体意向性。同时，诉诸主体的命题态度、偶时意向、言语行为的心理意向实在本身也是一个动态的语用系统，在人类文化说明的深层内涵上，它与文本的解读要求是一致的，需要求助于作为一种实在而构建的体现了语形、语义和语用相统一的语境背景。这无疑从另一个层面上反映了在人类文化的说明中，对科学的、心理的、文化的和实践的语境的趋同性。

(3)意向实在论提供了计算机模拟人脑理论的哲学基础。现代计算机的发展无疑为意向实在论提供了合理的实证依据。从根本上讲，意义理论对计算模型的建构是基本的，因为计算机语言具有语义仅仅在于它们的使用者的意向，而使用者的心理状态恰是主体神经系统的功能状态。这些功能状态一方面具有实在的因果力，是人脑的物质属性；另一方面，又表现为表征状态而拥有了语义力。正是由于功能状态的因果力和语义力的心理统一，构成了心理状态的结构变换和对信息内容的加工处理，从而引发了人类的科学行为。对心理机制的这一意向实在论的考察，揭示了存在于各种心理状态之间的因果联系与命题对象之间所具有的语义联系之间的统一性，从而使得对“心理表征的假设”能够与“计算机隐喻”结合起来。这就是说，任何逻辑理性的演算均可由在句法上被构建的符号表征的简单操作而确定。这样，计算机便成为可与人脑相比拟的“实在环境”，计算的过程就类似于特定的“心理过程”。事实上，由于使用者赋予计算机的操作意向的存在，任何绝对中性的无意向的东西都被消解了。表面上完全形式化了的计算程序所体现出的是人类心理意向的深层展示，并且计算机愈益更新换代，越显示出对人脑更为逼真的模拟。

(4)意向实在论蕴含了科学主义与人文主义相融合的趋向。作为传统意义上截然对立的自然主义和心理主义在语用学视角下相互渗透和融合的产物，意向实在论的建构无疑为寻找新的哲学研究的基点提供了可能的合理途径。长期以来，代表了不同哲学主题的科学主义和人文主义传统一直处于对抗性的哲学情绪状态中，如何在新的研究基点上消解对抗、增进对话，便成为理论探索的焦点话题。从这个意义上讲，对心理意向的一种实在论、本体论性的重建，正是透过语用思维的视点，把握并展示了两大哲学传统主题发展的最新趋向。一方面，通过关注命题态度、运用自然化的策略，将心理意向建构于包含主体的认知态度、价值取向、生活实践的实在基底上，不仅反映了人类文化说明的语境趋同性，而且显示了走向语境实在的必然性和建构语境实在的可能性，在更为根本的语境实在的基底上展示了科学主义和人文主义在本体论性上的一致；另一方面，意向实在的建构也反映了科学主义和人文主义在认识论性上的一致。由于心理意向作为一种实在所具有的对认识工具和思维途径选择的广阔性和包容性，使得理性与非理性、逻辑与意向、经验与心理这些标示了不同哲学传统认识特征之间的僵化界限被消除了，在心理重建和语言重建的内在统一中，逻辑理性的科学认知和语言心理的文化态度达到了平等的、关联的新融合。在这当中，同时伴随着的还有方法论的更替和重新选择。传统的静态语义分析手段在新的认知背景下愈益不能满足认识的需求，它已逐步为关注于符号使用和语词指称及主体意向和命题态度的语用分析所替代，在心理意向的本质特征上构成了语义和语用分析方法的统一，反映了科学主义和人文主义在方法论性上的一致。不言而喻，正是对心理意向的语用化建构，使得科学主义和人文主义传统能够寻求到新的突破点和关节点，在共同的发展当中逐渐地在本体论性、认识论性和方法论性上趋于一致，展示了语用思维发展的整体性、系统性和趋同性。

当然，坚持一种科学的意向实在态度，并不意味着可以无止尽地夸大命题态度的价值取向或任意地赋予意向行为的真值条件，意向性只是在本体论性的意义上才具有实在的合法性。事实上，心理的意向性不仅创造了意义的可能性，而且限制了它的形式。对于每一个命题态度所构成的意向行为，“感知经验语用地显示了其对象的意向性解释”[①]。除了相关行为的意向性对象的结构之外，它需要求助于语境的、因果的因素，从而在整体的相互关联之中，给予真正的自然化的解释。

(二)意向性与经验知识的重构

塞拉斯在《经验论与心灵哲学》(1956)中对“所予神话”进行的批判，其目的是要防止观察框架被理论框架所取代，以保证观察框架在方法论

① Jitendra Nath Mohanty, “Intentionality and Noema,” in *Journal of philosophy*, Vol. 78, 1981(11), p. 716.

上的适当性，即它依然是科学知识的出发点，也是对知识论基础的探索。但麦克道尔则把塞拉斯的哲学解读为非传统的或改良了的经验论，进而从思想的客观意指(objective purport)问题(即意向性问题)出发，把塞拉斯的哲学描述为先验经验论。麦克道尔这样解释塞拉斯，是把塞拉斯的“明显的影像”和“科学的影像”或日常知识和科学知识的关系问题，延伸至世界与心灵或实在与理性的关系问题，即他主张的先验层次，就“哲学研究应从现代科学开始”这个共同点而言，二者的哲学旨趣是同根的。不过，麦克道尔对塞拉斯的解读更蕴含了一种独特的应对当代哲学问题的理路。

1. 观察知识的两个逻辑维度

与罗蒂相似，麦克道尔也把塞拉斯的《经验论与心灵哲学》看成是其整个哲学体系的缩影。[①] 塞拉斯的目标就是批判传统经验论，并提出一个非传统的经验论。因此，他批判“所予神话”，却并不拒斥所予；批判基础主义，却并不否认经验知识有非推论的基础。

传统经验论认为，人通过经验获得的知识中，有一种非推论性知识，它不以其他知识为前提，而是其他知识以它为前提。塞拉斯批判的就是这种知识。塞拉斯指出，人们如果只看到这种知识是其他知识的基础，“基础”的隐喻就会遮蔽如下情况：如果其他经验命题以观察报告为基础是一个逻辑维度，那么后者以前者为基础则是另一个逻辑维度。[②]

---

① John McDowell, “Sellars’ Transcendental Empiricism,” in *Rationality, Realism, Revision*, (ed.) Julian Nida-Rümelin, New York: Walter de Gruyter, 1999, p. 42.

② Wilfrid Sellars, *Empiricism and Philosophy of Mind*, London: Harvard University Press, 1997, p. 78.

这里的“另一个逻辑维度”，通常被称为“第二逻辑维度”。这是麦克道尔认为塞拉斯不仅是另一类经验论者，而且是另一类基础主义者的主要依据。因为塞拉斯承认观察报告表述的知识依然是其他知识的基础，但不是“所予神话”，而是在“第二逻辑维度”上预设了其他知识的可依赖作用。两个“逻辑维度”的划分是麦克道尔解读塞拉斯的总纲。①

塞拉斯批评“所予神话”时，区分了两类陈述，“看到”(see)的和“看起来”(look)的陈述②：

(1)看到 X，在那里，是红色的；

(2)在那里的 X，在某个人看来是红色的；

(3)在某个人看来似乎那里有一个红色的东西。

这两类陈述包含了共同的断言：在那里的 X 是红色的。区别是陈述(1)完全认可这个断言，陈述(2)和(3)没有完全认可，它们只是经验报告。不过，它们虽然是个体的内在经验报告，却并不能与真实经验相区分。对此，麦克道尔评价说：“‘看起来是红的’中的‘红色的’在表达‘外部经验’概念上并不比‘是红色的’中的‘红色的’少，事实上二者表达的恰是相同的概念。”③二者作为经验没有区别。

在此，塞拉斯赋予经验两个方面：经验的意向性与经验的感觉特性。前者指它包含了断言，后者指认可事物“如此这般”。这两类陈述无

---

① John McDowell, *Having the World in View: essays on Kant, Hegel, and Sellars*, London: Harvard University Press, 2009, p. 232.

② Wilfrid Sellars, *Empiricism and Philosophy of Mind*, London: Harvard University Press, 1997, pp. 49-50.

③ John McDowell, *Mind and World*, London: Harvard University Press, 1998, p. 31.

法区分的方面就是意向性。当人们经验中有一种断言"事物如此这般"时，他需要决定是否去认可。如果认可，则会说"看到事物如此这般"，相反，则只会克制自己说"某物看起来如此这般"，但在后者的报告中依然包含了"如此这般"的断言。布兰顿(R. Brandom)认为："既然声称'X看起来 F'并不承担一种有命题性内容的承诺——而只是表述一种可不顾及的这样做的意愿——那么是否此承诺(哪一个?)是正确的就不是问题。"[①]布兰顿抓住人们可以对认可进行阻止这一点，认为"看起来"的陈述只体现了一种对环境的回应意愿，"哪一个承诺是正确的"在这里并不是问题的关键：因为这种承诺不具有命题性，所以没有真假，只是对这种意愿的发泄，不表达知识，经验即感觉意识的形成对于观察知识并不重要。这种立场使得任何经验论都没有了基础。相反，麦克道尔认为不论主体认不认可经验中的断言，在说"X 看起来 F"的时候，都承担了这种断言式的承诺。[②]

那么，塞拉斯是否回到了他所批判的"所予神话"？这正是麦克道尔解读塞拉斯的一个重要方面。观察报告中有概念性内容，前提是主体有感观印象。"所予神话"把它解释为纯感觉、直接经验。塞拉斯认为印象是主体对世界及其因果作用的语言表述："……所有关于抽象的东西的意识——事实上，甚至是所有关于殊相的意识——都是一种语言事件。据此，甚至有关属于所谓的直接经验的这些类、相似性及事实的意识，

---

① Wilfrid Sellars, *Empiricism and Philosophy of Mind*, London: Harvard University Press, 1997, p. 142.

② John McDowell, *Having the World in View: essays on Kant, Hegel, and Sellars*, London: Harvard University Press, 2009, p. 228.

也不是获得语言用法的过程预先假定的。”[①]塞拉斯的这种“心理唯名论”去除了印象的直接所予性，又使理由空间的断言、信念等具有指向世界的意向性。“塞拉斯与戴维森共有的印象观并未把印象从知识领域完全移除出去，甚至只去除了印象与人们所相信的内容之间的直接联系。印象在世界与信念之间的因果性中介作用的方式本身对信念来说是一个潜在主题，这些信念与其他信念的联系可能是基础性的”[②]。既然印象只是一种因果性中介作用，并非“所予”，那么印象就是不透明的，主体不能通过它直接面对世界，进而观察报告表达实在知识的可靠性，或主体表述观察知识的合法性就有问题了。

塞拉斯为此提出两个条件，第一是能做出正确、可靠断言的权威，第二是做断言的人必须明白，他对这些事物的言说有这种权威。[③] 这就是说，观察判断的权威取决于主体的知识，即个体内在经验的报告在适当的条件下是与真实经验可靠地相关联的。一个观察判断的权威性在于语言共同体对它的合理认可和支持，实现这一点有赖于主体自身的知识。这正是第二个逻辑维度：观察知识也要以其他知识为基础。布兰顿说，这是一种可靠性推论，它使塞拉斯的第二个条件与观察知识是非推

---

① Wilfrid Sellars, *Empiricism and Philosophy of Mind*, London: Harvard University Press, 1997, p. 63.

② John McDowell, *Mind and World*, London: Harvard University Press, 1998, p. 144.

③ Wilfrid Sellars, *Empiricism and Philosophy of Mind*, London: Harvard University Press, 1997, p. 74.

论的这一观点之间的关系紧张起来，[1] 因为其中暗含了报告中表达的知识是推论性的。

麦克道尔总体上把塞拉斯看成是一个改良了的经验论者，[2] 所以他不会接受布兰顿的这一批判。例如，要以经验为基础做出关于某物颜色的断言，在第二维度上依赖于一些知识，如“什么样的照明条件会对颜色呈现起什么样的作用”。人们可以说：“就我要说出物的颜色来说，这是好的光线。”这能够支持断言“某物是红色的”合法性，两者之间的关系属于第二个逻辑维度，其间并不存在推论关系，主体对光所说的内容并不是“某物是红的”的前提。[3] 由此看来，主体要明白自己对某一断言的权威，要以其他知识为基础，而并不是要把它置于理由空间给出前提，然后推出断言是真的。我们关注的是做断言的主体的权威，断言的内容则只是间接考虑。直接相关的是主体的断言是否可成为知识，而不是它的真理性。如果在断言活动中一个词没有权威，那么它就不会有相应的概念内容。主体获得词的权威来自语言共同体，因此这种依赖关系不能认为是推论关系。

坚持第二逻辑的维度上观察报告的非推论基础地位，不仅保证了塞拉斯哲学中的知识基础，而且还有一个十分明显的作用：表明塞拉斯不仅拒斥来自世界的外源性(exogenous)所予，而且拒斥内源性(endoge-

---

① Wilfrid Sellars, *Empiricism and Philosophy of Mind*, London: Harvard University Press, 1997, pp. 158-159.

② John McDowell, *Having the World in View: essays on Kant, Hegel, and Sellars*, London: Harvard University Press, 2009, p. 223.

③ Ibid., p. 232.

nous)所予。后者源自“图式与世界”这一“第三个教条”，即戴维森提出的经验论的第三个教条。根据这种教条，概念图式与世界二元对立，世界在说明陈述的真理性过程中不起作用，陈述的真理性来自理由空间，这就是所谓的内源性所予。[①] 如果塞拉斯第二维度上的依赖是推理性的，显然会陷入内源性所予。于是麦克道尔总结说：“塞拉斯的完整思想是，既没有内源性所予，又没有外源性所予。”[②]

2. 思想的客观意指

《心灵与世界》(1994)发表后第三年，麦克道尔在伍德布里奇讲座(Woodbridge Lectures)中主要讨论了塞拉斯所关注的意向性问题，并认为意向性问题直接与塞拉斯的两个空间中在没有“所予神话”的情况下思想如何指向世界相关。[③]

麦克道尔认为塞拉斯是以康德式的方式来思考意向性的。但在《科学与形而上学》中，塞拉斯从意向性方面对康德的解读并非亦步亦趋，而是存在有塞拉斯所知的康德与他认为应该是的康德的区分。麦克道尔把塞拉斯的哲学框架总结为(至少在意向性问题上)：把某物置于理由逻辑空间时所应用的概念工具，是不能被还原为那些未用于置物于理由空间的概念工具的。这就划出了一条界线。“置于理由逻辑空间”在线之

① Donald Davidson, *Inquiries into Truth and Interpretation*, New York: Oxford University Press, 1984, p. 189.

② John McDowell, *Mind and World*, London: Harvard University Press, 1998, p. 158.

③ John McDowell, *Having the World in View: Sellars, Kant, and Intentionality*, The Journal of Philosophy, 1998 (xcv): pp. 431-491.

上，而没有这样做的特征描述在线之下。[1] 在线之下，“知”(knowing)只被描述为一种片断或状态，并不对之进行经验描述；在线之上，这些片断或状态被置于理由逻辑空间，其所说内容得以被确证。

这里的区分，是“认知性的”(epistemic)和“非认知性的”(non-epistemic)描述之间的区分。麦克道尔把认知性等同于“概念包含性”。用概念表述的信念和判断在此界线之上。塞拉斯关注的意向性就是这个线之上领域的意向性。

在《经验论与心灵哲学》中，塞拉斯把传统的感觉材料理论看成两种观点的混合体：一种观点认为有不包含概念的感觉片断，另一种观点认为非推论地知道事情如此这般。前者在界线之下，后者在界线之上。在他对“看起来”的陈述的分析中，线上的内容就是“表面地看到”作为经验所包含的断言，是一种特殊的概念性片断，表面性地强加给主体视觉。塞拉斯说，视觉经验有特殊的概念片断还不够，还应该包括非概念的片断。[2] 麦克道尔认为，包含的断言由对象引起，但塞拉斯依然要加一些非概念的片断，目的是以科学的方法提供一种说明，即以对象与主体间近似因果的联系，去说明“看起来”的陈述和“看到”的陈述间的共同性。[3] 麦克道尔用一种十分简单的方式驳斥塞拉斯的立场：如果概念性的片断可以由来自环境对感官的冲击引起，则一方面不能保证那两种陈

---

① John McDowell, “Having the World in View: Sellars, Kant, and Intentionality,” in *The Journal of Philosophy*, 1998 (xcv): p. 433.

② Wilfrid Sellars, *Empiricism and Philosophy of Mind*, London: Harvard University Press, 1997, p. 22.

③ John McDowell, *Having the World in View: essays on Kant, Hegel, and Sellars*, London: Harvard University Press, 2009, p. 15.

述间断言的共同性，比如我有红色的感觉，可能是由于看见红色的物，也可能是由于我头部受了重击；另一方面近似因果性可直接满足说明需要，架空了感觉的作用，使其只能成为一种“空转轮”。①

在《科学与形而上学》中，塞拉斯以一种不同的方式，即麦克道尔所说的“先验的”方式，来说明感觉印象。他说：“反思人类知识的概念虽不是由独立的实在组成，但是以实在的影响为基础之后，（康德式）的杂多就有着令人感兴趣的特征：其存在被设定有普遍的，或如康德所说，先验的基础。”②对此，麦克道尔指出，塞拉斯明显要给主体一种合法性，就是主体有理由相信主观发生的事件拥有客观意指，而不是如在《经验论与心灵哲学》中，感官印象只是保证视觉经验真的条件的一部分。③ 也就是说，必须证明概念事件的客观性是来自概念序列之外。他把塞拉斯这种理路命名为“感觉—印象推论”，并认为它是一种先验哲学。④ 麦克道尔事实上概括了塞拉斯在感官印象问题上的一种转向，可以称之为“先验转向”。这是他解读塞拉斯过程中的一个关键点。

在《经验论与心灵哲学》中，作为意识对象的感觉印象是不透明的，通过它我们看不到影响感官的环境特征，因为本来关注环境的注意力都

---

① John McDowell, “Having the World in View: Sellars, Kant, and Intentionality,” in *The Journal of Philosophy*, 1998 (xcv): p. 444.

② Wilfrid Sellars, *Science and Metaphysics: Variations on Kantian Themes*, London: Routledge and Kegan Paul, 1967, p. 17.

③ John McDowell, “Sellars’ Transcendental Empiricism,” in *Rationality, Realism, Revision*, (ed.) Julian Nida-Rümelin. New York: Walter de Gruyter, 1999, p. 42.

④ John McDowell, “Having the World in View: Sellars, Kant, and Intentionality,” in *The Journal of Philosophy*, 1998 (xcv): p. 445.

被感觉印象占去了。但感觉印象如果发挥其先验作用，则不存在此问题，主体的注意力没有阻碍直接指向知觉环境。至此，麦克道尔为塞拉斯的先验转向找出两条理由，它们都和与意向性相关的感觉印象有关，即感觉印象要么是不透明的，要么是一种空转轮。

塞拉斯在康德的先验哲学中找到一种共鸣，就是知觉包含了由“纯粹的接受性”引导的概念性表象之流。康德说：“赋予一个判断中的各种不同表象以统一性的那同一个机能，也赋予一个直观中各种不同表象的单纯综合以统一性。”[①]直观中综合统一只是想象力作为的结果，而这种想象力虽是盲目的，却是我们灵魂不可少的动能。塞拉斯由此推论，塞拉斯的直观只是原概念性的，即使它们已经包含了知性的综合力，因此直观可以作为恰当概念获得的源泉。[②]

麦克道尔基本接受塞拉斯的这种观点。因为如果不承认思想接受独立实在的限制，就要面对一种二难困境：一方面，如果概念的活动有客观性，那么它所指向的实在是它自身的投射，这必然要倒退到一种“唯心主义”错误；另一方面，则会陷入先验实在论，认为对象以一种世界自己的语言向我们言说。但他并不接受塞拉斯的具体思路，认为纯粹的接受性虽然是先验意义上的概念，但还是摆脱不了塞拉斯自己批判的“所予神话”的嫌疑。其关键在于，如果塞拉斯相信先验的运用必定来自概念之外，那么他对康德的解读就别无选择，只能把感性的先验作用解释为“纯粹接受性”的引导。而更重要的是，塞拉斯“无视康德所坚持的

---

① [德]康德：《纯粹理性批判》，邓晓芒译，71页，北京，人民出版社，2004。

② John McDowell, “Having the World in View: Sellars, Kant, and Intentionality,” in *The Journal of Philosophy*, 1998 (xcv): p. 462.

观点，物所呈现的现象可被想象为与物自身是同一件事物”[1]。在麦克道尔看来，概念无边界，实在处于思想之外但不在概念之外，这种哲学观并不接受物自体概念。麦克道尔不满意塞拉斯的这种解决问题的方式，但他认为塞拉斯的这种关于思想的客观意指的先验问题是有价值的。“看起来”的陈述包含了断言，是概念性的，虽然这种概念性的能力是被动应用的，但由于它是概念性的，能对信念进行理性限制，从而使世界直接呈现于主体，使思想有客观意指性。[2]

3. 经验的概念性

麦克道尔关注的是塞拉斯哲学中思想与实在的关系。这与麦克道尔自己的哲学主张息息相关。在其最有影响的著作《心灵与世界》中，他提出的问题、对问题的诊断以及解决都与塞拉斯有联系。可以说，麦克道尔对塞拉斯的解读是在借塞拉斯的问题引渡自己的立场。

麦克道尔的《心灵与世界》起始于塞拉斯对“所予神话”的批判。塞拉斯说的所予是经验中独立于后天获得的概念能力而获得的东西。这种所予与信念不是一种辩护关系，因此是“神话”。塞拉斯拒斥的是试图确证信念的所予。支持这一观点的三个前提是：信念的理由只能是命题式的，只能存在于理由空间；理由作为命题是推论的结果系该空间的特征之一；传统认识论的所予是非推论的。[3] 由此自然产生的问题是，究竟

---

① John McDowell, “Having the World in View: Sellars, Kant, and Intentionality,” in *The Journal of Philosophy*, 1998 (xcv): p. 490.

② Ibid., pp. 469-470.

③ Wilfrid Sellars, *Empiricism and Philosophy of Mind*, London: Harvard University Press, 1997, p. 21.

有没有非推论性的命题？这也是一个关于经验知识基础的问题。

前已提到，塞拉斯在他提出的“第二个逻辑的维度”上承认有非推论的知识，即概念性断言已具备了命题形式；否定了没有以其他信念作为基础的观察知识，即“所予神话”。麦克道尔对塞拉斯的这一立场持肯定态度：“如果一个人将知识论的意义归因于(如此表述)经验中的所予，那么他就是试图把至多可能只是一种无罪开脱的东西当作辩护……”①。

与塞拉斯所说的“理由逻辑空间”这一空间隐喻对应的是一种自由判断活动的领域，与它相对的是自然科学规律在其中发生作用的“自然逻辑空间”。那是一个没有自由的空间。在理由空间之外应是自然规律的空间。赖特(C. Wright)把它称为“圈围模式”(Enclosure Model)。② 在此，理由空间被设定一个边界，边界两边的空间有质的差异。麦克道尔指出，这是现代自然科学发展在哲学中的反映。但是自由的理由空间与只有因果铁律的自然规律空间有一种不可协调性，二者的衔接成了问题。麦克道尔认为康德的箴言“思维无内容是空的，直观无概念是盲的”③，表达的正是这种协调和衔接的需要。从空间隐喻上来说，是自由的思维需要得到一种限制，即康德式的“思想有客观意指何以可能?”麦克道尔指出这就是一种哲学忧虑。在两种空间划分的前提下，要使思维不是空的，就必须包含理由空间之外的实在内容。“所予神话”是传统经验论在这一方面不能成功而做出的努力；事实上这种“所予”并不存

---

① [美]麦克道尔：《心与世界》，载《世界哲学》，2002(3)。

② Nicholas Smith (eds.), *Reading McDowell: on Mind and World*, New York: Routledge, 2002, p. 142.

③ [德]康德：《纯粹理性批判》，邓晓芒译，52页，北京，人民出版社2004。

在，因此只能是一种无罪开脱。[1]

麦克道尔从塞拉斯对“所予神话”的批判中，引发出了他对哲学中普遍存在的关于心灵与世界关系之忧虑的揭示。他看到，现代哲学家们认为传统知识论有一个不可调和的问题：一方面，外部世界对思想所起的理性限制作用，是由一些因果性输入产生的；另一方面，这些因果性输入是非概念性的。他进一步指出，虽然塞拉斯对“所予神话”的批判很有说服力，但是如果放弃“所予”则会走向另一极，即“融贯论”。[2] 而这种融贯论主张“只有信念能算作持有另一信念的理由”[3]。信念的确证不受外在的限制，只要求一种内在规范性的理由之间的限制。但是由于那种忧虑的作用，接受这种融贯论又可能陷入“虚空中无阻的旋转”，于是又会返回到“所予神话”。这样，“所予神话”与融贯论之间来回摇摆就不可避免。[4] 这是麦克道尔提出的问题，也是上文提到的忧虑的内容所在。

如果把来回摇摆的原因归咎于塞拉斯主张的“理由逻辑空间”和“自然逻辑空间”的二分，那么解决方案是一种“绝对自然主义”，即在二分情况下所属理由空间的东西，全部由自然科学的语言进行重构，理由空间的自发性、自由等属性全被重塑于自然规律领域，事实上等于全部被取消，从而两个空间的区分也被取消。这是麦克道尔不能认同的。因为

---

① John McDowell, *Mind and World*, London: Harvard University Press, 1998, pp. XX-8.

② Ibid., p. XIX.

③ Ernest Lepore (ed.), *Truth and Interpretation: Perspectives on the Philosophy of Donald Davidson*, Oxford: Blackwell Publishing Ltd., 1987, p. 310.

④ John McDowell, *Mind and World*, London: Harvard University Press, 1998, p. 5.

在其哲学深处更关心的问题是，在现代科学描述的世界中如何为独特的理由空间留有余地。

麦克道尔提供的出路是："我们不应该把康德称为'直观'的东西(经验的接收)理解为仅仅是一种超概念所予的获得，而应该理解为是一种已经有概念内容的发生的事件或状态。经验中人们接纳，比如看到，事物如此这般。这是人们也可以(比如)判断的那种事情。"[①]可见，麦克道尔的经验包含了概念性的能力的实现。但由于是在感性中，这种能力不是自由的应用，而是被迫的实现。经验中人们可以接受事物如此这般，这是概念性的；知性中人们相似地判断事物如此这般，前者对后者进行限制，而且是理性的限制。这里的一个重要方面是经验有无概念性。塞拉斯着意要去除内源性和外源性的所予，事实上已内含了内外的划分，即两个空间的划分。在此背景下，知识的内容来自哪里是一个问题。塞拉斯提出有关经验知识依赖的两个逻辑维度来回答这个问题，这使问题又集中到经验获得的东西如何进入理由空间，用麦克道尔的话说，就是线上的理由空间与线下的"非认知性"描述之间的联系问题。[②] 塞拉斯从康德那里得到启示，认为直观是原概念性的，包含了与知性综合能力相似的能力，可以为恰当概念的获得提供条件。这一点对麦克道尔立场十分重要。

---

① John McDowell, *Mind and World*, London: Harvard University Press, 1998, p. 9.

② John McDowell, "Having the World in View: Sellars, Kant, and Intentionality," *The Journal of Philosophy*, 1998 (xcv): p. 441.

4. 先验经验论

麦克道尔对“所予神话”与融贯论之间的摇摆的诊断结果是一种哲学上的忧虑，即思想的客观意指的合法性问题。现代哲学把它表述为信念的确立需要经验的合理约束。但是这“很像是在要求一种对知识可靠性的辩护，而实际所需的却是一种先验的澄清”。[①] 也就是说，解决摇摆问题与“先验的澄清”是同步的。把经验看成是感官意识自身内部概念能力的实现，一方面可不陷入“所予神话”，另一方面说明思想的客观意指是合法的，即实现了先验的澄清。关于客观意指观念的合法性问题就是麦克道尔的先验问题。这是他在《心灵与世界》中有关先验问题思考的主要理路。

可以看出，麦克道尔关注的是塞拉斯在《经验论与心灵哲学》中提出的实在论与理性的关系问题。这里的实在论的问题指的就是关于客观意指这一观点的合法性问题，而塞拉斯在一定意义上完成了实在论与理性之间的关联。因此，与其说塞拉斯有一种先验考虑，不如说这种先验考虑是麦克道尔自己的，只不过借塞拉斯的哲学来表达。

塞拉斯提出观察知识与其他经验知识，或经验与世界观之间的相互依赖关系。麦克道尔把它称为是两个逻辑维度：在第一个维度上，其他经验知识以非推论的观察知识或经验为基础，这是传统经验论所支持的；在第二个维度上，观察知识以其他经验知识为基础，这是传统经验论所不认可的。在麦克道尔看来，通过提出这种相互依赖，塞拉斯的非传统的经验论既为经验知识提供了可靠物，又构建了一个一般意义上的

---

① ［美］麦克道尔：《心与世界》，载《世界哲学》，2002(3)。

经验意向性的图景。思想的客观意指与意向性是同一个意思，都具有先验意义。①

第二个维度无疑具有先验性，因为它是一种条件，即把客观意指赋予了知觉经验。前已说过，先验性与一种合法性相关联，即思想有客观意指的合法性，经验依赖于其他知识而形成，从而有了概念性，获得了限制理由空间的合法性。因为概念性使它与理由空间有了理性联系，被它限制的内容有了客观意指性。经验是对象强加给主体的，虽有概念能力的实现，但是过程是被动的、非自愿的，因此可以说是世界直接呈现给了主体。可见，在麦克道尔的哲学任务中，需要经验不只是让它作为经验知识的基础，而且是为了确定经验特征以使客观意指在其描述的图景中有合法性。因此，“一旦我们关注塞拉斯用来替代传统经验论的图景有先验特征，自然就会看到原初逻辑维度也有先验的方面”②。可以说塞拉斯的经验论有先验性，是由于他提出的第二个维度，而有了这个维度后，第一个维度也自然有了先验性。麦克道尔是要把塞拉斯从狭义的知识论中完全分离出来。他强调第一维度也有先验性，是因为第一维度最具知识论意味，由此就把塞拉斯的哲学描述成完全的先验经验论。

麦克道尔的哲学与他所描述的塞拉斯的先验经验论之间具有内在的联系，经验有无概念性的问题推向先验层就与思想有无客观意指的问题直接相关。麦克道尔的理路是从“断言活动”经过“判断活动”再到“经验活动”，来追溯这三者之间的联系。如果经验是概念性的，那么客观实

① John McDowell, “Sellars’ Transcendental Empiricism,” in *Rationality*, *Realism*, *Revision*, (ed.) Julian Nida-Rümelin, New York: Walter de Gruyter, 1999, p. 43.

② Ibid., p. 49.

在在经验中就直接呈现于主体，从而断言与判断的客观意指就有了根本保证。麦克道尔由此把自己的哲学也推到了先验层面。

总而言之，麦克道尔把自己的哲学放到先验层面上，来考虑世界与心灵之间的关系。可以把他的这种努力看成为下一步的“第二自然”“自然的柏拉图主义”等观点做准备；也可看成是提出了一种黑格尔主义的哲学思路，在心灵中为世界留有空间，或部分地把世界同化到心灵，即为世界返魅。[1] 但如果把它进一步看成对待现代哲学问题的一种独特路径，则会更有意义。麦克道尔提出并论证经验是概念性的，这使先验获得熨帖的实现，他的问题得到解决。但这仅仅是其哲学在先验层面上的结束，而非哲学的结束。[2] 在麦克道尔看来，相关的哲学分支如心灵哲学、知识论所关心的问题要得到解决，有必要先从过去分析哲学拒斥的先验问题，如世界与心灵的关系问题着手，去澄清一些类似元问题的东西。[3] 这有可能成为心灵哲学与知识论融汇之所，也是欧洲哲学传统中康德—黑格尔哲学的阵地。当代分析哲学中认为分析哲学向欧洲传统哲学的回归，主要指的就是“知识何以可能”的回归。[4] 麦克道尔自己也说：“在非教条的意义上，分析哲学可以把自身看成是欧洲大陆哲学传

---

① Jeremy Randel Koons, “Disenchanting the World McDowell, Sellars, and Rational Constraint by Perception,” in *Journal of Philosophical Research*, 2004(29): p. 129 .

② Michael Williams, “Science and Sensibility: McDowell and Sellars on Perceptual Experience,” in *European Journal of Philosophy*, 2006(Vol. 14, Issue 2): p. 324.

③ John McDowell, *Mind and World*, London: Harvard University Press, 1998, p. 86.

④ Paul Redding, *Analytic Philosophy and the Return of Hegelian Thought*, New York: Cambridge University Press, 2007, pp. 1-20.

统的接续。”[1]麦克道尔自己提出的先验问题解决了，但与这一先验问题相关的具体哲学问题的研究才刚开始。在塞拉斯那里发现的先验经验论至少理解了在思想客观意指这一图景中，知性的概念能力如何起作用。[2] 知性的概念能力问题，源自于康德所说的直观中表象的综合统一来自知性。在麦克道尔看来，思想指向客观这一图景已令人满意，接下来要做的事情正是知识论和心灵哲学的任务所在。[3]

---

① John McDowell, “Sellars' Transcendental Empiricism,” in *Rationality*, *Realism*, *Revision*, (ed.) Julian Nida-Rümelin, New York: Walter de Gruyter, 1999, p. 42.

② Ibid., p. 51.

③ Ibid., p. 51.

第六章 | 语言分析方法与科学问题的求解

随着语言学转向的发展和语义以及语用分析方法在科学哲学研究中的应用，在 20 世纪下半叶，语言分析方法成为一种横断研究的方法论平台逐渐地渗透和扩张于社会科学和自然科学各个领域中，显示出自身所独具的特征和意义。作为一般科学哲学核心论题之一的科学解释，在科学逻辑的框架下，由于遭遇到自身无法克服的困难，不得不寻求新的替代性方案，从亨普尔“演绎—规律”模型到范·弗拉森语用学解释模型的发展，已经显示出一种范式的转变，即从以语形和语义分析为基础的静态逻辑向以语用分析为基础的动态语境的变化，它深刻地反映了语言分析方法的发展和演变路径，表明了语言分析作为一种普遍的方法论手段已全面渗透于科学哲学理论的建构和发展中。而作为计算机理论核心论题之一的并行程序表征和模型问题也经历了从语义到语用的范式转换，当代主流的并行理论 Ada 语言、Occam 语言、Petri 网等的表征特征明显呈现出以语用化解决语义问题的发展趋势，对计算机模型思想而言，大数据时代颠覆了人们对传统的确定性以及不确定性理论的理解，一种基于形式语言和逻辑之不确定性的计算机模型思想亟待形成。另外，作为当代认知科学和人工智能研究的核心论题，人工智能表征和自然语言处理问题同样经历了类似的语用化发展，人工智能表征的分解方法在自然语言语义理解方面遇到各种瓶颈，基于词汇的语境描写方法难以突破单句限制，人工智能表征要想获得突破，就必须借助基于段落或篇章的整体性语境描写方法，“自然语言处理”经历了从整体到局部的思想转变，下一阶段自然语言处理的关键就在于，在动态语义分析中引入语用技术，在经过语形和语义阶段之后，自然语言处理向语用阶段转化已成为必然趋势。本章之目的在于呈现语言分析方法介入到科学问题中的思维方式和具体路径，通过一般问题和具体案例的考察，可以看到，运用语言分析手段来对复杂的科学难题进行新的求解，有助于揭示科学理论和实践问题的本质，在新的思维框架下获得全新的理解，并得出可供选择和参考的解决方案。

一、语言分析方法与科学解释模型的发展

作为 20 世纪科学哲学核心主题之一的科学解释(Scientific Explanation)，在过去半个多世纪中，一直是“演绎—规律”模型的历史，它支配

着整个解释问题的发展，以致很难不把它置于中心位置上来探讨科学解释。一方面，在分析哲学和语言哲学大背景下展开的这种科学解释模型，改变了20世纪初期把解释视为形而上学和神学而不是科学领域的普遍态度，使科学解释在科学哲学的研究中突现出来，成为20世纪科学哲学的经典论题之一；另一方面，这种基于纯语形和语义学的模型，由于遇到了不可克服的逻辑困境而不得不寻求修正和改良，从而出现了一系列替代性解决方案。特别是，随着20世纪80年代语用学分析方法在科学哲学中的普遍展开和应用，科学解释开始在语用学维度中寻求固有难题的求解，并试图由此而构建新的科学解释语用模型。因此，立足于科学解释的这一历史演变，内在地揭示科学解释从科学逻辑向科学语用学转变的动因、特征和意义，对于消解科学解释传统难题，构筑面向21世纪的科学哲学方法论，充分发挥自然科学和社会科学的解释功能，具有重要的科学价值和认识论意义。

(一)亨普尔的科学解释经典模型

历史地讲，从亚里士多德开始，人类对于自然的认识便不只停留在仅仅懂得现象"是什么"，而且试图去探讨"为什么"，解释现象背后的原因。这一思想得到了穆勒(J. S. Mill)、波普尔等哲学家的赞同，尤其是休谟的因果陈述必须具备一个似律性陈述的论证，更开启了现代科学解释理论的雏形。[①] 然而，真正使大多数人认识到解释是科学的一个主要目的，要归功于20世纪初逻辑经验主义运动，它将哲学的任务看作

① [美]S. 摩根贝塞：《科学解释》，载《哲学译丛》，1987(6)。

是构建对基本概念的阐释，哲学应通过使用其他概念代替模糊概念来获得进步，因此合理地处理解释概念和被解释概念间的普通性关联，就成为科学认识的本质目标之一。[①] 为此，卡尔纳普给出了四条评判这种阐释的基本原则：相似性、精确性、有效性和简单性。[②] 但这些评判原则在具体的科学解释操作中缺乏规范性，无法完成形式化的任务。

1948 年亨普尔和奥本海默发表的经典论文《解释的逻辑研究》，为逻辑经验主义从评判原则转向逻辑模型奠定了基础，为重新恢复科学解释概念的地位起了领导性的作用。这一著名的"演绎—规律"(Deductive—Nomological，以下简称 D—N 模型)经典科学解释模型，又称为覆盖律模型(Covering—law Model)，具有三个相互关联的核心特征：

(1)当我们进行解释时，通常是根据"成为解释的东西最终就是所期望的"这一原则来组织材料，并借助于解释项和被解释项间的演绎推理联结来达到；

(2)这种联结是通过在成真的非偶然概括之下，包摄了被解释项，而得以获得；

(3)解释论证和预测论证的结构同一。具体可以用以下五个命题来说明此模式：[③]

①科学解释是对"为什么"问题的回答，或者是对可转换为"为什么"

---

① 郭贵春：《后现代科学实在论》，170 页，北京，知识出版社，1995。

② Philip Kitcher, Wesley C. Salmon, *Scientific Explanation*, Minnesota: University of Minnesota Press, 1989, p. 5.

③ Roger Cohen, *The Context of Explanation*, Dordrecht: Kluwer Academic Publishers, 1993, pp. 1-4.

问题的回答。

在此很清楚的是，对于不是“为什么”问题的回答中，也存在着可以满足这一条件的解释。另外，还有一些问题并不能转换为“为什么”问题（如怎么样问题）。对这些问题的回答，由此不能算是科学解释，但并不是说此回答不是科学的一部分。因此，科学不只包括解释。解释的标准思考把科学分为解释的和描述的两种活动。进而，此主张把并不能转换为“为什么”问题的所有问题的回答均视为描述。

②解释的对象是描述现象的语句，而不是现象本身。

在 D—N 模型中，解释的关系后承并不是世界中诸如事件和规律等事物本身，而是，D—N 模型的对象往往总是远离于这些正在发生的事态。因此，解释本质上并不是关于事件或规律的，而是关于在语言描述之下的事件或规律。确切地讲，解释的对象本质上并不提出事件或规律，而是事件或规律的特性或属性。在语言描述之下的事件解释中，被解释项演绎地源自于描述规律和初始条件的语句间的联结；而在规律的解释中，被解释项则源自于描述其他规律的语句间的联结。

③解释的逻辑条件为：

（ⅰ）被解释项必须是解释项的逻辑后承。

（ⅱ）解释项必须包含普遍规律。

（ⅲ）此普遍规律必须是因为被解释项的推衍而被要求。

（ⅳ）解释项必须具有经验内容。

④解释的经验条件是，组成解释项的句子必须为真。

⑤解释和预测在逻辑上同构，其不同仅仅是语用的。

一个解释可以被用于去预测，同样，一个预测就是一个有效的解释。

由此，D—N 模式采取的论证形式是：

C_1，C_2，…，C_k　前提条件陈述
L_1，L_2，…，L_r　普遍定律　　　　解释项

E　对被解释现象的经验描述　　　　被解释项

亨普尔通过 D—N 模型，在预设的规律中把事实纳入解释中，一个事实的解释由此就被还原为陈述之间的一种逻辑关系，只要满足了解释的相关性和可检验性要求，并且前提全部为真的话，便是一个真正的科学解释，而语用方面则不必考虑。这样，在承继逻辑经验主义语形和语义分析方法的基础上，亨普尔就为经验科学中的解释程序提供了一个系统的逻辑分析基础和统一的方法论基础，将解释还原为形式化的逻辑论证，使解释模型化，真正具备了科学的资格。可以说，这样一种科学解释的普遍观念，这种对自然现象科学解释的可能性意识，是 20 世纪哲学进步最为有意义的成就之一。

尽管 D—N 模型符合了我们关于解释的许多直觉，但在其中包含着亨普尔所不能克服的基本逻辑困难。D—N 模型的核心观念是“解释要求科学规律”，事实只有被包摄于规律之下时才能得到解释。因此，自然规律应当成为分布于整个宇宙中的普遍定律，从而只有能够从基本规律中演绎出来的任何普遍陈述，才有资格作为被导出的定律。同时，形式化的 D—N 模型引入了标准的一阶逻辑演算，所有个体均被量化，普遍性通过量词来表征，故对特定事件的解释完全是在语义分析中给出的。这样一来，尽管科学解释有了规范化的基础，但是，当运用这一模型对科学事实进行解释时，出现了与 D—N 模型对在真的非偶然概括之

下包摄的不可或缺性，以及解释和预测间的对称性主张，这两个基本要求相悖的反例。通常有三类“标准反例”：

第一类标准的反例是，即便当D—N模型的说明得到满足时，也并不是所有的包摄情况都能够提供解释，即D—N模型在范围上过于宽泛。这一情况有两个经典的例子来说明。按照D—N模型，钟摆的周期可以通过指出它的长度以及关系T＝2Л得到解释。但如果这是一个解释图式的话，那么，我们解释钟摆的长度，就是通过指出相同的规律和钟摆的周期。类似地，通过指出旗杆的长度、太阳的角度以及简单的几何学定理，我们能够解释旗杆投射于地面的影子长度。但同样地，我们能够通过指出此影子的长度、太阳的角度以及相同的定理，来解释旗杆的长度。

第二类标准的反例是，这一模式太狭窄，以至存在即便在包摄下，也并不能获得相应解释的情况。著名的反例是，当一个人拿书架上的字典时，他的膝盖跪在桌子的边上并由此打翻了墨水瓶，弄脏了地毯。这个过程就是对地毯如何被毁坏做出的完全解释。但此解释并未涉及规律。

第三类标准的反例是，有两种预测并不是解释，同时解释也不允许预测。前者之经典例子是气压计可以预测天气的特征，但并不解释它。后者之经典例子涉及依赖梅毒来解释梅毒性麻痹。梅毒是引起梅毒性麻痹的唯一原因。出现了梅毒性麻痹，可以直接通过梅毒来解释。但梅毒性麻痹伴随梅毒则很少。出现了梅毒，我们并不能预测梅毒性麻痹一定会产生。

这些反例显露了D—N模型存在的许多可争论的方面。其一，如何排除掉那些具有偶然性的普遍概括，成为需要首先解决的问题。因为事实上，规律对于解释并不是必要的，形式化的要求只是针对科学理论。否则，所导致的结果只能是任何规律均能解释任何事实；其二，这种形式化不能够把解释项中出现的似规律前提中的不相关因素排除掉，使得解释项中的非相关项参与了解释。另外，解释性事实与被解释性事实间由于认识论要求的语义空缺，确实并不存在时序上的限制。只要 D—N 模型坚持外延逻辑的推导形式，这种纯粹语义分析所固有的局限就不可避免；其三，解释和预测的对称性问题。同一逻辑模式既运用于科学解释又运用于科学预测的情况并不普遍，在确定的约束条件下，预测作为从已知到未知的推论，与解释的意义阐释有着逻辑方法上的不对称性；其四，D—N 模型的形式化特征，阻碍了概率概念的发展和对概率规律性的认识，从而在实际的操作中不可能找到真正形式化的模型解释。因为某些满足 D—N 模型的解释，事实上并非真正的规律性解释，它们并不具有逻辑关联上的必然性，而只具有某种概率性。

应当看到，亨普尔所建构的科学解释 D—N 模型，本质上是逻辑经验主义对科学认识的产物，带有深刻的逻辑经验主义思维痕迹。这一传统模式随着科学认识的深入，特别是逻辑经验主义的衰落和 D—N 模型所建基的形式化语言和语义分析等逻辑方法自身的种种困境，受到了愈来愈多的批判。自此，围绕 D—N 模型所进行的建构和修正、论争和演变，出现了许多替代性解决方案，充分展示了科学认识论发展的可能趋向和选择，表现了各种认识论流派的本质和特征，显露了科学理性进步的思维规范和形式。

(二)替代性解决方案

本质上讲，对 D—N 模型的修补和替代必须考虑到两个关键因素，其一是，在 D—N 模型中，真正的危险并不是对称性论题，而是给对称性论题做出一个直接解释后果的解释基本概念。因为亨普尔把解释视为依据解释来提供了一种期待中事态的事情，并且所期待的事态明确就是预测的功能。在此，提问者与问题中的事件处于一种适当的关系中。所以，一旦把对称性视为是在解释和潜在预测论证，以及预测论证和潜在解释之间所获得的话，对称性论题在解释中存在就不令人惊奇了；其二是，由于亨普尔主张，规律必须基于所有真正的解释，并且直接源自于作为解释项和被解释项间适当联结的推理模型使用，故一旦将推理视为核心的，就需要规律去澄明推理的适当亚集。所以，在此，D—N 模型的另一个真正的危险并非是否存在没有规律的满意解释，而是在此情景之下这种联结的本质问题。由此，D—N 模型就被视为提供了一种解释的概念和一种解释联结的说明。只有从这两个方面来进行 D—N 模型的修正和替代，才有可能真正超越 D—N 模型并使科学解释问题进一步发展。具体讲，沿着这个方向，有以下几种替代性解决方案：

(1)亨普尔的修补方案

基于 D—N 模型所遭遇的种种反例，亨普尔重新考察了整个科学解释的主题，意识到并非所有合理的科学解释均可归结为 D—N 模型，还存在着某些概率的或统计的模型。为此，在 1965 年发表的《科学解释的若干方面》中，他对统计解释的逻辑特征进行了探究，提出了两种统计解释的模型："演绎—统计"模型(Deductive—Statistical，以下简称 D-S 模型)和"归纳—统计"模型(Inductive—Statistical，以下简称 I-S 模型)。前者通过从其他统计律的推衍来给予统计概括以解释，而后者则通过在统计律的包摄下对特定事实进行解释。但它们都包含着统计律，解释项仅仅给予被解释项一个更高的概率，它并不是前提的逻辑后果。亨普尔认为I-S模型比D-S模型更重要，因此，他更多地关注于I-S模型。I-S模型采取的论证形式为：

$P(R, S \cdot P)$接近于1	R相关“S·P”的统计概率
$S_i \cdot P_i$	i属于“S·P”
R_i	非常可能i也属于R

可以看到，包括I-S和D-S模型的归纳解释，在许多方面都类似于D—N模型的演绎解释，即：(1)归纳解释和演绎解释都是规律解释，都要求普遍律；(2)解释项和被解释项之间是一种逻辑关系，尽管在演绎解释中后者是前者的一种逻辑后果，而在归纳解释中，则是一种归纳关系。但在任一模型中，只有逻辑方面才是相关的，语用特征同样都不会得到考虑；(3)解释和预测之间的对称性仍然被保持；(4)解释项必须为真。可见，I-S模型仍然没有摆脱D—N模型的影响。

当然，也应当看到，亨普尔将统计分析引入科学解释，由对普遍规则的说明转向了对特殊事实和个案的说明，指出概率解释只具有相对的意义，仅仅是在认识论意义上与我们的知识状态和对该过程的客观描述相关，从统计解释的规律性和相对性的结合上论证科学解释模型建构的合理性和必要性，从而事实上“已放弃了1948年论文中提出的仅仅根据语形学和语义学来提供科学解释说明的企图”，应当说，“这是向前的一大步，而不是后退”①。

① Wesley C. Salmon, “The Spirit of Logical Empiricism: Carl G. Hempel's Role in Twentieth-Century Philosophy of Science,” in *Philosophy of Science*, Vol. 66, September, 1999, p. 343.

(2)统计相关模型

亨普尔的统计解释模型，特别是I-S模型中存在着严重的统计歧义性难题，即，将统计不相关的性质引进了解释项中的“指称类难题”(Reference Class Problem)。尽管亨普尔使用了最大特征要求(Requirement of Maximal Specificity)来解决，但却产生了“真正的归纳解释证明不言而喻都是演绎的”这样的恶果。因此，“最大特征要求对于挽救I-S模型是不充分的”。[①] 为此，萨尔蒙(W. C. Salmon)提出“统计相关模型”(The Statistical-Relevance Model，以下简称S-R模型)来解决统计歧义性难题。在他看来，“统计相关”较之“高概率”是科学解释中更关键的因素，I-S模型仅当对某一特定事实的解释是一种归纳论证，它赋予被解释事实以高归纳概率，而S-R模型则仅当对某一特定事实的解释是一个相关事实的集合，它在统计意义上与被解释事实相关，而无论其概率程度如何。所以，“统计的相关性在这里是必要的概念，它可望用统计上相关的而非统计上不相关的方式缩小指称类。当我们选择一个指称类用于指称某一特定的单一事例时，我们必须问是否存在统计上相关的方法去细分那个类”。[②] 由此出发，萨尔蒙认为，不仅要在形式上确保指称类中的每一个成员都具有同等概率，而且还要保证这种指称类的同一是在本体论意义上实在间的规律性联系，是在统计相关意义上的实在性的表征。

---

① Philip Kitcher, “Carl G. Hempel(1905-1997),” in A. Martinich, D. Sosa(eds), *A Companion to Analytic Philosophy*, Blackwell Publishers, 2001, pp. 156-157.

② Wesley C. Salmon, *Statistical Explanation and Statistical Relevance*, Pittsburgh: Pittsburgh Press, 1971, p. 42.

在某种程度上，S-R 模型克服了 I-S 模型的一些困难，特别是在解决“指称类难题”时对实在性问题的涉及，促进了对理论实体的客观指称意义的相关性分析，为科学解释论题指出了本体论的发展方向。但 S-R 模型在对指称类选择上具有一定任意性，并不能保证完全排除掉统计不相关因素，而且，萨尔蒙自己也意识到，概率解释背后隐含着的因果性，对于指称类选择是关键性的，这也正是萨尔蒙后来转向赞同因果相关模型的原因之所在。由此，统计相关模型逐渐放弃了自己的科学解释自主形式，成为科学解释因果理论的辅助内容。

(3)因果相关模型

克服 D—N 模型困境比较流行的方式是诉诸因果性的思考。尽管亨普尔注意到了解释和因果间的关联，但出于对休谟式因果观念的担心，他主张我们对因果关系的理解，是基于我们在似律规则之下去包摄现象的能力，因而解释概念先于因果概念：C 引起了 E 这一主张，总是源自于 E 的存在将适当地通过一个满足了覆盖率的论证所解释，并且对 C 的描述出现于此前提中。可见亨普尔不可能诉诸因果相关性来重新思考解释。为此，萨尔蒙、费茨尔(J. Fetzer)等把因果关系引入解释中，提出了“因果相关模型”(The Causal-Relevance Model，以下简称 C-R 模型)。这种模型主张，“解释知识就是关于因果机制的知识”，“解释知识就是把模型向度注入描述和预测知识。它是关于什么是必然的和什么是可能的知识。”[①]可见，C-R 模型认为解释并非是论证，而是指出和辨别

---

① Philip Kitcher, Wesley C. Salmon, *Scientific Explanation*, Minnesota: University of Minnesota Press, 1989, p. 128.

现象出现的原因，因此并非 E_1 解释 E_2，则 E_1 就引起了 E_2，而是解释值的获得是通过展示所被解释的如何适合于世界的因果构造。正像萨尔蒙所讲，尽管此解释仍涉及包摄，但这里的“包摄”是一种物理关系而不是逻辑关系，即因果是世界间事件的一种关系，而解释是这些事件的特征间的一种关系，为了保证消除解释歧义性，必须放弃推理而诉诸因果作用，在实在的层次上为解释相关性提供本体论的根据，[①] 只有将因果性和实在性结合起来，才能真正避免纯形式的逻辑主义。

C-R 模型较 D—N 模型而言更符合于科学和日常生活中的解释实践，但它所遇到的困难也是明显的。非常显著的一点是，它使用的是一个成问题的“因果”概念。自休谟起，把因果视为一种心理习惯的观念，使人们对使用“因果”概念具有恐惧感，而且，因果律发生作用尚受各种条件制约。因此，要发展一种适当的 C-R 模型，就需要寻求一种非休谟式的因果关系，其难度大大制约了 C-R 模型的发展。

(4)一致性和统一性解释

在对 D—N 模型的替代研究中，尚有另外一种解释类型，这就是非因果解释，包括一致性解释(Explanation by identification)和统一性(U-nification)解释形式。由于对变化的解释和对属性的解释并不同，而因果模型只适合于前者而不是后者，因此，对于那些预先认为是可能相关但事实上同一的两个现象，无法用因果律做出解释。正像阿洛森(J. Aronson)指出的“有一系列现象，其存在和属性都是偶然的相关，即对任何一个而言，都有可能在没有其他的情况下而存在并具有它所具有

① 张志林：《论科学解释》，载《哲学研究》，1999(1)。

的属性。进而，我们用系统的各种特征阐明这些现象，在此，该系统的对象遵守特定的规律，即事件和属性的特定结合必须是在与这些规律相一致的方式中存在。”[①]可见，一致性解释的关键点在于消除偶然性出现的同时，将逻辑必然性转化为一种自然律的必然性。其基本解释程序是，假设B的属性p是偶然的，但A与B同一，那么A将也具有属性p且p是偶然的，但B和A具有相同的属性p这一点却不是偶然的。由此，一致性解释就消除了出现于关系后项中的偶然性成分，这样，对于两个偶然事件为何总是具有相同属性的解释就是，它们事实上并不是两个事件，而是同一个事件。

统一性解释的提出源于费德曼(M. Friedman)认识到，“科学解释的本质是……通过还原那些我们不得不作为最终的或所予的东西而接受的大量独立现象，来增加我们对世界的理解。”[②]解释的各个模型事实上就是诉诸更多可理解的规则和更高层次的规律，来提供比被解释项更大的解释力，因此，解释的最终目的就是获得对世界的理解，理解是一种关涉全局的事情，随着我们减少说明世界现象所需要的理论或规律的数目，即随着统一性的增强，我们对世界的理解将会进一步增强。可见，统一性解释本质上并不是解释概念本身，而是成功解释的条件，需要结合其他形式的解释来完成对世界的理解。

---

① Jerrold L. Aronson, *A Realist Philosophy of Science*, New york: St. Martins Press, 1984, p. 190.

② Michael Friedman, "Explanation and Scientific Understanding," in *Journal of Philosophy*, 71, 1974, p. 15.

(三)科学解释的语用学转向

针对D—N模型而提出的各种替代性解决方案所遇到的种种困境表明，其一，由于驱动科学解释兴趣的多样性，并不存在对D—N模型的一种成功的、广泛的和直接的替代物。解释模型是多元的，科学家作为变化着的共同体成员，总是借助于不同解释模型的解释力来判断和评价各种理论和假说，那种试图获得单一模型的追求最终证明是徒劳的；其二，一种客观而不依赖于解释实际被给予的特定情景的解释是不可能的，任何成功的解释必须处理两个相当不同的语境，一个是静态的，一个是动态的。传统的解释理论大都建立在前者之上，它们被设定为去解释一个“已完成的”科学知识体如何能被置入于解释的使用中。但是，真正已完成的科学几乎没有，并且远离按预想的方式所发展的解释。真正的解释存在于动态语境中，在其中，问题被提出，并且在理论的建构中给予回答。

在此方面，范·弗拉森解释的语用分析代表了对解释最复杂和完全的语用处理。他认识到，哲学家们根据抽象于语境和用法来说明其逻辑结构，从而寻求给出科学解释的形式分析，至少导致三方面的错误观点：①用理论或假说、现象或事实间的类似于描述的简单关联，替代实际上存在于解释中理论、事实和语境间的动态关联，导致理论和事实间的单一联系无法适用更多的案例；②用理论的真理性来评判其解释力，从而在逻辑上不能把解释力与相关真理性或可接受性相分离。事实上，尽管解释力是理论选择的一个趋向，但理论的可接受性并不与其解释力等价；③把解释视为科学探索的最终目的，而忽视了解释的成功仅是适当信息描述的成功，科学研究的价值在于其自身在经验意义上是适当的和强理论性的。由此，范·弗拉森指出："科学解释不是(纯粹的)科学，而是科学的应用。它是满足我们特定愿望的一种科学使用；这种愿望在特定的相互关联中不尽相同，但它们总是描述信息的愿望。"[①]从这一基本信念出发，范·弗拉森在构造经验主义的立场上，吸收了形式语用学，特别是疑问逻辑的研究成果，通过语用分析给出了自己对传统科学解释难题的求解途径。具体讲，范·弗拉森解释的语用论模型的特点在于：

首先，范·弗拉森认为，一种解释就是对"为什么问题"(Why-question)的回答。对"为什么问题"的每一个回答都构成一个命题，并且每一给定命题均可由许多不同的疑问语句来表达。同样，一个特定的语句在不同的场合言说，又可表达不同的命题。在这里，问题的本质，以及什么构成一个对它的合理回答，很大程度上由语用的考虑确定，即相关语境决定了所要提出的问题及对它的解释。可见，"为什么问题"本身是一种由疑问句所表达的特定抽象体。比如，当问"为什么这个导体弯曲了?"(Q)时，该疑问句表明这个导体弯曲了并需要寻求其原因。它包含了一个特定的主题(P)，即由导体弯曲这个命题所组成。但是，此命题并没有穷尽问题的所有内容，它至少可用另两种不同的方式来表达：(Q_1)为什么是这个导体而不是那个导体被弯曲？(Q_2)这个导体为什么被弯曲了而不是没有弯曲？可见，"为什么问题"具有一种"对照类"(Contrast-class)，它由用于对问题主题做出选择的命题集所组成。此

---

① Bas C. Van Fraassen, *The Scientific Image*, Oxford: Clarendon Press, 1980, p. 156.

外，“为什么问题”还包括确定解释相关性关系(R)的理由，问题的变化倚赖于所寻求的理由类型，并且它所确定的这种相关性关系进而就成为被表达命题的适当部分。总之，在特定语境中表达的“为什么问题”是由三方面的因素构成的，用符号表示为：Q=(P_K，X，R)，即“一种‘为什么问题’Q是一个有序的三元组＜P_K，X，R＞，这里的P_K是问题的主题，X是由包括了主题的集合{P_1，…P_K，…}所组成的对照类，R是相关性关系”①。这样，传统科学解释模型局限于理论的语义学特性，并束缚于理论与事实的双边关系，就被理论、事实和语境三者间的多边关系所替代。

其次，范·弗拉森考察了对“为什么问题”的回答。他认为，一个命题可算作是对所予问题的回答，仅当能通过语境相关的关联关系确定，可表述为“A是对＜P_K，X，R＞的一个回答，仅当A相对于＜P_K，X＞具有R”。由此，A就是一个与Q相关的命题。一旦A的相关性被建立，那么，在已接受的背景理论和事实信息实体K(在此，K的内容是语境的一种函数，特定的问题由此语境而产生)的基础上，它的解释值就可由以下三个标准来评价：第一，A为真的可能性；第二，A支持主题P_K的程度超过对照类中其他成员支持的程度；第三，在与其他回答的关联中来比较A的成功。在此，范·弗拉森结合了萨尔蒙的统计相关因素，用语境来规范那些相关事实中具有解释相关性的不对称关系，同时确定某些理论或信念来决定哪些因素可能，从而用概率来解释科

① Thomas R. Grimes, *Explanation and the Poverty of Pragmatics*, Erkenntnis, 27, 1987, p. 80.

学，即 A 支持 P_K 的程度超过 X 的其他成员的程度，依赖于 A 是如何从其他成员中来分配概率函数并朝向于 P_K 的。这就是说，在 A 增加(减少)P_i 的概率时，如果它的后概率(P_i，A&K_Q)相关于 A，则此概率比它的先在概率(P_i，K_Q)更大(更少)。因此，A 是对所提问题的更好回答就在于，它在支持 P_K 方面要比其他竞争性回答更可能和更为有效。

最后，由此，范·弗拉森给出了他的“回答问题的解释模型”，该模型包括三个方面：①解释模型要求有需要解决或回答的问题，即“为什么问题”；②科学解释是对问题的回答；③科学解释需要在问题的回答中做出更恰当选择，即科学模型总是具有一个伴生的评价系统。可见，一种合理的解释仅仅就是一种合理的回答，在其中，一个很可能为真的相关命题强烈地支持此问题的主题超过它的对照集的其他成员，并且不为其他成员的出现所遮蔽。

可以看到，这种基于语用分析的模型的核心是语境，因为它内在地包含了三个语境相关的成分，即①被一个赋予疑问句表达的特定的“为什么问题”；②在对答案的评价中所使用的背景知识 K；③包含在问题中用以确定解释相关性本质的关联关系。正如范·弗拉森指出的，“欲成为解释首先应是相关的，因为一个解释就是一种回答。既然解释就是回答，那么它就是相对于问题来被评价，即对一种信息的要求。但应明确的是，这里借助于‘为何是情况 P’而所要求的信息从语境到语境地不同”[1]。因此，“为何是情况 P”的意义是它被言说时的语境函数，可见，

---

① Bas C. Van Fraassen, *The Scientific Image*, Oxford: Clarendon Press, 1980, p. 156.

并无单一的解释关联关系，而是，关联是基于人的愿望和兴趣，并因而不可避免地从一种语境到另一种语境的变化。

本质上讲，范·弗拉森的语用论科学解释模型与他对“什么算是一种‘科学的’解释”的认识密切相关，即把一种解释限制为是科学的仅仅需要依赖于科学理论。他指出，“称一种解释为科学的，并不是要对它的形式或所引证的信息说什么，而仅仅是，此解释利用科学来获得这种信息，并且，更为重要的是，评价一种解释如何的标准就是在它被应用时使用了科学理论”①。应当看到，范·弗拉森的这样一种依赖于科学理论的解释观并不是充分的，它允许解释的关联关系过于宽泛地运行并依附于个人的兴趣，从而导致用某种私人解释的普遍理论来代替科学解释，特别是，他未能将作为行为的解释和解释的给予区别开来，因为解释的正确性依赖于科学事实而非此事件是否被某个体的意向所把握。因此，范·弗拉森实际上并未涉及科学解释的本质，他的语用分析仅仅停留于“解释的给予”这个次要论题上，事实上，我们不仅应当描述被解释者所处的语境方面，而且还要提供什么是适当的解释。

但是，无论如何，范·弗拉森的语用论科学解释模型根据做出解释的解释者来阐明事实，要求按照适当语境的指导来在听者中产生理解解释者的意向以及解释行为的核心性。可以说，它是一种反逻辑主义的思维，即反对解释是独立于充满了语境的语言单元，以及所有好的科学解释能满足逻辑条件的单一集合，而认为解释依赖于主体，由于解释语境

① Bas C. Van Fraassen, *The Scientific Image*, Oxford: Clarendon Press, 1980, pp. 155-156.

的差异，不同解释主体形成不同的提问方式，因而形成特定的回答方式，特定的解释形式。[①] 这促使人们普遍地认识到，一个所予事件不只存在一种正确解释，科学解释中存在着语用域，它的功能就是从一系列客观的正确的解释中挑出一个特定解释。这种语用学的分析转换了人们的思维视角，超越了逻辑经验主义"所有解释都是唯一地运用语形和语义分析"的教条，使科学解释范式发生了从静态科学逻辑向动态科学语用学的转变，它所显示出的哲学意义不仅体现在科学解释的认识论和方法论的变化上，而且表明对科学理论的认识已不仅仅是科学解释的问题，更应结合人文解释，从科学共同体的意向、心理、行为等各个方面认识，在科学语用学基础上所建构的解释才能对科学理论的本质做出真正认识。

二、语言分析方法与计算机理论问题

并行程序表征和模型问题是计算机领域的核心论题。当前，基于串行理论(serial theory)的计算机技术似乎已经走到尽头，无论硬件还是程序软件的发展，都出现某种程度的停滞。而并行理论(Concurrent/Parallel theory)成了计算能力得以突破的重要途径。尤其是在程序设计领域，发挥着主要作用的串行程序设计编程技术，其局限性随着网络技

---

① Harmon Holcomb, "Logicism and Achinstein' Pragmatic Theory of Scientific Explanation," in Dialectica, 41, 1987, p. 239.

术和大规模计算的发展日益凸显。因此，发展并行程序成为解决串行理论各类困境的有效途径，而表征是解决并行理论发展瓶颈的前提。在这一方面，当代主流的并行理论 Ada 语言、Occam 语言、Petri 网等的表征特征明显呈现出以语用化解决语义问题的发展趋势。此外，对计算机模型思想而言，大数据时代颠覆了人们对传统的确定性以及不确定性理论的理解，一种基于形式语言和逻辑之不确定性的计算机模型思想亟待形成，本节第二部分正是在讨论并行程序不确定性难题的基础上，把问题论域扩展至计算机模型的整体特征方面，尝试以大数据思维重塑该问题的理论面貌。

(一)并行程序表征的语义发展趋势

对于程序设计而言，表征和计算从不同侧面刻画了程序可以实现的智能功能。就像计算机必须基于二进制这种表征方式去设计计算方式一样，程序设计中的计算方式也必须基于特定表征方式之上。也就是说，表征方式决定了可以采取的计算方式。在并行程序中，基于不同表征方式的软件决定了该种软件可以实现的特定功能。研究并行程序的表征方式及其发展趋势，是并行程序设计发展的关键所在。

1. 并行程序表征问题产生的原因

随着人工智能、操作系统、语言开发、编译技术、通信技术、大规模数据库、多处理机等应用技术的发展，并行处理的重要性日益显现出来。当前，并行处理主要纠结于算法问题，用并行语言作为描述手段，同时受到软硬件及通信环境的制约。因此，并行程序设计中的首要要务，不仅仅是程序设计本身，还需要多层次全面考虑。尤其是并行程序的表征问题，其重要性随着并行程序的广泛应用而逐渐凸显出来。

并行程序的发展受到两个方面的驱动：一方面是计算机硬件技术的发展；另一方面是计算机软件的发展。

(1)计算机硬件

早期计算机是串行的。随着现代计算机技术的发展，在不同程度上都具有了并行性。当前的计算机主要分为单中央处理器和多核处理器两种。随着大规模计算和网络发展的需求，多核处理器成为应用的主流。

然而，单个 CPU 上晶体管集成技术的发展逐步背离摩尔定律而趋近极限，依靠增加晶体管数目来提升 CPU 性能变得不可行，而主频之路似乎也已经走到了拐点。处理器的主频在 2002 年达到 3GHz 之后，就没有看到 4GHz 处理器的出现，因为处理器产生的热量很快就会超过太阳表面。这表明电压和发热量，成为提高单核芯片速度的最主要障碍。人们已无法再通过简单提升时钟频率就设计出下一代的新 CPU。

在主频之路走到尽头之后，人们希望摩尔定律可以继续有效。在提升处理器性能上，最具实际意义的方式，便是增加 CPU 内核的数量，即研发多内核处理器。多核处理器的开发，实际上采取的是“横向扩展”的方法去提高性能，CPU 的更新换代将具有更多的内核。人们希望将来的中央处理器可以拥有几百个内核。然而，每一个内核的计算能力将不会比之前的内核有本质上的提高。

多核处理器的实现，从根本上讲，还得依靠具有多个可以在系统中共享存储器的情况下，独自运行各自程序的分离的子处理器。多核处理器与多 CPU 之间的本质区别在于，前者在缓存中实现数据共享，而后者在主存中实现数据共享。缓存级的数据共享大大缩短了资源竞争所浪费的时间，改进了主存级数据共享的那种资源竞争时间，远远多于程序运行时间的问题。

对于并行软件设计而言，硬件的并行结构决定了编译程序的表征形式，而算法体现出的并行度与基于硬件的表征形式越一致，并行程序的处理效率就会越高。也就是说，并行程序设计的并行度，必须与相应的硬件结构相一致。未来多核处理器这种并行硬件结构，给未来软件编程提出了新的要求。“未来的程序如果要利用未来 CPU 的计算能力，它们将不得不并行地运行，并且程序语言系统也将不得不为此而发生改变”①。

然而，并行计算机的硬件结构并没有形成一个相对统一的模型。不像串行计算机拥有冯・诺伊曼结构，并行计算机的拓扑结构、耦合程度、计算模型等都不确定。因此，要发展与硬件结构相一致的并行程序将非常困难。

目前，并行程序主要应用于基于单处理机的多种并行措施的并行处理系统，以及基于多处理机的不同耦合度的多指令流多数据流计算机系统。人们从不同的层次采取不同的措施来实现并行计算，这表明并行程序的发展还很不成熟。

(2)计算机软件

并行软件从抽象层次上大致可分为两个领域：用于操控和协调并行系统各软、硬件资源的系统软件和针对各应用领域开发的各种软件工具

---

① Alan Mycroft, “Programming Language Design and Analysis Motivated by Hardware Evolution,” in *Static Analysis Symposium*, 4634, 2007, pp. 18-33.

和应用软件包。由于短期内很难在硬件方面取得质的突破，按照当前的技术水平，从硬件角度构建并行处理结构并不存在困难，真正的困难在于并行程序的软件方面。在串行系统中，由于串行程序的好坏导致的速度差至多不超过10倍，而并行系统中，由于并行程序设计差异而导致的速度差可以达到近百倍。并行软件开发应用的滞后，没有相对成熟的理论成果，使得并行计算机系统硬件性能的大幅提升没有多少实际意义。无论是大规模并行处理机还是多核处理器，没有相应并行程序的支持，是这些系统性能难以充分发挥的根本原因。

随着大规模并行处理机和网络的发展，对于程序并行度的要求不断提高。与串行程序不同的是，并行程序不仅要考虑并行算法本身，还要考虑相应的并行计算机数量及其拓扑结构。由于并行程序的根本特征在于多线程的并发执行，能否充分利用共享资源、实现通信优化、减少程序中的不确定性、逻辑错误和死锁等问题，就成了并行程序设计中必须面临的难题。由于并行性自下而上涉及硬件层、操作系统层、通信层以及应用层等多个层次，① 而并行程序设计作为计算机硬件和软件之间的桥梁，实现了从硬件实现到高层软件之间的转换功能。这种转换更多涉及的是通信层和应用层。理论上，CPU的数量与计算速度成正比，由此涉及的多CPU之间的通信问题比具体的算法步骤更为重要。因此，并行程序设计首先需要考虑的是模型问题，合理的结构安排不仅决定了程序开发的难易程度，并直接关涉到并行性所带来的加

---

① 刘方爱、乔香珍、刘志勇：《并行计算模型的层次分析及性能评价》，载《计算机科学》，2000(8)。

速比。

并行程序设计主要采用数据并行和功能并行的方式。数据并行可以采用隐式或显式的说明语句来表征数据结构的分解，程序高度一致，用户不需要管理各进程之间的通信和同步问题，也较为容易获得好的并行度。但由于这种方式的通用性相对较差，难以表征需要并构处理的任务。而功能并行的各子任务之间通过显式方式来协调，进程间的同步和通信也是显式的。这对程序设计人员的要求非常高。一旦程序的结构划分不合理，就会产生通信时延甚至通信拥堵，从而无法发挥并行程序应有的速度优势。实际运用中，人们最容易忽略的问题就是共享数据，这会使程序运行很快陷入困境。而减小数据共享范围以及采用显式方法，可以在一定程度上规避这个问题。

当前并行程序设计中的主要问题有：

其一，串行程序并行化的问题。

现有软件大都是串行程序，其应用已相当广泛，并行机上需要大量用到已有的串行程序。因此，存在于应用领域的大部分并行程序，都是利用适当的算法把串行程序转换而来的。人们希望设计相应的编译程序，可以在不对现有程序做改动的情况下，由编译系统自动完成串行程序的并行化。这是一种隐式的并行策略，在编译系统层面实现程序表征和计算的并行性。然而，现有的算法难以有效处理如此复杂的应用需求。并且，这种并行程序生成方式难以摆脱串行思维的制约，实现最优的并行性。所以，该方法难以适应现代并行计算机硬件发展的需求。

这类软件中，FORTRAN 语言[①]最具代表性。它利用智能编译程序，在原有的顺序程序中挖掘并行性，并自动将其转换为并行程序代码。问题是，这类程序要求程序员用串行软件编写并行程序，而智能编译程序的智能程度相对较低，在遇到复杂程序时常常难以有效发掘出程序的并行性，这使得这类软件的并行效果常常不尽如人意。

其二，扩充串行语言的问题。

这种方案利用在现有的串行语言中增加库函数，来实现并行进程的功能，“在语法上增加新的数据类型及相关操作，扩大描述问题的范围；在语义上扩展原操作符、操作对象范围和表达式语句的含义”[②]。这种功能的扩充需要同时引进同步通信机制，用于表征语句操作步骤间的并行性。[③] 例如，可以用 FORK 和 JOIN 语句来实现，这也是开发动态并行性的一般方法。FORK 用于派生一个子进程，而 JOIN 则强制父进程等待子进程。这种方式的问题在于程序的可移植性很差。当其运行的计算机结构发生改变时，就必须重新编程。常见的有 Ada 语言。[④]

其三，根据并行任务的性质直接设计并行算法的问题。

---

① FORTRAN 语言是第一个面向过程的高级语言，是科学计算领域最主要的编程语言。1956 年面世以来经过不断完善，逐步加入面向对象等现代语言特征，可与 Visual C++联合使用。1997 年公布的 FORTRAN 95 标准主要加强了对并行计算的支持。

② 刘方爱、乔香珍、刘志勇：《并行计算模型的层次分析及性能评价》，载《计算机科学》，2000(8)。

③ 韩卫、郝红宇、代丽：《并行程序设计语言发展现状》，载《计算机科学》，2003(11)。

④ Ada 语言是第四代计算机程序设计语言，以历史上第一位程序员的名字命名。Ada 语言编程具有高度可靠性，支持实时系统和并发程序设计。Ada95 版还加入了面向对象的设计。

这是一种显式的并行策略。通过设计一种全新的并行程序语言，尤其是数千个线程的高并发软件，直接根据并行任务的性质去设计程序结构。众多线程通过共享内存等进程级的资源，以更为密集的方式改进了进程间粗粒度的运行手段，大大提高了运行效率。这里最为核心的问题就是，如何将并行程序分解到大小合适的粒度，真正让多个线程在多核系统中并发地执行。要合理控制线程之间的数据共享，因为这会造成两个线程不断进行互斥修改，产生更多的信息交换，这将大大增加软件层面的复杂度从而降低并行程序的运行效率。

计算机硬件的发展速度远远快于编程软件，快速增长的 CPU 数目对于并行程序而言是最大的挑战。当前，大多数并行程序在同时处理几十个线程的情况下尚能正常运行，但通常对于上百个线程的并行任务便应付不来。为了解决阻塞问题，人们尝试表征在硬件层次上的原子操作，直接从硬件中挖掘并发性，从而可以更好地体现并发硬件的特性。

此外，多线程需要正确的存储模型。强存储模型和弱存储模型对于线程数据的读取方式影响很大，直接影响到数据读取的正确性。为了得到正确的语义，必须设置相关属性。否则，当程序从强存储模型移植到弱存储模型中时，就很可能会产生错误的运算结果。在这方面，Java 做了有益的尝试。

由于受到特定并行计算机以及网络服务器的制约，这类并行程序语言通常每一种只能用于一种类型的并行计算，通用性较差。并且，这种编程方式对于并发错误很难识别，程序运行的不确定性也最大。此外，这种编程方式难度较大，出现较晚，因而也最不成熟。这类软件中最为著名的是 Occam 语言[①]。

无论是哪种方式，缺乏通用的设计语言是目前最大的困境。几种常用的程序语言都是以特定机型为基础的，这导致每种程序语言的表征方式，都有某种程度上的特殊性，用其表征的程序与并行计算机的硬件结构密切相关。离开特定机型，这些程序语言就难以发挥应有的作用。由此，发展更为通用的表征形式，成为并行程序发展过程中面临的核心困境。

2. 并行程序表征方式的特征

并行系统不可避免地会受到并行性、通信、不确定性、系统死锁、系统的拓扑结构、验证等问题的困扰，而这些问题都与程序语言的表征方式相关。程序语法、语义的复杂，是当前程序语言难以被推广接受的一个主要因素。用户需要自行解决任务和程序的划分、数据交换、同步和互斥以及性能平衡等各种问题。以非冯·诺依曼机为基础的并行计算机系统，决定了运行在其上的并行语言是非自然的，程序的表征方式必须反映其硬件基础的特征。

以 Ada、Occam、Petri 这三种最具特色的并行程序语言为例，可以看到，不同的并行实现方式导致了相应软件的特性。对这些软件表征方式的特征进行分析，有助于我们认识并行软件的关键问题所在，并客观判断并行程序的发展前景。

(1)Ada 程序的表征特征

Ada 是美国国防部为克服软件开发危机、耗时近 20 年开发出的大

---

① Occam 语言是以 14 世纪哲学家 William of Occam 的著名公设奥卡姆剃刀(“如无必要，勿增实体”)命名，是包含串行处理、通道通信的并行程序语言。PAR 结构，即多个串行进程同时执行，是 Occam 语言的最大特征。

型编程语言。它利用最新的软件开发原理，在一定程度上突破了冯·诺伊曼机的桎梏，与其支持环境一起形成了所谓的Ada文化。Ada程序的通用性很强，其复杂性和完备性也堪称所有开发软件之最。比如，C语言和C＋＋所具有的功能在Ada语言中都可以更方便地实现。并且，Ada可与C、C＋＋、COBOL、FORTRAN等其他语言联合使用。与其他并行程序不同的是，军用目的使Ada程序设计追求高度的实时性和可靠性。为此，Ada对于数据类型、对象、操作和程序包的定义提供了一系列的功能实现，还为实时控制和并发能力提供相当复杂的功能，并于1995年开始支持面向对象的功能。

本质上，Ada属于串行程序并行化的编程语言，采用自底向上和自顶向下的分级开发模式，具有很强的逻辑性。为了提高程序的可移植性和可靠性，Ada将数据表征与数据操作相分离，并采取了"强类型"设置，不允许在不同的数据类型之间进行混合运算。这就防止了在不同的概念之间产生逻辑混淆的可能性。Ada也几乎不允许任何隐式转换，违反类型匹配要求的部分都会在编译和运行阶段被发现，这就避免了子程序调用的多义性，从而增强了程序的可靠性。也就是说，对于一段看上去没有表达错误和逻辑错误的程序，如果它没有定义数据类型，或者对不同类型的数据进行数值运算，都将不能通过编译程序的检验。对于不同类型的派生数据，即使其母类型相同也不能通过编译。此外，Ada提供的类型限制还可用于精确表明数据类型，以解决程序中存在的各种歧义。例如：

type primary is (triangle, trapezia, hexagon);

type polygon is (triangle, quadrangle, pentagon, hexagon, heptagon);

...

for i in triangle ... hexagon loop

...

上述语句中存在明显的歧义，编译器无法自动判断 triangle 和 hexagon 是 primary 还是 polygon 中的元素，这就需要用类型限制去表明：

for i in polygon'(triangle) ... polygon'(hexagon) loop

for i in polygon'(triangle) ... hexagon loop—

for i in primary'(triangle) ... hexagon loop

这种表征方式只是告诉编译器确切的数据类型，并没有改变值的类型就解决了歧义问题。可以说，明确的表征方式是 Ada 语言的一大优势。

对于现代软件设计而言，软件的维护费用往往超过其开发费用。因此，可读性是降低软件后期维护费用的关键性能之一。为了增强可读性和可维护性，Ada 采用接近于英语结构的语法形式，具有很强的表征能力，便于程序的开发和维护。

Ada95 中规定的基本字符分为图形字符、格式控制符和其他控制符等三类，其书写格式尽量接近英语书写的习惯。对于数字，Ada 支持二进制到十六进制之间所有实数型和整数型的任何进制的数字表征，其格式为：Base＃Number＃，Base 表示指定的进制，Number 为该进制所表示的数字。

在控制指令(Statement)方面，相比别的程序语言，Ada95 只是增强了其可读性。总之，Ada 避免过多使用复杂句型，并以较少的底层概念来实现程序的简便性。

以程序包为例，Ada将对象模块的语法定义为：

package PKG-NAME is

＜私有数据，操作声明＞

＜共有数据，操作声明＞

＜保护数据，操作声明＞

end PKG-NAME

为了便于生成大型复杂程序，Ada对模块实行分别编译。但Ada对于可靠性和可读性的要求，使得其在编译过程十分注重静态检验，从而导致程序代码较长且执行速度减慢。[①]

作为并行软件，Ada把任务作为最小单元，每个任务中的语句采取串行表征方式，任务间通过共享变量来实现并发性。这种结构适用于多处理机系统的程序设计。此外，Ada提供基于硬件的低级输入/输出程序包，通过共享变量来实现嵌入式编程，可用于所有的嵌入式计算机系统。

(2)Occam程序的表征特征

并行语言最大的特点，就是采用了不同于串行语言的用于表征进程和线程的功能。由于并行系统建模的相关数学基础理论问题还没有解决，Occam语言的通信理论是建立在通信系统演算(CCS)和通信顺序进程(CSP)之上的。[②] Occam的并行关系主要体现为多个进程之间的并行

---

① 邵晖：《军用计算机编程语言的选择》，载《电光与控制》，1996(3)。

② [英]格林·温克尔：《程序设计语言的形式语义》，宋国新、邵志清等译，258页，北京，机械工业出版社，2004。

执行，利用关键字 PAR 来描述进程之间的同时性。进程之间的通信不同于 Ada，Occam 不允许通过共享变量来实现进程之间的通信，而是采用通道通信的方式。这是一种单向自同步的通信方式，当发送方和接收方都准备好时，才在进程之间单向传递信息，不能既发送信息又接收信息。因此，通信在 Occam 中是同步的。但两个进程不能同时处于等待对方发送信息或接收信息的状态，否则就会出现死锁。

Occam 语言最大的特点在于它是真正与硬件相匹配的并行程序，可以直接控制各处理器对并行进程的执行，还专门针对硬件定位设计了 PLACED 语句。根据程序运行的硬件基础，Occam 中的多个进程有可能是运行在一个处理器上的软件模拟，也可能真正运行在多个处理器上。因此，Occam 语言中区分并发（Concurrency）和并行（Parallel）的概念。前者意指有可能是并行的，而后者则强调真正的硬件层面上的并行。

同所有的高级语言一样，Occam 需要对程序中用到的数据类型、表达式、操作运算符、数组、字符串等各种表征方式进行事先约定，此外，还要对并行通信的表征方式进行说明。

Occam 在原处理的基础上构建程序结构和流程，最终形成完整的程序。原处理是 Occam 程序中最简单的可执行动作。与其他程序语言不同的是，原处理只有输入、输出和赋值三种，用以表征其在整个程序结构中是并行还是串行。

原处理的赋值表征形式为：

变量：＝表达式

原处理的输入表征形式为：

通道名？变量名

原处理的输出表征形式为：

通道名！表达式

Occam 程序的基本结构分为串行结构和并行结构两种。串行结构用 SEQ 表示，并行结构用 PAR 表示。PAR 结构由 SEQ 结构组成，PAR 中 SEQ 的表征顺序无关紧要。并行结构中的所有进程将同时开始执行，当所有进程结束时，该并行程序才能结束。例如：

```
PAR
  INT fred：
  SEQ
      chan 2 ? fred
      fred：=fred+1
  INT fred：
  SEQ
      chan 3 ? fred
      fred：=fred+2
```

Occam 中，变量名和通道等名称的命名和赋值都是局部的，仅在其所在的进程内有效。因此，上述两个 SEQ 中的 fred 之间没有任何关系。每一个 fred 只在其局部范围内有效。

作为实时软件，Occam 用定时器以及优先级来实现实时处理。其中，定时器的表征形式为：

TIMER 定时器名：

使用时，用 INT 数型给定时器变量赋值，例如：

```
TIMER clock：
INT time：
clock ? time
```

当一个结构中有两个进程同时准备好输入时，就需要通过优先级PRI来决定执行的先后顺序。

此外，Occam是与硬件匹配度很高的并行程序语言，可以直接对硬件层次进行操作。这就必然涉及与外部硬件以及并行硬件处理的相关表征问题。比如说，在控制外部硬件设备方面，Occam可直接对键盘、显示器等终端设备上的信息进行表征。例如，用PLACE…AT…将通道与显示器或键盘联系起来：

```
PLACE screen AT 1：
PLACE keyboard AT 2：
```

或者，用

```
keyboard ? x
```

语句实现用键盘输入为变量x赋值。

再比如，Occam可用PAR结构直接将进程定位到各个处理器上，其表征形式为：

```
PLACED PAR
  PROCESSOR 1
    P1
  PROCESSOR 2
    P2
  …
```

上述代码表示，让处理器 PROCESSOR 1 处理进程 P1，处理器 PROCESSOR 2 处理进程 P2。[①]

(3)Petri 网的表征特征

Petri 网是佩特里(Carl Adam Petri)提出的一种网状结构模型理论，并逐步发展出以并发论、同步论、网逻辑、网拓扑为主要内容的通用网论(general net theory)理论体系。Petri 网的革命性在于，它摒弃了基于冯·诺依曼机的全局控制流，更关注于过程管理，因而没有中央控制，也不存在固有的控制流。全局控制的问题在于，在系统相对复杂的情况下全局状态不仅实时不可知，甚至连某个瞬间状态也不可知。因此，Petri 网用局部确定的方式来表征客观实在。[②]

Petri 网适用于描述分布式系统中进程的顺序、并发、冲突、同步等关系，尤其在真并发方面具有独特优势。作为建模和分析工具，Petri 网擅长用网状图形表征离散的并行系统的结构及其动态行为，其最大的表征特征是既可以使用严格的数学表征方式，也可以使用图形表征方式。尤其是独特的图形表征方式，可以形象地描述异步并发事件，这来源于其独特的网状结构。“Petri 网以尊重自然规律为第一要义，以确保其描述的系统都是可以实现的”[③]。

作为网状信息流模型，Petri 网主要用于表征网系统。长久以来，Petri 网一直尝试寻找一种基于某种公认交换格式(interchange format)

---

① 诸昌钤、马永强：《并行处理程序设计语言 OCCAM》，92～99 页，成都，西南交通大学出版社，1990。

② 袁崇义：《Petri 网原理与应用》，3 页，北京，电子工业出版社，2005。

③ 同上书，1 页。

的协议，提供可以在 Petri 网模型之间进行明确交流的方式。然而，人们很快便认识到，如果这种协议遵从一种公认的 Petri 网形式定义，将会取得更好的效果。而 Petri 网的明确表述，必然是形式定义中抽象句法被精确定义后的具体语法。研究者们公认，提出这样一个标准规范的好的方式，就是建立一套定义标准规范的标准化过程。Petri 网标记语言(Petri Net Markup Language，PNML)便是这样一种被认可的规范协议，它的制定促进了 Petri 网的快速发展以及大规模的应用需求。

Petri 网标记语言是一种基于可扩展标记语言(Extensible Markup Language，XML)的交换格式。作为国际标准，Petri 网标记语言在其第一部分就定义了 Petri 网的语义模型(semantic model)，并给出了相应的数学定义。当前，经过扩充的"Petri 网成为系统规范和程序系统语义描述的工具。"①

Petri 网表征的优势在于对复杂系统并发过程的精确描述，而缺点也恰恰在于此。如果对细节的描述过于精确，系统的烦琐程度会呈指数级剧增，即出现所谓的"节点爆炸"。因此，必须要恰当地屏蔽细节。

如今，基于 Petri 网的应用已遍布计算机的各个领域，其模拟能力已被证明与图灵机是等价的。由于 Petri 网的类型非常丰富，不同类型的 Petri 网以及建模工具之间的信息交换成为 Petri 网标记语言标准化过程中的首要因素。而工作流网(WF _ net)以及诸多技术层面的研究则成为 Petri 网 20 年来取得的最主要成就。

---

① 袁崇义：《Petri 网原理与应用》，北京，电子工业出版社，2005，内容简介。

3. 并行程序表征的语义发展趋势

事实上，计算机学界对于并发和并行这两个概念并没有明确区分，常常在同一个意义上使用。对于并发的理解，需要强调的是，并发不是同时发生，而是没有秩序(disorder)。比如说，在 Petri 网中没有全局时间概念，每个进程依照各自的时间顺序执行。对 Petri 网来说，讨论进程之间执行的先后顺序没有意义，因为没有可参照的全局概念去确定进程执行的次序。同一个程序运行多次，对于相同的输入，不仅每一次的运行次序不确定，每一次的运行结果也不确定。也就是说，并行程序的运行结果由其具体运行的语境决定。这就使得并行程序的语义具有了不确定性。为了使并行程序在执行过程中能产生与程序语义相符合的效果，就必须弄清楚程序语言各成分的含义。因此，在语境中考察并行程序的语义问题就成为并发研究不可或缺的内容。

符号主义者认为，符号算法实现“从符号到符号的转换，给定这些符号的意义，这样的转换就具有意义”。形式步骤和算法是保真的：“如果我们从真符号开始，算法只会将我们带向真符号”，而且算法可以通过符号的形式性质保持其语义性质。[①] 这似乎表明，形式系统由于我们的规定而获得意义。而塞尔的“中文屋”表明，“符号的语义性质并不附随于它们的句法关系”[②]。而经过形式计算和逻辑推理之后，这种基于分解的形式语义能否保真？尤其是在过程和结果都不确定的并行计算中，我们应如何确保语义信息的真？

---

① [美]B. P. 麦克罗林：《计算主义、联结主义和心智哲学》，参见《计算与信息哲学导论》，317 页，北京，商务印书馆，2010。

② 同上书，319 页。

计算机形式系统中，数据都是结构化了的信息。也就是说，所有的数据都具有特定的表征形式，并且数据之间有一定的关系。当大量数据进入并行程序处理系统之后，数据必定会发生形式变化。这种变化过程中，数据所蕴含的语义信息是如何转换的，这种转换能否确保大量数据信息被具有高度不确定性的并行程序处理后语义信息实现正确转换，是并行程序研究的重点。并行系统已不是图灵机意义上的计算系统。对并行表征的语义考察也不能局限在语义分解的层面。对并行程序表征语义的研究，应该考虑表征系统与特定的硬件结构、具体并行计算过程的运行特征等因素，区别对待不同并行模式中的语义表征的模糊性和歧义性问题，尤其是程序运行中整体语义的保真问题。

从 20 世纪 50 年代起，程序语言的形式语法研究取得了较大发展，而在形式语义方面一直没有取得较为理想的成果。表征如何获得意义是并行形式系统面临的首要难题。近年来，并行程序的形式语义研究越来越受到重视。对于并发过程的不同理解产生不同的并发计算范式，不同的并行程序语言就是基于这些范式开发出来的。对于并行程序语言的开发者而言，不仅要为不同的应用目标设计该语言的基本结构，还必须定义其语法形式和语义。为了适应不同的计算机硬件体系和开发需求，并行程序语言往往在语法上并不规范。通常，并行程序涉及在局部语法即上下文无关语法层面存在较少歧义，而涉及上下文相关语法即静态语义关系、甚至更深层次问题时，则存在诸多问题。对程序语义进行定义，不仅要定义所有基本元素的意义，还要赋予语法结构以明确的意义。

已有的操作语义学、指称语义学、公理语义学分别从程序的执行过程、数学语义以及逻辑正确性等角度形成了研究程序语言语义的三条主线，但一直不能很好地融合，从而也无法体现在具体的程序语言中。理论界通常认为，这三种类型的语义彼此之间是相对独立的。但温斯克尔(Glynn Winskel)认为，这三种类型的形式语义之间是高度依赖的，它们之间很有可能实现统一，并给出了操作语义和指称语义等价的完整证明。①

程序员编写并行程序，最重要的就是通过程序建立关于现实世界的模型。现实世界的并行性往往体现在过程而非结果中，对并行过程的模拟与控制是并行程序应用的价值所在。并行程序语言的表征力直接决定了所构造的模型对事件过程的模拟能力。语义是程序赋予的，程序的一个主要作用就是表征分解的语义及其集合。② Ada 语言、Occam 语言和 Petri 网作为并行程序语言，首先应具有对某个特定应用领域的并行问题进行形式表征的能力，因而必然要具有特定的句法和语义。其句法不仅要适合相应的并行硬件执行系统指令，而且要具有恰当表征分解语义和程序整体语义的表征力。尤其是对各并行事件的状态和过程的准确描述以及事件发生条件及其相互联系的描述，是研究并行表征语义的难点所在。

程序语义学研究形式表征与意义的关系以及形式系统与命题真值之间的关系问题。但它同时指出，语义网格、语义分解等理论只是在符号

---

① [英]格林·温克尔：《程序设计语言的形式语义》，宋国新、邵志清等译，前言，北京，机械工业出版社，2004。

② Philip N. JohnsonLaird, "Mental Models of Meaning," in Laird Johnson(eds), *Elements of Discourse Understanding*, Cambridge: Cambridge University Press, 1981, p. 28.

层面以及词与词的关系层面探讨意义问题，并不涉及语言与世界的关系这一层面。因而不是真正的语义学。[①] 而 Petri 网的语义基底正是语义网格理论，并且，几乎所有基于形式系统的语义研究都是基于分解的。也就是说，无论是基于冯·诺伊曼机的串行计算系统还是基于非冯·诺伊曼机的并行计算系统，都是离散的自动形式系统，它们按算法规则操作带有语义信息的符号。可采取的算法由形式系统的表征性质决定。给定形式系统的符号语义，相应的算法要保证经过一系列转换之后的符号依然具有可操作层面的意义。而这种形式语义并不是真正意义上的语义学，它最多涉及表征与心理的关系，但无法关涉语言与世界的层面。

程序语义学研究的关键问题是没有涉及意义问题，而这才是语义学的核心问题。[②] 显然，按照这个标准，现阶段的并行程序设计语言研究才刚刚涉及表征的形式语义问题，离整个程序的语义研究还有很大距离。过去的研究大都关注数据所蕴含的语义信息，而忽视了程序动态运行过程中的语义传递及转换问题。

计算机的信息系统，最主要的特征就是信息流动。并行进程中流动的信息主要是各种变量以及变量的值。变量值的变化意味着信息的改变。当一个进程将其变量值传递给另一个变量或进程时，信息流动就产生了。而信息流动也是产生并行程序语义不确定的一个主要原因。

并行进程或线程在运行中，一个非常重要的问题就是进(线)程之间

---

① Laird Johnson, *Meaning and Mental Representation*, *How in meaning mentally Represented*, Indianapolis: Indiana Llniversity Press, 1988.

② J. Hangeland. *Meaning and Cognitive Structure. How Can a Symbol Mean Something*? New Jersey, Ablex Publishing Corporation, 1986, p. 86.

的通信问题。通信是并行程序运行过程中最重要的机制。是进(线)程之间通过通信交换信息，而信息所传递的语义是如何被表达的、以及表达力如何，是当代并行表征需要研究的主要课题。并行系统要确保通信的有效性，必须保证信息表征的一致性。例如，在 Occam 语言中，由于所有的进程都是同时执行，且进程内变量名和通道等名称的命名和赋值具有局部性——即不同的进程可以拥有相同的变量名和通道名，因此，为了保证通信过程中语义的确定性，Occam 不允许通过共享变量来实现进程之间的通信，而是采用单向自同步的通道通信方式，并要求对并行通信的表征方式进行说明。

此外，并行程序的不确定性以及验证方式也需要形式语义学的介入，而这方面的理论研究还很滞后。“语义信息的概念是基于如下的假设而被考察的，即事实信息是最重要的和最有影响力的概念，在这个意义上信息本身‘能够被表达’”[①]。例如，Petri 网中的工作流语义(workflow semantic)模型，就是利用语义信息去消解冲突。而语义信息的给出与具体处理的任务有关。语义模型的任务只是用于消解冲突，并不考虑工作流任务完成的质量问题。任务完成情况属于工作流管理的范畴。需要注意的是，很多“管理操作都是由语义引起的”[②]，例如 skip 和 return。只有明确区分工作流逻辑和工作流语义，才能简化工作流模型。否则，不仅增加模型的复杂程度，甚至无法做出正确的描述，以致当程序出现运行错误时，无法找到错误的原因。

---

① [意]L. 弗洛里迪：《计算与信息哲学导论》，127 页，北京，商务印书馆，2010。

② 袁崇义：《Petri 网原理与应用》，249 页，北京，电子工业出版社，2005。

总而言之，与并行程序表征的语法定义相比较，语义定义要复杂得多。尤其是并行程序的不确定性等因素，使得相关研究一直无法取得有效进展，至今没有一种较为公认的定义方式。这是因为，并行程序的语义不仅取决于静态语义表征，更依赖于程序运行的动态环境。而并行程序的不确定性是其语义表征的难点所在。确切地说，并行程序的语义就是程序运行过程中的语义，即语境中的语义。语境不确定，程序表征的语义就无法确定。而这种不确定是不可预测和不可避免的。除了程序自身的不确定性，使用计算机的人和并行程序的互动也是不确定性产生的原因。而如何严格表征这种语境的变化对于程序语义的影响，成为并行程序表征的核心问题。因此，关于并行程序表征的语义理论及应用研究，将成为未来并行程序研究的主要发展趋势。

(二)不确定性与计算机模型思维变革

互联网在人们的经济、政治以及日常生活中所占的比重越来越大，不仅为计算机之间进行数据传输提供高效、便捷的通道，更为使用计算机的人提供了一种全新的交流平台。当前，Web 2.0之前那种单方主导数据的时代已一去不复返，迎接我们的是多元化、且实时更新的大数据时代。一方面，网络极大地推动了人类知识的拓展途径，同时，也极大地困扰着人类知识的发展。而互联网自身的不统一性与不规则性，也一定程度上加剧了人们所获取数据的不确定性。以经济活动为中心的网络数据泛滥，使得人们对有效数据的渴求与对垃圾数据的厌弃同样不可避免，这种爱恨交织的矛盾情感亦变得越来越凸显。如何提升人们获取有效数据的效率，同时减少垃圾数据带来的困扰，已不仅仅是一个技术问题，而是“一场生活、工作与思维的大变革”，“大数据开启了一次重大的时代转型”①，“信息爆炸已积累到了一个开始引发变革的程度”②，已从一个学术概念转为人们每天都在切身体验的真实感受，从而变革着我们对世界的理解方式。大数据已然不仅仅是一个计算机科学的研究领域，而被认为是一个即将来临，甚至是已经到来的时代的标签。

在这样一种大数据时代的预设之下，传统数据处理模型，即以精确模拟和结构化的数据库为主要特征的数据处理思维，已无法适应网络社会化发展的现实需求。这使得关于大数据的研究不再局限于计算机学科领域，而是以一种时代转型的重要特征出现在大众的视野之中。

1. 计算机模型的确定性之殇

第一，计算机模型的类型及其确定性基础。

计算机模型在本质上是物理世界的符号化，是数学和逻辑思想与计算机语言相结合的产物。我们必须借助符号、数学和逻辑来抽象现实世界中的各种结构、关系和特征，才能在计算机上予以处理。数学和逻辑是计算机科学作为一种具有理性的学科存在之根本。

计算机作为基于逻辑门电路的“一种经典逻辑机器”，③ 是逻辑学和数学的一种实际应用。计算机模型是运行在计算机形式系统上的模拟方法，一般从定性或定量的角度来刻画现实世界中存在的各种问题，并尝

---

① ［英］维克托·迈尔-舍恩伯格、肯尼思·库克耶：《大数据时代：生活、工作与思维的大变革》，盛杨燕、周涛译，1页，杭州，浙江人民出版社，2013。

② 同上书，8页。

③ ［英］丹·克莱恩、沙罗恩·沙蒂尔、比尔·梅布林：《视读逻辑学》，许兰译，103页，合肥，安徽文艺出版社，2007。

试运用强大的计算能力和数据资源，为现实问题的解决提供有效的数据支持。因此，计算机模型的内容源于对现实原型的抽象，其运行结果必定是基于对现实原型规律性的把握。抽象的角度不同，计算机模型的种类就不同。利用模型的目的，是决定使用哪种模型来运行的首要问题。

从对象原型中变量之间的关系来看，计算机模型可以分为确定性模型和不确定性模型。确定性计算机模型是对现实原型中必然现象的描述，而不确定性计算机模型则是对现实原型中存在的或然现象的描述。在确定性计算机模型中，变量之间的关系是确定的；而在不确定性计算机模型中，变量之间的关系则需要以概率分布或统计值的形式给出。事实上，不论是哪一种，计算机模型的建立，本身就是我们对对象原型规律性进行认知的一种确定性把握，是类比逻辑思维应用于计算机建模过程的结果。

数学与逻辑对于计算机模型的有效性，取决于所采用的算法是否能够恰当地描述用户所需的现实原型。而模型描述世界的能力，则取决于模型中所蕴含的数学思想以及模型所采用的形式语言。尤其在人工智能中，基于形式化的知识表征与相应的数理逻辑运算，已成为人工智能模拟人类智能的经典方法。作为一种利用数学和逻辑方法来解决实际问题的模型方法，计算机模型最大的特征，就是它需要利用强大的数据库作为支持。因此，除了数学建模的思想之外，计算机建模还需要考虑如何搜集所需的数据以及将这些数据以何种结构存储于计算机中，也就是需要构建所谓的数据模型。数据模型是为目的服务的，因而分析使用者对数据的需求以及所需的信息系统的类型，是数据模型必须要考虑的首要问题。尔后要解决数据的来源和采集等问题，接着才能考虑如何设计这些数据的结构，并构建用于其上的逻辑推理和算法问题。从一个概念数据模型转变为一个或数个逻辑数据模型，并定义模型中数据之间的结构和关系，只有这样的结构化数据，才能在计算机系统中发挥其应有的作用。而一个计算机模型是确定性的还是不确定性的，则主要取决于在所形成的数据模型之上采用的推理和算法是否是确定的。

一直以来，对现实原型表征的近似程度，以及数学和逻辑推理的可靠性，是决定计算机模型质量的核心所在。其中，数学和逻辑推理是对已经存在的各种判断之间的联系进行刻画的有效工具，这些判断之中就包括了各种自然规律。因此可以说，在一定程度上，计算机模型是对现实原型中存在的各种现象进行判断的基础上，所形成的各个判断之间的规律系统。这种判断之间规律的形成，就是对诸多判断进行的逻辑加工，此时的逻辑推理就是一种计算。

而我们判断逻辑推理结果是否正确的标准，不仅要看推理过程是否符合已有的逻辑规则，还要看结果是否符合我们的已有经验。也就是，能否在现实世界中为这个结果找到一个证明其存在或有效的实例。因为逻辑规律是对人类经验的归纳，逻辑的有效性源于利用那些符合经验的规律所进行的推理结果的合经验性。

虽然逻辑与数学赋予计算机模型以可靠性，但它们自身的可靠性却有待考量。这也是以追求终极真理的确定性世界观所不能容忍的。自身都无法保证科学性，如何成为所有其他学科可靠性之根本？尤其是在大数据时代，数据本身的复杂性以及处理数据工具的不确定性，对我们而言将意味着什么？这恰恰是关涉计算机模型思想之变革是否可行的根本性问题，也是网络智能化过程中难以逾越的关键所在。世界被符号化于网络之上，而网络则被模型化为终端可获取的状态。如何看待互联网世界与计算机模型之间的关系，是影响这个时代所有人理解其与世界之间是何种关系的根本问题。

第二，确定性计算机模型的症结。

毋庸置疑，在计算机形式系统之上，确定性计算具有绝对的优势。然而，在大数据时代，成也萧何败也萧何。早期，确定性作为计算机的绝对优势，在当前却成为计算机学科发展中最难以逾越的障碍。

传统图景中，科学立足于理性主义立场，即以数学和逻辑作为其可靠性的保障：数学作为一种“必然和先天可能的”存在，“与物理世界有某种联系”，“对于科学地探索世界来说是本质的东西”[①]；逻辑以“秩序”和“规律”为最基本含义[②]，“是关于推理和论证的科学”[③]广泛存在于人们的日常生活和思维中。而数理逻辑的出现，则将逻辑与数学相结合，为现代科学的知识体系打下了坚实的理性基础。理性主义作为一种世界观，早已深深根植在现代自然科学研究的各个领域。这是一种以世界必然是有秩序的和有规律的为信念的研究基点，所构造出的必然是可以用逻辑和数学语言来描述的理性主义知识体系。这种知识体系最大的体征就是可论证性，也就是预设着真的存在。

确定性计算机模型源于对世界确定性规律的把握，作为一种对现实

---

① [美]斯图尔特·夏皮罗：《数学哲学：对数学的思考》，郝兆宽、杨睿之译，22页，上海，复旦大学出版社，2009。

② 陈波：《逻辑学是什么》，引言，54～55页，北京，北京大学出版社，2002。

③ 同上书，37页。

原型在满足“一定条件下必然发生的事情”[①]进行判断的工具而存在。以经典逻辑为基础，用确定性知识和精确推理来保障推理结果的可靠性，是确定性计算机模型的主要特征。然而，确定性推理的弊病在于：

首先，实际应用中，在给定初始条件的情况下，我们无法保证初始条件永远不变。一次建模只为某个特定的应用服务，以一套公理化体系为依托，追求严密性的推理过程以及精确的推理结果。这使得模型对所运行的环境条件要求极为苛刻，稍加改动就必须重新建模。并且，确定性计算机模型对初始条件的数目要求也极高，初始条件的数目不能庞大到我们难以在其之上进行有效的逻辑推理。早期确定性计算机模型的开发成果，就是因为这些原因难以推而广之。

其次，确定性计算机模型所用的初始条件以及逻辑规则是有问题的，现实世界中没有多少事件能够完全符合确定性模型的要求。因为确定性模型所利用的初始条件以及推理规则，都是从现实原型中抽象出来的特征，而“特征是有问题的”，因为“不存在已经建立起的标准来判定特征是同一的还是有区别的”。“特征似乎分享了集合和数的缺点。它们不存在于空间和时间中，它们没有进入与物理对象的因果关系中”[②]。随着信息时代的到来，计算机描述能力的增强，表征现实原型的数据模型越来越逼近于“全息数据”。而以特征抽象为基础的确定性计算机模型，则更加难以胜任大数据时代对各类数据进行有效分析的要求。

---

① 谭永基、俞红编：《现实世界的数学视角与思维》，215页，上海，复旦大学出版社，2010。

② [美]斯图尔特·夏皮罗：《数学哲学：对数学的思考》，郝兆宽、杨睿之译，232～233页，上海，复旦大学出版社，2012。

人类的知识和经验存在着大量的不确定性，包括量子力学以及相对论在内的理性主义中，最为本质的“自然法则表达确定性”、因而可以“预言未来，或‘溯言’过去”的传统图景，遭到前所未有的颠覆。不确定性使“自然法则的意义发生了根本变化，因为自然法则现在表达可能性或概率”①，科学不再与机遇无涉而独尊因果决定论。广泛存在的不确定性成为确定性计算机模型之殇。

2. 不确定性对计算机模型思想的挑战

第一，确定性世界观对不确定性理论的影响。

到目前为止，计算机依然是图灵机理论在冯・诺伊曼结构上的实现。但需要引起足够重视的是，计算机并不等同于图灵机，二者的关键区别在于：“图灵机是无穷的，而计算机是有限的”，“因此任何计算机都可以用命题逻辑描述为一个(超大规模的)系统，该系统不受哥德尔不完备性定理的制约”。而图灵和哥德尔作为数学家，贯穿于他们学术生涯的“某些数学问题在原理上就是无法被特定的形式系统解答的”②。基于二进制的计算机形式系统，其局限性并不等同于图灵机，亦不适用于所有的数学问题。在有限形式系统可解的范围内，计算机必然要从确定性的数学和逻辑出发，通过一层层的形式转换机制，才能达到用确定性系统来构造不确定性计算的目的。

并且，在理性主义影响下，确定性的世界观依然是驱动现代科学技

---

① [比利时]伊利亚・普里戈金：《确定性的终结：时间、浑沌与新自然法则》，湛敏译，3页，上海，上海科技教育出版社，2009。

② [美]斯图尔特・拉塞尔、彼得・诺维格：《人工智能——一种现代方法》(第二版)，姜哲、金奕江、张敏、杨磊等译，731页，北京，人民邮电出版社，2010。

术向前发展的根本信念。即便在人们的日常生活和科研活动中存在着诸多的不确定性，人们对这些不确定性的理解，也是建立在可预测和可模型化的暗喻之上的。人们研究各种不确定性现象，目的是寻找隐匿于表象之下的秩序，或者是寻找如何控制那些看起来极为复杂的系统的方法。人类始终期望能够对世界的终极状态加以预测，可预测几乎是所有科学研究的出发点和归宿。

对于计算机模型的研究亦是如此。用简单的数学公式或抽象的数学模型去描述复杂的现实原型，几乎是所有不确定性研究的必然途径。人们总是期望用最小的代价实现对复杂的现实原型的模拟。对计算机模型而言，不确定性意味着“缺少足够的信息来作出判断”①，因而事先无法确切地知道某个事件的结果、或者事件的结果可能不止一种。例如，波兰科学家帕拉克(Zdzislaw Pawlak)提出的粗糙集理论就是一种用于处理不完整或不确定性数据的有效工具②，可以从不精确、不完整或不一致的数据中发现隐含的规律③。不确定性对于决策而言是一个不好的存在，它导致系统给出的决策是不可靠的，甚至是糟糕的。在网络商业化应用中，不确定性带来的很可能是直接的巨大经济损失。因此，消除不确定性因素、提高模型的可利用价值，一直是不确定性计算机模型努力的方向。

---

① [美]约瑟夫·贾拉塔诺、盖理·赖利：《专家系统原理与编程》，印鉴、陈忆群、刘星成译，119页，北京，机械工业出版社，2006。

② Sankar K. Pal，Andrzej Skowron，*A Rough fuzzy hybridization：a new trend in decision making*，Singapore：Springer，1999.

③ B. Walczak，D. L. Massart，“Rough sets theory”，*Chemometrics and Intelligent Laboratory Systems*，47(1)，1999，pp. 1-16.

此外，数学算法本身可以解决的不确定性问题是很有限的。当纯粹的数学计算难以处理诸如模糊、不确定、不精确、歧义、似然等现象时，就需要逻辑推理来解决。也就是说，逻辑推理可以弥补数学算法的不足之处。尤其是在较为复杂的计算机模型中，逻辑推理能够在缺少参数、或者没有合适的数学算法、抑或是信息不完整的情况下，完成不确定性计算机模型设定的目标。并且，除了以往的静态描述逻辑，近些年来，针对语义网中不断变换的动态数据又逐步发展出了动态描述逻辑（Dynamic Description Logic，简称 DDL）理论，[①] 为同时处理静态数据与动态数据提供了统一有效的形式化框架。

第二，计算机模型中的不确定性。

通常认为，计算机模型的构建包括模型规划、数据收集、模型设定、校准与确认、仿真与评估等几个阶段。与确定性计算机模型相比，不确定性计算机模型往往更符合现实需要。由计算机解决的各种实际问题，往往不需要绝对正确和绝对精确的结果。在不确定性计算机模型构建的整个过程中，可能面临以下几个方面的不确定性问题：

其一，在从现实原型中抽象出计算机模型的过程中产生的不确定性问题。人类的认知和记忆中存在着大量的不确定性，要想把人类从现实世界中获取的各种复杂性认知融合到计算机模型中去，就必然要以损失关于现实原型的全息数据为代价。在这一过程中，会出现各种各样的不确定性问题。由于建模对象的不同，所面临的问题也会有所不同。此

---

① Shi Zhongzhi, Dong Mingkai, Jiang Yuncheng et al, "A Logic Foundation for the Semantic Web," in *Science in China*, Series F, Information Sciences, 48 (2), 2005, pp. 161-178.

外，针对同样的现实原型，可以构建不同的计算机模型，在模型生成的各个阶段——从数据输入到参数设置、再到模型结构设计与模型处理的结果——都存在着各种不同的不确定性因素，这些都导致了计算机建模过程中的不确定性问题。

其二，计算机模型的规则系统中存在的不确定性。由于计算机模型是一个基于规则的系统，关于规则有可能存在以下几种不确定性：

(1)存在于单个规则中的不确定性。单个规则的不确定性是对现实原型的单个特征进行抽象的结果，是认知和表征不确定性的直接体现。其中，在规则的前件和后件中通常会遇到由于误差、证据的似然性以及证据组合等因素造成的不确定性。这类不确定性需要通过验证来规避。

(2) 由于规则间的不兼容性所导致的不确定性。在一个计算机规则系统中，所有的单个规则都是恰当的，并不意味着整个规则系统就是可靠的。很可能由于抽象角度的不同，致使规则之间出现不兼容性，从而导致推理结果是不确定和不可靠的。与规则的兼容性相关的不确定性有可能出现在规则间的矛盾、规则包含、规则冗余、遗漏规则以及数据融合等方面。对于这种不确定性，需要通过减少每个推理链中的确定性，来减少局部以及整个模型中的不确定性。

(3)冲突归结中存在的不确定性。由于规则有显式优先级和隐式优先级，当两个或两个以上的规则同时具备被引发执行的条件、从而导致推理机无法根据优先级别来确定这几个规则的执行次序时，就会出现规则之间执行次序的不确定性。这类不确定性无法避免，但可以通过从规则堆栈或队列中随机选取的方式来避免模型中的人为机制。[①]

其三，算法理论中的不确定性。

计算机模型中，与不确定性相关的算法理论主要有概率理论、模糊集理论、粗糙集理论、混沌与分形等。它们最大的共性就是都属于算法复杂性的范畴。“一个数据序列的算法复杂性”是指“作为输出而得到这一序列的计算算法的最小长度”[②]。也就是说，“算法复杂性即是一给定(有限)序列的最简短扼要描述之长度”[③]。算法复杂性处于最大可能的算法复杂性与最小可能的算法复杂性之间。完全随机序列有着约等于其自身长度的最大可能的算法复杂性，并可认为其中包含的信息是最大的；而一个单符指令序列因其完全可以将该单符再生而具有最小可能的算法复杂性，且其包含的信息为零。[④] 而“信息涉及的基本条件为：(i)一种鲜明的空间中的对称性破缺”，“(ii)一种不可预测性要素与揭示读者开始不能推断的课题或讯息相关联”。对于一组包含信息的富信息序列而言，我们对其局部讯息的了解不能成为对其整体结构加以推断的依据，“不管这局部有多大”。在这个意义上，整体结构是不可预测的，“可视为一随机过程”[⑤]。

需要注意的是，算法复杂性不同于物理科学中的复杂性。在物理科

① [美]约瑟夫·贾拉塔诺、盖理·赖利：《专家系统原理与编程》，印鉴、陈忆群、刘星成译，163～166页，北京，机械工业出版社，2006。

② [比利时]G. 尼科里斯、I. 普利高津：《探索复杂性》，罗久里、陈奎宁译，26页，成都，四川教育出版社，1986。

③ 同上书，213页。

④ 同上书，213页。

⑤ 同上书，207页。

学中，“简单与复杂、无序和有序之间的距离远比人们通常想象的短得多”[1]。从简单、有序状态到无秩序无规律的分子混沌状态，只是几埃(亿分之几厘米)的距离。也就是说，在物理科学中，简单性由分子之间的短程特性决定，而复杂性则同分子之间的长程特性相关联。[2] 复杂性“似乎已经根植于自然法则之中了”，“将揭示不同等级的系统之间的某些共同性质”[3]。自然客体的复杂性处于最大可能复杂性以及最小可能复杂性两个极端情况之间。这种特性与算法复杂性处于最大可能的算法复杂性与最小可能的算法复杂性之间这一特性的相似性，是物理科学中的复杂性与算法复杂性之间最大的共性，也是可以将这两种复杂性相联系的最主要因素。

在计算机科学中，当说到复杂性与复杂系统这两个概念时，需要甄别当这两个词用于某个特定对象时所特指的含义。通常，复杂性比复杂系统的意义更为明确。计算机模型中所涉及的不确定性算法理论，每一种都有其优势以及不可避免的缺点。这就需要根据特定现实原型的特征，综合利用各种相关理论来解决不确定性计算机模型中的问题。这才是提升模型处理能力的必要手段。但问题是，当你需要模型化的现实原型的不确定性特征需要不止一种理论时，有可能没有相应的编程工具帮你在一个模型中同时实现多种不确定性理论的应用。此时，联合其他开发工具和资源是必要的选择。

---

① [比利时]G. 尼科里斯、I. 普利高津：《探索复杂性》，罗久里、陈奎宁译，4页，成都，四川教育出版社，1986。

② 同上书，27页。

③ 同上书，6页。

3. 不确定性之于计算机模型的意义

当“时间之矢”不再隶属于现象学范畴，人们无须纠结于爱因斯坦构造的那难以理解的“时间错觉”，才能够在时间这一基本维度中去感受生命真实的存在，当非平衡过程物理学赋予不可逆性以新的含义，它便不再是“一种如果我们具备了完善的知识就会消失的表象”①，而是地球上生命现象之所以会出现、并不断演化的根源之所在。当不稳定系统动力学使自然法则可以表达可能性，相关关系便获得了向因果关系讨要话语权的资本，当互联网以不可思议的速度深刻变革着人类的生存模式，“一切皆可量化”②，数据开始主宰一切，绝对精确为效率让路，信息时代向大数据时代迈进。

在这样一种大数据时代预设下，传统的计算机模型思想难以解决各种新出现的应用问题，一种全新的建模思想有待形成。大数据时代，不确定性对于计算机模型思想的意义在于：

首先，大数据时代的不确定性问题，向传统计算机模型思想中的经验性提出挑战。传统的计算机模型，无论是确定性的还是不确定性的，都是对经验的一种概括和总结，同时亦预设着对结果的某种程度上的把握。从 20 世纪 90 年代初开始的互联网商业化进程，加速了大数据时代到来的步伐。互联网本身就是一个没有确定性物理规则的实体，其上的数据资源更是以各种不同的形态存在于各种网络、各种类型的数据库之

---

① [比利时]伊利亚·普里戈金：《确定性的终结：时间、浑沌与新自然法则》，湛敏译，3 页，上海，上海科技教育出版社，2009。

② [英]维克托·迈尔-舍恩伯格、肯尼思·库克耶：《大数据时代：生活、工作与思维的大变革》，盛杨燕、周涛译，97 页，杭州，浙江人民出版社，2013。

中。这些数据资源日益庞大且不断更新，为计算机模型的构建带来了极大的困扰。

在互联网商业化时代，数据爆炸带来的是人们对以往经验的否定。在海量的数据面前，有着明确预设的经验规律不再可靠，人们强烈感觉到信息不完善给决策带来的困扰，更不用说利用已有的经验对未来进行预测。但令人感到尴尬的是，“科学又无疑是经验的”[①]。当人类将其在物理世界中经验到知识的归纳为科学时，经验的不确定性，使得传统数学与逻辑中的确定性思维，以及不确定性计算，都难以逼真地描述某些人们从现实物理世界中归纳出的科学知识。尤其在大数据时代，即便是数学与逻辑的结合，也难以胜任不断出现的各种不确定性问题。特别是在语义理解以及网络智能化的计算机模型方面，人类经验难以归结为一条条适用于各种语境的计算机可执行的规律，进而无法形成有效的模型处理系统。这也是计算机模型思想一直无法获得令人满意进展的一个主要原因。当描述世界必然现象的确定性模型不再独步网络、且描述世界或然现象的不确定性模型也难以满足复杂的网络应用时，计算机模型思想中固有的基于大量经验总结出的规则体系，就成为大数据时代模型思想变革面临的一个最主要的难题。

其次，海量的非结构化数据是计算机模型思想变革着力要解决的问题。

计算机模型在不确定性问题上取得的进步，极大地改善了人们处

---

① ［美］斯图尔特·夏皮罗：《数学哲学：对数学的思考》，郝兆宽、杨睿之译，22页，上海，复旦大学出版社，2009。

理数据的技术水平，小数据时代的随机样本已被全体数据所代替。现有的不确定性计算机模型的最大优势，是能够在已知的海量数据基础上发挥不确定性算法的优势，尤其擅于处理那些具有某种复杂性的现实原型的模型。但这种处理的有效性是建立在对现实原型大量原始数据的把握之上，以传统结构化的数据库为基础。然而，“黑天鹅事件”告诉我们，未知的才是更重要的。大数据时代，人们追求的是数据化而不是数字化，更关注未知因素有可能对自己造成的重大影响。

在数据问题上，对人类而言，过去和现在的区别在于数据的量以及处理方法上。过去人们需要面对的数据量少，处理方法落后，数据获取渠道不畅且获取成本很高。现在人们被各类数据所包围，尤其在网络上，信息获取方便且成本很低，但数据量巨大。如何获取有效信息，甚至如何避免不相关信息或价值含量很低的信息对我们正常工作的干扰，几乎成为每个使用网络工具的人每天必须克服的难题。个人数据管理所涉及的不再是仅仅针对个人数据信息的问题，还包括所有非个人自愿却不得不面对的那些大量的“意外数据”。它们不是我们当前最需要的数据，但却因为我们使用了别的信息而被迫接收它们。无论在视觉效果上还是心理层面上，它们都很有吸引力，会引导人们支付更多的时间甚至货币去消费它们，带来的大多是负效益，但我们却难以管理它们。当互联网上只有 5％的数据是可用于传统数据库的结构化数据时，人们必须学会利用剩下那 95％的非结构化数据。当我们难以在海量的数据之间建立精确的逻辑链时，因果关系为相关关系所取代。人们没有必要知道为什么，只要知道是什么就足够了。[①] 已有的不确定性计算机模型，无论从算法上还是逻辑推理上，都无法满足人们的现实需求，一种新的不确定性世界观，正从一个理性概念转变为大多数人日常都可以感知到的现实存在。

根据数据的不确定性，人们提出过不同的数据模型理论，其中最核心的不确定性数据模型思想就是可能世界模型(possible world model)理论[②]，主要用于构建与特定现实原型的场景相匹配的不确定性数据模型，[③] 可以从一个不确定性数据库衍生出多个被称为可能世界实例的确定性数据库。而将不确定性与数据的世系(Lineage 或 Provenance)有效地整合在一起[④]并提出相应的算法，亦成为计算机模型必然要面临的一个问题。数据的世系已成为研究单一数据库以及跨数据库的数据的产生与演变过程的一种主导方式。事实上，传统的计算机模型，无论是确定性的还是不确定性的，在如此海量且不规则的非结构化数据面前都显得捉襟见肘，不确定性计算机模型理论亟待变革。大数据意味着，计算机模型的构建，不再仅仅是搜集足够的数据并抽象出能够真实反映现实原型的规则体系和算法结构，而是帮助用户洞察这些庞大的非结构化数据之间的关系、并利用其为决策制定和价值创造贡献力

---

① [英]维克托·迈尔-舍恩伯格、肯尼思·库克耶：《大数据时代：生活、工作与思维的大变革》，盛杨燕、周涛译，27、45、67、97页，杭州，浙江人民出版社，2013。

② Engineering Ltd，iSIGHT User's Guide，Engineering Let，2004.

③ Serge Abiteboul，Paris Kanellakis，Gosta Grahne，"On the representation and querying of sets of possible worlds，" ACM SIGMOD Record，16(3)，1987，pp. 34-48.

④ Jennifer Widom. "Trio：A system for integrated management of data，accuracy，and lineage，" in Proceedings of the 2nd Biennial Conference on Innovative Data Systems Research，Asilomar，2005，pp. 262-276.

量。正如孔茨(Kathy Koontz)所言，“重要的不是数据，而是如何使用数据”。在大数据时代，“数据的核心是发现价值，而驾驭数据的核心是分析”①。这些海量存在的非结构化数据已成为计算机模型思想变革着力要解决的核心问题。

最后，新的不确定性问题为计算机模型思想变革指明了方向。

互联网的扩张与智能终端的普及，迅速将人类推进到一个超乎想象的大数据时代，在带给人类便捷的同时，不可避免地也带来了困扰。变革的速度考验着人们的适应能力，网络化程度越高，困扰就会越大。对整体形式的确定性把握业已成为一种奢望，在各类庞大的、实时变化的数据面前，人们变得不再自信满满，数据选择成为大数据时代每个人时常都会遇到的问题，机会成本正在成为一个难以估量的因子。在尚未学会如何驾驭数据之前，我们往往先迷失了自己。

虽然互联网在以前所未有的速度扩张，但各相关领域却始终没有取得多少实质性的理论突破。不仅强人工智能的愿望遥不可及，就连扩张过程中出现的实际应用问题也难以给出一个具有建设性的解决方案。在大数据时代，以面向对象、模块化、封装、抽象化以及测试为主要特征的经典程序设计思想，显得无所适从，而兴及一时的云计算、深度学习、机器学习以及大数据，则被业界戏称为计算机界的四大俗。之所以说它们俗，很大程度上是因为，在解决同类问题上，人为地创造出四个颇具市场效力而缺乏学术价值的概

① [美]比尔·弗兰克斯：《驾驭大数据》，黄海、车浩阳、王悦等译，序言，北京，人民邮电出版社，2013。

念，却没有多少本质上的区别。真正的突破尚未取得，但对获取突破的可能路径已经达成了较为一致的认识，那就是，必须到作为计算机之根本的形式语言、数学以及逻辑理论中去寻找，到新的不确定性理论中去探索。

总而言之，大数据时代对计算机模型思想而言，带来的是一种全新的不确定性理念。它不仅颠覆了人们对传统的确定性以及不确定性理论的理解，而且也很有可能导致计算机模型在未来对新的不确定性算法的突破。无论是市场还是学术，都希望突破瓶颈期，尽快解决网络扩张过程中出现的各种实际问题，并且为可能到来的以互联网技术和可再生能源技术相结合为主要特征的第三次工业革命，扫清一部分技术障碍。"经济是一种有关信任的游戏"①，构建以网络技术为依托的社会信任机制，将是未来社会经济繁荣发展的重要支撑。而互联网在快速扩张中出现的各种问题，使得公众对互联网自身的安全问题都难以产生应有的信任感，更不用说对网络虚拟生活中的人际关系、经济关系、数据通信安全等各种关系产生信任。由此，利用互联网技术来推动社会变革、并建立相应的信任机制，实现起来就变得困难重重。如果说公众信任是经济发展之依托，那么，互联网则是大数据时代这一依托之技术根基。要想获得真正的突破，不仅需要找到计算机模型在不确定性领域的症结所在，更主要的是能够整合市场、技术以及管理等诸多相关资源，才有可能在各个领域以及各个层面之间寻求一个适合全局发展要求的契合点，

① ［美］杰里米·里夫金：《第三次工业革命：新经济模式如何改变世界》，张体伟、孙豫宁译，27页，北京，中信出版社，2012。

从而制定出可执行的方案。

这是一个解构确定性世界观的时代：当不确定性作为一种新的理性为自然界立法，牛顿和爱因斯坦描绘的那个没有时间维度的、可逆的确定性世界，逐步为普里戈金的不可逆且可确定的概率世界所取代。从宏观到微观、从自然科学到社会科学，不确定性理论正逐步解构着各个领域原本占据统治地位的确定性世界观。大数据预设下，在计算机模型领域，一种全新的不确定性世界观亟待形成。

三、语言分析方法与当代人工智能问题

当代认知科学和人工智能研究的核心论题——人工智能表征和自然语言处理问题同样经历了语用化发展。作为人工智能的核心领域之一，表征理论的发展水平直接决定了计算机可以达到的智能水平，然而，人工智能表征的分解方法在自然语言语义理解方面遇到各种瓶颈，该难题要想获得突破，就必须以整体性语境描写方法取代传统的基于词汇的语境描写方法，从而在表征问题上突破句子层次结构的限制和句法、语义、语用三个平面的划分，实现整体性语境构建方法与分解方法的有机融合，自然语言处理是计算机智能的核心技术，但由于缺乏统一的理论基础以及思维模式的限制，其发展速度相当缓慢，至今尚未取得重大突破，经历了从整体到局部的思想转变之后，下一阶段自然语言处理的关键就在于，在动态语义分析中引入语用技术，从而在语形和语义阶段的基础上，朝向新的语用化阶段发展。

（一）当代人工智能表征的分解方法及其问题

"认知科学必然以这样一个信念为基础：那就是划分一个单独的称之为'表征层'的分析层是合理的。"[①]在人工智能早期阶段，表征（representation）融于计算之中，这对于编程人员和专家系统的领域专家来说都是一件烦琐的工作。系统程序一旦编好，要想修改就非常困难。并且，不能重复利用已有系统，这在很大程度上浪费了人力和资源，不利于人工智能理论与工程的发展。到了专家系统阶段，知识库和推理机的分离机制，使人工智能表征和计算以相对独立的姿态在各自领域展开研究。这是人工智能发展史上的一次巨大进步。然而，基于形式系统的人工智能在模拟人类智能过程中，在表征问题上发展非常缓慢，遇到了难以逾越的鸿沟，所有的瓶颈问题最后都落在了理解自然语言的语义问题上。我们认为，基于分解（analysis）的方法是造成人工智能表征瓶颈的关键所在。因此，有必要从处理人工智能表征的思想方法入手，探索解决这一难题的可能途径。

1. 分解方法已经成为人工智能表征发展中的瓶颈

自1956年达特茅斯（Dartmouth）会议提出"人工智能"以来，作为人工智能核心技术之一的表征，其发展速度相当缓慢，至今尚未取得重大突破。这是一个值得深刻反思的问题。建立在形式系统之上的人工智能，在处理表征的方法问题上，通常认为"句子的意义由其语法（gram-

---

① Howard Gardner, *The Mind's New Science: A History of the Cognitive Revolution*, New York: Basic Books, Inc. Publishers, 1985, p. 38.

mar)以及单词的意义决定”[①]，而语法“用于制定如何由词造句的原则”[②]。并且，受乔姆斯基的有限状态语法(finite-state grammar)、“短语结构语法”(phrase structure grammar)以及“转换生成语法”(transformational grammar)三个语法模式理论的深刻影响，将句子分解为层次结构的思想成为人工智能表征的主要方法之一。以上述思想为预设，人工智能在处理表征问题时主要采用句法分析(Syntax analysis)、语义分析(Semantic analysis)以及词汇分析(Lexical analysis)等基于分解的方法。而这些分解方法实现的基础是首先将句子分解为单词，计算机才可以采取进一步的智能处理。可见，无论是哪个角度、哪个层面的处理，人工智能表征所采取的方法都是基于分解思想的。从人工智能理论发展的历程来看，分解是建立在形式系统之上的人工智能表征的必然选择。然而，在发展到一定程度之后，分解方法的弊端逐步凸现。因此，思想方法的转变成为下一步人工智能能否取得突破的关键所在。不过，新的方法必然要以分解方法为基础，我们很难在形式系统上构建完全脱离分解思想的新的表征方法。由此，正确认识分解方法的思想本质成为新方法建立的前提。

第一，分解思想是造成人工智能表征各种瓶颈问题的理论根源

人工智能表征在发展到专家系统阶段之后，就逐步从自然语言处理的语形阶段向语义阶段迈进。而在自然语言处理的思想方法问题上，对语言意义的处理深受相关哲学思想的影响。其思想方法的哲学根源在

---

① Robert Audi, *The Cambridge Dictionary of Philosophy*, Cambridge: Cambridge University Press, 1999, p. 54.

② Ibid., 1999, p. 352.

于：为了获得关于语言本性的认识，首要的就是把意义概念置于首位。因此，“从一开始，包括弗雷格、罗素、卡尔纳普以及语言学家乔姆斯基等，在探讨意义理论时就未加分析地预设了许多前提”。对于自然语言处理影响最深的思想就是，“意义本质上在于把词和事物联系起来，句子的意义由它各组成部分的意义构成，或是它各部分的意义的函数，句子的本质作用是描述事态。这些理论或者采取的是意义规则的一种运算的和语形的形式，或者是一种自然语言的语义学形式”①。这种以分解为基础的指导思想映射到自然语言中就表现为，一个句子可以看作由词素、词、短语、从句等不同层次的成分构成，其中每个层次都受到相应语法规则的约束，层次之间互相影响和互相制约，而层次关系的实现则直接体现在自然语言句子的构成上。各个层次分解的意义最终组合成人们对整个自然语言句子的理解。

受这一思想的深刻影响，大多数自然语言处理都遵循以下方法：计算机对自然语言的处理是一个层次化过程，计算机用分解方法对输入的自然语言进行理解，并以构造方法生成所要输出的自然语言。并且，在这个过程中，语言的词汇可以被分离出来加以专门研究。这是一种建立在分解基础上的指导思想。根据语言的构成规则，在实现人与计算机之间的自然语言通信过程中，计算机除了需要理解给定的自然语言文本，还必须能以自然语言文本的方式来表达处理结果。因此，自然语言处理的核心技术主要包括：针对输入的自然语言理解(Natural Language Un-

① 殷杰、郭贵春：《哲学对话的新平台——科学语用学的元理论研究》，167～168页，太原，山西科学技术出版社，2003。

derstanding)和针对输出的自然语言生成(Natural Language Generation)两个过程。在输入过程中，系统以分解的方式，把自然语言逐层转化为计算机程序可以处理的表征形式，并利用各种层次的相关知识，进而实现对自然语言的语义理解；在输出过程中，系统又通过构造的方式生成完整句子，从而将所要表达的处理结果转换为人类可以读懂的自然语言。这样，智能系统不仅可以“听懂”人的语言，而且可以“说出”它想要表达的意思。这种基于分解的指导思想从一开始就决定了自然语言处理必须先从分词、句法分析、文本分割等语形处理方法入手，而后再通过语义及语用分析来完成对文本意义的理解。

然而，语境论指出，语词的意义由其所在的句子决定，而句子的意义由其所在的上下文(context)即“语境”决定。计算机在基于分解的语形处理基础上，必须借助于知识库中的常识知识才能进一步实现语义及语用处理。而常识知识工程的失败表明，用于语义理解的知识“是语境相关的。也就是说，关于知识的主张的正确与否，会随着会话和交流的目的而变化，因而，知识主张的适当性也是随着语境的特征变化着的”[①]。基于静态知识描写的常识知识工程不可能将语词在所有可能语境中的意义都预先表征出来。并且，语境在本质上是动态的和整体论的。在缺乏整体性知识的前提下，这种以静态知识表征为主要特征的分解方法在文本语义理解方面一直无法突破单句的限制，从而实现对句群甚至语篇的理解。即使在单句范围内，对句子语义理解的正确率也很低。这也是我们在使用一些搜索引擎或翻译软件时，处理结果一直不能如人所愿的根

① 殷杰：《语境主义世界观的特征》，载《哲学研究》，2006(5)。

本原因。

第二，句法、语义以及语用平面的划界问题是分解方法难以突破的一大难题

根据现代符号学和语言学理论的观点，一般认为，语言可以分为句法、语义和语用三个平面。莫里斯指出，“句法学是对符号间的形式关系的研究”，“语义学是对符号和它所标示的对象间关系的研究”，而“语用学是对符号和解释者间关系的研究”①。后来，他依照行为理论进一步扩张了语用学的研究范围，认为“语用学研究符号之来源、使用和效果”，“语义学研究符号在全部表述方式中的意义”②。莫里斯给出的这种纲领式划界观，对后来的语言学、语言哲学等领域产生了深刻影响。

对基于形式系统的自然语言处理来说，句法、语义、语用平面之间的划界问题并不像语言学或哲学中那么容易。虽然在某种程度上我们可以分别从句法、语义和语用的平面来对自然语言进行语义分析，然而，语义理解在本质上是三个平面共同作用的结果。可以说，三个平面理论本身就是用一种分解的思想来审视自然语言。在以形式系统为基础的自然语言处理中，分解方法无法突破三个平面之间的划界问题，实现对语言意义的整体性理解。

无论是层次性的处理方法，还是三个平面的划界问题，都以基于分

---

① Charles W. Morris, “Foundation of the Theory of Signs (1938)”, Writing on the General Theory of Signs, *The Hague*: *Mouton*, 1971, pp. 21-22.

② Charles W. Morris, *Signs*, *Language and Behavior*, New York: Prentice-Hall, 1946, p. 219.

解的思想方法为指导。这成为自然语言处理在语义问题上难以逾越的方法性障碍。只有厘清造成分解方法瓶颈的原因所在，才有可能找到解决瓶颈问题的新方法。

2. 造成分解方法瓶颈的原因

客观地说，在自然语言处理的各个层次中，每个层次语义的确定无不由语境所决定。然而，在整体性语义理解问题上，“语境”可以起到什么样的作用以及如何起作用，是一个尚待解决的问题。我们认为，在探索分解方法的过程中，最关键的是要厘清：在自然语言处理进入语义阶段之后，当代人工智能表征的分解方法是否依然合理有效。只有将这个问题搞清楚了，才能进一步对各个层次的语境问题进行深入分析，找到分解方法的瓶颈所在，进而探讨如何构建一个更为合理的解决模式。

其一，计算机的形式化体系决定了人工智能表征必然要以分解方法为基础

人工智能所依托的计算机是一个纯粹的形式系统，建立在这一形式系统之上的计算机语言，从早期第一代机器语言到第二代汇编语言、第三代高级语言，直至目前的面向对象的语言，都必然以系统的形式化表征为主要特征。人工智能要想模拟人类智能，也必然以形式化的描述方式来处理语言、声音、图像等各种信息。在人工智能中，“形式化”意味着机器可读。各种信息必须首先以形式化的方式表征出来，才能被机器读取从而实现进一步的智能化处理。这就出现了一个非常关键的问题：以什么样的形式化方法来表征信息？

在这一问题上，乔姆斯基的三个语法模式理论，为自然语言处理的

产生与发展做出了巨大贡献。一开始，乔姆斯基在图灵机基础上提出了“有限状态语法”，认为“有限状态语法是一种最简单的语法，它用一些有限的装置就可以产生无限多的句子”[①]。这是一种不受语境影响的语法规则。但由于这种语法模式只能处理特定类型且长度有限的句子，很快就不能适应自然语言处理的需要。接下来提出的“短语结构语法”基于对句子进行直接的结构分解，这成为自然语言处理中句子层次结构划分的重要理论基础。而后来的“转换生成语法”作为短语结构语法的替代物，“提供了一套进一步的转换规则，用于表明一切复杂的句子都是由简单的成分构成的。……转换规则表明，任何不同的语法形式都可以转换为某种给定的语法形式”[②]。形式计算系统的本质特征以及乔姆斯基三个语法模式理论的奠基性工作，直接确立了分解思想在人工智能表征方法中的指导地位。

其二，句子层次结构是分解方法在人工智能表征中的一个主要特征，也是造成分解方法瓶颈的重要原因

从上述分析可以看出，分解方法是自然语言处理智能化发展过程中的必由之路。受乔姆斯基三个语法模式理论影响，对句子进行逐层分解成为自然语言形式处理的主要模式。

在人机交互系统中，早期自然语言处理在运用有限词汇与人会话时，分解方法表现出良好的适用性。然而，当把这类系统的处理范围拓展到充满不确定性的真实语境中时，就出现了很多难以克服的问题。其

---

① Noam Chomsky, *Syntactic Structures*, The Hague/Paris: Mouton, 1957, p. 19.

② 尼古拉斯·布宁、余纪元：《西方哲学英汉对照词典》，1018页，北京，人民出版社，2001。

中，最关键的问题在于缺乏相应的常识知识来对句子的语义进行判断。因此，在自然语言处理的语形阶段发展相对成熟之后，就开始逐步向语义处理阶段迈进。

在这一发展过程中，对句子进行层次分解通常从句法分析入手。自然语言处理中最常见的是将句子分解为剖析树(parse trees)，其分析策略主要包括自顶向下、自底向上以及左角分析法等。其中，短语规则指出了从词到短语、从短语到句子的结合规律。也就是说，词可以看作句子中最小的语法成分，词与词之间通过一定的组成关系构成短语，各种类型的短语又可以根据特定的组合关系构成更大的短语成分，最后，各种短语按照句法语义构成规则组成完整的句子。

在上述分解过程中，要想完成对语义的正确理解，所涉及的每一步几乎都要涉及语义知识或语境知识。从技术层面来看，其主要的研究难点在于：

(1)在分词过程中，印欧语系的文字在书写上单词与单词之间有间隔，很容易实现对单词的自动识别。但对于像中文、日文、泰文等语言文字来说，在书写上没有单词之间的分界线。而句子剖析树的生成是以对单词的正确识别为基础的，这直接影响到智能系统对句法、语义、甚至语用的后续处理。如果分词发生错误，则不可能产生正确的语义理解，后续工作就没有任何意义。因此，分词是实现文本语义理解的第一步。在书写方式上没有单词分界线的语言中，分词对于计算机来说是一个非常困难的工作。因为在这类语言中，对于“词”的概念以及词的具体界定通常很难达成一致认识，普通人的语感与语言学标准之间常常有较大差异。并且，应用目的不同会造成对分词单位认识上的不同。[①] 所以，很多分词系统往往从工程需要的角度出发制定相应的分词规范，从而解决信息处理用的“词”的划界问题。而自动分词系统很难将所有句子的单词都分割正确，句子中的某个字应该与前面的字组成词还是和后面的字组成词，往往需要根据整个句子中前后词语间的语义关系来确定。对于不具备人类认知能力的计算机来说，对这类语言进行分词常常会出现错误，通常都需要在自动分词的基础上耗费大量人工进一步校正。

(2)在分词基础上，需要通过词性标注才能进一步生成短语。词性标注难的根本原因在于词的兼类现象，即一个词具有多个词性。在一段文字中，一个词只能有一个意义，因而也只能有一个词性。想要对句子语义有一个正确的理解，就必须先正确判断每个词的词性。而在词性的确定过程中，一旦出现歧义现象，就需要引入相应的语义知识或语境知识。

(3)很多字词不止有一个义项，在自然语言处理中必须通过词义消歧从众多的义项中选出最为适合的一个。而词义消歧的选择过程也需要引入足够的语义知识或语境知识来协助判断。

(4)自然语言的语法通常模棱两可，对一个句子剖析可能会产生多棵剖析树。当一个句子可以分解为两个以上的剖析树时，这个句子就会产生句法歧义。而句法分析的主要目标就是消除句法歧义。此时，系统就必须根据相关的语义知识或语境知识，从中选出最为适合的一棵剖析树，从而达到消解歧义的目的。

---

① 刘开瑛：《中文文本自动分词和标注》，10～12 页，北京，商务印书馆，2000。

上述分析只是自然语言处理句子结构时遇到的几个特点较为显著的问题。其实，在诸如语音分割、段落划分、主题划分等众多领域，都面临着同样的问题。以分解方法为基础的自然语言处理，要解决在每个层次中遇到的歧义问题，都需要更大范围的语义知识或语境知识。而分解方法在引入语义知识或语境知识的过程中，最大的弊病在于，这些协助语义判断的知识都是针对某个单词或短语引入的，在缺乏对句子整体意义甚至语篇语境理解的情况下，所引入的语义或语境知识所能发挥的作用非常有限。正如语境原则(context principle)所揭示的："一个词只有在句子的语境中才有意义。"①而一个表达式也只有处于一个更大范围的语境中，才能确定其意义。因此，分解方法的本质特征决定了其很难突破自身的局限性，形成对句子或篇章的整体性认知。由此可以推断，缺乏整体性语义知识和语境知识的分解方法，在自然语言处理的语义阶段，很难实现较好的语义处理效果。

其三，三个平面的划界理论使分解方法难以逾越语义理解的障碍。

莫里斯对句法、语义、语用平面的划分在不同的语言领域都产生了极大影响。随着研究的深入，人们发现，三个平面在不同语言的语义理解中作用不同，存在句法优先、语义优先或者语用优先等不同的语法体系。然而，无论是在哪个平面优先的语法体系中，以分解为特征的句法处理都是自然语言处理的基础。这是由计算机的形式特性决定的。因此，在所有的自然语言处理系统中，对语言意义的剖析都从形式分析

---

① Michael Dummett, *Origins of Analytic Philosophy*, Cambridge, Massachusetts: Harvard University Press, 1993, p. 5.

开始。

(1)语形平面划界的问题分析

由于计算机在处理自然语言时，很难像人一样分析句子，因此，需要在汲取现有语言学研究成果的基础上，建立一套计算机可以“读懂”的句法规则。句法规则的确立，就是要为计算机处理自然语言提供一个确切的句法描述方式，使计算机“学会”鉴别句子中的各种成分。然而，由于自然语言的极端复杂性，这种句法规则的建立并不能使计算机百分之百正确地分析句子成分。很多在语言学中简单的成分界定问题，对于计算机来说就变得非常困难。因此，在制定句法规则的过程中，其最大特征就在于可执行性。一个机器无法执行的句法规则，哪怕其制定的再完美，也没有用。更确切地说，对于自然语言处理来说，所谓的句法平面更注重对句子结构形式化分析的实现，从而为进一步的语义理解提供一个形式化基础。

制定自然语言处理的句法规则时，由于句法平面、语义平面以及语用平面在不同语系中的优先程度不同，对于句法分解方式的具体处理也不尽相同。还是以上面提到的印欧语言与汉语的区别为例：

在印欧语言中，句法虽然在某种程度上受到语义以及语用因素的制约，但仍有较大的独立性。事实上，在西方语言学的发展过程中，语言学家们主要关注于语言的形式特征，句法在很长一段时期内都是研究重点。直到20世纪60年代以后，语言学家们才开始系统研究语义问题。这是在深刻认识到仅仅依靠句法分析无法解决语义问题之后，语言学发展的必然趋势。鉴于印欧语言句法优先的本质特征以及丰富的句法学研究成果，其在人工智能表征的形式化处理过程中比汉语具有更大优势，句法平面的划界问题也较为容易。尽管如此，印欧语言的自然语言处理要想完全脱离语义及语用因素来处理句法问题，在实践中也存在很多困难。例如，在句子分割问题上，要判断“Mr. Smith is a doctor.”是一句话还是两句话，仅仅根据句法的形式符号标记“.”作为判据，系统就会误认为这是两句话。此时，只有借助于语义知识，系统才会做出正确判断。类似问题在印欧语言的自然语言处理系统中大量存在。从句法研究向语义研究的转向充分说明，将句法平面完全割裂开来无法解决对语言意义的理解问题。

而在汉语中，虽然计算机对句法平面的划界是必要的，但三个平面之间的界限则相对比较模糊，很难明确区分开来，句法平面的界定也因此要困难得多。原因就在于“汉语的句法独立性太弱，难以建立独立于语义、语用而相对自主的句法体系”[①]。从上述对句子层次结构的分析中可以看出，由于汉语文本是按句连写的，并且汉语自身的特性决定了不可能用语法功能单一的标准对词类进行划分，需要掺杂各种意义标准。这就使得汉语的句法平面从一开始就和语义、语用平面纠缠在一起。对于缺乏各个层次语义知识和语境知识的计算机来说，要想将汉语的句法平面与语义、语用平面完全区分开来非常困难，甚至几乎不可能。这也是汉语自然语言处理系统在语义理解问题上举步维艰的根本所在。

从上述分析可以看出，在句法平面的划界问题上，虽然印欧语言与

---

① 刘丹青：《语义优先还是语用优先——汉语语法学体系建设断想》，载《语文研究》，1995(2)。

汉语之间存在着较大差别，但无论在哪种语言中，要想将句法平面完全割裂开来单独加以研究，进而解决自然语言的语义理解都非常困难。而分解方法恰恰是将语形平面割裂出来，逐层分解为更小的语言单位，才能实现对自然语言意义的理解。在逐层分解过程中，每一层级语形单位的界定往往需要相关的语义知识和语用知识。而这又使三个平面在每个层级都紧紧交织在一起。在实际应用系统中，即便是印欧语系，在缺乏相关语义知识和语用知识的自然语言处理系统中，其处理结果的正确率也非常低。在缺乏整体性语义知识的前提下，句法平面的划界问题成为分解方法难以克服的障碍。

(2)语义平面与语用平面的划界问题

自然语言处理的最终目的就是实现计算机对自然语言语义的正确理解。建立在分解思想基础上的自然语言处理方法认为，只要掌握了每个词的意义以及词与词之间的语法关系，就能够掌握句子的意义。也就是说，对句子意义的理解以对组成句子的每个词语的意义理解为基础。因此，在自然语言处理系统中，词义在语义理解系统中占有突出位置。一些句子中的核心词甚至直接就可以表明句子的意思。机器对词语意义的“理解”来自机器词典。机器词典描述了每个词的词法、句法、语义甚至是语用知识。如果不知道句子中每个词的相关知识，就无法对句子级别的语义进行“理解”。而一个具有多个义项的词在其所在句子中应该取哪个意思，仅仅依靠机器词典并不能完成。这是因为，义项中所蕴含的意义具有概括性和稳定性，不包括词语在特定语境中可能出现的具体的、临时的意义。并且，一个多义词中各义项所蕴含的语义之间通常也存在某种程度的交叉。在一个具体语境中，某个词的语义与该词的哪个义项最为接近，往往很难确定。无论是印欧语言还是汉语，很多情况下，都需要借助该词所在的更大范围的语境甚至语用知识，才能形成对一个多义词义项的正确选择。由此，语义平面就很难和语用平面完全割裂开来。而这也是现阶段分解方法无法跨越的瓶颈所在。可以肯定地说，几乎所有的自然语言处理系统都不能很好地完成这一工作，这也是我们在使用一些翻译软件时，翻译效果非常不理想的根本原因。

一般地讲，自然语言处理不能将语义平面孤立起来进行研究，因为语义是在语境中产生的，并通过语法形式来体现。语用平面是语义平面的延伸，在自然语言处理中引入语用因素，是为了更好处理语义问题。实际上，语用只是指明了一个阐明语义的角度问题。随着研究的不断深入，人们发现在自然语言处理中，语义平面和语用平面存在着明显的交叉现象。因为语用本身就是为研究语义服务的，所不同的是语用研究的语义是人在语言使用中产生的意义。而人对语言的使用必然又会涉及语境问题。因此，语义和语用在语境的基础上存在着相当程度的关联性。正如 K. M. Jaszczolt 指出的："语义学与语用学之间的最大区别在于，语境因素的参与程度不同。"[①]而"参与程度"是一个模糊概念，这意味着二者之间很难截然分开。自然语言处理想要很好地解决语义问题，就很难将语义与语用以相对分离的方式进行研究。而要实现二者的统一，只有借助整体性的语境方法。但这并不意味着对语义和语用的消解，而是将二者作为要素，与语形一起融入整体性的语境处理中。而这正是分解

---

① Katarzyna Jaszczolt, *Semantics and Pragmatics*: *Meaning in Language and Discourse*, London: Longman, 2002, p. 2.

方法所缺失的。

3. 分解方法瓶颈解决的可能途径——整体性语境构建方法的提出

从上述分析可知，分解方法是建立在形式系统之上的计算机处理人工智能表征的必然选择。多年来，自然语言处理取得的成就表明，用分解方法来处理自然语言的思想是正确的，这也是人工智能表征所取得的成就。每个学科的发展都有其历史必然性，在自然语言处理的早期阶段就谈整体性方法，是不切实际的。早期阶段的研究只有通过分解的方式，才有可能实现对自然语言的形式化处理。而今天在自然语言处理经过半个多世纪的发展，基于分解的思想方法取得丰硕研究成果而不能继续前行之际，我们就应该反思方法的变革问题了。

目前，句子层次结构和三个平面的划界，是分解方法在实现自然语言语义理解过程中所不能克服的瓶颈问题。尽管在著名的框架网络在建工程中，菲尔墨在词语的语义理解中一定程度上引入了语境描写技术，但这是一种自下而上基于分解思想的局部语境描写，很难突破单句的限制实现对更大范围语言文本的意义理解。如果仅仅针对单词级别的语义理解运用语境描写技术，而不是从自上而下的整体角度去加以构建，势必造成自然语言处理不能完成对段落或篇章级别语言文本的整体性语义理解。此外，亦很难提高需要篇章级别语境知识才能判定的单句语义理解的正确率。自然语言处理在语义处理阶段难以取得突破性进展的根本原因正在于此。因此，有必要在已有的基于分解方法的局部语境描写基础上，构建整体性的语境描写框架。

在构建整体性语境描写框架的过程中，首先应该明确的是，整体性语境构建是建立在分解基础上的语境重构。大规模数据库时代，基于统计和语形匹配搜索的计算模式，要求自然语言处理首先必须是分解的。分解是形式系统处理自然语言的必然选择，整体性语境构建方法要想在形式系统上实现，首先必须是基于分解的。可见，分解方法是整体性语境构建方法的基础，而整体性语境构建方法是分解方法的必然发展趋势，二者之间是一脉相承而非矛盾的关系。

其次，整体性语境构建方法所要解决的主要问题是，在认识到语形、语义、语用三个平面无法完全割裂开来研究的前提下，如何构建基于语境的新的表征方式来实现三个平面的统一。从上述对印欧语系以及汉语的对比分析中可知，无论是哪个平面优先的语言，最大的共同点就在于三个平面可以在语境的基础上达成一致。由此，要实现对自然语言语义的理解，必然要建立基于整体性语境的描写框架。这种整体性语境的构建不仅需要各个层次自下而上的基于词汇的语境常识知识，更需要自上而下的段落或篇章级别的语境描写框架。这就要求分解方法与整体性语境构建方法相结合，二者的互补是实现整体性语义理解的必要基础。

菲尔墨的框架网络从自下而上的分解方法角度做出了有益探索。框架网络试图用“框架”(frame)将具有共同认知结构的词语以描写的方式在场景中统一起来，突破静态语境的局限，实现对人类动态语境甚至社会语境的描写。这为整体性语境理解提供了必要的词一级的语义理解基础。然而，语境描写技术的引入并不意味着就实现了整体性语境构建方法，框架网络工程只是迈出了第一步。更重要的是，要使自然语言处理突破单句的限制，实现对段落和篇章级别的语义理解。这才是整体性语境构建方法要解决的核心问题。

常识知识工程的失败表明，要在全部自然语言范围内实现整体性语境构建方法，在较长的一段时期内还不太可能。然而，我们可以尝试在篇章结构相似度较强的特定领域突破解构主义自下而上的研究路径，实现自上而下的基于篇章语境描写的框架技术。基于篇章的语境描写框架，可以使计算机首先对整篇文章有一个整体上的语义理解，进而再结合词一级的框架语义描写对文章中句子的意义进行补充和修正。[①] 这就实现了整体性语境构建方法与分解方法的有机融合。而这也是解决人工智能表征分解方法瓶颈的关键所在。

(二)自然语言处理的语用化发展趋势

"智能"问题是当代计算机和认知科学普遍关注的焦点之一。但当前对人类认知与智能机制方面的认识障碍，使得现阶段的研究出现某种程度的停滞，难以实现理论上的突破。由此，作为实现人与计算机之间用自然语言进行有效通信的核心技术之一，自然语言处理成为研究开发新一代智能计算机的前提和先决条件，主要解决如何在语义层面上对输入的内容进行匹配，并同时具备一定的常识知识和推理能力。这一技术同时涉及计算机科学、语言学、心理学、哲学等多门学科，只有在多学科交叉的领域范围内才有可能获得理论上的突破。尤其是在核心的语义分析及智能推理方面，自然语言处理一直深受相关哲学理论和语言学理论的影响，因此，有必要厘清其发展的关键所在，分析其发展趋势及可能带来的变革。

1. 自然语言处理的发展瓶颈

自然语言处理中，传统的知识库只提供单个词语的概念意义或基于

---

① 殷杰、董佳蓉：《论自然语言处理的发展趋势》，载《自然辩证法研究》，2008(3)。

真值的形式逻辑来描写语义，这对于实现自然语言处理的智能化远远不够。在经历了语形处理阶段之后，自然语言处理迈向了语义分析阶段。从语形到语义的发展，是语形处理无法满足精确性要求的结果。在语形处理阶段，程序根据用户输入的自然语言进行关键词比对(keyword match)，这是一种局限于字词变化以及句法结构的语形匹配技术。它对于被输入的自然语言的概念语义并无确切掌握，处理结果往往精确度不够，常常会出现大量语义不符的垃圾结果或遗漏很多语义相同而语形不同的有用结果。

有鉴于此，人们希望计算机能够通过语义分析来处理信息，从而提供更加精确、更能接近人类语义处理模式的服务。为此，必须探索人脑理解语言的机制，从认知的角度描写语言知识，重视对语言理解的认知加工过程及形式化问题。但是，因为词汇句法方面的问题长期没有得到有效解决，要实现提供人工智能推理所需的知识库并不现实。由此，自然语言处理领域中，开始倾向于面向真实语料的大规模语义知识库的构建工程，这是在经验主义基础上汲取了理性主义优点后，所形成的一种基于功能主义的方法。它为自然语言处理提供了一条现实可行的探索道路，是解决智能问题的必然选择。

但自然语言处理领域一直缺乏统一的理论基础。思维语言(Language of Thought，LOT)框架与认知科学框架(即概念的联结论构造)作为两种对立的指导方法，长期影响着自然语言处理的发展路径。[①] 对于

---

① Jerry Fodor，*The Language of Thought*，Boston：Havard University Press，1975，p. 2.

认知科学和人工智能来说，无论哪一种指导理论，都建立在计算种类、表述载体种类、表述内容种类以及心理学解释种类这四个分析层次之上。并且，这些层次之间并不相互独立，“每一层次的分析都制约着相邻层次的分析”①。建立在联结主义计算基础之上的认知科学框架，以整体论的神经科学为指导，把计算机看作建立大脑模型的手段，试图用计算机模拟神经元的相互作用，建构非概念的表述载体与内容。但由于神经科学尚处于初级阶段且应用范围相对狭窄，使其发展受到了很大制约，至今尚未形成一个有影响力的处理自然语言的模式。

而建立在符号主义计算基础之上的思维语言框架，则以哲学中的理性主义和还原论为指导，并借鉴了语言哲学的研究成果。它把计算机看作是操作思想符号的系统，试图通过句法和语义等形式表述系统来表征世界。由于冯·诺伊曼机的普遍应用及其形式表述系统与自然语言的接近性，使得以思维语言框架为代表的、建立在经典的句法/语义表述理论之上的一批自然语言处理理论和技术得到了广泛发展与应用。在人工智能领域，米勒(George. A. Miller)主持的词网(Word Net)和菲尔墨(C. Fillmore)主持的框架网络(Frame Net)工程最为著名，也最具代表性。二者均采用“经验主义”语义建模的研究思路，主要以构建大规模语料库为研究目标，进而支持建立在其上的人工智能程序。然而，由于二者表述载体、表述内容以及心理学解释的不同，造成它们在处理自然语言的不同应用方面都各有优劣，但非常具有互补性。它们为

① ［英］A·屈森斯：《概念的联结论构造》，出自《人工智能哲学》，394页，上海，上海译文出版社，2006。

预测未来自然语言处理的发展趋势提供了基础。从词网和框架网络等大型语义知识库工程中可以看出，现阶段自然语言处理领域的问题集中表现为：

首先，对自然语言的处理一直无法突破单句的界限，进而阻碍了对段落理解和语篇理解的研究。主要表现在对词和单句的分析虽然涉及了语境和语用，但无法将这些方法扩展到对段落和篇章所进行的语义分析中，这是语义分析阶段瓶颈难以突破的关键所在。

其次，同句法范畴比起来，语义范畴一直都不太容易形成比较统一的意见，有其相对性的一面。"层级分类结构"(hierarchy)的适用范围、人类认知的多角度性及其造成的层级分类的主观性，导致了语义概念的不确定性、语义知识的相对性以及语义范畴的模糊性。

最后，目前语义知识库记录的内容以静态语义关系知识为主，而对于基于语义关系约束的形式变换规则知识却研究甚少，这使得自然语言处理在动态交互过程中很难发挥应有的作用。

因此，厘清以上问题产生的原因，是发展自然语言处理所需的下一代大型语义知识库迫切需要解决的首要前提。

2. 造成自然语言处理瓶颈的原因分析

社会的信息化进程对计算机智能化提出了强烈要求。然而，自然语言处理作为计算机智能的核心技术，其发展速度相当缓慢，至今尚未取得重大突破。要解决存在于自然语言处理中的上述问题，必然要分析造成这些问题的瓶颈所在，进而才有可能着手解决问题。我们认为，造成自然语言处理发展缓慢的原因主要有以下几点：

(1)自然语言处理的前提假设决定了自然语言处理瓶颈出现的必然

性。对于自然语言处理，无论语言学界还是计算机界，都建立在以下假设之上：人类对语言的分析和理解是一个层次化的过程，自然语言在人脑的输入和输出是一个解构和构造的过程，并且，在这个过程中，语言的词汇可以被分离出来加以专门研究。这是一种建立在还原论基础上的前提假设。

自然语言内部是一个层次化的结构，一般可以分为词法分析、句法分析和语义分析等三个层次。这些层次之间互相影响和互相制约，最终从整体上解决对自然语言的处理问题。从自然语言的具体构成来看，一个句子由词素、词、短语、从句等构成，其中每个层次都受到语法规则的约束，而层次关系的实现则直接体现在自然语言句子的构成上。由此，计算机对自然语言进行处理也应当是一个层次化的过程。并且，根据语言的构成规则，在实现人与计算机之间的自然语言通信过程中，计算机除了需要理解给定的自然语言文本，还必须能以自然语言文本的方式来表达处理结果。

因此，对自然语言进行的处理可以分解为：针对输入的自然语言理解和针对输出的自然语言生成两个过程。在输入过程中，系统通过解构文本实现对自然语言的理解；在输出过程中，系统又通过构造生成完整的句子来表达处理结果。这种前提假设从一开始就决定了自然语言处理必须先从分词、句法等语形处理方式入手，而后再通过语义及语用分析来完成对文本意义的理解。然而，目前相关科学的发展，尚不能确定人类在使用语言的过程中是否存在着这种层次关系。不过这种对语言层次的划分，却直接决定了自然语言处理，必然要经历从对词法和句法所进行的语形分析阶段向语义分析阶段发展的路径。

(2)在缺乏词一级的语义知识库的前提下，现阶段的语义分析系统更多程度上主要依赖于统计学等浅层方法，有待于从理论上和实践上进一步完善和突破。词网和框架网络等大型语义知识库工程也主要以词语为描述对象，致力于构建一个词一级的、具有一定层级关系的抽象化的语义网络，无法从理论上突破句法对语义的限制，从而进行段落或篇章一级的语义分析。总的来说，这一现象始终贯穿于自然语言处理发展的两个阶段中：

第一阶段主要建立在对词类和词序分析的基础之上。20 世纪 40 年代末开展的机器翻译试验，大多采用特殊的格式系统来实现人机对话。到了 60 年代，乔姆斯基的转换生成语法得到广泛认可。在这一理论的基础上，开发了一批语言处理系统。基于层次化的前提假设，自然语言处理从一开始就致力于对语言形式的处理，分析过程中以统计方法为主，主要在分词基础上对单个语词进行处理。这些基于语形规则的分析方法，可以称之为自然语言处理中的“理性主义”。

第二阶段则开始引进语义甚至语用和语境的分析，构建了一批大规模语义知识库，试图抛开对统计方法的依赖，采用了与“理性主义”相对的“经验主义”研究思路。20 世纪 70 年代以后，随着认知科学的发展，人们认识到转换生成语法缺少表示语义知识的手段，因而相继提出了语义网络、概念依存理论、格语法等语义表征理论，试图将句法与语义、语境相结合，逐步实现由语形处理向语义处理的转变。但仍然不能摆脱句法形式的限定，无法灵活地处理自然语言。到了 80 年代，一批新的语法理论脱颖而出，主要通过对单句中核心词的分析，进而完成对整个单句的语义分析。[1] 但是，在缺乏词一级的语义知识库的前提下，要实现对自然语言的语义分析是不可能的。此外，造成自然语言处理困难的根本原因，在于自然语言的语形与其语义之间是一种多对多的关系，从而造成歧义现象广泛存在。这就要求计算机进行大量的基于常识知识的推理，由此给语言学的研究带来了巨大困难，致使自然语言处理在大规模真实文本的系统研制方面成绩并不显著。已研制出的一些系统大多是小规模的、研究性的演示系统，远远不能满足实用的要求。因此，构建基于真实语料的大规模语义知识库(或语义词典)，就成为实现自然语言语义处理的必要条件。

基于以上认识，20 世纪 90 年代以来，自然语言处理中的概率和约束问题，引发了新一轮对语言理论问题的思考，出现了一批有实用价值的大型语义知识库。这些大型语义知识库在应用领域取得了一定的成绩，但仍然无法突破单句的限制，过多地依赖于统计学方法，这也是现阶段自然语言处理中最主要的瓶颈之一。然而，从理论方法角度看，基于规则的"理性主义"方法，虽然一定程度上制约了建立在"经验主义"基础之上的语义知识库的发展，但是日益出现在"经验主义"方法中的不足，也需要依靠"理性主义"的方法来弥补，两类方法的融合也正是当前自然语言处理发展的趋势。[2]

(3)目前的大型语义知识库大都构建在以经验主义为基础的方法论之上，具有很大的主观性和不确定性。这在一定程度上会导致语义分析

① Howard Gardner, *The Mind's New Science: A History of the Cognitive Revolution*, New York: Basic Books, Inc., Publishers, 1985, pp. 28-48.

② 史忠植:《智能科学》，2 页，北京，清华大学出版社，2006。

过程中出现不确定现象。以国际上最著名的大型语义知识库词网和框架网络为例：

框架网络以菲尔墨的框架语义学为理论基础，以经验为手段来分析和组织概念。它强调概念与意义对人的经验的依赖，将词语意义跟认知结构或框架相连，通过构建语义框架，寻找语言和人类经验之间的紧密关系，从而有效地把人的理解捕获到语义结构中。它主要采取的是机会主义自底向上的方法，有一定的理论指导但没有明确的框架体系。构成框架网络语义知识库的基本语义框架，是从分析者的直觉判断开始的，一个框架的确立需要经过一些认识上的反复过程。由于分析者与分析者之间、分析者与使用者之间的知识背景不同，他们的思维方式也不可能完全相同，因而对问题的理解和认识也会有所不同。由此造成框架网络在一定程度上必然存在着主观性和不确定性，这是构建经验主义语义知识库所不能避免的。①

词网最初源自对词汇知识表示的心理学兴趣。它通过同义词集来表示概念，再由概念间的多种语义关系形成概念网络来构建其知识本体。这是一个高度形式化的、通用的、跨语言的知识表示方法。其目标在于不断地抽象，在语言认知或者纯粹的语言学理论研究中，找到一种跨越不同语言的语法通则。其最大特点是把词语之间简单的同义、同类关系放在非常重要的位置，强调通用、强势的概念体系，从而是一种基于逻辑的理性原则，可视为自然语言处理中的“理性主义”。可见，同义概念

---

① Charles J. Fillmore, “Background to Frame Net,” in *International Journal of Lexicography*, 16, 2003, pp. 235-250.

和层级分类组织方式，对于词网来说非常重要。然而，对于同义词的衡量标准以及层级的划分，基本上是人为完成的，其同义概念并不能在任何语境中都具有可替换性，否则语言中的同义词就太少了。因此，人为导致的主观性以及由此造成的不确定性，是基于“理性主义”的词网也不能避免的。①

从以上分析可以看出，以经验主义为基础的自然语言语义范畴，其难以形成统一意见的根本原因就在于：①并不是所有的事物都适合放在“层级分类结构”中来认识，硬要将某些概念定位到一个语义分类体系中，常常会感到捉襟见肘。人们到底是用什么样的结构去认识这些事物，还需要进一步从人类认知的角度去探索。②由于人们认知角度的不同，即便使用层级分类结构的方法，这种分类也不是唯一的。很多事物可以同时属于多个类别，人们可以从多个角度去构造关于某个事物的不同的层级分类结构。类似于词网这种在一个语义知识工程中，为“本体”做出的语义层级分类，必然会产生语义范畴的相对性，从而造成层级分类的不确定性。这种语义范畴的相对性表现在很多方面，而这些方面又常常交织在一起，体现了语义概念的不确定性。

认识到语义知识的这种相对性，有助于我们树立对一个语义知识体系的“实用主义”评价观，即一个“语义知识体系”的好坏，根本上应该取决于它在某个应用领域中是否够用、好用。从这个意义上说，认识语义范畴最好的办法，就是去深入了解语义知识在自然语言处理中能够发挥

① G. A. Miller，“WordNet：An on-line lexical database，” in *International Journal of Lexicography*，4，1990，pp. 235-312.

什么作用以及如何发挥作用。虽然人们对于语义范畴的界定相对模糊，但其目标却是为了比较严格和精确的“形式变换”提供支持和服务。为此，我们有必要重新认识语义范畴，将其直接建立在“形式特征”的基础之上，从而更好地为自然语言处理服务。

（4）自然语言作为思想交流工具，不能仅仅局限于静止状态的文字交流。随着互联网的发展，其创始人提姆·伯纳斯-李（Tim Berners-Lee）于2000年在《科学美国人》中提出“语义网”（Semantic Web）的概念和体系结构。他希望建立一个以“本体”为基础的、具有语义特征的智能互联网，提供动态的、个性化的、主动的服务。也就是要让具有智能的计算机程序在互联网这种动态开放的无限网络环境中运作，从而实现基于Web的个性化和智能化应用，使得人与计算机之间可以用自然语言顺畅地交流，帮助人类更好地完成工作。基于此种目的，即使是对静态文本进行篇章级别的语义分析，也还远远不能达到信息服务的要求。在更多领域，用户与系统之间以及系统与系统之间，还需要进行大量的实时交流。作为交流的一方，无论是提问、回答还是讨论，都是在双方言语的不断变化过程中完成的。在这一过程中，双方面临的语境是不断变化着的，而每一方的语义应该是连贯的，并且双方都不可能在获得对方的全部言语之后才进行语义分析。这就要求作为交流一方的计算机系统，可以根据交流的进行实时地对双方的语义内容进行新的分析和推理，但现有理论根本无法达到这一点。在语法和句法问题的局限下，人们还不曾探讨动态交互过程中利用语义方法来实现自然语言交流的问题。

因此，突破单句的限制，根据整个动态交互过程中语义和语境的变化情况，对用户实时输入的语句进行处理并生成相应的结果，是实现语义网的必然要求。

3. 自然语言处理的发展趋势

从智能互联网的总体目标来看，要实现语义网，就必须首先解决“语义表达问题，即如何使得网络中的各种信息、数据等资源能够有效地表达并被理解，使得它们成为计算机所具有的‘知识’，进而能够被计算机所共享和处理”①。要达到上述对智能的需求，自然语言处理就不能停留在现阶段仅仅对语言形式进行处理的水平上，只有深入到语义和语用层面，才有可能使自然语言处理具有智能色彩。“当前，内容处理已成为网络浏览检索、软件集成（Web 服务）、网格等计算机应用的瓶颈，语义处理也是下一代操作系统的核心技术。形形色色的软件技术最终都卡在语义上，语义处理已成为需要突破的关键技术。人工智能、模式识别等技术已有相当进展，但内容处理还处于重大技术突破的前夜，究竟什么时候能真正取得突破性的进展现在还难以预见”②。可见，语义表达问题，已成为现阶段自然语言处理中最核心的问题之一，自然语言处理从语形学到语义学的转向，业已成为认知科学领域研究的新焦点。

提姆·伯纳斯-李的语义网概念，便是在此背景下诞生出来的一个远景。然而，语义学理论本身的局限性，决定了语义网不可能完全满足未来人们对网络的需求。由于自然语言本身具有的不确定性，使得对单

① 史忠植：《智能科学》，483 页，北京，清华大学出版社，2006。

② 李国杰：《对计算机科学的反思》，载《中国计算机学会通讯》，2006(1)。

个语句的语义分析，无法实现对用户意图的整体性理解。只有借助于建立在语形和语义基础上的语用思想，才能实现更高层次的智能化服务。因此，构建基于自然语言处理的语用网(the pragmatic web)理论体系，将有可能成为下一阶段智能互联网的核心技术之一。这就使得自然语言处理技术本身的语用化转向成了必要和可能。在这一思想的指导下，我们认为，未来自然语言处理很可能在以下方面有所突破：

(1)从整体到局部的思想转变，将是下一阶段自然语言处理能否取得突破的关键所在。

自然语言处理中大量涉及常识知识问题。20 世纪 70 年代以后，专家系统等人工智能技术的发展，使研究者们逐步认识到常识知识在智能系统中的重要作用，但要通过构建海量常识知识库来实现人工智能是不现实的。在没有搞清楚人类是如何组织常识知识的前提下，如何组织如此庞大的海量常识知识是难以跨越的鸿沟。从认识论的角度来看，常识知识的形式化是人工智能的核心任务，其特点是基于某个透视域对世界进行抽象描述，具有不完全性和不确定性。从本体论的角度来看，常识知识表述形式是对世界的近似表征，必然会忽略某些方面，并且关注的是世界的本质内容而非语言形式，因此所构建的本体具有一定的相对性。从方法论的角度来看，常识知识库将常识知识形式化地表征为一类数据结构，并在其上进行常识推理等运算，且由于应用的可实现性而专注于对某些特定领域知识的描述，具有某种程度的随意性。从现有的常识知识库来看，普遍关注常识知识的表征形式而常常忽略其本质内容，这也是造成语义网研究进度缓慢的原因之一。

基于上述考虑，需要在构建大规模语义知识库的过程中，针对某些有实用价值且应用相对普遍的领域进行构建工作，避免构建大而全的海量常识知识库，从而率先实现在特定应用领域的突破。这一从整体到局部的思想转变，已引起某些人工智能专家的注意，它将是下一阶段自然语言处理能否取得突破的关键所在。

从目前各大型语义知识库的构建工程中可以看出，试图完成所有常识知识的语义描述是不可能的，要想有实用价值，只有针对特定领域才有可能有所突破。以汉语框架语义知识库（Chinese Frame Net，简称CFN）为例，需要做的不是描述汉语全部词语的语义框架，而是着力开发针对一定应用领域的语义框架和应用系统，诸如网上购书系统、旅游问答系统、天气预报系统、法律法规系统等多个应用领域。这些领域的共同特点是有很强的应用价值，并且领域相关的词汇量不是很大，可以在较短的时间内完成研发工作并投入使用，获得可观的社会效益。

(2)尝试在特定领域突破自下而上的经验主义研究路径，实现自上而下的基于篇章语境描写的框架技术。

通过对旅游问答系统、网上购书系统、医疗系统、行政系统及法律法规系统中的真实语料进行词元提取操作，可以发现，在特定领域数据库中，某类词或短语在文章中出现的频率较其他类别的词语高许多，并且它们在文章中的位置相对固定，用法也较为一致。更为可喜的是，这些领域数据库中的文章在体裁、结构甚至表述方法上都有很强的相似性。由此可以大胆提出，完全有可能突破现有的基于词语来分析单句语义的描写方式，转而通过对高频词与核心词的提取，直接针对一些特殊领域的数据库，构建基于篇章的语境描写框架。这就使计算机在对文章中具体的句子进行语义分析之前，首先对整篇文章有一个语义上的整体认识，构建一个篇章级别的语境，进而再通过对具体语句的语义分析，纠正并完善对该篇文章的意义理解。

应当看到，虽然这是一种机会主义的分析方法，但它突破了原有的从词汇开始进行语义分析的自下而上的技术路线。因为它采取了对整篇文章自上向下的分析视角，排除了在单个词语分析过程中不符合整篇文章意义的歧义内容，使文章中的句子之间产生连贯的语义关系。在此基础之上进行的推理势必可以达到更好的理解效果。现阶段，无论从语言学方面还是计算机技术方面，我们都不可能实现针对某种语言的全部应用构造篇章级别的理解框架。只有在特定的应用领域，才有可能提前实现更具智能化的全文机器翻译。这一思路在自然语言处理的很多特定领域中，都有着广泛的应用前景，可以为许多公共领域实现更具智能化的信息提供服务。

(3)动态语义分析是亟待解决的关键性难题，也是下一阶段自然语言处理的重要发展方向之一。

无论是智能互联网的智能主体还是人工智能中的智能机器人，对段落篇章的语义分析都是它们进行推理和理解的前提。然而，仅仅是对静态文本进行篇章分析还远远不能达到信息服务的要求，在更多领域，对智能互联网的人机动态交流的需求，要求引入语用技术，使得作为交流一方的计算机系统，可以根据实时交流中变换着的语境，对双方的语义内容进行新的分析和推理，而这是现有理论所缺失的。

与篇章分析类似，现阶段我们还不能实现针对某一语言的全部应用来构造基于动态的理解框架。然而，通过对旅游问答系统、网上购书系统、医疗系统、行政系统及法律法规系统的分析可以看出，在这些特定领域，人们的提问意图、提问方式和提问顺序之间有一种内在的必然联系。我们可以根据这种规律性构建基于语境的动态理解框架。其实质就是对一些逻辑思维的程序化抽象，通过与数据库中已经存在的动态框架进行匹配，在逐步判断的基础上，实现系统对情境变化的选择与修正，从而实现对对方意图或语义的理解。由于在这些特定领域内，如天气、旅游、司法等专业领域，人们的意图有很强的相似性且种类非常少，使用的词汇也比较集中，应用价值也非常高，因而可以率先在这些领域中进行动态语义知识的研究。

此外，在语言的动态交流过程中，交流双方都是作为一个独立个体来处理外部问题的，它们本身就是语言的使用者。作为交流一方的计算机系统虽然无生命，但它在某种意义上也应是有立场的，需要站在使用者的立场来分析语言。维特根斯坦曾经指出："意向是植根于情境中的，植根于人类习惯和制度中的。"①从语言的使用层面处理语义问题和意向性问题，可以更好地实现对语言的理解。从这个意义上说，自然语言处理需要从语义阶段迈向语用阶段。

(4)理性主义技术路线与经验主义技术路线的融合趋势

要想满足自然语言处理的应用需要，如机器翻译、问答系统、信息抽取等，必须模拟人类理解语言的认知机制，具备一定的推理能力。然而，认知科学是一门以人工智能、神经生理学、心理学、语言学、哲学为基础的交叉学科，在人类还没有弄清楚人的认知行为之前，自然语言处理的哲学基础是理性主义和经验主义。理性主义认为通往知识的道路

---

① ［奥］维特根斯坦：《哲学研究》，李步楼译，163页，北京，商务印书馆，1996。

是逻辑分析，而计算机中处理的自然语言符号，恰恰是建立在逻辑语言基础之上的，其智能的实现很大程度上要依赖于逻辑理论，经验主义认为知识通过经验来获取，自然语言处理中的很多成果，都应归功于大量的实践基础。然而，无论理性主义还是经验主义，在自然语言处理中都遇到了不可逾越的障碍。

从以上对词网和框架网络的分析中可以看出，目前语义知识库中记录的主要是语义关系知识。传统的结构主义语言学把语义关系类型分为聚合关系和组合关系两类。一般来说，聚合关系反映同质语言成分之间的类聚性质(例如，词网)，利用聚合关系构建的语义知识库主要采取理性主义技术路线，而组合关系则体现异质语言成分之间的组配性质(例如，框架网络)，利用组合关系构建的语义知识库多采用经验主义技术路线。[①] 二者在自然语言处理的不同应用中都可以发挥作用，具有很强的互补性，并且它们都是在计算机对“语言形式”做各种类型的变换(组合)操作时，作为约束(判别)条件来使用的，它们的融合有助于构建功能相对完善的大型语义知识库，是未来语义研究工作的一个重要方向。[②]

(5)自然语言处理正实现着从语形网(The Syntactic Web)到语义网的转向，下一步很有可能向语用网的方向发展。

早在20世纪30年代，美国哲学家莫里斯把语言符号划分为三个层面：语形学、语义学和语用学，之后，德国逻辑学家卡尔纳普也提出了

---

① 由丽萍：《构建现代汉语框架语义知识库技术研究》，上海，上海师范大学博士学位论文，2006。

② 冯志伟：《基于经验主义的语料库研究》，载《术语标准化与信息技术》，2007(1)。

与莫里斯相类似的划分。在自然语言处理中，语义是实词进入句子之后词与词之间的关系，是一种事实上或逻辑上的关系。所谓语义框架分析，就是用形式化的表述方式，将具体句子中的动词与名词的语义结构关系(格局)表示出来。虽然现阶段的框架建立在“场景(scene)”之上，并在一定程度上体现出“立场(standpoint)”的概念，但这仅是局限在单句范围内的“小场景”和“施事”方的“小立场”，还不能反映站在语言使用者角度(或立场)，在文章层次或隐喻着社会知识层次的这种“大场景”(即“语境”)下的语义关系。

但是，自然语言中大量存在的歧义性和模糊性等现象，是现阶段以词语为核心，对句子的语义理解所不能处理的。它忽视了作为语言的使用者“人”的主体地位。如维特根斯坦所强调的，人是语言的使用者，语言的使用是同人的生命活动息息相关的。这一思路把语言的使用放在了人类生活这样一个大背景中了。主体的参与性以及不同主体使用语言的不同方式，是考察语言的前提。词语和语句作为工具，它们的意义只能在使用中表现出来。因为语句的意义并不是隐藏在它的分析中的，而是体现在它在具体的语言游戏中的使用。这就消解了存在于自然语言之中的歧义性、模糊性、隐喻等一直困扰语言学家的问题，从而为自然语言处理指出了发展方向：只有引进语言的使用者以及具体的语境描述，才能解决语句的意义问题。

正是在这个意义上，以强调语言使用者的主体性和语境描述为特征，自然语言处理从语义阶段进入到语用阶段，这也是将自然语言处理划分为语义阶段和语用阶段的意义所在。实质上，从语义阶段到语用阶段的转换，实现了将语义和语用统一于一个认知模型的过程。“一方面，语义学通过语言表达式的语法规则提供了语言的编码——解码装置，将物理实在与语言代码有机结合起来，另一方面，语用学则诉诸具体言说和行为语境，通过主体意向性在交流中将思想转化为语言推理过程，形成了对世界的认识和对知识的传达。它们构成了解释人类行为和意义的认知系统。”①

总之，自然语言处理正经历着一个从语形到语义、再到语用的逐步递进的发展过程。基于自然语言处理的智能互联网，其发展历程似乎正遵循着莫里斯和卡尔纳普的理论，在经历了前一阶段的语形网之后，正逐步迈向语义网这一新的阶段，最终很有可能迈向语用网这一更高层次。

① 殷杰、郭贵春：《哲学对话的新平台——科学语用学的元理论研究》，97页，太原，山西科学技术出版社，2003。

第七章　语言分析方法与科学诠释学

我们在前面的章节中已经系统地考察了语言分析方法的理论背景、发展趋势和实践应用，但这些论证主要是在英美分析哲学的语境下展开的。诚然，由于分析哲学运动的巨大影响力，语言分析方法成了该哲学流派的标签。但是，语言问题并不局限于分析哲学传统，它是当代英美分析哲学和欧洲大陆诠释学共同关心的核心论题之一。分析哲学与诠释学对语言及其作用的理解存在分歧和差异，这导致了二者在语言分析的方法论意义这一问题上，产生了碰撞和沟通，并最终深化了我们对于语言问题和语言分析方法的反思与批判。

因此，在这一章，我们尝试将诠释学作为语言分析的另一传统加以全面考察，以期在打通英美传统和欧洲大陆传统之间交流互动之通道的基础上，重新审视当代语言分析理论的广阔视野和多元论域。在具体的论述中，我们追本溯源，首先回顾并总结了由伽达默尔所主导的诠释学的“语言学转向”，明确了语言在诠释性理解和解释中的基础性地位，而这一“语言学转向”也促使分析哲学阵营中的罗蒂、麦克道尔等人开始从伽达默尔等诠释学家那里寻求语言观等方面的启迪。在这种大背景下，当代科学哲学家群体逐渐意识到诠释学在自然科学与精神科学中的普适性，而 20 世纪之后，诠释学在科学中的运用已经呈现出繁荣的景象，诠释学已经不再局限于精神科学独立的方法论而扩张到了自然科学研究中；此外，自然科学与精神科学方法论的相互浸染也促进了科学方法论的扩展。由此，我们全面展开了对科学诠释学之理论溯源、发展历程、研究对象、理论特征和应用域面的系统阐释，围绕诠释学概念和理论在科学理解中的实际应用这一问题，将美国当代物理学家、哲学家马丁·埃杰，以及当代诠释学—现象学科学哲学的先驱者之一 P. A. 希兰的科学诠释学思想作为典型，加以详细讨论。最后，在理论和实践的双重考察之下，我们明确指出当代科学呈现出多元化的发展趋势，学科之间的互动性关联及复杂性学科的出现不仅对当代科学的诠释学分析做出了有力论证，而且推进了科学诠释学在当代科学研究中的运用。

本章之目的，就是要通过阐释语言分析方法与诠释学理论之普遍性以及诠释学在科学研究中的适用性等元问题的密切联系，将语言分析作为联结分析和诠释两种哲学风格，沟通英美和欧陆两种哲学传统的横断性研究平台，加以重新界定和全面考察，在视域的融合中展现语言分析对于当代哲学的形塑和改造。

一、诠释学的“语言学转向”

伽达默尔的《真理与方法》(1960)中第三部分的标题是“由语言引导的诠释学的本体论转折”。语言在此是讨论的主题。不仅诠释学的对象、过程和人类世界经验被认为是语言性的，而且通过揭示语言与语词的特质，诠释学的普遍性得到证明，之前讨论的经验结构、问答结构、视域融合等内容在对语言的分析中被具体化。《真理与方法》发表以后，伽达默尔认为语言问题是哲学的中心问题，并开始关注分析哲学宣称的“语言学转向”①。他十分重视维特根斯坦的观点，承认自己的一些观点与之有相近之处。② 在与杜特(C. Dutt)的一次谈话中，当被问到，“您的论题，‘在理解中所发生的视域融合是语言的伟大成就’适用于‘生活共同体的一切形式’，是什么样的语言能有这样的作用?”伽达默尔问答：“我只能这样回答，我是完全同意维特根斯坦的著名观点‘没有私人语言’。”③因此，我们把伽达默尔对使理解成为可能的一般语言的关注称为“语言学转向”。他通过对语言的分析完成了诠释学的普遍化。这种分析可能被认为有相对主义和主观主义的倾向，本节试图分析得出这种倾向并不存在。伽达默尔诠释学的这种语言学转向对当代美国实用主义哲学产生了影响，特别是罗蒂对伽达默尔的哲学做出了积极的回应，而伽

---

① 参见：[德]伽达默尔：《真理与方法》，洪汉鼎译，541页，上海，上海译文出版社，2004。

② [德]伽达默尔：《哲学解释学》，夏镇平、宋建平译，127～128页，上海，上海译文出版社，2004。

③ Hans-Georg Gadamer, Carsten Dutt, Glem W. Most, Alfons Grieder and Dörte Von Westernhagen. *Gadamer in Conversation*: *Reflections and Commentar*, ed. and trans. By R. E. Palmer. New Haven: Yale University Press. 2001. p. 56.

达默尔的诠释学直接参与到麦克道尔哲学思想的发展中。本小节要对这些哲学事实做初步评述。

(一)语言与诠释学的普遍性

《真理与方法》的一个目标是要揭示诠释学的普遍性。“通过把语言性认作这种中介的普遍媒介，我们的探究就从审美意识和历史意识的批判以及在此基础上设立的诠释学这种具体的出发点扩展到一种普遍的探究。因为人类的世界关系绝对是语言性的并因而是可理解性的。正如我们所见，诠释学因此就是哲学的一个普遍方面，而并非只是所谓精神科学的方法论基础”[①]。诠释学的普遍性是指，诠释学所谈的理解、解释，是人类的普遍经验，是人与世界遭遇的普遍方式，而不仅仅发生于精神科学。《真理与方法》之后，伽达默尔有意识地重申他这方面的认识，在文章《诠释学问题的普遍性》(1966)中他谈道：“解释学问题，如同我已经加以阐明的那样，并不局限于我开始自己研究的领域。我真正关心的是拯救一种理论基础从而使我们能够处理当代文化的基本事实，亦即科学及其工业的、技术的利用。”[②]由于诠释学的基础地位，它可以纠正人们对自身经验的认识。在《汉斯-格奥尔格·伽达默尔自述》(1975)中他更清晰地指出：“在所有的世界认识和世界定向中都可以找出理解的因

① [德]伽达默尔：《真理与方法》，洪汉鼎译，616页，上海，上海译文出版社，2004。

② [德]伽达默尔：《哲学解释学》，夏镇平、宋建平译，10页，上海，上海译文出版社，2004。

素——并且这样诠释学的普遍性就可以得到证明。”①

可以看出，伽达默尔所说的诠释学的普遍化与语言的特殊地位和作用是联系在一起的。语言是联系自我和世界的中介，是意识借以同存在物联系的媒介。语言不是世界的一种存在物，是人的本质结构，而且语言相对于它所表述的世界并没有它独立的此在，语言的原始人类性同时也意味着人类在世存在的原始语言性。这并不是说除了语言所表述的世界，还存在一个自在的世界。世界自身所是的东西根本不可能与它在各种世界观中所显示的东西有别。世界本身是在语言中得到表现的。这就是语言的世界经验，它超越了一切存在状态的相对性，因为它包容了一切自在存在。这种世界经验的语言性相对于被作为存在物所认识和看待的一切都是先行的。因此，伽达默尔说：“‘语言与世界’的关系并不意味着世界变成了语言的对象。”②

语言与人最密切的关系表现在语言与思维的关系。我们在语词中思想，思想就是自己思想某物，而对自己思想某物就是对自己言说某物。思想的本质就是灵魂与自己的内在对话。伽达默尔把思维和语词的关系与“三位一体，道成肉身”相类比以说明思维与语词本质上一致。说出事物本身如何的语词并没有自为的成分。语词是在它的显示中有其存在。因此，并不是语词表达思想，语词表达的是事物。思想过程就是语词形成的过程。语言是思想工作的产物。语词是认识得以完成的场所，亦即使事物得以完全思考的场所。他用镜子比喻来进一

① [德]伽达默尔：《真理与方法》，洪汉鼎译，606页，北京，商务印书馆，2007。

② [德]伽达默尔：《真理与方法》，洪汉鼎译，584页，上海，上海译文出版社，2004。

步说明这一点。语词是一面镜子，在镜子中可以看到事物。此比喻的深刻之处在于，镜子表达的是事物，而不是思想，虽然语词的存在源于思维活动。

语言表达事物，并非事物是语言的对象，二者也是统一的。从“镜子比喻”中可以看出，事物与镜子中的相是相互隶属的。伽达默尔对之引用托马斯·阿奎那(Thomas Aquinas)的关于光的比喻做了更形象的说明。语词是光，没有光就没有可见之物，同时它唯有通过使他物成为可见的途径才能使自己成为可见的。事物在语词中显现，称之为“来到语言表达”。这并不意味着一个自在的物和表现出来的物，某物表现自身为的东西都属于其自身的存在。因此存在和表现的区别是物自身的区别，但这种区别却又不是区别。这里包含了一层意思，语词表达的内容与语词本身是统一的。语词只是通过它所表达的东西才成其为语词，语言表达的东西是在语词中才获得规定性。甚至可以说，语词消失在被说的东西中，语词才有其自身或意义的存在。这事实上就是他在《人和语言》(1966)中所说的“语言所具有的本质上的自我遗忘性”的表现。“语言越是生动，我们就越不能意识到语言。这样，从语言的自我遗忘性中引出的结论是，语言的实际存在就在它所说的东西里面”①。

以上语言与世界、思维和事物的关系是对语言普遍性地位的描述。诠释学是普遍的是因为，诠释学所描述的理解和解释与文本的关系和人与世界通过语言发生的关系一样。理解属于被理解的东西而存在，理解

① [德]伽达默尔：《哲学解释学》，夏镇平、宋建平译，66页，上海，上海译文出版社，2004。

已参与了意义的形成。语言中同样的事情也在发生。

语言的一个特质是，语言是事件。语言的事件性质就是概念的构成过程。概念不是演绎而成，因为演绎解释不了新概念如何产生；概念也不是通过归纳产生，因为人事实上不需要用抽象就可以得到新的语词和概念来表达共同经验的相似性。因此概念是自然地构成的。人的经验自己扩展，这种经验发觉相似性，而不是普遍性，语言知道如何表达相似性，从而新的概念形成。伽达默尔数次用亚里士多德的例子"一支部队是怎样停住的"来说明经验中一般或相似性如何形成。这支部队是怎样开始停步，这种停步的行动怎样扩展，最后直到整个部队完全停止，这一切都不能或有计划地掌握或精确地了解。然而这个过程无可怀疑地发生着。关于一般知识的情况也是如此。[①] 一般知识进入语言是由于我们表达事物时与自己的一种无定局的对话形成的。人不可能一次把握思想的整体，因此需要不断地进行，需要语词不断创新。语词的不受限制的产生，正反映了思想意义展开的无限性。也就是说，物在词中显现总是有限的，而物在向我们不断的言说却是无限的，伽达默尔称之为"隶属"。语言是这种隶属的场所，是调解有限与无限的中介，由此"语言是中心(Mitte)，不是目的(telos)。是中介(Mitte)，不是基础(arche)"[②]。综上所述，就语词是不断自然生成的过程来说，语言是事件，就它作为事物不断言说的场所来说，语言是中心、中介。语言所起的事件和中心

---

① ［德］伽达默尔：《哲学解释学》，夏镇平、宋建平译，65页，上海，上海译文出版社，2004。

② Brice Wachterhauser, *Hermeneutics and Modern Philosophy*, New York: State University of New York Press, 1986, p. 204.

的作用是理解和解释的具体化，而语言的普遍性直接促成了诠释学的普遍性。

(二)语言与理解的客观性

由于伽达默尔承认理解者的偏见、传统、历史境遇以及时间距离是理解的条件，并且认为不可能纯粹地认识理解对象，在《真理与方法》出版后以贝蒂(E. Betti)和赫斯(E. Hirsch)为代表的哲学家们指责伽达默尔的理解历史性观点中存在主观主义和相对主义以维护理解的客观性。

伽达默尔的诠释学中的确有理解意义多元化的内容。对文本或历史的理解中，并不是理解和解释对象本身，而是把它作为一个“你”而与之进行对话。理解者“我”与“你”彼此开放不断形成视域融合，而理解的意义获得就是“你”“我”在视域融合中形成的共识。这一内容在伽达默尔诠释学中地位特殊。他在《真理与方法》第二版序言中说：“本书中关于经验的那一章占据了一个具有纲领性的关键地位。在那里从‘你’的经验出发，效果历史经验的概念也得到了阐明。”[①]正是在此伽达默尔有信心应对关于指责他的诠释学为“主观主义”和“相对主义”的说法。

伽达默尔探究的是，“理解怎样得以可能?”或我们在理解时什么同时发生，或人的理解的结构，以说明“……理解从来不是一种对于某个被给定的‘对象’的主观行为，而是属于效果历史，这就是说，理解是属于被理解的东西的存在。”[②]对文本意义的理解以及做出的所有解释都是

① [德]伽达默尔：《真理与方法》，洪汉鼎译，11页，上海，上海译文出版社，2004。

② [德]伽达默尔：《真理与方法》，洪汉鼎译，8页，上海，上海译文出版社，1999。

文本自己的表现，并非解释者的主观臆想。所有的解释都是对文本的解释，统一于文本。

语言是理解本身得以进行的媒介，解释就是理解进行的方式，因此理解和解释是统一的。理解文本与文本对话首先是重新唤起文本的意义，在这过程中解释者自己的思想已经参与了进去。这一步伽达默尔与贝蒂和赫斯有根本的区别。贝蒂认为解释的对象是“富有意义的形式”，解释是重新认识“富有意义的形式”中包含的意义，理解则是对意义的重新创造。[①] 这里虽有主观创造，但依然是以恢复本来意义为目的。赫施则认为文本的“含意是可复制的”[②]。他们都认为可以通过各种技术方法来获得文本作者的“原意”。伽达默尔看来，文本作为文字流传物是记忆的持续，它超越它那个过去世界赋予的有限的和暂时的规定性。使文本能这样超越的是语词的观念性（Idealität）。我们可以借用利科（P. Ricoeur）的观点来理解伽达默尔的这一术语。利科说：“书写使本文对于作者意图的自主性成为了可能。”[③]也就是所谓作者的死亡，文本的诞生。这样文本就打破了作者的语境而获得自己的语境。文本作为语词在我们的世界中以我们的语言与解释者形成对话，文本的语词自身的这种言说性，就是伽达默尔所说的语词的观念性。这样才能“……通过记忆的持续，流传物才成为我们世界的一部分，并使它所传介的内

① 《理解与解释——诠释学经典文选》，洪汉鼎主编，126～128页，北京，东方出版社，2001。

② ［美］赫施：《解释的有效性》，王才勇译，56页，北京，生活·读书·新知三联书店，1991。

③ ［法］保罗·利科：《解释学与人文科学》，陶远华等译，142页，石家庄，河北人民出版社，1987。

容直接地表达出来。”[①]这是我们一开始不直接理解和解释对象本身的原因。

伽达默尔说：“理解通过解释而获得的语言表达性并没有在被理解的和被解释的对象之外再造出第二种意义。”[②]这是因为理解是对话、交流，意义在此之中得以显现，这表现为一个语言性过程，语言与其所表达的思想是统一的。我们还是引用“道成肉身”的比喻来说明这一点。文本与解释者对话，使双方的思想在语言中体现出来，语词表达意义，但并不是语词作为形式反映意义，而是意义的形成就是语词形成的过程。更进一步说，意义“来到语言表达”并不意味着获得第二种存在。意义在语词中的显现属于文本自身。这样语词意义和文本是统一的。因此，理解是属于被理解的东西的存在。伽达默尔多次用游戏来类比语言。“当游戏者本人全神贯注地参加到游戏中，这个游戏就在进行了，也就是说，如果游戏者不再把自己当作一个仅仅在做游戏的人，而是全身心投入到游戏中，游戏就在进行了。因为那些为游戏而游戏的人并不把游戏当真”[③]。这里面的关键内容是：(1)游戏不是单纯的客体，人参加而使之有其此在；(2)游戏的行为不能被理解为主观的行为，因为游戏就是进行游戏的东西，游戏的真正主体是游戏本身；(3)参与者的完全投入。语言是游戏。在这里就去除了自我意识的幻觉和认为对话是纯主观内容

---

① [德]伽达默尔：《真理与方法》，洪汉鼎译，504页，上海，上海译文出版社，2004。

② 同上书，514页。

③ [德]伽达默尔：《哲学解释学》，夏镇平、宋建平译，67页，上海，上海译文出版社，2004。

的观点。

(三)语言与“第二自然”

伽达默尔《真理与方法》第三部分关于语言的讨论得到麦克道尔的关注。麦克道尔说，他自己概括伽达默尔关于语言的思想希望能去除使分析哲学家们看不到《真理与方法》中丰富洞见的障碍。[①]

麦克道尔对伽达默尔的理解主要体现在《伽达默尔和戴维森论理解与相对主义》(2002)一文中。下面首先简要概述他对伽达默尔的理解。

麦克道尔赞同伽达默尔的观点，人的在世(being-in-the-world)具有原始语言性[②]。任何人的在世都由一种或另一种语言形成，也可以说一个人的生活方式是由语言形成的。人们使用共同的语言，进入语言游戏，它包括了非语言学的实践以及人的习俗等，在其中语言行为被整合入一种生活形式。人们在传统中成长，就是要学会说一种语言，学会用词来回应眼前的过往事物，学会言说关于世界的普遍特征，更重要的是首先要符合“我们”(we)的言说。

关于使用一种共同语言方面的认识，可能会有一种倾向，就是认为是对这种语言进行控制，依据精确的语法和语义规则来控制语言行为，成功的语词交流依赖于说话人和听话人共有这种控制能力。这就是说，

---

① John McDowell, *The Engaged Intellect*, Cambridge: Harvard University Press, 2009, p. 151.

② [德]伽达默尔：《真理与方法》，洪汉鼎译，575页，上海，上海译文出版社，2004。

好像有一种机械的装置可以做出任意一个语句的意义。从上文伽达默尔的语言观中可以看出，这种按规则预先设定的对谈根本算不上真正地使用语言。更需要注意的是，从这种观点可能得出，用同样的词去意谓同样的事。无论是伽达默尔的语言观还是弗雷格(G. Frege)式的意义理论都不会同意这种观点。如果人们使用共同的语言，还可能有所谓的"正确用词"的要求，即在语言实践中共同遵守一些规则，以保证共享语言的人相互理解。这里有一个问题，就是规则的产生的来源。如果是来源于某个权威，比如语法学家，他可能具有某种特权，被塑造成某种超级个体。因此戴维森据此认为人与人在语言中的相互理解并不需要共同语言。布兰顿则认为，共同语言是需要的，但是为避免产生超级个体，应该保证语言游戏参与者相互间责任义务地位的界线，这就是语言社会性中的"我—你"(I-thou)图景。[①] 但是界线的保持使"我—你"双方的行为相互延伸到对方受到限制，共同语言的存在也就没有意义，这样布兰顿的观点与戴维森的观点没有实质性的区别。

伽达默尔共同语言图景可称之为"我—我们"(I-we)式的。一种共同的自然语言是"我们"(we)的所有物，是共有的传统内容，在此语言的形式与传统内容是不可分的。它是我们生活世界的一种规范形式，这种形式并不能被还原为主体的活动，因为它是语言游戏参与者世界观不断融合的结果，它不是固定的，于是不能归于超级个体。

麦克道尔这样来概括伽达默尔的语言观，首先可以看成是对他在

---

① Robert Brandom, *Making it Explicit*: *Reasoning*, *Representing*, *and Discursive Commitment*, London: Harvard University Press, 1994, pp. 38-39.

《心灵与世界》(1994)中的一些观点的补充说明。他说:“我写到由概念中介的(心灵)向世界的敞开,部分地由对传统的继承构成的,我是受伽达默尔的启发而援引传统。”[1]引入传统的原因是要说明概念能力可被引入主体控制之外的感性运行中。受主体控制的概念能力是自觉的,而在感性活动中的概念参与是自发的。要使这种自发的理性概念活动看成是合理的,就有必要把它界定为人的自然属性。麦克道尔称之为“第二自然”,即理性概念能力是第二性的,是人在共同体中通过语言学习从传统中习得的。这样当人的眼睛向世界敞开时,世界作为维特根斯坦式的情况的总和,在经验中出现在固定信念的理性背景中,也就是说感性的作用对我们信念的形成产生理性影响。这一观点不仅被评为是唯心主义的,而且更主要的是常被指出会陷入相对主义。这是麦克道尔概括伽达默尔语言观要考虑的第二方面。

如果感性的活动中参与了概念或已有信念的内容,看起来很难说世界观客观地描述了世界。每个人从自己的传统中获得概念理性能力,因此人们对同一世界有了不同的世界观。相对主义特征在此是十分明显的。如果像戴维森认为的那样,感性活动只从概念范围之外对信念的形成起初级的因果影响,就能免去相对主义的嫌疑。麦克道尔认为,一方面自己不排除世界对心灵的因果作用(戴维森意义上的);另一方面这种因果作用不在理性之外。人们没有必要赋予物理科学透彻到事物的真实关联性的独特能力,其他因果性思维活动没有必要以可用物理词汇描述

① John McDowell, *The Engaged Intellect*, Cambridge: Harvard University Press, 2009, p. 134.

的因果联系为基础。[①] 概念没有边界的意思是，只要人在最初的感性活动接触世界，就有概念活动的参与，但是主体与对象之间是有区分的。所以这里我们看到，批评麦克道尔的哲学陷入唯心主义是把认识论问题混淆为本体论。于是，如伽达默尔所说，没有人怀疑，世界可在没有人的情况下存在并且也许将会存在。这是如下意义的一部分，即所有人在语言中形成世界观而存在。[②] 没有人怀疑世界大部分存在于一条界线之外，这条界线环绕意向性的领域。但是，我们可以把世界对信念的形成的影响理解成为已经在概念范围之内，并不是来自外界的冲击。如果外界的影响直接对信念起确证作用，这就是"所予神话"。这样世界就是世界观的主题(topic)，不同的语言能表达不同的甚至是截然相反的思维方式，用伽达默尔的术语说是不同的世界对应不同的视域，正是因为这种不同"世界"的谈论进入一个语境，在其中伽达默尔坚持认为这些世界观的多样性并不包括任何关于世界的多样性。这是麦克道尔为自己的哲学不存在相对主义的阴影这一观点给出的论证。

(四)诠释学与唯名论

通过以上分析可以发现，伽达默尔的诠释学之所以被分析传统中的哲学家关注，是因为其诠释学与实用主义哲学有相近之处。虽然伽达默尔著作的名称是《真理与方法》，但是他并没有在其中说真理在诠释学中

---

① John McDowell, *The Engaged Intellect*, Cambridge: Harvard University Press, 2009, p. 139.

② [德]伽达默尔：《真理与方法》，洪汉鼎译，580页，上海，上海译文出版社，2004。

的含义。我们可以推断，他的真理观一定不是符合论，因为伽达默尔并不主张通过主观与客观相符合来理解世界，他认为对世界的理解是一个无尽的不可预期的过程。普特南这样批评真理符合论：一种信念对于现实的任何一种这样的符合，都只能是对于在某种特定描述之下的现实的符合，而这样的描述没有一种是在存在论和认识论上具有特权地位的。① 换成伽达默尔的话，就是人在某一处境中形成视域，又在不同的处境中进行着视域融合。这暗示了不同的视域之间地位平等，没有哪一个视域具有特殊的地位。这正好与罗蒂哲学中的对话理论、反表象主义观点相近。特别是伽达默尔的诠释学进行语言学转向之后，诠释学成为哲学的一个方面，"能被理解的存在是语言"②作为其标志性的论断在罗蒂那里得到积极的回应。罗蒂认为伽达默尔的这一观点对唯名论做了最好的概括。这里的唯名论主张一切本质都是名义上的。③ 理解一个对象的本质，只能是重述那一对象的概念史；更好地理解某种东西就是对它有更多的可说的东西，就是以新的方式把以前说过的东西整合在一起。西方哲学中从古希腊起认为对事物理解越深离实在越近，唯名论认为可利用的描述越多，描述间结合越紧密，我们对这些描述所表征的对象的理解就越好，或者说我们理解的就是描述。这些描述中没有一种有特权可以达到自在的对象，或者说"自在"本身也只是一种描述词汇。因此描

---

① [美]罗蒂：《实用主义哲学》，林南译，8页，上海，上海译文出版社，2009。

② [德]伽达默尔：《真理与方法》，洪汉鼎译，615页，上海，上海译文出版社，2004。

③ Bruce Krajewski, *Gadamer' s Repercussions: Reconsidering Philosophical Hermeneutics*, London: University of California Press, 2003, pp. 22-23.

述任何事物没有终点，其过程是伽达默尔式的视域融合，罗蒂称之为“再语境化”[①]。我们可以看出，罗蒂对伽达默尔的解读经过了实用主义过滤，过滤掉了伽达默尔诠释学中关于理解和语言的本体论内容，只省下方法论层面上的内容。麦克道尔正是在这一背景下理解伽达默尔的诠释学，在理解与真理的联系、语言意义和客观实在的把握、意义和思想的社会本质方面对伽达默尔重新解读，形成自己独特的关于知识、心灵与世界关系方面问题的分析理路，对笛卡尔开启的现代哲学传统在这些方面的观点进行了批判。

二、科学诠释学的理论建构

19世纪之后，宗教与科学的相互影响呈现出多样化的趋势，经常必须面对的问题是，在科学高歌猛进的社会中，上帝将扮演什么样的角色？在科技相对发达的国家里，比起上帝的存在来说，通过科学的方式发现外星人的存在更容易让人相信。

由此看来，当上帝不再以万能身份出现，而上帝的旨意逐步转化为世俗文本中所体现的作者原意之后，日益成长的理性已经不再信赖任何外在的权威，唯一可以信赖的就是理性自身。我们便说：“上帝隐退了”。[②]

---

① Bruce Krajewski, *Gadamer' s Repercussions*: *Reconsidering Philosophical Hermeneutics*, London: University of California Press, 2003, p. 27.

② 德国诗人荷尔德林(Friedrich Holderlin, 1770—1843)首先提出“上帝隐退”一说，之后受到海德格尔的热捧。

“上帝隐退”代表了人类精神路向的转变，即理性取代了原始的宗教崇敬，人们不再将《圣经》中上帝旨意作为唯一的信仰对象，作为对上帝旨意进行传述的诠释学[1]，也发生了本质的变化。人们将“上帝隐退”之后留下的那个物质世界与人类精神的表象作为客体，本初的自然世界、理念世界以及对人自身的研究开始走进人类的视野，由此开启了科学诠释学对世界之真理、意义和价值的探求。本节正是要在探析诠释学介入科学研究的基础上，认识科学诠释学的理论框架和方法论特征，及其之于理解科学的意义。

(一)科学诠释学的理论溯源

自然科学本身需要对科学预设和科学界限等做出反思。本质上看，大陆传统中的科学是一个广义概念，如德语中“科学”(Wissenschaft)一词的词根正是“知识”(Wissen)。我们目前所指的科学概念，是在近代各门自然科学及其在经济与技术的运用中形成的。古希腊时期的哲学与科学并不能区分，哲学包含了科学，指的是各种理论知识。康德认为“每一种学问，如其按照一定原则建立了一个完整的知识系统的话，都可以被称之为科学”[2]。海德格尔则认为就科学本性而言，没有任何优于其他领域的东西，自然与历史一样，并不具备任何优先性。数学知识的精

---

① 诠释学，英文为 hermeneutics，又译解释学、释义学，原系诠释古代经典的一种学问。源自古希腊语动词 hermeneuein，意为解释某种神谕。诠释学诞生于对荷马和其他古希腊诗人诗歌的解释；在宗教改革时期，诠释学成为一门重要学问。当代的诠释学主要指有关“意义”“理解”和“解释”问题的哲学理论。

② Immanuel Kant, *Metaphysical Foundations of Natural Science*, Cambridge: Cambridge University Press, 2004, p. 3.

确性也不意味着它具有比其他学科更高的严格性。科学与世界之间的关联促使科学去寻找它们自身的存在，同时使存在者按照其自身的存在方式成为研究与论证的对象。据此，科学研究就是对存在本质的寻求。[①]由此，海德格尔基于本体论的维度，认为对存在所做的思考的优先性，高于任何认识论与方法论基础的反思，从而使诠释学上升到本体论的高度。

伽达默尔秉承了海德格尔对诠释学的本体论规定并且使得先前作为精神科学独立的方法论基础的诠释学，开始介入到科学的研究和理解中。伽达默尔对诠释学普遍性的分析恰恰道明，诠释学绝不应局限于审美意识与历史意识的反思中，而是应该能够提供一种弥补基础理论缺憾并能够处理当代科学与技术应用问题的方法。通过诠释学的反思，不仅能够获得与知识相携的研究兴趣，亦可获得人们对阻碍研究的习惯与偏见得到自明性的把握。诠释学反思的普遍存在，不只是通过社会批判揭露意识形态这样特殊的问题，还涉及科学方法论的自我启蒙，诠释学包含了理解、解释与应用的统一。

1. 科学诠释学的形成背景

科学诠释学源于诠释学概念。诠释作为一种理解技能，早期只局限于对特殊文本的一种诠释技巧，之后普遍诠释学逐步形成。施莱尔马赫(F. Schleiermacher)将适用于《圣经》、语文学和法律学的局部(特殊)诠释学转变为适用于所有文本的普遍(一般)诠释学，他强调心理解释在理

① Martin Heidegger, *Pathmarks*, Cambridge: Cambridge University Press, 1998, p. 83.

解过程中的必要性，提出心理学的阐释规则，即重构作者语境来把握作者原意，继而转化为作者的历史情境构建。

狄尔泰(W. Dilthey)则为精神科学奠定普遍的方法论基础，即把理解和解释确立为精神科学的普遍方法论。他指出，除了自然科学之外，从生活本身的任务中……自发地发展起来一组知识，这门科学就是历史、国民经济学、法学和政治学、宗教学、文学和诗歌研究、室内装饰和音乐研究、哲学世界观和体系研究，最后还有心理学。所有这些学科都涉及一个同样伟大的事实：人类。它们描述和讲述、判断和构造有关这一事实的概念和理论……由于它们共同涉及这同一事实，因此就首先形成了这些科学规定人类，并且同自然科学相区别的可能性。[①] 狄尔泰强调精神科学认识论的特殊性，将“说明”与“理解”作为两种方法完全对立起来了，“自然需要说明，精神需要理解”。

此后，海德格尔受胡塞尔现象学的启示，致力于“存在”的意义研究，引发了西方哲学传统本体论的根本性变革，促成了西方诠释学的本体论转向。特别是近现代科学的出现，最根本的问题是如何认定事实、设置并进行实验及实验理论的整理与接受。而科学的有步骤、条理化的研究，的确受到“前见”与“前把握”的影响，海德格尔的理解与说明成为此在的共同存在方式，从存在的高度关注整体科学的理解问题，这种关于理解和说明的统一关系为此后建立“统一科学”及诠释学适用的广泛性提供了理论溯源。

---

① 洪汉鼎：《诠释学——它的历史和当代发展》，103 页，北京，人民出版社，2001。

伽达默尔进一步将本体论诠释学推向极致。他认为诠释学的发展与宗教改革、发展是分不开的，若想了解诠释学在词源学上的意思必须依靠现代语言学，因为诠释之本义就在于神与人类的语言不相同，需要转译，从而诠释应该具有基本的说明与理解的双重含义，而并不是将说明与理解放在矛盾对立当中。尽管对于伽达默尔是否认为诠释学也适用于自然科学尚存争议，但其后期著述中却涉及诠释学的普遍适用性。如他所言："在自然科学中，所称之为事实的也并不是随意的测量，而是表征了对某个问题之回答的测量，是对某种假设的证明或反驳。因此，为了测量特定数值而进行的实验，即便按照所有的规则进行了最精密的测量，也并不因这一事实而获得合法性。只有通过研究的语境方能获得合法性。这样，所有的科学都包含着诠释学的因素。正如在历史领域中不可能孤立考虑其问题或事实那样，自然科学领域中的情况也同样如此。"①当然，伽达默尔的这种自然科学中存在的诠释学思想的理解维度，是人在现代科学中的自我理解，而不是指诠释学在科学中的作用。自然科学中的理解和解释的目的是通过对普遍规律的推演模式而形成普遍的认识，精神科学中理解和解释的目的是探求文本作者的客观意义，是文本所赋予的普遍的意义，具有诠释学的广泛性。由此，自然科学的诠释学特征便显现出来了。以下，我们从三个方面来考察科学诠释学形成过程中的影响性因素。

第一，自然科学方法论的侵袭

从启蒙运动以来，特别是康德之后，自然科学被看作是知识的范

① Hans-Georg Gadamer, *Truth and Method*, London: Continuum, 1989, p. 563.

式，它可以用来衡量其他的文化。进入20世纪，受维特根斯坦与罗素影响而形成的逻辑经验主义为主流的科学哲学蓬勃发展，逻辑实证主义特别是维也纳学派强调知识客观性，把哲学的任务归结为对语言进行逻辑分析，进而拒斥无意义的形而上学，主张用逻辑分析的方式划分科学与非科学，并试图把所有科学还原为物理主义从而形成统一科学。这种思想成为西方科学哲学的主流，这时的科学哲学家很少会给自然科学之外的其他知识领域赋予科学的地位。

对此，库恩认识到这种思想只注重"科学的逻辑"而忽视科学赖以生存的社会背景的偏颇与缺陷，并站在历史的角度上，用范式的更替来对科学进步的方式做出描述。亨普尔也认识到，在历史学和各门自然科学中，普遍规律具有非常相似的作用，它们成了历史研究的一个必不可少的工具，甚至构成了常被认为是与各门自然科学不同的具有社会科学特点的各种研究方法的共同基础。将"理解"与"移情"等同起来，将方法论诠释学的理解看作是一种助发现法，而科学的解释，不论是自然科学中的解释还是社会科学中的解释，毫无例外地具有覆盖律的本质。[①] 亨普尔对科学所作出的具体分类，把不同分支的科学分为经验科学与非经验科学。经验科学又分为自然科学与社会科学，他试图将自然科学解释的D—N模型(演绎规律解释模型)延伸至社会科学，并将自己对科学解释的哲学分析推广至包括社会、历史在内的一切领域。亨普尔的解释模型涵盖了所有的科学，用亨普尔的观点，类似于历史学等其他自然科学之外的学科，都可以像物理学一样遵循还原法则的模式，尽管到目前仅能

---

① 曹志平:《理解与科学解释》，16～26页，北京，社会科学文献出版社，2005。

提供“解释的纲领”——即解释和预测相称性的应用。

传统上对自然科学与社会科学做出的严格区分形成这样一种观点，即自然科学重在因果说明，社会科学则是意义理解，并且一直将社会科学看作是社会关系中涉及个体的自然科学，自然科学的方法论完全可以通过类比拓展到社会科学中。传统认识论的缺憾在于所设置的真理图像模型把理论看作是其研究对象的真实图像。它把对象预设为康德所称的“自在之物”，完全独立于它是否被认知主体所认识。[①] 另外，亨普尔的科学解释的 D—N 模型的三类标准反例的出现也凸显了 D—N 模型的纰漏。正是由于这种真理图像模型缺陷的错误，受到了主张恢复主体性因素的观点的批判。

第二，社会科学的境遇与狄尔泰的功勋

意大利人维柯(Giovanni Battista Vico)在 18 世纪就雄心勃勃地创建人类社会的科学，并要使这种科学可以做出与伽利略、牛顿等人在“自然世界”同样的成绩。[②] 他创建“民族世界”的本意是用来区分与自然科学所不同的学问，这可算作是最早的社会科学的雏形。关于“社会科学”一词本身在历史上的用法有很多：最早法国人叫作“道德科学”，德文中一般用与自然科学(Naturwissenschaft)相对立的——精神科学(Geisteswissenschaften)来表述，也叫作“历史科学”或“价值科学”，之后人们更多地倾向于将有别于自然科学的学科称为“社会科学”或“人文社会

① [德]鲁茨·盖尔德赛泽：《解释学中的真、假和逼真性》，胡新和译，载《自然辩证法通讯》，1997(2)。

② [意大利]维柯：《新科学》，朱光潜译，35 页，北京，商务印书馆，1989。

科学”。[①] 伯恩斯坦(R. Bernstein)比较详细地阐述了英美国家与德国关于社会科学的属性的不同理解，前者将科学严密地分为自然科学、社会科学与人文科学(humanities)，后者把穆勒口中的“道德科学(moral science)”的概念转译为精神科学。[②]

为了确保社会科学的独立性，狄尔泰毕生都专注于一项工作，即按照康德对纯粹理性的反思模式，建立一种历史理性的批判，想通过对历史认识何以成为可能的问题，为一般的精神科学找寻认识论基础。[③] 也就是说狄尔泰在施莱尔马赫普遍诠释学的基础上把诠释学确立为精神科学的普遍方法论，把精神科学塑造成严格的科学。在《真理与方法》中，伽达默尔指出：“J. G. 德罗伊森在他的《历史学》中概述了一种很有影响的历史科学方法论，它与康德哲学的任务相同；而自发展出适合历史学派哲学的狄尔泰开始，就意识到将历史理性的批判作为探寻的任务。由此，他的自我理解仍是一种认识论的理解。正如我们已经知道的，他根据一种摆脱了自然科学过多影响的‘描述的和分析的’心理学，来看待所谓精神科学的认识论基础。”[④]伽达默尔肯定了狄尔泰在历史理性批判的基础上所做的诠释学的工作，但是在他看来，正是狄尔泰为了急切地获取精神科学的“客观性”而使其成为与自然科学不分伯仲的科学，从而

---

① 吴晓明：《社会科学方法论创新的核心》，载《浙江社会科学》，2007(4)。

② Richard J. Bernstein, *Beyond objectivism and relativism*: *science*, *hermeneutics*, *and praxis*, Philadelphia: University of Pennsylvania Press, 1983, p. 35.

③ 洪汉鼎：《诠释学——它的历史和当代发展》，100页，北京，人民出版社，2001。

④ Hans-Georg Gadamer, *Truth and Method*, London: Continuum Publishing Group, 2004, p. 507.

接受了笛卡尔“方法”与“客观知识”的观点，而这一点恰巧也是诠释学对笛卡尔式论证的批判。于是，关于狄尔泰对自然科学与人文科学之间所做的显著的区分就存有质疑。特别是近些年来影响较为广泛的英美科学哲学对待科学的态度，明显带有方法上极端的形式主义，他们过分关注科学狭隘的思想方面，包括科学理论及其思维方式，忽略了其实践的本质。而大陆哲学则过分偏重于意识形态的东西。所以，对科学的理解不能简单地将英美和欧洲大陆两种进路罗列起来对科学进行剖析，而要从科学的系统分析开始，弥合狄尔泰等人对自然科学与人文科学所进行的严格区分。

第三，科学哲学与诠释学的融汇

自然演进过程中人与自然关系的重建是当代的一个重要议题。柏格森“超越理智的”生命哲学观点反对把自然看作是静态的，而是一种“绵延”，是一个永不停止的创造过程。[①] 杜威对哲学中二元对立的改造，致力于“建立一种以人的生活、行动、实践为核心而贯通心物主客的新哲学。他提出的经验自然主义不把经验当作知识或主观对客观的反应，也不把经验当作独立的精神(意识)存在，而当作主体和对象即有机体和环境之间的相互作用”[②]。这种以人为本的思想，转变为有利于反思科学研究活动中非客观性因素的功用、为各学科之间的交流提供了很好的平台。

从沟通英美哲学与欧洲大陆哲学的视野上，对自然科学进行诠释学的解读，也为建立科学的诠释学奠定了理论基础。诠释学最初涉猎自然

---

① 莫伟民等：《二十世纪法国哲学》，72页，北京，人民出版社，2008。

② 刘放桐：《新编现代西方哲学》，206～207页，北京，人民出版社，2000。

科学是在历史主义对科学的反思中得到阐释的。历史主义科学哲学的分析推进了科学活动中强调主观性思想的转变，强调历史因素等在哲学反思中的重要地位。特别是库恩《科学革命的结构》的出版，启发了致力于朝向理解科学的多元化发展。该书批判了占主流思想的分析的科学哲学赋予科学理性重构的观点，恢复了科学活动中的主体地位，提出了科学革命与范式理论，并阐明了科学史与科学哲学之间的紧密关系，冲击了自然科学与社会科学僵化的分界。特别是，库恩对逻辑实证主义试图建立统一的科学的主张提出挑战，他明晰地讨论了理性在科学革命结构中的“无用”，否定了科学客观主义，并指出没有中性的理论选择规律系统。库恩把发现归为两类，一类发现是理论事先没有预见的，例如氧气与 X 射线的发现；另一类发现是理论预知其存在并预先进入人们研究渴望与预期结果的，如中微子与元素周期表空缺位置元素的填补。其实，“每一项科学发现过程的开始都有两种正常的必要因素存在”，一是发现反常问题的能力，库恩将其归结为个人的技巧与天赋；二是科学发现的外部因素，即实验者对仪器的选择使用与实验者本身对整个实验过程的思考必须达到一定水准，才“足以使它们(它们指科学发现过程中出现的反常问题)有可能出现，使它们作为与预先期望相背谬的结果而被认识到”[①]。库恩认为科学哲学并不一定能够为众多理论的选择制定一套规则，这使人们更加怀疑自然科学的认识论是否可以推广到其他的文化中去。[②]

---

① [美]库恩：《必要的张力》，范岱年、纪树立等译，172 页，北京，北京大学出版社，2004。

② Richard Rorty, *Philosophy and the Mirror of Nature*, Princeton: Princeton University Press, 1979, pp. 322-323.

而且，库恩首度承认历史主义学者使用了诠释学的方法。他从科学的实际历史出发描绘新的科学形象，“发展了不同于纯粹理性的实践理性，强调逻辑经验之外的社会历史、主体心理在评判理论合理性中的作用，强调科学工作者共同体的价值及主体间性的作用”①。其实，“即使是自然科学的方法，也不会具有超历史的妥善性和‘价值中立’的客观性，而是受历史和社会限制、由一定‘认识兴趣’引导的行为。且这种行为就是科学哲学新潮流所主张的把基础建立在特定时代科学家共同体的一致上”②。事实上，康德早就提出：为了避免在对科学研究的独断论和怀疑主义，必须超越方法论问题而现行对主体认识能力进行理性批判，以回答科学史怎样成为可能这个先于方法论的问题。③

随着逻辑实证主义的衰退与历史主义的兴起，后经验主义的科学哲学观点逐渐弥合了自然科学与社会科学之间的鸿沟，人们开始注重理论与观察经验之间的关系。波普尔提出的科学活动中理论与观察经验之间的关系，也逐步转向科学的诠释学维度。他认为，科学活动中的观察并非中立，科学研究不仅是在观察和经验描述结果的意义上需要理论，理论指引与指导科学实验活动。科学理论是科学观察的基础，它不作为科学观察活动的结果而是解决问题的假设与猜想。波普尔科学哲学思想的诠释学维度，体现在科学理解与解释活动中主观性因素存在的合理性

① 李红：《当代西方分析哲学与诠释学的融合》，4页，北京，中国社会科学出版社，2002。

② [日]野家启一：《试论“科学的解释学”——科学哲学》，何培忠译，载《国外社会科学》，1984(8)。

③ [德]康德：《纯粹理性批判》，52页，韦卓民译，武汉，华中师范大学出版社，2000。

上，理解主体的主观性在科学理解和解释中存在有其必然性与合理性。由于观察渗透理论，科学活动中主观性因素对科学活动的观察以及陈述势必造成双方面的影响。其一，科学观察对象的选定有主观性的制约；其二，观察陈述由于涉及语言的使用也会受到主观性因素的制约。① 科学的客观性是建立在科学事业的公众性和竞争性，因此建立在它的社会层次的基础上。②

之后，越来越多的人对自然科学的诠释学解读产生兴趣，也逐渐产生关于自然科学与其他学科之间方法论的交流。利科所寻求的反思的哲学思想，引导着他试图在伽达默尔诠释学与英美的分析哲学之间做出连通。伯恩斯坦对库恩科学诠释学观点进行了推进。对库恩的激进思想，伯恩斯坦并没有直接站在批判者的阵营中，反而坦言“对《科学革命的结构》更公允、更宽宏地进行阅读，就会认识到他的意图从来不是去宣称科学探索是非理性的，而是要展现一种把科学探索作为理性活动的更开放、更灵活并以历史为定位来理解的方式”③。约瑟夫·劳斯(J. Rouse)也对两种科学严格划分进行了批判。欧洲大陆哲学与后经验主义科学哲学对实证主义与新实证主义的批判态度，为诠释学在科学哲学中的运用指明了一种新的方向。

为了减少英美分析的科学哲学与欧洲科学之间的对立，科学诠释学

---

① 彭启福：《波普尔科学哲学思想的诠释学维度》，载《安徽师范大学学报》，2004(4)。

② [英]波普尔：《走向进化的知识论》，李本正等译，20页，北京，中国美术学院出版社，2001。

③ Richard J. Bernstein, *Beyond objectivism and relativism: science, hermeneutics, and praxis*, Philadelphia: University of Pennsylvania Press, 1983, p. 23.

的萌生是在尊重逻辑分析的基础上去掉"科学主义"的意识形态。① "从内容来看，诠释学和科学哲学都探讨了人的理解和解释的问题；从走向来看，它们都经历了研究重心从注重理解和解释的客观性向强化理解和解释的主观性转移的进程"②。

诠释学涉猎自然科学领域的滞后，对于伽达默尔最原初的目的来说，不得不算是一种遗憾。从某种程度来说，伽达默尔的诠释学思想涵盖了自然科学领域。秉承了海德格尔本体论转向的伽达默尔，关注的是先于主体性的理解行为。他在诠释学与科学哲学的交叉与冲突中，意识到理解是普遍性的，涉及人类世界一切方面，并在科学范围内有独立的有效性，不能将其归为某种特殊的科学方法。20 世纪这种诠释学转向及其引发的诠释学方法论，扩展到了整个认识论领域，使诠释学方法脱离了狭隘的思辨域面，进入到广阔的与社会历史相关的新境界。不仅如此，诠释学在方法论上多元性的开拓，也"推进了整个西方人文主义思潮与科学主义思潮之间在方法论上的相互渗透和融合的可能趋势"③。分析的科学哲学与诠释学之间逐渐沟通，并注重与现象学、结构主义等学派之间的借鉴与融合，削弱了学派之间的尖锐对立。

当代西方科学哲学观点也转而倾向于表明，科学是一种假设与说明，科学与社会科学的认识活动一样，包含着理解、解释与应用，科学

---

① [日]野家启一：《试论"科学的解释学"——科学哲学》，何培忠译，载《国外社会科学》，1984(8)。

② 彭启福：《波普尔科学哲学思想的诠释学维度》，载《安徽师范大学学报》，2004(4)。

③ 郭贵春、殷杰：《在"转向中运动"——20 世纪科学哲学的演变及其走向》，载《哲学动态》，2000(8)。

家决定着有待说明的事实及它们的科学意义，并通过解释或说明的方式表述出来。人类所处的世界充满着科学文化与人类实践，自然之书富含意义。这是自奥古斯丁以来从未间断的“自然科学诠释学”的扩张最有力的一面，之前之所以没有形成普遍认知的局面，是由于“近代对自然界的非意义化，大自然不再被视为神的意义的表达和显露了，而是作为无意义的实在领域来与有意义的文化和精神现象领域区分开来”①。自此，诠释学不再囿于传统的哲学诠释学的意义基础，而是在更宽泛的域面，作为一种中介、因素或是分析的工具出现。② 这种新的转向（指科学哲学诠释学转向），朝向自然科学的社会科学化方向迈进。这是在分离了几个世纪之后，自然科学首次明确地向社会科学抛出了橄榄枝。

2. 科学诠释学的理论基础

关于科学诠释学概念的前身，很多受过现象学与诠释学训练的哲学家们都把目光投向库恩。“在科学哲学界，正是库恩的《科学革命的结构》在20世纪60年代初鲜明地展示出了自然科学的诠释学性质，虽然他在这本著作中没有提到‘科学诠释学’这个术语”③。连库恩本人也认为，他的范式理论在某种程度上与诠释学基础比较相似。但是，库恩提出的诠释学是从历史主义的角度分析而得出的，至于诠释学的历史方法没有运用在科学中，从他自身的角度来讲，在很长一段时间里他的确没

---

① ［德］L. 格尔德塞策尔：《解释学的系统、循环与辩证法》，王彤译，载《哲学译丛》，1988(6)。

② Márta Fehér, Olga Kiss, László Ropolyi, *Hermeneutics and Science*. Dordrecht: Kluwer Academic Publishers, 1999, p. 2.

③ 洪汉鼎：《中国诠释学》(第三辑)，287页，济南，山东人民出版社，2006。

有意识到诠释学的功用。[①] 但基西尔(T. Kisiel)认为，恰是库恩的范式理论，最先影射了自然科学诠释学的可能性，在硬科学与软人类学之间架设了一座桥梁。[②] 伊斯特凡·费赫(István M. Fehér)也指出，库恩的范式理论不仅吸收了伽达默尔的诠释学思想，也包含了海德格尔后期的本体论的哲学诠释学思想。

其实，早在库恩之前，波兰尼(M. Polanyi)就已经意识到，人类主体活动的重要性以及主体活动技能在人类知识形成过程中的必要性。波兰尼对客观主义进行了批判，他认为传统的主客观相分离的知识观，把个人因素完全排斥在知识之外并不合适。因为人是作为认识主体参与到科学活动中，最接近于完全超脱的自然科学领域的最精密的科学知识的获得，也要求参与者的热情与能动性，并且依赖参与者的技能与个人判断，科学客观主义实证观有使真正主体在科学中消弭殆尽的危险。而科学本身与艺术一样，都是一种主体性的创造活动，科学研究过程中的主体都是自然人，而只有自然人的认知活动才可以作为科学活动的始基。

除此之外，科学诠释学的理论基础，也要归功于伽达默尔对逻辑实证主义关于知识基础的评判，以及对诠释学普遍性的推崇。逻辑经验主义关于科学观点的教条在于，对感知与观察等所有知识基础的论述具有独断论的性质，认为科学理论之所以获得意义与有效性是通过经验的证实。库恩对科学线性发展的批判及库恩科学革命范式的转换的观点——

---

① Thomas Kuhn, *The Essential Tension*, Chicago: The University of Chicago Press, 1977, Preface xv.

② Robert P. Crease, *Hermeneutics and the Natural Sciences*, Dordrecht: Kluwer Academic Publishers, 1997, p. 329.

伽达默尔持肯定的态度——科学的进步并非按照线性与累积性的模式，它需要考虑科学革命发生时所处于的既定的历史性因素与环境因素。伽达默尔认为，维特根斯坦的自我批判与后期的语言游戏观点表现了这样一种观点，即意义明确的统一语言被言说的实践所替代，这把原初关于知识的逻辑性工作变成一种语言分析。从维护科学知识客观性的观点来看，任何有意义的言语可以被转译为某种统一科学的语言。但在语言学家眼中，命题理论性言述的优先原则受到了限定，这种限定归属于诠释学原则，任何既定的话语、著述或文本的理解，都取决于其特定的环境或视角。换言之，如果得到正确的理解，就必须理解它的视界。①

伽达默尔对诠释学普遍性的分析表明，诠释学绝不应局限于审美意识与历史意识的反思中，而是应该能够提供一种弥补基础理论的缺憾，进而能处理当代科学与技术应用的问题。当代科学的成功，往往依靠对方法论之外出现的问题与程序的回避，但是却有这样一种事实，即为获得无先决条件的知识，并达到科学的客观性时，某些已被证实了的科学方法会延伸至社会理论中使用。通过诠释学的反思，不仅能够获得与知识相携的研究兴趣，亦可获得人们对阻碍研究的习惯与偏见得到自明性的把握。

由此看来，伽达默尔的哲学诠释学思想逐渐偏向了普遍诠释学的考虑，尽管早期他对自然科学的诠释学论述比较隐含，但却坚持认为诠释学为科学研究提供基础并优先于科学研究。在所有的学科中，伽达默尔

---

① Hans-Georg Gadamer, *Reason in the Age of Science*, Cambridge/Massachusetts: The MIT Press, 1981, pp. 164-165.

认为都可以发现这种诠释学的特性。但是伽达默尔无意达到对诠释学概念及其客观性适用于自然科学的刻意要求，而是用援引自亚里士多德的实践智慧与实践理性的方式，来对科学的诠释学可能性做出客观分析。这是除对理解的领悟之外，伽达默尔建立科学诠释学的贡献之二，即作为理论和应用双重任务的实践诠释学。伽达默尔后期著述包括《科学时代的理性》中，明确了他的关于实践的科学诠释学观点。科学诠释学是通过对范式的理解、对整个与科学相关机制的研究体现在自然科学中，通过对创造者的自我转化过程的把握体现在社会科学中，通过对过去、现在与未来之间连续不断的协调而体现在历史科学中。①

以海德格尔、伽达默尔为代表的传统大陆哲学观点，对待科学诠释学的态度，多少受思辨哲学的影响而对哲学诠释学做出推演，无论是作为方法论的诠释学普遍观点还是关于此在的本体论维度，都是对诠释学向自然领域或整体科学的扩张进行铺垫。凡是抱有从诠释学维度对自然进行研究的人们总有这样一种紧张，即担心若把物理世界运用诠释学的分析，会由于联想到传统诠释学而被当作一种精神的活动，而不被认为是发现自然实存的反映机能的活动。关于这种焦虑，我们可以采用英美新实用主义代表罗蒂的观点，他的诠释学维度解读科学的态度是：关于理解与解释的争论，无非基于理解与解释的优先性问题，无论是支持解释以理解为前提这一观点，还是支持理解是进行说明的能力观点，二者没有根本性的错误。关于理解与解释的诠释学除适用在精神科学或社会

---

① Hans-Georg Gadamer, *Reason in the Age of Science*, Cambridge/Massachusetts: The MIT Press, 1981.

科学之外，在“客观的”“实证的”科学方面也适合于“自然”，若非要把传统认识论与诠释学强加界限的话，显然双方并不彼此对抗，反而相互增益。[①]

由此引申出查尔斯·泰勒(C. Taylor)与魏海默(J. C. Weinsheimer)对伽达默尔诠释学的解读：诠释学不应被局限于人类学的范畴，所有的科学都是诠释学的。[②] 泰勒的科学诠释学思想恢复了人的概念，他认为人是自我界定(self-definition)的动物，由于理解的境况不同，或是找到了更合适的描述、预见与解释说明的方式，人的自我界定也在发生变化，并彻底改变自身；相反，作为自在存在的人类之外的事物并不能主动做出这样的改变，而只能被动地接受着人们用更恰当的词语对其做出的描述与说明。泰勒采用的这种方式，巧妙地化解了科学诠释学无法建立在像逻辑经验主义那样，将对意义的理解建立在预测活动的精确性上的责问，并以此阐发了精确预测活动不可靠的最重要原因即人的自我界定。

3. 科学诠释学的意义基础

诠释学旨在对意义的追求，而意义在分析的科学哲学中，由于超出了纯粹客观事实的范畴，不作为自然科学所研究的对象。正是这种由于对客体意义由主体赋予的忽视，导致了自然科学研究原初错误意义基础的建立。自从胡塞尔《欧洲科学危机和超验现象学》出版以来，关于“生

---

① Richard Rorty, *Philosophy and the Mirror of Nature*, Princeton: Princeton University Press, 1979, pp. 344-346.

② Márta Fehér, Olga Kiss, László Ropolyi, *Hermeneutics and Science*. Dordrecht: Kluwer Academic Publishers, 1999, p. 8.

活世界”讨论的热情就从未减退。胡塞尔认为，伽利略将自然数学化，导致了纯几何学和数学等关于“纯粹的观念存有”的科学，被运用到感性经验的世界中。“早在伽利略那里就以数学的方式构成的理念存有的世界开始偷偷摸摸地取代了作为唯一实在的、通过知觉实际地被给予的、被经验到并能被经验到的世界，即我们的日常生活世界”[①]。而这种数学化了的自然仅是科学研究领域的一小部分，科学真正的研究是囊括于整个自然世界之中——“生活世界是被自然科学遗忘了的意义基础”[②]。

科学诠释学的意义基础从胡塞尔对生活世界的描述中得到了援助：自伽利略时代起，科学家称之为“客观存在”的世界，其实是一个“通过公式规定的自身数学化的自然”，是理念和理想化的世界。而胡塞尔所描述的生活世界，应该是通过知觉被给予的，能够被直观的经验且可以被经验到的自然，是“在我们的具体世界中不断作为实际的东西给予我们的世界”[③]。胡塞尔认为，从文艺复兴时期开始的物理主义与客观主义，对欧洲科学的危机产生了重大影响：即伽利略通过数学化的自然，将创造出来的科学世界掩盖了生活世界，使得人们把科学世界作为真实的研究对象，而落入实证主义的视域之中。实证主义对科学研究中主体性与主观性因素的排斥，使其忽略了主、客体之间的统一，加之其对意义的不屑，忘却了客体的意义是由主体所赋予的。胡塞尔从现象学的观

① [德]胡塞尔：《欧洲科学危机和超验现象学》，张庆熊译，58页，上海，上海译文出版社，1988。

② 同上书，58页。

③ [德]胡塞尔：《欧洲科学危机和超验现象学》，张庆熊译，61页，上海，上海译文出版社，1988。

点出发，极力地想把科学世界从实际的生活世界中剥离出来。他批判了实证主义的科学观是关于事实科学的观点，认为实证主义的科学观曲解了科学研究的意义基础，同时他坚持，意义与价值和理性的问题是科学研究的对象，强调科学应不能将主观领域的事物排斥在科学研究之外，而应以全部的存在者作为研究对象。胡塞尔的现象学批判指明，现象学与诠释学在某种层面的同质，与二者之间关于意义的追求与意义优先于语言的探讨，使诠释学从本体论的层次逐步复还到方法论层面。正是由于众多有着现象学研究背景的哲学家们的不懈努力，我们得到了关于诠释学研究背景的意义基础，所以很多学者也将自己的科学诠释学观点谦逊地称之为现象学——诠释学的科学哲学。

由此可以看出，首先，科学诠释学的意义基础，应该是饱含意义的生活世界(Lifeworld)。生活世界的哲学概念是日常生活世界的映射，人们在这个世界中相互交流、实践社会活动并用理论及经验的技能来解决问题。它不是对日常生活的简单说明，也不是反映日常生活的模型或理论，因为它不能把日常生活中的所有事件用抽象的方式一一归列出来。[①]

其次，生活世界是语言与文化实践的产生者和传承者，它不可避免地受语言、文化与知识的相互交流的影响。这些不可抗因素的渗入，不经意间充斥与改造人们的生活经验。人们由于对这种理论与经验的熟知，使人们忘却了区分感性与数学中的时空。不仅如此，自然科学与社会科学之间的不同，也源于这种熟知性，罗蒂在《哲学和自然之镜》中提

① Patrick A Heelan, *The Scope of Hermeneutics in Natural Science*, Elsevier Science Ltd, 1998, p. 278.

到：认识论与诠释学之间的分界并非强调自然科学与社会科学的区别，也不是对事实与真理、理论与实践之间的区别，也不是对只有自然科学能形成客观性知识观点的固守，而只是一种熟知性。二者之间的区别，仅是因为诠释学对研究对象的阐释，是我们所不熟知的，相反认识论的阐释对象是我们所熟知的事物。[①] 换一种角度，从海德格尔本体论诠释学观点上看，这是由于人们被“抛置”于另外一种无法对其进行选择和控制的历史进行之中。人类从中得到关于经验的语言、文化、交流等一系列的影响，尽管生活世界并非主体能够选择与创造的，但却有意无意地影响着人类作为主体的生活经验，它是以先验于认识论的人类经验的本体论角度来展现的，是“存在”的方式。

(二)科学诠释学的发展历程

西方哲学认识论之初，并未严格细分自然科学与精神科学，古希腊时期的智者除了对世界本源的追求之外，苏格拉底还转向了对人类本身的研究。亚里士多德便是古希腊自然科学与社会科学综合的集大成者。随着自然科学的突飞猛进，人们逐渐脱离了上帝与自然之间的关联，确立了通过对自然科学的研究帮助人们把握自然的本质和规律这一世俗化的目标。[②] 自然科学的研究对象是自然世界，摸索客观世界的发展规律，达到对客观真理的把握；精神科学从新的角度使世界展现在人们面前，关注于文本，研究文本的意义，两者仅仅表现在旨趣的异同上，而

---

① Richard Rorty, *Philosophy and the Mirror of Nature*, Princeton: Princeton University Press, 1979, p. 321.

② 彭启福：《理解之思——诠释学初论》，153 页，合肥，安徽人民出版社，2005。

无本质区别。单纯的研究自然科学与精神科学都是片面的，如维柯所言："民政社会的世界确实是由人类创造出来的，所以它的原则必然要从我们自己的人类心灵各种变化中就可找到。任何人只要就这一点进行思索，就不能不感到惊讶，过去哲学家们竟倾全力去研究自然世界，这个自然界既然是由上帝创造的，那就只有上帝才知道；过去哲学家们竟忽视对各民族世界或民政世界的研究，而这个民政世界既然是由人类创造的，人类就应该希望能认识它。"[①]维柯之意在于指出割裂自然科学与人文社会科学之间的联系，用任何一门学科来作为单一的研究对象总是缺乏普适性的。

英美分析哲学中特别是逻辑实证主义哲学被视为是传统的科学哲学，虽然否认观察实验中主观因素的影响，但富有诠释学的思想。例如波普尔的"观察渗透理论"就给"科学始于无偏见的观察"观点以冲击，他不满足于科学解释的客观性而肯定主体的客观性存在的诠释过程，他认为人们在观察中"扮演了十分活跃的角色"，"观察总是由一些使我们感兴趣的东西、一些理论性的或推测性的东西先行。正因如此，观察总是选择性的，并且总是预设一些选择原则"[②]。这吻合了海德格尔诠释学体系中"前见"存在的合理性。

首先，波普尔不赞同逻辑经验主义者卡尔纳普以概率诠释的方式来拯救归纳方法，他认为不存在中立的观察，观察是具有理论负荷的，没有纯粹的无任何目的和先在观念的观察。观察对于假设是第二性的，这

---

① ［意］维柯：《新科学》，朱光潜译，154页，北京，商务印书馆，1989。

② ［英］波普尔：《客观知识——一个进化论的研究》，353页，上海，上海译文出版社，2001。

就是他的"探照灯说"理论。他极力反对自然科学与精神科学之间存有无法逾越的鸿沟，积极调和自然科学与精神科学在方法论上的矛盾，致力于将诠释学引入自然科学中，并且努力尽量消除诠释学中存在的主观主义倾向。再者，波普尔三个世界理论的构建，将作为研究对象的客观世界转向对人类精神活动的研究，将眼光逐步放到思想内容和观念的世界中。他把科学发展的模式概括为科学知识始于问题，将客观观察转向了主观方面，他的自然科学诠释学观点是基于方法论上的。这与伽达默尔对"问题意识"的强调如出一辙。虽然，伽达默尔自始至终也没有放弃他的本体论思想，但在他的"问答"关系的思想中却详细地阐述了问题的优先性。他这样写道："如果我们想阐明诠释经验的特殊性质的话，那么我们就必须更为深入地考察问题的本质"，"问题的本质就是具有意义。现在，意义涉及方向的意义。因此，假设答案是有意义的话，那么问题的意义就是该答案可被给出的唯一方向。问题把所问的东西置于某种特定视角中。问题的出现似乎开启了该对象的存在。因此，展示这种被开启的存在的逻各斯就是一种答案。它的意义就出现在问题的意义中"①。诠释学的"问题意识"与波普尔的科学始于问题的模式不谋而合。

另外一位认为自然科学具有诠释学思想的是历史主义学派代表人物库恩，他著名的范式理论向诠释学的"前见"的合法性敞开了大门。他认为必须考虑科学的实际活动方式，应当将范式与科学共同体结合起来，把科学史、科学社会学和科学心理学结合起来。随着系统科学和复杂性科学的发展，库恩的范式理论受到了普遍的认可，范式的更替、科学的

① Hans-Georg Gadamer, *Truth and Method*, London: Continuum, 1989, p. 356.

发展似乎也顺应了自然科学与精神科学、社会科学的融合与统一，促进了科学方法论的相互侵染。

拉卡托斯深受波普尔科学哲学与库恩的历史主义影响，将科学哲学与科学史结合，认为历史学家应根据科学哲学的方法论重建“内部历史”，由此来解释客观知识的增长，借助历史对竞争对象做出比较和评价，而且，对历史的重建需要经验的(社会、心理学的)“外部历史”加以补充。① 随着经典物理学大厦出现裂隙，深受英美分析哲学影响的科学哲学家们越发地意识到科学的发展已经超乎想象，科学的复杂性与不可预见性已经不能通过传统的方式来论证，传统的方法论对科学的发展并不都是适当的。正像拉卡托斯的研究纲领的科学发展模式：人们无法得知新的科学研究纲领比旧的研究纲领更科学，新旧理论更替与新理论的进化必须经过实践的检验。科学实在论的代表普特南与夏佩尔同样认为科学研究的前提、方法、推理规则和元科学概念并非一成不变，而受具体的科学观念因素的影响。

英美分析哲学与欧洲大陆诠释学两种思潮在 20 世纪 60 年代开始出现交融趋势，实证主义者关注科学中的非理性因素的影响，试着将诠释学的方法适用于自然科学，呈现出自然科学的诠释本质，开创了自然科学与精神科学的方法论统一的进程。欧洲大陆科学哲学则将理解与解释的应用延伸到不同的科学领域中，接受了科学的实践过程，并力图从科学实践的过程中，通过分析行为主体的历史背景、实践条件、经济状况等复杂社会因素来建立科学合理模式。

---

① 刘放桐：《新编现代西方哲学》，527 页，北京，人民出版社，2000。

此外，伽达默尔认为诠释学反思“完全不是概念游戏。而是由各个具体科学实践中产生出来，它对于方法论的思考，诸如可控制的程序和证伪性而言，都是不言而喻的。此外，这种诠释学反思本身体现在科学实践的各个方面中”①。当然，伽达默尔仍然在积极遵循海德格尔的本体论取向，走“海德格尔的道路”②。他的理解本体论的核心是理解的应用性。所以，伽达默尔后期的诠释学思想作为一种实践诠释学，涉及诠释学的应用。虽然早期释经学与法律释义学都涉及应用问题，但一般是通过领悟圣经与法典来对人们进行规则约束，此种诠释的应用已经远离了理解本身。伽达默尔独创性地将诠释学应用于自然科学观察之外的社会实践中，认为仅当如此，科学才能“履行它的社会功能”③。除此之外，这两大思潮之间的对立在不断缓和，“只想在超越英美哲学对欧洲哲学这样一个毫无成果的对立图式上，指出使两者能并肩前进的基础存在于‘科学’这一领域中”④。正如劳斯所言，科学哲学家们“将太多的注意力集中于科学狭隘的思想方面——科学理论及其所需的思维程式、引导我们去相信它的各种证据以及它所提供的思想上的满足”⑤。科学哲学家们意识到，科学研究单纯用任何一门单独学科来做出论断都是片面

---

① Hans-Georg Gadamer, *Truth and Method*, London: Continuum, 1989, p. 556.

② [日]丸山高司：《伽达默尔——视野融合》，刘文柱等译，40页，石家庄，河北教育出版社，2002。

③ Hans-Georg Gadamer, *Truth and Method*, London: Continuum, 1989, p. 556.

④ [日]野家启一：《试论“科学的解释学”——科学哲学》，何培忠译，载《国外社会科学》，1984(8)。

⑤ [美]约瑟夫·劳斯：《知识与权力——走向科学的政治哲学》，盛晓明等译，序言Ⅵ，北京，北京大学出版社，2004。

的，在复杂性科学兴起之后，仅靠传统的理论研究与逻辑证明往往是不够的。因此，需要将自然科学放入适当的背景之下进行研究，将自然科学看作一个复杂的系统而强调自然定律的普遍和永恒性。这样，诠释学作为科学的方法论基础思想蓬勃发展起来了。

(三)科学诠释学的研究对象

早期的诠释学是单一的关于理解与解释的学科，它有相对独立的研究对象，例如文学诠释学、神学诠释学、历史诠释学与艺术诠释学等，这个时期的诠释学研究对象比较特定，诠释的技艺也一度被归结到逻辑学的范围，成为逻辑学的组成部分，直到19世纪中叶诠释学才作为与自然科学相对立的人文科学的独立的方法论，后经过本体论转向、作为理论与实践双重任务的诠释学之后，这时的诠释学不仅囊括一般的理论知识，还包括理论与实践的双重结合，因此，诠释学的研究对象逐渐进入科学诠释学的研究视域。

作为涉及科学分析的科学诠释学概念的提出，意味着诠释学方法论在自然科学与社会科学中同样适用。按照这种划分，科学诠释学的研究对象可以分为两种：在自然科学领域中，科学诠释学研究对象体现为自然科学研究——科学理论(命题)研究与科学实验；在社会科学领域中，表现为历史动因条件下富有意义的人类行为——人类活动。

1. 科学研究与人类活动

科学是寻找意义与价值基础的社会、历史和文化的人类活动，科学研究与人类活动之间的关系即人们运用范畴、定理、定律等思维形式反映现实世界各种现象的本质和规律的研究、实验、试制等一系列有目的的科学行为，可以理解为人类在科学理论的指导下所进行的实践活动。

其一，科学研究——科学理论(命题)研究与科学实验

科学理论(命题)可以概括为对科学现象与事实的科学解释，由概念、原理(命题)以及对其进行论证所构成的知识体系，是科学研究的软工具。这种以理论为主导的科学哲学观点揭示了自然科学中理论的形成与理解方式，分析了科学理论理解的基础，它们具有以下特征：(1)科学研究有一定的理论预设，从而对科学活动中概念表达、理论意义、构成及理论的应用与论证形成一定的影响；(2)科学研究以理论获得为中心，观察陈述与实验操作从属于某种理论背景之下，是获得理论的手段；(3)科学研究中没有纯粹的脱离理论的行为，任何有意义的科学活动都有其特定的理论背景；(4)科学研究主体是具体的，不能将科学研究主体看成是抽象的、绝对独立于研究对象的客观存在。①

再来回顾20世纪科学哲学研究的着眼点。按照经验主义以往的划界标准，富有意义的科学理论(命题)可以通过直接或间接的检验得到确证或反证。逻辑经验主义的证实原则就是建立在归纳法的基础之上，但正如休谟认为的那样：归纳得不到必然性知识，因果规律无非是一种习惯性的联想，休谟问题成为逻辑实验主义证实原则最大的威胁，人们意识到这个问题并转而开始关注科学进步的模式。20世纪60年代之后历史主义学派的兴起将人们的注意力吸引至科学的发展模式结构，拉卡托斯的科学研究纲领模式通过建立理论硬核与保护带的方式来说明科学知识的增长，以此修正波普尔提出的证伪主义。劳丹进而提出科学进步的

① 施雁飞：《科学解释学》，43页，长沙，湖南出版社，1991。

合理性模式，在这个模式中，科学的进步在于理论的增长，人们通过增强理论的协调力而逐步靠近真理。费耶阿本德“怎么都行”的科学方法论促进了科学哲学非理性主义的发展，他提出的科学理论不可公约性表现出科学理论优劣判断的标准的失误——由于任何理论都无法完全符合所研究的事实，所以不存在判定真理优劣的标准。我们可以看出，20 世纪中期的科学哲学思想将研究重心放到科学理论上来。

20 世纪中期形成的以理论为主导地位的科学哲学观点是对主体性的恢复，强调科学研究主体主观因素在实际过程中所起的重要作用，“观察渗透理论”及观察陈述与理论不可分的主张都是当时科学哲学的写照。到了 20 世纪末期，由于受现象学、后经验主义以及社会建构主义观点的影响，加之以科学理论为主导的科学哲学只强调观察与理论之间的关系而忽视了科学实验本身的诠释学分析。以哈金、沃罗、阿克曼与富兰克林为代表的实验哲学家的实验认识论观点认为科学活动可以替代传统观察与理论之间的逻辑关系，这种科学活动囊括科学发现、推测、演算和操作。

而理论是通过仪器为中介来描述人与自然的融合，是对实验现象的一种表述，这种实验科学现象学表现出自然科学强诠释学的观点，它着重强调不同环境与历史条件下的实验对现象的表述，特别是对实验室的诸多因素与实验室设备的关注更偏向于实在论的思考。由于关涉到设备的使用，主、客体之间的相互牵制作用导致了传统的主客体划分界限的改变。人们通过仪器(或设备)观察某些现象，一旦这些仪器(或设备)成为主体的一部分失去了作为其自身的客观性属性，便形成主体知觉器官的延展，这种具身化过程中形成的具身就是指人们与环境之间的关系。

这个过程中存在两种诠释学循环。实验数据的获得与设备使用之间的循环检验，成为实验内部的诠释学循环，外部的循环过程是这样发生的：实验过程需要理论的设计与指导，但更多的实验被执行是由于对现有理论的怀疑。对原有理论的冲击按照诠释学的分析则表现在：理论并不能完全决定实验结果，而是为了获得新的理论。[①] 由于对原有文本（科学理论）的质疑，又会产生验证原有理论或产生新理论的实验过程。

除了科学理论（命题）之外，当代前沿学科的实验室文化也成为科学诠释学的基本研究对象之一。这表现在赫尔曼·亥姆霍茨（H. Helmholtz）与马库斯（G. Markus）对自然科学与社会科学尖锐对立的消解之上。亥姆霍茨认为在科学发现的萌芽阶段，科学与艺术极为相似，都表现一种突然萌发出的洞察力，这种洞察力不能通过合理性的反思而获得。他把社会科学所使用的归纳法与心理状态联系起来，认为这种心理状态与“艺术的直觉”相似，逻辑归纳法是“准美学”的。而马库斯则从科学文化的诠释学角度论证自然科学家在撰写实验报告时的去语境化，认为科学知识的产生与积累不仅表现在文本客观化的形式上，还离不开实验室活动的参与。自然科学观察方式的意义就在于特殊的行为环境与行为导向之间不可分割的关联。尽管马库斯对自然科学诠释学的认识论上的排斥，人们还是可以领略其科学文化诠释学思想中实践观点的耀点。[②]

---

① Márta Fehér, Olga Kiss, László Ropolyi, *Hermeneutics and Science*. Dordrecht: Kluwer Academic Publishers, 1999, p. 75.

② Robert P. Crease, *Hermeneutics and the Natural Sciences*, Dordrecht: Kluwer Academic Publishers, 1997, p. 75.

除了持有科学诠释学思想的学者之外，社会建构主义者也强调主观因素对科学研究特别是实验结果所造成的影响。但与其观点所不同的是，科学诠释学认为，与实验室产出的科学文本相比，实验具体操作的优先性更应该备受关注。实验产出(科学文本)的客观性是一种“制造出的客观性”，因为实验执行需要庞大的预备系统，这种情况类似于录音室中表演者为获得更好的出场效果进行调音、灯光、与合奏者及音响师相互交流的行为。科学的实验如上述的演出一般，为求得与理论一致的实验结果，科学家必须尽可能地考虑到所有实验能够顺利进行的一切因素。那么，实验前的准备工作，实验设备的操作，数据的读出、记录，科学家之间相互交流及实验结果的产出等一系列活动全部依赖实验的执行过程。这些执行活动是已被塑造了的，是在实验未执行之前就具有的属性。

其二，人类活动

什么是人类活动？理解与解释的统一如何在人类活动中得到阐释？按照马克斯·韦伯(M. Weber)的定义，“活动(action)”是指行动者达到主体意旨的行为(behavior)。只有行动者赋予主观意义的行为才可以称之为活动。社会科学之所以将人类活动作为研究对象也是由于人类活动是由富有意义的行为所构成的。当行为者在融入自然的、社会的环境中时根据自己的意旨赋予行为意义，这是一个复杂的过程——包括有意或无意识对符号的使用，尽管这并不需要。[①] 长久以来，对人类行为意义

---

① Chrysostomos Mantzavinos, *Naturalistic Hermeneutics*, Cambridge: Cambridge University Press, 2005, p. 87.

的追求一直被看作是人文社会科学研究的主题。伽达默尔沿着海德格尔的本体论诠释学思路，认为存在论诠释学把理解、解释、保存和运用“存在的意义”作为人生存的本质，从人生存的整体角度去揭示人追求存在的意义。也就是说，人类把追求存在的意义作为生存的本质，不仅体现在人类面对自然世界的认知活动中，还体现在人与人之间建立起的社会关系所形成的社会活动或实践活动中，这才可以表现出诠释学理解、解释与应用的统一关系。若要理解行为的意义必须首先找到该行为的动机，人类活动的意义只有在行为本身的意向性确定之后才能获得理解，而意向性受行动者的信仰、欲望等因素的影响，关于意向性的研究可以从丹尼尔·丹尼特(D. Dennett)的意向系统理论的阐述中获得明知。英美分析哲学家也通过心灵哲学等研究揭示思想与外部因素之间的关系，通过对意向性的研究来说明人类可以把一切心理状态和属性归为意向活动的结果，而达到这样的目的必须记住对意向性属性的在先认识与前把握。[①] 特别是近些年美国神经学家达马西奥(A. R. Damasio)通过对记忆、语言、情绪和决策的神经机制的研究，单纯地将精神或情感的因素与客观认知相分离的观点在神经学的发展下显得不堪一击。情感与认知系统尽管在原则上是独立的，在神经生理学上有明显的区分，但是二者的确时刻地相互影响。

2. 科学诠释学的文本

其一，基础文本

文本与文本意义的追索一直是诠释学任务的核心。在面对广阔的科

---

① 江怡：《分析哲学与诠释学的共同话题》，载《山东大学学报》，2007(1)。

学研究对象时，科学文本界域面向整个生活世界得到了广泛的含义，它的概念范围就不仅仅局限于早期诠释学中由书写而固定下来的话语了。科学文本成为科学活动的核心，它的重要性体现在“(1)科学思想、科学观念和科学知识的载体，因而它常常被等同于科学理论本身；(2)科学文本内在地蕴含着科学的语境及背景，反映和表征了科学语言体系和学科的不同，因而它是科学分类和科学划界的直接对象；(3)科学文本是科学理解与解释的客观方面，是科学解释客观化的重要因素……总的来说科学文本可以归结为生活世界中一切对象，包括“科学理论、科学概念、科学的数学形式、科学的实验现象以及被称作‘科学事实’的东西，乃至科学活动(如观察)中人的行为，都可看作是理解与科学解释的文本”①。而科学诠释学的文本概念脱离了古代诠释学文本范围的局限，不仅包括语言、文字性的叙述与留传物，而且拓展到行为本身、物质化文本、后现代的影像视觉文本等。

其二，广延文本

除上述的科学基础文本之外，在科学研究中还存在一种广延的——即扩展了的科学诠释学文本。这种文本的确立使文本概念脱离了诠释学最初的文本概念而得到了扩展化，形成了独特的实验室文本与物质化的科学诠释学文本。

(1)实验室文本

我们首先需要了解实验室文本的产生。拉图尔(Bruno Latour)指出，当人们对实验结果或是科学文字性文本产生怀疑的时候，并非从这

---

① 曹志平：《理解与科学解释》，153～154页，北京，社会科学文献出版社，2005。

样的科学文本直接面对自然本身，而是将注意力投放在科学文本生成的实验室中。正是由于拉图尔对科学文本是基于知识建构的阐述过程里，我们将兴趣由文字性文本转向了产生或提供科学文本的实验室——实验室是聚集仪器的地方。通常来说，仪器(或称为记录设备 inscription device)可以被定义为在科学文本里提供任何可见显示的装置或装配(set-up)。按照拉图尔的思路，只有作为最终读数而用来作为技术性论文的最后层次的装置才是仪器，类似温度计等提供中间数据读出的设备则不被称之为仪器，因为它们并不构成科学研究成果文章中的可见显示。[①]既然我们要从仪器中获得产生科学文本的数据，实验室就成了“科学的创作间”[②]。所有的可见显示都是在实验室中所形成的，正是由于实验室生产出对可见显示的描述，在实验室中这种眼见为实的彻悟完成了格式塔转换。这种描述与传统文本所不同，它的描述仅能通过受专业性训练后才可以阅读。[③] 因此，实验室文本是通过仪器在标准化的环境中得到的，仪器由于去语境化的同时被重新语境化，它所产出的科学文本的结构与意义要受到新语境下理论和法则的制约，所以说，科学的文本是科学文化和人实践的产物，是在被控制的科学环境中承载到科学仪器上的自然。对这种文本的阅读，语言性的符号标记对于读者来说从对象转变为读者本身的一部分，这里面包含一种实践，即读者必须把理论性知

---

① Bruno Latour, *Science in Action: How to Follow Scientists and Engineers Through Society*, Cambridge/Massachusetts: Harvard University Press, 1987, pp. 67-68.

② Robert P. Crease, *Hermeneutics and the Natural Sciences*, Dordrecht: Kluwer Academic Publishers, 1997, p. 116.

③ Ibid., p. 119.

识与具体实验操作结合起来。自然科学中的文本是人工制造物，它借用仪器来得以表现自己，就像在对待文本理解没有唯一的、最终的意义一样，科学研究中同样不存在唯一的、最终的知觉与科学世界。[①]

除此之外，人们对科学文本的客观性分析是在科学家在实验室中文本形成的工作之后，即实验室的行为与文本本身并不是直接的关联。科学文本的产生一部分来自先验文本，另一部分来自实验室里的执行过程。所以，实验室中产生的科学文本的客观性是制造出来的。这种科学文本制造出的客观性可以促使人们对实验室过程的充分了解，并且让人们观察到随时间推移科学现象的不同表象。这样，人们大可不必直接面对自然本身而从实验室中对科学现象达到共时与历时客观性的把握。

(2)物质化文本

文本概念经历了某种程度的扩张——它从最古老的经文、法律、语文学等记录并保存流传下来的符号或文字文本拓展到了物质性的文本。特殊的科学研究对象涉及无文字文本，特别是某些学科中存在着使用物质性的文本作为研究对象。当面对自然领域时，科学家们所需要寻求理解的自然世界也是一种文本。例如不同文化背景下视觉主义的他显、成像技术展示的结果与转译等所造就的正是一种视觉诠释学文本。这种诠释学是对知觉的解释，它所关注的文本与传统诠释学文字文本不一样，是非言述或文字形式的。例如上世纪末兴起的观念摄影中的错觉摄影，

① 张汝伦：《意义的探究——当代西方释义学》，362～369页，沈阳，辽宁人民出版社，1986。

就是为寻求视觉语言的可能性而采用格式塔、错觉心理学等原理进行的创作。唐·伊德(Don Idhe)在论述沉默的研究对象时采用了物质性的诠释学这一说法，这种物质化的文本状态通过分析可以转化为人类的科学实践。除此之外，科学诠释学还应注意到行为作为文本的特殊性。利科对文本的阐释延伸到了富有意义的人类行为——人类行为是一个有意义的实体，与文学文本一样，表现出某种意义以及具有某种指谓。行为本身作为文本指谓的对象“与文本一样表现出某种意义以及具有某种指谓，它也拥有内在结构以及某种可能的世界，即人类存在的某种潜在方式，这种潜在方式能通过解释过程得以阐明”①。也就是说，行为与文本一样是具有意义的实体，这个实体是作为一个整体来构造的。

科学文本作为整体的概念具有其客观性与历史性，它们体现在文本结构上的统一与客观存在上。文本的历史性特征也表明了文本在漫长的历史繁衍中由于受到文化、政治、科技、经济及社会变迁等因素的影响会发生本质的变化，特别是文化结构的改变，对诠释学系统文本认识上的变化也会对诠释学文本的理解形成推进或后撤。

(四)科学诠释学的理论特征

1. 意义的追求

科学最初的研究对象是整个自然界，一切围绕大自然这本“自然之书”进行解读。而长期以来，随着近代科学对自然界的非意义化，大自

① [法]保罗·利科尔:《解释学与人文科学》，陶元华等译，17页，石家庄，河北人民出版社，1981。

然不再被视为神旨意的表达与显露，而是作为无意义的实在领域区别于有意义的文化与精神现象领域。①

诠释学最初的任务是对意义的追求，抛弃了对意义的追求就相当于放弃了研究对象。近代物理学的成功在于对意义的忽视，在实证主义者眼中意义由于超出了纯粹客观事实的范畴而逃离了自然科学的研究对象。直到20世纪普遍诠释学的发展，关于理解与解释的诠释学方法论才重新拓展到了自然科学领域。劳斯鲜明地指出，物理学常把教科书当作简单的物理对象而不是饱含意义的文本；人类活动被描述成为动作而非根据情境而做出的有意义的反应；生命只是一种生理过程而非生活历程。外界对逻辑经验主义的证实原则以及证实原则本身的不可靠性的批判，使得后期逻辑经验主义者开始将研究重心倾向于对语言本身的研究，即从语言的分析着手，开始讨论意义问题。

从科学诠释学角度分析，自然本身作为科学家的观察对象总是充斥着意义，这当中不仅包括科学家对自然的描述，而且自然本身也富有意义。② 当自然科学的数据与事实作为对大自然的人为干预的结果的时候，它们便饱含了意义。③ 科学事实通常都是历史条件下的人类语言与文化所决定的，它蕴含的意义是体现在语言中的社会实体，所以，我们只能依靠公众社会经验来尽可能地了解意义的各个方面。

---

① [德]L. 格尔德塞策尔：《解释学的系统、循环与辩证法》，王彤译，载《哲学译丛》，1988(6)。

② Márta Fehér, Olga Kiss, László Ropolyi, *Hermeneutics and Science*. Dordrecht: Kluwer Academic Publishers, 1999, p. 296.

③ [德]L. 格尔德塞策尔：《解释学的系统、循环与辩证法》，王彤译，载《哲学译丛》，1988(6)。

充满着意义的自然对理解诠释学与自然科学间的关系非常重要，它能更好地从诠释学维度来研究自然。这需要人们对意义的结构做出细致思量，探讨整体与部分之间的相互关系，领会到富含意义的自然并非独立个体的产物，而是社会条件下众多个体通过理论与实践的方式而形成的互存关系。[①] 在对待意义的问题上，科学诠释学分为两种观点，我们姑且把其称之为科学诠释学强观点与弱观点。强观点认为世界的主题就是意义的关联，世界上的任何探求都是为了寻找意义。就连自然科学描述因果关系也是为了寻找意义的连结，旨在研究因果关系的自然科学知识并无用武之地，因为它们并不能提供任何有关意义连结的信息，而这些意义的连结对构成世界又是如此的重要。[②] 这种观点拥护海德格尔与伽达默尔本体论的观点，即把确定意义的理解作为一种存在方式而不是心理活动。科学诠释学弱观点则从方法论基础上强调理解是为了确定意义的活动，但是即使科学诠释学弱观点也认为自然科学的因果关系的研究及自然科学方法很难把握社会科学的要旨。

2. 理解、解释与应用的统一

理解与解释一直作为对立的方法论基础横亘于自然科学与社会科学之间。这种严格的区分从狄尔泰的支持者那里就得到坚决的拥护。为了抵制自然科学方法论的侵袭，狄尔泰的拥护者们曾一度坚决捍卫其“自然需要说明，精神需要理解”的警句。海德格尔则将科学研究与科学活动当

---

① Márta Fehér，Olga Kiss，László Ropolyi，*Hermeneutics and Science*. Dordrecht：Kluwer Academic Publishers，1999，p. 296.

② Chrysostomos Mantzavinos，*Naturalistic Hermeneutics*，Cambridge：Cambridge University Press，2005，p. 74.

作人类在世的方式，这种本体论的分析就不会将理解与说明分离开来；伽达默尔认为近代科学所承担的工作，对事物的分析和重建与世界构架的发展脉络相比，只是一种特殊展开的领域，这种展开的领域又受制于整个世界构架机制，所以科学不可否认地包含着理解的过程。贝蒂对诠释中主体、客体原则的阐述，解释被刻画为面向理解的过程；而按照威廉·冯·洪堡的观点，解释是为了解决理解问题的过程；利科的诠释学思想则为诠释学恢复了作为方法论的基础，重新探讨了理解与解释(说明)之间的互补关系，为消解理解与解释(说明)之间的对立起了极大的作用。后经现象学—诠释学的科学哲学家们不懈的努力“一个以理解与解释为中心，以解释学现象学为哲学背景理解自然科学的研究中心正在形成”[①]。

越来越多的科学哲学家意识到将理解与解释割裂开来的谬误，转而采用辩证的方式来对待理解与解释之间的关系。既然解释的任务旨在让某物得到理解，对有意义的行为的把握也需要理解，为了把握理解与解释之间的统一，可以将理解通过语言的中介而实现。正因为科学面对的是广泛的领域，所以人类可以通过语言或类似语言的中介来表达对意义的理解。

诠释学自始至终都把语言看作一切解释活动的基础，从施莱尔马赫的浪漫主义诠释学开始直至20世纪后期诠释学作为普遍的方法论的提出，诠释学已经从狭义文本的“弱诠释学”走向了“强诠释学”。这种情况下，语言不再作为交流工具而作为人类交流的一种技能体现在人类对语

---

① 陈其荣、曹志平：《自然科学与人文社会科学方法论中的“理解与解释”》，载《浙江大学学报》，2004(2)。

言的反思和批判中。对语言意义的理解不仅是诠释学者所做的努力，也是英美分析的科学哲学家所关注的事情。他们意识到了早期分析的科学哲学忽视了对有意义的事物的理解，所以更多地采用了维特根斯坦后期的观点，不再把对语言的研究当作纯粹形式的研究而是通过对语言的理解达到对思想的把握。英美分析哲学逐渐形成了把语言看作是理解思想与世界的主要对象的观点。之后哲学的语言学转向所产生的新的语义分析的方法“作为一种内在的语言哲学的研究方法，具有统一整个科学知识和哲学理性的功能，使得本体论与认识论、现实世界与可能世界、直观经验与模型重建、指称概念与实在意义在语义分析的过程中内在地连结在一体，形成了把握科学世界观和方法论的新视角”①。

纵观诠释学发展的历史，从古代神学诠释学与法学诠释学的普遍发展，直至语文学方法论的诠释学，延伸至普遍诠释学的应用为止，诠释学一直在强调“应用”。在早期诠释学领域中，应用是指将普遍的原则、理论恰当地运用在诠释者所处的具体情境中，并且与理解和解释一样构成诠释学过程不可或缺的部分。所以，诠释学从词源上来讲并行包括理解、解释与应用三个要素，特别是在当代科学诠释学的产生与发展中，诠释学的应用日益凸显出“实践智慧”的概念，这在伽达默尔后期的诠释学观点中得到过明确的阐述，他受分析亚里士多德实践哲学的启发，重新注解了亚里士多德的实践智慧，并把其关联至当今社会科学理论与实践研究之中，这种实践智慧的提出与倡导，会在自然科学与人文社会科

---

① 殷杰、郭贵春：《哲学对话的新平台——科学语用学的元理论研究》，32页，太原，山西科学技术出版社，2003。

学的共同演进中发挥重要的作用。

3. 解释方法论原则的重提与衍化

既然科学诠释学关涉理解、解释与应用的统一，那么，科学的诠释学的基本原则理应吻合贝蒂提出的解释的方法论原则。

贝蒂从精神的客观化物概念出发，强调诠释对象的客观性离不开解释者的主观性参与，并且主观性可以深入到诠释对象的整体性与客观性之中。他认为诠释学规则的标准和指导原则有些关涉到解释主体与解释对象，据此提出了诠释学标准原则——解释的方法论原则。

属于解释对象的两条原则分别为：(1)诠释学对象自主性规则；(2)诠释学评价的整体性和融贯性规则。诠释学对象自主性规则是指“富有意义的形式是独立自主的，并且必须按照它们自身的发展逻辑，它们所具有的联系在它们的必然性、融贯性和结论性里被理解”；诠释学评价的整体性和融贯性规则即诠释学循环，我们可以从规则中了解整体与其部分之间的关系，“正是元素之间的这种元素关系以及元素与其共同整体的关系才允许了富有意义形式在整体与个别或个别与其整体的关系里得以相互阐明和解释”①。即整体的意义可以从部分中推出，部分必须依靠整体来理解。

按照上述诠释学关于解释对象的两条原则，我们分析其在科学诠释学中的适用。朱作言院士指出，科学的自主性含义其一是体现科学及外部环境关系。也就是说，科学并不是独立存在的，它作为一个整体同政

---

① 《理解与解释——诠释学经典文选》，洪汉鼎主编，130～135页，北京，东方出版社，2001。

治、经济等社会建制一样具有不取决于科学之外的独立的价值；其二是体现科学共同体成员之间独特关系的内部科学的自主性。但科学的自主性“并不意味着科学完全是一个与外部世界隔绝的、自给自足的‘社会’，而是说科学同社会其他方面的关系是良性互动的”[①]。另外，科学研究中很容易发现诠释学循环，例如关于感知与观察等科学理论的基础陈述具有独特的确定属性，这些属性只能从理论内部才会获得，由于整体是由局部构成的，若想了解局部事物必须通过整体的了解来把握。具体到科学研究中，表现为从事物的表象出发，通过对表象背后规律的摸索认识事物的本质与事物出现所形成的辩证关系。人类在日常生活中所体会到的经验现象的组成因素都与现象的其他表象相关联，每一部分具有的特性总是与整体和其他部分相关。这种诠释学循环有助于理解“为何定量研究方法能够赋予经验内容意义，为何负载着理论的数据要依赖于作为公众文化实体的测量实体向公众的自我显现，特别是为何观测仪器具有既创造、改进理论意义，同时又能创造、改进文化意义这样一种双重的作用”[②]。由于存在意义的理解必定存在一种“循环”，即使旧的循环被打破，作为存在意义上的循环势必永久地持续下去。

诠释学循环证明了前见存在的合理性。“科学工作总是得益于前有、前见与前概念的把握”[③]。即“预设了关于初始检验条件的陈述，这种理

---

① 朱作言：《同行评议与科学自主性》，载《中国科学基金》，2004(5)。

② Patrick A Heelan, “The Scope of Hermeneutics in Natural Science,” *Studies in History and Philosophy of Science*, 2, 1998, p. 281.

③ Robert P. Crease, *Hermeneutics and the Natural Sciences*, Dordrecht: Kluwer Academic Publishers, 1997, p. 54.

论假设是不可以用来预测实验结果的。这些初始条件的确定反过来又依赖于受理论支持的类似规律的法则，这些法则的证据也同样取决于不断扩大的理论假设”[①]。前见在诠释学的理解中具有重要的意义。伽达默尔赞同前见的合理性，他认为理解的基础就是前见的存在，他对待前见的态度是从理解的历史性开始的，即科学的进步并非按照线性与累积性的模式，需要考虑科学革命发生时所处于的既定的历史性因素与环境因素。

属于解释主体的两条原则分别为：(1)理解的现实性规则；(2)理解的意义正确性规则。关于解释主体的理解现实性规则是指解释按照解释者的兴趣、态度和现实问题进行调整的可能性，任何原来的经验都要相对于这种新解释的改变而发生变化。这一点在哈贝马斯批判的诠释学观点中圆满地体现出来，即自然科学同样以特定的人类旨趣为指导，纯粹去情景化的、无旨趣的科学认知是不存在的。自然科学反映出人们对技术性地控制周围事物的旨趣。自然科学研究是在一定的技能、设备与物质基础的条件下发生的，除了材料或技能的缺失之外，科学研究的重心与方向发生变迁，科学在司法体系的地位、科学家与科学机构享有的政治权利等传统政治性因素也会对科学实践造成影响。当科学纳入到政治实践的范畴，科学知识的发展根植于现象的建构与操纵，这种建构和操纵也会发展出新境况下的新技能，那么“通过科学技术和设备的标准化，通过对非科学的实践和情境的调整以适应科学材料和科学实践的应用”

① [美]约瑟夫·劳斯：《知识与权力——走向科学的政治哲学》，盛晓明等译，55页，北京，北京大学出版社，2004。

的这些发展在科学政治学的范围下扩展到了实验之外的社会生活中来。因此，“世界成了一个被构造的世界，因为它反映了技术能力、工具设备及其所揭示的现象的系统化拓展”①。

理解的正确性规则可以简单归结为进行共鸣的过程。这种“将自己生动的现实性带入与他从对象所接受的刺激的紧密和谐之中”②，类似于施莱尔马赫的“心理移情”观点。按狄尔泰的分析心理移情可以理解为解释者把他自己的生命性置于历史背景之中，从而引起心理过程的重塑而在自身中引起的对陌生生命的模仿过程。

此外，从利科的“占有”概念出发也可以把握理解的正确性原则在科学诠释学中的表现方式。在科学文本的研究中，为了融入实验室情境，“占有”科学文本是指科学家在进入科学活动中，完全被“交付”给科学研究的文本了，实验室研究则体现了这种“自我剥夺”的过程。这种占有并不是传统意义之上把文本交付给读者，而是占有者进入文本世界而丧失自己的过程，占有不在表现为一种拥有而是体现了一种自我丧失，“直接自我的自我理解被由文本的世界所中介的自我反思所代替”③。

(五)科学诠释学的应用域面

1. 实践的科学诠释学思想

伽达默尔从亚里士多德道德行为现象中的实践智慧角度出发分析了

---

① [美]约瑟夫·劳斯：《知识与权力——走向科学的政治哲学》，盛晓明等译，226页，北京，北京大学出版社，2004。

② 《理解与解释——诠释学经典文选》，洪汉鼎主编，265页，北京，东方出版社，2001。

③ 同上书，303页。

适合于科学的诠释学之实践智慧与实践理性。他更倾向于把诠释学理解为人的自然能力而非一种科学的方法，并把实践哲学当成赋予精神科学转向的合理性因素。正是由于亚里士多德没有对普遍的知识和具体应用做出明显的区分，理论与实践之间对创生之始关联间的对立使伽达默尔感到困惑，也由此催生了他对理论与实践之间的关系做出诠释学的反思。

从原初亚里士多德"理论本身也就是一种实践"的观点来看，实践本不应该成为理论的对立物，实践本身具有广泛的意义，实践科学不是数学形式上的理论科学而是特殊类型的科学，为了把握"实践"的概念，必须从与科学完全对立的语境中脱离出来。这种科学必须出自实践本身，并且通过意义的概括得到的意识再重返实践中去。[①] 伽达默尔阐述道："实践哲学的对象就不只是那些永恒变化的情境以及行为模式，它们仅凭其规则性和普遍性就提升成了知识。反之，这种典型结构的可教授的知识，仅因它可以被反复转换进具体的情境之中(技能或能知的情况也总是如此)，就具有真正知识的特征。因此，实践哲学当然是'科学'：一种可教授的普遍知识。但它又是一种需要特定条件才可实现的科学。它要求学习者和教授者都与实践有着同样不可分割的关系。"[②]

早期的诠释学是人类关于理解、解释与应用的实践活动，神学与法学领域的应用都是实践的具体化。实践不仅是诠释学的纯粹方法论范式还是它的实际根据，人们理解实践就需要依靠诠释学的理解原则。近代

---

① Hans-Georg Gadamer, *Reason in the Age of Science*, Cambridge/Massachusetts: The MIT Press, 1981, p. 92.

② Ibid., pp. 92-93.

的诠释学发展不同于古代诠释学单纯关于技术技能，而把实践哲学确切当作一种科学，是一种可传授的普遍性的知识，并且需要满足某些特定的条件。这种特性与技术领域专业性知识相像，都是需要研习者和传授者与实践保持着稳定的关系。稍有不同的是，技术领域的知识要由成果应用所决定，而实践科学比起这种仅仅为了掌握一种技能要宽泛得多。[①] 伽达默尔的实践诠释学包括了对实践以及文本的诠释过程。在他看来，由于实践诠释学的存在，诠释学的科学尽管在兴趣角度与研究程序上与自然科学不同，但也被划归为批判理性的同一标准之下。实践诠释学的任务不仅要解释适用科学的程序，还要在科学应用之前提供一种合理的说明。[②]

实践的科学诠释学思想还得归功于劳斯实践诠释学的提出，劳斯认为，科学概念和科学理论只有作为社会实践和物质实践的组成部分才是可理解的。而人们经常忘却科学研究的实质是一种实践活动，这种实践活动是指“实践的技能和操作对于其自身所实现的成果而言是决定性的”[③]，与理论的诠释学思想相比，科学诠释学基本观点突出表现为对科学实践的重视，它将科学活动视作人类实践活动；科学研究总是在一定的社会条件或环境下进行的，日常生活实践是科学理论与科学实验的基本条件，科学研究背景预设是科学活动的基本要素，科学活动依靠科

---

① Hans-Georg Gadamer, *Reason in the Age of Science*, Cambridge/Massachusetts: The MIT Press, 1981, p. 93.

② Ibid., p. 137.

③ [美]约瑟夫·劳斯：《知识与权力——走向科学的政治哲学》，盛晓明等译，4页，北京，北京大学出版社，2004。

学共同体的实践智慧从而合理地实现科学研究。①

诠释学思想确定了诠释学是理解、解释与应用的综合，当代科学诠释学的发展方向体现了理论与实践的统一。当亚里士多德区分科学时就已经将实践科学融入其中，科学的诠释学思想进而成为对综合理论与实践认知的双重分析，它理应通过其理解、解释与应用的统一达到对当代科学的批判与反思。正是由于诠释学与实践的交织使科学、诠释学与实践之间的关系明朗化，对自然科学与社会科学进行整体研究已经表现出诠释学维度的恢复与传统诠释学的汇合。②

总之，科学真理的获得既不是逻辑上前后相关的系统，也不是作为因果关系线性发展的成果，而是物质与认识的实践相结合。科学实践也表现为理性与非理性的统一。科学理性的分析只有从科学理论的逻辑结构转向一种实践结构，才能在协调理性与非理性因素关系的基础上，获得知识的进步与飞跃。③ 无论自然科学方法论获得多么大的成功，统一科学的思想仍旧不能覆盖整个科学，例如复杂的生物学概念无论如何不能够还原至物理主义所提供的描述上，而诠释学强调自我理解的必要性刚好可以提供一种更好的理解域面。把科学作为一种文化与历史现象，在科学历史与科学社会学角度做诠释学的分析、关于知觉本身的诠释学特质的研究、人脑作为诠释学"工具"的研究及科学诠释学本体论角度的

---

① 施雁飞：《科学解释学》，169页，长沙，湖南出版社，1991。

② Richard J. Bernstein, *Beyond Objectivism and Relativism: Science, Hermeneutics, and Praxis*, Philadelphia: University of Pennsylvania Press, 1983, p. 40.

③ 殷杰、郭贵春：《哲学对话的新平台——科学语用学的元理论研究》，35页，太原，山西科学技术出版社，2003。

争论等对科学进行诠释学的阐述仍旧留有很大发展空间。科学诠释学就是在历史和社会等多重分析角度下对科学主义绝对真理的批驳，从而把科学认识置于人类活动的基础之上，以此来“努力恢复至今被忽略了的科学哲学的‘规范’功能”①。

2. 作为科学方法论的科学诠释学

现代科学被看作是一个复杂的系统，特别是现代科学技术的发展，均要将其置于当代社会背景之下来考虑其发展模式。普里戈金(I. Prigogine)指出要想真正解决近现代科学发展中出现的矛盾，必须从新的角度来研究。为此，他认为自然界是复杂的，要求将科学的演化放入一定的背景中加以考察，“应当把动力学与热力学、物理学与生物学、自然科学与人文科学、西方文化传统与中国文化结合起来，在一个更高的基础上建立人与自然的新的联盟，形成新的科学观与自然观”②。所以，科学自始至终具有多重因素影响，科学只有拓展到与人类密切相关的各个领域中才具有它本身的意义揭示，“生活世界中的一切事物，包括科学中的‘理论实体’都有多重价值的意义。科学的‘理论实体’是文化实体，科学观测依赖于实践，科学观测依赖于技术，这些都表明科学理论与文化、价值有着千丝万缕的联系”③。所以，科学诠释学主张诠释的方法是历史的、文化的、人类学、伦理学的，是一门多元化学科。

---

① [日]野家启一：《试论“科学的解释学”——科学哲学》，何培忠译，载《国外社会科学》，1984(8)。

② [比利时]伊·普里戈金、[法]伊·斯唐热：《从混沌到有序——人与自然的新对话》，曾庆宏、沈小峰译，1页，上海，上海译文出版社，1987。

③ 范岱年：《P. A. 希伦和诠释学的科学哲学》，载《自然辩证法通讯》，2006(1)。

当科学诠释学作为科学的基础方法论发展的同时，一些科学保守主义者试图割裂自然科学与精神科学在方法论上建立起来的统一，20 世纪末著名的"索卡尔事件"正是实证论者或者是唯科学主义者对诠释学方法论普遍性所造成的误读。任何科学都离不开人作为认识与实践的主体，这种主体的限定势必产生人的自然属性与社会属性的界定，而人的社会属性才是人区别于其他动物的根本属性。索卡尔(A. Sokal)并没有意识到，诠释不是论证的手段，而是使后来者得到明晰解答的多元化的一种方法。在对科学理论的接受中，仅靠科学理论单纯罗列，通过理性的自明性认识达到对真理的掌握往往是不够的。诠释学是试图在广泛科学基础上对科学进行更好的解读，"解读必须成为我们一项严肃的工作，对科学家和非科学家都是如此"①。

另外，自然科学从备受推崇的时代也跨越到了目前受全球化的经济危机、环境污染、资源枯竭的影响，甚至科学从原始的模式屈膝于功利性的研究，科学家们的研究重点转向了暂时解决问题的商业化、军事化，达到政治目的的研究，科学与技术的发展使人们享受更好的物质生活和便利的条件，同时也引起人们对科学的反思，人们开始对科学持一种怀疑的态度——为什么 20 世纪之后科学发展会出现这样的窘境？那么，无论自然科学家们如何避免，自然科学及科学研究在不同程度上受到多种因素的制约，科学亟待得到一个源自文化的、社会的、伦理道德的功能性的规训。这种规训得以实现的角度，即从诠释学的角度审视

---

① [美]索卡尔等：《"索卡尔事件"与科学大战——后现代视野中的科学与人文的冲突》，蔡仲等译，281 页，南京，南京大学出版社，2002。

科学。

事实上，近年来建立稳固的科学诠释学思想已渐成共识。如克里斯(R. P. Crease)所言："最受人关注的是利科，他一直坚持'诠释学是一种哲学而非方法'的主张，少数受欧洲大陆思想影响的哲学家们(希兰、伊德、基西尔、科克尔曼斯)等人具有科学与现象学—诠释学的双重背景，……科学哲学家劳斯也在有效地利用诠释学的理论。"[①]其中，希兰认为，科学的工作是处于诠释学覆盖之下的，有其自己的历史与界域，而不可以通过单一的理论来认知与解释。并且，我们应该承认，科学是关乎真实"生活世界"的，而不是由单一的理论与系统构成的。科学始终是在科学家们的"生活世界"中，理论的实证性需要在大陆哲学的传统中被研究。基于这样的认识，他通过提出"视阈实在论"，扩展了波普尔"观察渗透理论"的视界，认为科学家们有特有的科学共同体的生活世界，生活世界中的现象是通过实验观测"理论实体"而形成的，所以，观测对象及其测量数据具有实践荷载的解释职能与理论荷载的数据职能。特别是在诠释科学文本时，要注意科学文本的语境、史境或有关情境，从而避免主观意识的负面影响。[②] 他认为，初始的问题是在生活世界前理论时期作为一种经验而出现的，人们试着对其做出进一步的理解。首先是找出一种合适的假说/理论，然后这种假说/理论在实验室中被转换成新的问题，新问题是基于理论荷载的技术上的。新技术又产生了基于后理论的不同于初始问题的新的实验。之后这种结果便被用于解决初始

---

① Robert P. Crease, *Hermeneutics and the Natural Sciences*, Dordrecht: Kluwer Academic Publishers, 1997, p. 2.

② 范岱年：《P. A. 希伦和诠释学的科学哲学》，载《自然辩证法通讯》，2006(1)。

问题的回答上。这种循环发生变化，不仅受研究者局部生活世界环境和加入的新技术的影响，也受科学共同体成员、科学术语、表述方式与媒体的影响。这些步骤构成了一系列时间顺序的人类活动，没有人可以预测成功，而只可以以叙事的方式描述，这种方式从属于科学的历史。这种叙事的方式也只限于一种局部诠释学的影响下。①

另外，文本概念也是科学诠释学的重要概念之一，诠释学真正的发展，就体现在它对文本的理解、解释与应用上。阿斯特(G. Ast)将解释文字流传物的意义与理解文字所包含的古代精神融合，强调了理解与解释是原来作品基础上的创生物。自从阿斯特抛出了普遍诠释学思想之锚之后，施莱尔马赫的重构思想和狄尔泰精神科学的普遍的方法论的建立，使诠释学的文本主要局限于精神外化的文学文本。继海德格尔与伽达默尔的本体论诠释学之后，把文本作为诠释学的中心问题，实现了诠释学向方法论的回归。贝蒂则将文本的概念扩大化了，“从迅速流逝的讲话到固定的文献和无言的遗迹，从文字到密码数字和艺术的象征，从发音清晰的语言到造型的或音乐的表象，从说明、解释到主动的行为，从面部表情到举止方式和性格类型，以及我们所建造的房屋、花园、桥梁、工具等，都可以说是精神的客观化物”②。由于科学哲学与诠释学思想的交汇，诠释学的文本转化为科学文本，科学文本已具有广泛的意义，成为整个科学研究领域中的客观物质及其意义问题。伊德将科学诠

① Babette E Babich, *Hermeneutic Philosophy of Science, Van Gogh's Eyes, and God*, Dordrecht: Kluwer Academic Publishers, 2002, p. 447.

② 洪汉鼎：《诠释学——它的历史和当代发展》，260页，北京，人民出版社，2001。

释学的文本做出了新的梳理，将诠释的文本扩展为非文字性的流传物，认为“传统诠释学观点不是简单的区分自然科学与人类科学，而是实证主义诠释学(H/P)二元复合体”[①]。诠释的对象也并非单一的文字性文本以及对其作者语境的重现，而扩展为广袤的物质世界。他通过“反对哲学史”观点来拓展“物质化”的诠释学，将诠释的文本扩大化了，文本从诠释学发展之初的简单文本转化到非文字文本上。

综上所述，科学的多样化发展趋势体现在科学的整体化之上，科学的研究方法也出现了一定的融合。正如利科所说：“我们既不生存于封闭的视界之中，也不生存于唯一的视界之中，无论这个世界具有可观察——经验的特征，还是具有辩证——思辨的特征。”[②]学科之间的交融与新学科、复杂性学科的出现，单独地依靠传统的科学研究方法显然不能满足人类对其认识的需要，自然科学的研究方法与诠释学的方法是并行不悖的，完全可以作为认识论的扩充而进入现代文明世界。

三、科学诠释学的当代进展

现代科学研究与科学理论的构建越来越多地考虑到诠释学的因素，人们逐渐意识到具有现象学—诠释学背景的科学诠释学的基础地位。本节讨论并介绍了美国当代物理学家、哲学家马丁·埃杰，以及当代诠释

---

① Robert P. Crease, *Hermeneutics and the Natural Sciences*, Dordrecht: Kluwer Academic Publishers, 1997, p. 111.

② 莫伟民等:《二十世纪法国哲学》，720页，北京，人民出版社，2008。

学—现象学科学哲学的先驱者之一P. A. 希兰的科学诠释学思想。第一部分主要论述埃杰科学诠释学的基本观点，阐明其自然科学的多重诠释观，通过与社会建构论的对照和批判，指明诠释学概念和理论在科学研究中的运用优于社会建构论及其他社会科学，尽管科学诠释学对自然科学研究的分析正处于起步阶段，但势必会对其发展做出莫大的贡献。第二部分则着重介绍了希兰的诠释学—现象学科学哲学思想，希兰强调自然科学研究的主体性，引入现象学“生活世界”观念，注重主体与客观研究对象之间的关联性，其科学哲学思想融入了现象学与诠释学的诸多因素，形成了诠释学—现象学的科学哲学，并促成了西方20世纪80年代以来科学哲学的“诠释学转向”。

(一)埃杰的科学诠释学思想

美国当代哲学家马丁·埃杰的科学诠释学观点主要体现在：一是通过玛丽·海西(Mary Hesse)对自然科学与社会科学的对照定义，在双重诠释争论的基础上阐述自然科学与社会科学中“解释”(interpretation)的不同阶段，并从科学教育的角度，将传统诠释学研究对象的自然之书演变为自然之书与科学之书两种域面；二是通过对当代介入科学理解的两种重要思潮——诠释学和建构论的比较，指出两者在对待科学的态度上，相互借鉴并朝向共同的方向发展，但建构论混淆了实验室生产过程与实验操作经验，诠释学的概念与理论则在运用于理解科学研究中要更为优越。

1. 科学研究中的解释阶段

海西在1980年出版的《科学革命的结构和重建》中对自然科学与社会科学进行了比照，认为自然科学与人文社会科学之间并没有质的区别，而只是程度上的不同。如同人类学家试着理解远古时代文化中的人类行为并做出解释，物理学家则尝试着理解众多自然现象并做出解释。解释作为诠释学的核心问题一直是人们关注的焦点，在对待解释的问题上，吉登斯(A. Giddens)与哈贝马斯曾有过双重解释的争论。尽管两人观点存有分歧，但却都并不否认自然科学的诠释学因素。

吉登斯认为"就像存在于其他意义结构类型中的冲突一样，在科学中，范例的调解或理论规划的广泛不一致都是诠释学的对象。但社会学不像自然科学，它所处理的是一个前解释的世界。在这一世界中，意义的创造和再生产都是力图分析人类社会的冲突。这正是社会科学存在着多重解释的原因"[①]。因为早在理论形成的过程中，社会科学就已出现了理解问题。

哈贝马斯则认为，尽管依靠范式对数据进行理论描述需要第一阶段(stage 1)的解释，但对于社会科学而言，解释首先与观察者所直接使用的语言相关。这种前理论知识不是作为客体而直接使用的。所以，社会科学中解释行为的初级阶段是必要的。对于所有科学来讲，都存在一个依赖语言学习的解释的初级阶段(stage 0)。社会科学的观察者也不可避免地要使用客观得到的语言。

埃杰没有否认自然科学与人文社会科学之间的区别，他反思吉登斯与哈贝马斯关于双重诠释的观点及之间的分歧，并列出了科学诠释学中三个阶段的解释：

---

① 哈贝马斯：《哈贝马斯精粹》，曹卫东选译，176页，南京，南京大学出版社，2004。

(1)初级阶段(stage 0)：阅读“自然之书”与履行日常科学实践的数据获得初级阶段。

(2)第一阶段(stage 1)：是解释数据、构建吻合数据的理论构建阶段。

(3)第二阶段(stage 2)：以他种方式解释高阶理论。

首先，埃杰认为，人类学家对待传统时，他们对先前世界有一个整体的把握：他们在进入到场景的同时，就会找到前解释的世界和语言。在自然科学中，如果某人想参与到一项前沿科学或特殊学科的研究中去，最重要的前提，就是要充分了解该项学科的常用术语及专业性概念，包括掌握其科学模型与研究成果。在进入任何一个新领域时，任何人都归入到初学者的行列。每当面对新的研究领域时，科学家经常发现没有自己更专业的说明性语言，研究现象的出现也必须依靠语言来解说，从而达到对该现象的把握。

现象与语言同作为客体密不可分，语言作为交流中介首先应该被当作客体来对待。埃杰认为除了把语言作为认识主体的一部分而存在双重诠释的观点之外，哈贝马斯的双重结构的研究范式，忽略了人作为主体进入了科学研究，因为有参与者的意愿。当研究者进入研究领域之前，他必须具有“主观意向”，通过不断的努力而成为“局内人”(go native)——这可以用具身化理论来做出诠释，通过对该学科的基本理论、概念、发展历史、常用术语的学习而掌握基础信息。埃杰借用迈克尔·波兰尼那个著名的例子对其进行了简单阐述：医学专业学生在有经验的医生的教诲下，领会了 X 片中影像的含义。之后，这个学生便拥有了独自阅读 X 光片的技能，这种技能成为他自身的经验应用到今后的 X 光片的判断中去。这样，他掌握的医学知识的意义才真正地显露出来。以概念的意义为例：在他作为初学者的学习中，医学概念作为客体，它本身的意义对于主体来说是晦涩难懂的，类似读者对一句话的每一个词单独进行分析一样，他不会把握整个句子的意义。只有减少对概念本身的关注度，使其从关注中心转移之后，概念的意义才发挥出来。

其次，埃杰关于“科学之书”的论证表现了他的多重诠释的观点。即科学文化领域构成了“科学之书”的一部分，这在语言的学习之前已经进入到研习者的研究之中了。埃杰将传统“自然之书”扩展到了“两本书”①。一本是对“自然之书”的阅读。例如医生通过辅助设备亲自检查身体结构并直接获得X光片；另外一本是“科学之书”(book of science)，比如医学者根据以往经验与学识所著的论文与著作——这与波普尔的“第三世界”理论极为相似，它记录着理论、实验报告、问题与解决方式等内容，是“客观思想内容、特别是科学思想和诗歌思想，以及艺术作品的世界”②。自然之书面向“真实的”对象；科学之书面对的是科学语言描述下的自然，它包含着科学家自身。对科学修辞学的关注也体现出科学之书理应得到更多的分析，分析不仅局限于科学之书是如何形成的，而应该关注“科学的文献”③。科学的研究工作可以是一个实验、一种规则、一个模型或理论，它构成了科学之书的某个章节，科学家不可能完全展示科学研究活动的所有部分，因为它涉及科学研究的本体论问

① Márta Fehér, Olga Kiss, László Ropolyi, *Hermeneutics and Science*. Dordrecht: Kluwer Academic Publishers, 1999, p. 270.

② 洪汉鼎：《诠释学——它的历史和当代发展》，282页，北京，人民出版社，2001。

③ Martin Eger, *Hermeneutics as an Approach to Science: Part II*, *Science & Education 2*, Netherlands: Kluwer Academic Publishers, 1993, p. 309.

题。科学家“撰写的”科学之书有着自身特殊的解释，并且在一定的语境之下，它不能穷尽所有科学研究活动的条件与环境。[①] 埃杰认为科学的诠释学所要面对的是科学之书而不再是自然之书，诠释学中的解释行为建立在科学之书的构成而非阅读之上。也就是说，科学知识通过研究而产生，并以文字形式记录下来，再通过传授者的社会化普及，最终被研习者接受。在这个过程中，传授者承担着传播、复述的任务，研习者成了科学认知产物的受益者。之后，他们又成了相关科学的“局外人”介入到该项科学本体中。[②]

2. 社会建构论的协商思想

社会建构论观点中有科学诠释学因素的体现，尽管诠释学与社会建构论都强调科学研究中建构的作用，但二者之间的区别仍不容小觑。埃杰以对比的方式论述其科学诠释学思想，一方面展示了诠释学与社会建构论观点的关联与差异；另一方面指明了诠释学的概念与理论在科学研究中的运用优于社会建构论。

社会建构论在推进知识的社会性研究的过程中，否定了自然界对科学知识形成的影响，特别是强调人工环境和非自然因素在知识生产中的绝对作用。认为知识的建构与社会文化密不可分，是人类社会实践和社会制度的产物，或者相关的社会群体互动和协商的结果。[③] 社会建构论

---

① Martin Eger, *Hermeneutics as an Approach to Science: Part II*, *Science & Education 2*, Netherlands: Kluwer Academic Publishers, 1993, pp. 318-319.

② Ibid., p. 323.

③ Robert Audi, *Cambridge Dictionary of Philosophy*, Cambridge: Cambridge university press, 1999, p. 855.

者将库恩的《科学革命的结构》作为先声：在库恩看来，社会共识(consensus)决定了“自然”而不是自然决定了科学共识。① 据此，社会建构论者提出了“协商”(negotiation)理论。

“协商”(又称协定、磋商)原指人们为达成一致而进行的正式谈判。通常被认为是指不同团体为获得经济或政治利益的目的而达成的一致。协商在社会建构论者那里得到了广泛的使用，它将所有活动都与社会兴趣关联起来，这样的结果就是同化了不同种类的活动，并将其全部冠以“社会的”标签。社会建构论的代表柯林斯(H. Collins)所强调的协商的受益者，包括了科学家群体及广泛的社会集团。他认为“只有通过社会构造，科学争论的‘逻辑’才能得到支持。几乎没有科学家真正深入观察过争论过程中的其他观点——都是协定”②。

社会建构论者引以为荣的成功协商的范例之一是拉图尔在《科学在行动》一书中提出的：20世纪初期，美国海军建造吨位更大、作战能力更强的战舰却时常在海上迷路。原因是传统的磁性罗盘由于处在四周都是钢铁的环境里而失去指南效果。斯佩里(E. Sperry)建议海军放弃磁性罗盘而改用陀螺罗盘。他在美国海军的资金资助下，成功地改进了陀螺罗盘并应用于海军战舰。美国海军重新获得了海上霸权的能力，斯佩里的陀螺罗盘也成为轮船与飞机的重要仪器之一。

此外，社会建构论者认为任何科学研究中都存在着协商，即便在数学与逻辑中也不例外。大卫·布鲁尔(D. Bloor)1976年出版的《知识与

① [美]史蒂芬·科尔：《巫毒社会学：科学社会学最近的发展》，刘华杰译，载《哲学译丛》，2000(2)。

② 成素梅、张帆：《柯林斯的科学争论研究述评》，载《沧桑》，2007(2)。

社会意向》一书便对数学与逻辑学中的协商做了论述。当一般性概括出现与随后出现的一反例冲突的时候，就必须经过协商重新定义或者对其加以限制条件。例如，拓扑学的多面体欧拉公式：P 是一个多面体，V 是多面体的顶点个数，F 是多面体的面数，E 是多面体的棱数，X(P)是多面体的欧拉示性数，则满足 V＋F－E＝X(P)，当且仅当在简单多面体中，X(P)为 2，如果多面体同胚于一个接有 h 个环柄的球面，那么 X(P)＝2－2h。欧拉示性数是拓扑不变量，多面体的定义就是在这样的协商中完成的。这种协商局限于对多面体欧拉公式使用的恰当性的争论，通过协商过程完善欧拉多面体公式的适用条件。

“协商”理论在英美国家获得的广泛认可已经不言而喻，而埃杰真正关注的是“协商”理论如何应对科学工作中的分歧、处理理论之间关系中所起到的作用，以及在科学诠释学中对类似的情况如何做出阐释。与社会建构主义所使用的“协商”一词不同，在上述多面体定义的例子中，科学诠释学用“对话”来替代“协商”，用以阐明前理解的存在及数学家与传统的遭遇及数学家们之间相互的交流。

除此之外，在太阳中微子研究的过程中，社会建构主义的协商也显露出其弱点。20 世纪 60 年代，科学家就开始测量抵达地球的中微子，然而有关结果仅为根据太阳活动理论算出的几分之一，探测结果与理论不符意味着当前的太阳活动理论或中微子理论至少有一个存在问题。那么按照社会建构主义的协商理论，这个问题完全可以避免，只要通过协商来协调、平衡结果与理论之间的关系，但事实远不止这么简单。

首先，社会建构论者过分强调实验本身是解决争议、达成共识的过程，实验结果是协商出的结果。那么，按照他们的说法：巴赫恰勒曾说服戴维斯加入到太阳中微子的研究是一种协商，这种协商是针对太阳中微子研究的实验结果的，而在戴维斯加入到实验研究中之后，听取他人建议研究中微子而进行的协商是针对实验过程的，科学实验的结果与复杂的实验过程是两码事，社会建构论将这两种性质的协商混为一谈。

其次，虽然"科学活动中存在着'磋商'这种社会过程，但这并不意味着科学知识是由社会条件决定的，而可能是由科学家认识战略失误导致的"[①]。并且由于社会建构论者刻意强调社会性因素对知识形成的制约，使他们意识不到科学家长时间不间断的努力、探测与观察设备改进、新数据的获得等非社会因素对科学研究本身所形成的影响。

埃杰对社会建构论"协商"理论普适性的扩张持批判的态度，并认为在复杂实验中，协商的作用仅限于科学家之间的配合与协作，整个实验的操演——包括实作的程序与实验结果——则不能依靠社会建构主义的协商理论。虽然科学工作"始于与某种具体情境关联及对此情景的深刻理解"[②]。但协商理论把任何活动都与社会因素牵系在一起并冠以"社会"之名，则过分地强调了非科学因素在科学研究中所起的作用，使人们把协商的结果当作唯一的、客观性的科学解释，使"真相变得模糊，把科学神秘化"[③]，成为人们认识和评价错综复杂的科学进程的绊脚石。

3."实验者回归"与"诠释学循环"

让我们返回埃杰列举的太阳中微子研究的例子中。人们把中微子作

---

① 胡杨：《强纲领的建构与解构(上)——兼论SSK研究纲领的转向》，载《哲学动态》，2003(10)。

② Robert P. Crease, *Hermeneutics and the Natural Sciences*, Dordrecht: Kluwer Academic Publishers, 1997, p. 259.

③ Ibid., p. 8.

为承载着信息的中介，所有的理解都是通过设备与对这些粒子的前期研究所得出的。但是在实际的研究过程中却发现，中微子有的时候是作为研究客体进入到研究过程。这样就陷入了一种循环：要想了解太阳核心必须通过中微子，但是要了解中微子，似乎必须要研究太阳核心——因为我们必须要知道太阳产生的中微子及解开中微子是否转化成为其他物质之谜。这就是处在主体的所有前理解与客体的回馈之间，并且可以影响主体前理解的循环，反之亦然。①

社会建构论将此过程描述为“实验者的回归”。在其《改变秩序》一书中，柯林斯通过对韦伯引力波探测的实验的思考，提出“实验者的回归”(the experimenter's regress)概念，即“一个原始实验是否成立取决于实验结果 r 是否为真，r 是否为真需要通过重复实验的检验者用适当的仪器来加以检验，而检验者的能力和仪器的适当性需要用其实验结果 r′是否为真来衡量，但是我们又不知道这个检验的测量结果是否是真的，r′是否为真取决于 r 是否被相信为真……如此无限回归循环”②。正如柯林斯在跟踪引力波实验时所发现的那样：科学家要探测引力波，首先要知道引力波是否存在；要知道引力波是否存在，就要知道实验操作是否得当；要知道实验操作是否得当，就得看实验是否得到了正确的结果；然而，结果是否正确又要取决于引力波是否存在。③

---

① Robert P. Crease, *Hermeneutics and the Natural Sciences*, Dordrecht: Kluwer Academic Publishers, 1997, p. 97.

② 何华青、吴彤：《实验的可重复性研究——新实验主义与科学知识社会学比较》，载《自然辩证法通讯》，2008(4)。

③ Harry Collins, *Changing Order*, Chicago: University of Chicago Press, 1992, p. 84.

夏平(S. Shapin)在《利维坦与空气泵》中对实验者重复实验实作的分析再度诠释了实验者的回归。中微子研究过程按照这种方式可以表述为实验客体与仪器设备之间的互存关系。即为了获得实验的正确数据，我们必须适当地使用仪器、操作得当；为了检验是否正确使用仪器并操作得当，就需要根据实验是否得到了正确的数据。那么，那些持传统科学观的人主张用可重复性实验来确定科学知识的观点，就得不到有效的结果。无论是柯林斯还是夏平都认为，只有依靠社会协商机制等非科学因素进入到整个过程中，才会打破这种回归。

希兰从科学诠释学维度进行了分析。由于涉及仪器(或设备)使用，这种主/客体之间的相互牵制作用，导致了主/客体划分界限的改变。他提出"具身"理论，即人们融入环境或"参与"世界的方式，来讨论人工物或技术的应用。他认为，人们通过仪器(或设备)观察某些现象，一旦这些仪器(或设备)成为主体的一部分，便形成主体知觉器官的延展。在这种过程中形成了一种具身关系，即人们与环境之间的关系。物质化的技术或人工物就包含在这种关系中，它融入了人们的身体经验中。现代科学的研究离不开科学家对具身的依赖，具身已经成为科学家存在的方式。埃杰接受了这种理论并举例说：就像宇航员一样，他们需要穿着特殊制作的航天服，这种独特的服饰可以帮助宇航员从容地在异己的环境中继续他的研究或活动，它已经成为宇航员身体的一部分，是肢体的一种拓展。航天服是人工技术的体现，它经受各种条件与环境下的测试、并根据使用者的反馈来提升。但是航天服的穿着与使用是一个学习过程，那么，自然科学是否是诠释学的则深入到学习过程本身是否属于科学的一部分了。也就是说，学习的过程与学习对象相关联，这里涉及主体/客体的划界问题。装备完毕的宇航员是属于主体还是属于客体模糊不清。于此我们联想到，当我们谈及科学的语言、实验的设备与仪器的操作时，是针对研究者本身还是整个研究过程呢？如果说航天服只是为了提供一种在外界环境下进行科研的条件的话，就忽视了这样一种事实，即航天服本身已经“具身”到我们的科研过程中。比如说，登月航天服要适应月球引力、压力、辐射及月球温度变化，在整个科研过程中，航天服首先是作为客体进入研究过程的核心，一旦研制成功并装备到航天员身上形成一种具身关系时，便被当作主体的一部分或多或少地忽略掉了。①

埃杰注意到，越来越多的仪器(或设备)被当作主体的一部分，这样，主体被明显地扩大了。而只有产生争论或出现质疑的时候，这些仪器才作为认识客体而重新拾获被独立对待的权利。它被去语境化(decontextualized)的同时，在一种新的理论框架内，作为一个实体被再语境化(recontextualize)成为新的研究对象。这样的结果就是模糊了主客体之间的界限，使一些客体纳入到主体的工具范围之内，成为主体的一部分往往被人们忽略。

除此之外，实验中的众多仪器的读数是作为“中间数据”而存在的，例如温度计、记录指针、计时器等等人们常见的仪器，尽管它们在实验中都取得了对实验有意义的数据读数，但却因为“它们并不构成被最终使用在文章里的可见显示”②，而作为一个阶段性的辅助数据，失去了

---

① Martin Eger, *Hermeneutics as an Approach to Science: Part II*, *Science & Education 2*, Netherlands: Kluwer Academic Publishers, 1993, pp. 303-328.

② [法]布鲁诺·拉图尔:《科学在行动——怎样在社会中跟随科学家和工程师》，刘文旋、郑开译，114页，北京，东方出版社，2005。

其作为客观事物的必然属性。

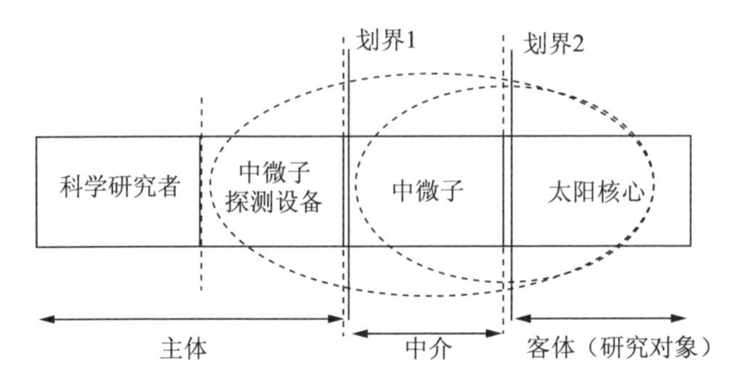

图 7.1　科学实验研究中主客体的划分

所以，科学研究中的主/客体分界并非一成不变，它在日常实验者的具体实践中会发生移动。仍旧以太阳中微子研究为例，埃杰把主体、客体的多元划分以图 7.1[①] 方式呈现：我们可以看到，传统的主/客体二元划分已经被多元划分所取代。不同的观察设备进入到主体成为观察主体的一部分，形成了不同的观察角度得到不同的观察结果。人们可以通过这种改善了的设备不断地进行观察，拓展观察主体而不断得出新的结论。

关于"实验者的回归"观点，持科学诠释学观点的学者们认为，由于存在意义的理解，这种"回归"或"循环"必定存在，因为理论和实验是诠释世界最科学的方式，这种循环证明了前见所在。太阳中微子的整个研究过程被当作科学家与传统(理论)或是历史之间的对话。当理论与实验数据吻合的时候，旧的循环被打破，但是作为存在意义基础上的诠释学循环却仍在继续。当某个新假设出现且无法用原有理论论证的时候，会

① Robert P. Crease, *Hermeneutics and the Natural Sciences*, Dordrecht: Kluwer Academic Publishers, 1997, p. 98.

出现新的对话过程。直到科学家找到这种下一个突破点之前，这种由核物理到太阳模型再到中微子理论之间的循环必将一直存在下去。

埃杰把这种前科学与传统之间的互涉认作诠释学研究科学的重点。无论面对任何诘难，诠释学始终关注前理解问题。我们知道，在量子力学的表述方式中，矩阵力学与波动力学是完全等价的，它们只应用了经典力学中的哈密尔顿函数。狄拉克提出并由费曼建立了路径积分的第三种表述——它使用了经典力学的拉格朗日函数。在建立路径积分的过程中，费曼必须充分了解狄拉克关于量子力学中拉格朗日函数的思想，并设想其是正确的，通过从拉格朗日函数推导出薛定谔方程的办法，来佐证路径积分的方式适合对作用量原理的表述以及对量子力学的诠释。所以，“科学工作总是得益于前有、前见与前概念的把握”①。从科学诠释学角度来看，即“预设了关于初始检验条件的陈述，这种理论假设是不可以用来预测实验结果的。这些初始条件的确定反过来又依赖于受理论支持的类似规律的法则，这些法则的证据也同样取决于不断扩大的理论假设”②。虽然在对科学的描述上，社会建构论者使用与诠释学循环相平行的词汇，且他们的观点也对公众产生了重大的影响。但埃杰仍然主张，在中微子研究例子里，通过对社会建构论与现象学词汇并行比较，还是坚持使用诠释学词汇更适合一些，在自然科学描述中，它更具有前瞻性。③

---

① Robert P. Crease, *Hermeneutics and the Natural Sciences*, Dordrecht: Kluwer Academic Publishers, 1997, p. 54.

② [美]约瑟夫·劳斯:《知识与权力——走向科学的政治哲学》，盛晓明等译，55页，北京，北京大学出版社，2004。

③ Robert P. Crease, *Hermeneutics and the Natural Sciences*, Dordrecht: Kluwer Academic Publishers, 1997, p. 100.

概而言之，马丁·埃杰的科学诠释学思想是以科学教育中的诠释学分析为筑基、通过诠释学与社会建构论关于解释自然科学现象所使用不同方式的对比建立起来的。他告诫人们必须清楚地知晓社会建构论与科学诠释学之间根本性的差异，包括某些社会建构论观点对科学的误读给科学诠释学研究带来的困扰，同时也提醒人们必须注意到诠释学解读科学所存在的弱点，以及如何与社会建构论的观点相辅相成。埃杰致力于诠释学与社会建构论之间的研究，在二者关乎解释、客观性与普遍性的基础问题上做出巨大的贡献，以此视作自己毕生的事业。除此之外，博学、睿智的埃杰成功地将诠释学从人文社会研究触及到了自然科学研究，通过对海德格尔、伽达默尔以及哈贝马斯的诠释学观点中科学诠释学维度的思考，他指出在某种程度上，诠释学哲学在对待科学的态度上与后经验主义——例如库恩等人关于科学的诠释学维度的观点——不谋而合，这种与后经验主义观点的融合，弱化了后经验主义者在理想化的客观真理上对科学诠释学的攻讦。由此，埃杰的科学诠释学观点开阔了自然科学研究的视野，推进了诠释学向自然科学研究的进发，指明了诠释学的概念与理论在科学研究中的运用，优于社会建构论及其他社会科学。当然，如他所言，对科学本身来说，任何探究方法都不是完美无缺的，诠释学接近科学的最好的方式就是科学与其传统间的交互作用。

(二)希兰的科学诠释学思想

希兰的科学诠释学思想建立在现象学基础上，从胡塞尔、海德格尔及梅洛—庞蒂的现象学角度出发阐述生活世界，借鉴了海德格尔的经验的诠释描述理论，强调了实践在科学研究过程中所扮演的不同的角色。

下面，我们以希兰诠释学科学哲学为理路，从科学概念、研究方法与科学实验等方面，揭示出诠释学之于科学研究和科学理解的意义。

1. 希兰诠释学—现象学科学哲学思想

第一，自然科学的现象学维度

19世纪末，柏格森与狄尔泰推进了现代哲学的主体性转向，哲学由此面临的任务成为在作为生命体悟的体验中，通过“自身思义”去揭示科学的客观主义背后的生命关联。胡塞尔对欧洲近代科学危机的分析与对“我们的生活世界”的阐明，力图用超验现象学的视角来取代当代科学对客观生活世界的说明。在他看来，生活世界是通过知觉被给予的、能够被直观的经验且可以被经验到的自然，是“在我们的具体世界中不断作为实际的东西给予我们的世界”，而科学家称之为“客观存在”的真实世界，其实是一个“通过公式规定的自身数学化的自然”①，是理念和理想化的世界。之后的海德格尔认为要完成对此在的现象学分析，使显露其原初所是，就必须使用诠释的方式。

希兰诠释学—现象学科学哲学思想就渊源于胡塞尔的现象学与海德格尔的本体论诠释学。他把对自然科学的现象学解读建立在“生活世界”概念基础上，“生活世界”是属于人类理解的哲学“领域”，以人与人、人与环境在文化关系条件背景下相互交流的具体行为为特征。生活世界中的人类个体接受了某种语言、文化、群落等一系列事物，这些事物赋予生活世界之意义、结构与目的——它们或多或少地渗透到人们的生活经验中——

① [德]胡塞尔：《欧洲科学危机和超验现象学》，张庆熊译，61页，上海，上海译文出版社，1988。

尽管生活世界不是由个体创造或选择的。生活世界应该说是一种展现人类在历史条件下实际日常实践中的理解或存在，由于它不能够通过抽象的方式具体一一枚举，所以它既不是对日常生活简单陈述与说明，也不是关于日常生活世界的模型和理论，是充斥着具有目的性社会活动的日常生活世界的映射。[①] 这种生活世界才是科学研究活动的客观外部条件。

即以16、17世纪的科学为例，当时的科学研究活动并不关心人类本身的实践兴趣，而更多关注的是造物主的智慧，那个时代的科学著述通常都以第一人称写就。牛顿和波义耳就明确表示他们的科学研究由神学问题开始，开普勒与吉尔伯特的很多研究也是用生活语言来描述的(直到19世纪初期，科学著述才具有了现代的模式，更倾向于基于研究过程本身来进行客观的科学报道)。[②] 在希兰看来，伽利略科学探索的努力是对上帝之书——自然的注解。我们之所以对伽利略当时所经验的东西一无所知，是因为我们与他处于不同的时代环境之下，我们被“抛置”于另外一种历史进行之中，所经验着的生活世界已经有别于伽利略的生活世界。为了跳出前科学时代“理想化”的理念世界，我们有且仅有一种办法，那便是借助于历史的条件性来理解和获得认知。因为我们所处的自然“不是科学家所独有的，而是所有体验着的公众创造出来的一种社会结构”[③]。

---

① Patrick A Heelan, “The Scope of Hermeneutics in Natural Science,”in *Studies in History and Philosophy of Science*, 2, 1998, p. 274.

② Babette E. Babich, *Hermeneutic Philosophy of Science, Van Gogh' s Eyes, and God*, Kluwer Academic Publishers, 2002, p. 220.

③ Babette E. Babich, *Hermeneutic Philosophy of Science, Van Gogh' s Eyes, and God*, Kluwer Academic Publishers, 2002, p. 220.

第二，自然科学的诠释学维度

从诠释学的意义上来看，对文本意义的寻求、理解与重构，是为了“避免误解”而更好的体会作者本意。海德格尔从更深刻的角度提出了前理解的存在——即我思之所思的“事情本身”的诠释学前理解维度。希兰在阐明他的科学诠释学的观点上沿袭了胡塞尔现象学与海德格尔后期的诠释学思想。他的这种分析旨在为说明性理论指明一个新的意会方向，剖析说明性理论与生活世界的关联，特别是指出逻辑经验主义与诠释学在科学的说明性目的上和在宏观的知识的角度上如何关涉，意在将历史性、文化、传统等这些在理论与说明的分析中缺失的因素引入科学哲学。希兰指出，说明性理论在自然科学的研究过程中发挥了很好的预见作用，属于自然科学方法论层面。在欧洲大陆哲学传统中，诠释学是与英美分析哲学所谓“科学”的说明性方法相对而言的。我们既不能说人文科学应完全理解为是诠释性的，也不能把自然科学完全归入说明性。以历史计量学为例，它就是依靠经济理论研究计量对象，通过经济理论指导间接计量中数据转化与换算的问题，是一门将经济学、统计学或计算机学等定量分析方法，运用于历史或经济史研究的交叉学科。实际上，希兰已经意识到，人文社会科学在某些方面中已经有明显的说明性趋向。[①]

由此，在对待科学知识与意义的寻求中，希兰认为意义是人类理解的产物，属于公众领域的概念。生活世界首先是意义流传的载体，意义

① Patrick A Heelan, “The Scope of Hermeneutics in Natural Science,” in *Studies in History and Philosophy of Science*, 2, 1998, p. 274.

依靠语言、文化与知识相互交流形成，通过语言或类似语言的媒介传承下来，并不可避免地受语言、文化、历史间性等一些因素的影响。意义中客观性因素的渗入不经意间充斥和改造人们的生活经验，并且影响着我们对流传下来的事物的理解与诠释。在以意义为主导的主体性研究中，自然科学与社会科学、人类学是类似的。① 他认为，意义是由行为、理论与语言所构成的，理论意义形成抽象的概念，行为构成文化或实践的部分。诠释学方法是一个过程，是当前条件下的研究者试着给先前事件构造现代意义的过程。公众经验的意义不仅是个体的精神表现，也是公众的经验表现。这意味着，无论我们怎么样进行经验，客体总是与人类生活文化息息相关。

以著名的伦敦塔灵异事件为例。在进入伦敦塔的一些参观者会出现程度不一的幻听幻觉。在人们当下无法用理性来解释所发生的事情的时候，通常都会用文化渗入的方式来对其进行描述。环境因素在描述者的描述过程中至关重要，这里不仅包括建筑结构、地理位置、磁场、寒冷气流、昏暗及变换的光线的客观因素，而且特别是受描述者知识背景、文化历史的熏染相关，这就说明了为什么熟知英国历史的参观者更容易受到潜意识的影响而做出判断。这是当时所产生的较为“科学”的论断，而近年来，更多的建筑学家与物理学家通过进一步的测试发现，伦敦塔的建筑用料为坚硬的大理石，这种石料极容易产生次声波，当人们处于次声波干扰的环境下，也极容易做出错误的主观判断。这就为这种现象

① Márta Fehér，Olga Kiss，László Ropolyi，*Hermeneutics and Science*，Dordrecht：Kluwer Academic Publishers，1999，p. 298.

赋予了科学事实，这种说法相对来说更加“科学”和容易使人接受。

第三，隐喻的力量

希兰认识到了隐喻在自然科学发展中的重要作用。尽管希兰最初赞同海森堡用数学方式来诠释量子力学，认为要比玻尔(Bohr)用波和粒子互补的图景隐喻方式要“科学”的多①。因此他倾向于排斥用隐喻的方式描述科学现象。但后来希兰认识到科学发现的过程是诠释学的，隐喻在发现的过程中必不可少，并开始关注科学研究发现过程中隐喻的作用。② 从科学观察开始，囿于人类认知、文化水平、实验设备、宗教及社会背景的限制，初始的科学概念大多使用隐喻的方式做出，许多科学发现的成果和理论的说明与推广，都不约而同地使用了隐喻的方式，来向公众传达科学理论所要表达的意义。诠释学的方法所要做的就是将隐含在文字(文本)中的意义“读出”。正如利科所言，意义的变化(需要借助于语境的充分帮助)影响了语词。我们能够把语词描述为一种“隐喻的用法”或“无文字的意义”一样，语词始终是特殊的语境所赋予的“突然出现的意义”的载体。③ 隐喻的意义是在语词中体现出来的，而发生的背景是在语境关联的动作之下的。隐喻不仅是一种语言表达形式，而且指人类思维和行为的方式。隐喻无所不在，人类的整个概念系统都是建立在隐喻基础之上的。同样，现代物理学、生物学等学科往往也是通过隐

① Babette E. Babich, *Hermeneutic Philosophy of Science, Van Gogh's Eyes, and God*, Kluwer Academic Publishers, 2002, p. 34.

② Robert P. Crease, *Hermeneutics and the Natural Sciences*, Dordrecht: Kluwer Academic Publishers, 1997, p. 289.

③ [法]保罗·利科尔:《解释学与人文科学》，陶元华等译，170～171页，石家庄，河北人民出版社，1981。

喻的方式来获得公众的理解。隐喻的意义是通过一定的背景才得以读出，在人们认识客观世界中起着决定性的作用，自然科学正是通过这种“翻译”获得普遍性与社会意义。

2. 科学研究过程与诠释学分析

希兰对生活世界、科学的意义与诠释、测量与数据、科学技术的论证，开拓了科学研究过程的诠释学分析。我们据此从诠释学视角来理解当代科学研究过程。

首先，科学研究作为人类的主要活动之一，在不同阶段有不同的研究基础和目标。科学事实不是客观给出的，有其起源与发展的过程。它通常都由历史条件下的人类语言与文化所决定，所蕴含的意义体现在语言中的社会实体，所以，我们只能依靠公众社会经验来尽可能地了解意义的各个方面。科学事实具有一般化的思维模式和外部扩张，形成一个非个体化的思维系统。思维模式化的产品经过社会强化被公众所接受的结果就是科学事实的形成过程。① 在自然科学发展的每一发展阶段上，人们总认为已经拥有一种完全正确的方法和已经排除了“错误”的理论，② 但事实上，科学研究无法预知未来。正如希兰所指出的，“科学一直处于文化的诠释学保护伞之下，它有着自身的历史、交流与灵活性，仅凭借理论的解释是不能够完全领会的”③。

---

① 张成岗：《弗莱克学术形象初探》，载《自然辩证法研究》，1998(8)。

② [德]胡塞尔：《欧洲科学危机和超验现象学》，张庆熊译，63页，上海，上海译文出版社，1988。

③ Babette E. Babich, *Hermeneutic Philosophy of Science, Van Gogh's Eyes, and God*, Kluwer Academic Publishers, 2002, p. 446.

其次，科学概念的界定与变更受多方面因素的制约。概念是意义的载体，是认识主体对一个认识对象的界定，确定事物在综合分类系统中的位置和界限，是使事物得以彰显的认识行为。它在不同的语言环境中具有不同的词性、含义和语法功能。在新旧科学变换时期，涌现了各种新概念，人类对于认识的概念界定发生了许多变化。如 2006 年 8 月，国际天文学联合会重新界定"行星"，据此定义将冥王星排除在太阳系行星系列之外。可见，概念的界定体现出部分的意向性。又如英国数学家贝叶斯提出将未知参数的先验信息与样本信息综合，根据贝叶斯定理得出后验信息并推断未知参数。这里的先验信息一般认为来源于经验和历史材料。

最后，科学实验绝非完全客观，而是部分创造的。神经生理学家克里斯在对实验现象结果的客观性进行研究时指出，整个实验过程是在"执行与操控"之中的，要想更好地理解科学的客观性，必须首先考虑到这种执行与操控的优先性。在科学实验当中，无论是准备实验设备还是选择研究对象，都是要尽量确保实验过程的正确有效性。但这个准备过程中既没有数据采集、观察与测量，也没有可验证的假设。科学观察包括实验仪器(设备)的采选与使用具有主观性。这就是为什么克里斯将其称之为"制造出来的客观性"①。科学实验与实践离不开实验者所处的外围环境与设备使用，特别是新科学理论的产生，往往不能忽视在此之前众多的科学理论与实验的支撑。

随着人类认识领域的扩大，人们逐渐意识到主观因素不能完全被忽

---

① Márta Fehér, Olga Kiss, László Ropolyi, *Hermeneutics and Science*, Dordrecht: Kluwer Academic Publishers, 1999, p. 26.

略。自然科学实验中，仪器数据的读取依赖于一定的“设备语境”。比如在微观领域，科学理论就具有多种理解方式，数据的采集会受客观性之外的因素影响，人们经常会做出与宏观领域相悖的理论假设与推定。这方面，新概念的应用往往通过隐喻或修辞的方式向公众进行诠释，以便公众能够更好地理解新概念的形成与意义，可见语言在科学观察与科学实验中的动态因素作用不能忽视。所以，人们对实验中的随机性的描述总是不完备的，自然科学并不能完全依靠实验数据和理性演算。

四、诠释学与理解现代科学

在理论建构和当代实践的双重考察之下，不难看出，当代科学研究已经呈现出多元化的发展趋势，越来越多的西方科学哲学家开始注重从诠释学维度对科学进行分析，建立稳固的科学诠释学思想已渐成共识。如克里斯所言“最受人关注的是利科，他一直坚持‘诠释学是一种哲学而非方法’的主张，少数受欧洲大陆思想影响的哲学家们(希兰、伊德、基西尔、科克尔曼斯)等人具有科学与现象学—诠释学的双重背景，……科学哲学家劳斯也在有效地利用诠释学的理论。”①乔治·坎姆比斯(G. Kampis)则认为，受根深蒂固的诠释学先哲们对诠释学分析因素的影响，诠释学很难作为一种方法直接介入到自然科学研究中去，除非将诠

---

① Robert P. Crease, *Hermeneutics and the Natural Sciences*, Dordrecht: Kluwer Academic Publishers, 1997, p. 2.

释学重新解读为与信息的获得、处理和增殖相关的行为方式。他将当代(非传统的、新的)诠释学理论核心内容简要概括为以下几点：(1)有公开的会发生演变的信源；(2)整个过程中有历史因素；(3)关键要素是有一个定性的而不是定量的属性；(4)存在某种程度的循环。[①] 坎姆比斯标新立异的论述撇开了将诠释学适用于人造意义、人类语言等论断的老生常谈。在他看来，诠释学应该突破其理论传统的局限，不再仅限于分析科学家的实验室活动，或者局限于言语解释与元理论层面上科学语言的研究(如专业术语)。概而言之，这种观点基础上的诠释学方法论在自然科学中的地位并获得了有效提升，诠释学既被认为是科学，也逐步在科学理解过程中扮演主体性角色。[②]

(一)当代科学发展趋势与诠释学因素的呈现

对科学进行诠释学的分析并非萌发于对当代科学的反思，从西方分析的科学哲学占主流地位开始，就已经有学者对科学的客观性提出质疑，并且有从诠释学层面对科学进行解读的趋势。到了 20 世纪初期，对科学进行诠释学域面上的定义就已经广泛传播开来。例如哥本哈根学派(主要成员包括玻尔、玻恩[Born]、海森堡[Heisenberg]、泡利[Pauli]及狄拉克[Dirac]等人)对量子力学做出的诠释被誉为量子力学的“正统解释”，其一表现在海森堡不确定性原理(即测不准关系)的提出——海森堡认为经典物理学的意向对象外在于认识主体，物理客体服从因果

① Márta Fehér，Olga Kiss，László Ropolyi，*Hermeneutics and Science*，Dordrecht：Kluwer Academic Publishers，1999，p. 159.

② Ibid.，p. 157.

律、具有程度上的经验可观性。而量子力学中的自旋、不相容原理等与经典物理学不同，所以他采用了与经典物理学不同的意向性结构；作为私人意向性行为的观察可以改变实在的物理呈现。对微观客体的行为和特性做出实验观测进而得出观测结果之间关系的规律需要依赖人工的帮助，这个过程中无法排除主体的干扰及主观成分的介入。因此量子理论是主客观要素的结合体，量子现象具有主体与客体的不可分性，人们观察到的并不是微观客体本身的行为，而是从宏观仪器上呈现出来的实验观测结果推断出来的结论。其二在于该学派提出的量子跃迁及其在哲学意义上的扩展——互补性原理和互补性的意向性结构。量子跃迁是量子物理的基本概念，微观粒子的运动是不连续性使得测量两个彼此相连的变量遵循测不准原理，同时精确测量这两个变量就不可能；描述微观粒子的波函数是一种几率波，在宏观领域中成立的因果定律和决定论在微观领域不成立。从实验中所观测到的微观现象只能用通常的经典语言做出描述，微观粒子呈现波粒二象性佯谬是用经典语言描述的结果，因此经典语言描述的微观现象既是互补的又是互斥的。

现在，人们对于量子力学基于诠释学视角下的分析已经司空见惯，而在 20 世纪，这样的解读是具有开创性意义的。量子力学最大的特征就是其反直觉与反日常经验的，不确定性与非决定性、偶然事件或突发事件也会对研究的进程造成极大的影响。戴维·玻姆对量子力学的量子势因果解释就是对于量子理论的本体论说明。而自然科学的诠释学分析不仅体现在量子力学领域，在生物科学中也可以找到很好的自然科学诠释学的适用。[1]

20 世纪之后的科学研究呈现了多元化的发展趋势，生物科学的蓬勃发展及新兴观点成为科学诠释学应用的最佳体现。物理学和生物学交叉的必然性也反映出人们对 20 世纪末期科学协同作用的普遍接受。生物科学的众多范例也可以很好地使人们理解科学诠释学在多元背景与旨趣下对研究对象(文本)的科学分析，与生物科学相关的生物物理学及生物化学等新领域的探索促进了生命活动的物理及物理化学过程研究，例如对生物大分子及大分子体系结构分析就解释了生命活动过程中活跃地作用于大分子之间的甲基、酰基这样的基团、水分子和金属离子，在生物大分子相互作用时，不仅引发大分子的构象变化，并且自身参与其中。另外物理学在生物学领域中的应用，不仅包括物理学技术/实验方法的应用，还包括物理学理论和物理学思维方式的应用。

诠释学分析在以往生物科学研究中的缺失就是由于没有考虑到诠释学在生物科学中所扮演的重要的角色，诠释学并不局限于生物学的研究工具，而是实际地存在于生物科学之中。其实，诠释学因素相伴于生命肇始之时，生物科学的研究都可以认为是建立在诠释学分析的基础上，尽管该学科可能并未意识到诠释学在学科中的应用。对在生物学中的诠释学分析基于以下两点考虑：一是人类交往、语言与文化中符号的使用；二是这种生活符号学是科学诠释学的一种形式，生物学中对于生命的阐述是基于物理化学方法论的实验室产出，在庞大的原有概念系统覆

---

① Babette E. Babich, *Hermeneutic Philosophy of Science, Van Gogh's Eyes, and God*, Kluwer Academic Publishers, 2002, p. 27.

盖下的有关基因的论述。[1]

如果考虑生物学中的诠释学因素，势必对朴素的唯物主义造成批判，而这种批判并非源自诠释学而是其内部领域。尽管听起来有些匪夷所思，但确如其实。例如群体遗传学的研究就是针对生物群体的遗传结构及其变化规律的科学，它的开创者之一霍尔丹(J. B. S. Haldane的科学思想之一就是使用了统计学的方法研究生物群体中基因频率的变化规律，包括带来这些变化的选择效应与遗传突变作用、迁徙等因素与遗传结构之间的复杂关系，从而对达尔文的自然选择理论进行重构，不仅补充和发展了达尔文遗传学说，并且促进了当代生物演化理论的发展。

宏观地说，遗传信息并不是只以物理的方式出现，而是以语境调制(contextual modulations)的主体形式出现，甚至最基础的代码系统也被认为是与生命过程相关，把其自身当成积极参与该过程的生物学产物。[2] 例如，线粒体中存在的交替遗传代码组提供了生物学与控制信息之间的相关性，这种遗传机制在今天仍旧被看作是重要的动态现象而不是作为简单的结构性质。坎姆比斯将其命名为“分子诠释学”(molecular hermeneutics)旨在表述在生物学的某些现象。例如遗传工程中，生物复合体的结构从属于功能。在一些特殊的刑事案件使用生物技术手段的过程中，通常也存在着后天条件对先天个体的影响。例如同卵双胞胎的DNA 相似度非常高，在区分上有很大困难，这种情况下，可以通过“抗

---

① Márta Fehér, Olga Kiss, László Ropolyi, *Hermeneutics and Science*, Dordrecht: Kluwer Academic Publishers, 1999, p. 157.

② Ibid. , p. 161.

体库基因差异法”进行区分。因为哺乳动物在出生之后，由于生活在一定的环境中，即便是同卵双胞胎，由于后天生活环境的差异也会导致个体随着环境形成自己特有的抗体库基因。除此之外，大量研究表明，DNA 甲基化(DNA methylation)能引起染色质结构、DNA 构象、DNA 稳定性及 DNA 与蛋白质相互作用方式的改变，从而控制基因表达，是最早发现的修饰途径之一，“甲基化修饰”广泛存在于人体细胞基因组的各个片断，从而决定该基因的表达情况。

除分子诠释学之外，生物学研究中的诠释学因素还体现在其他方面。比如，细胞逻辑与免疫系统等之间的自我修正与复制以及生物的进化都可以理解为一种循环过程。传统生物进化论认为生命的繁衍是自然与有机生命体之间单向性的交流，是自然选择的结果。如今，这种理论已经被协同进化论所取代，自然选择只是物种进化的一个方面，它只能使生物适应当前环境，而进化功能则是潜在的适应能力。协同进化的观点是说生物个体的进化过程在其非生物因素和其他生物的选择压力下进行，因此某一物种的进化必然会对其他生物的选择压力产生作用，从而使其他生物发生变化，反之又会受到变化的其他生物的影响。两个或多个单独进化的物种相互影响从而形成一个相互作用的协同适应系统。美国科学家在对帝王蝶(monarch butterfly)生命及季节性长途迁徙周期的观察与研究之后，宣布破获了帝王蝶的基因组序列，从而揭开帝王蝶长途迁徙识别方向之谜。不仅如此，作为首个长途迁徙标志性基因组成果，科学家在掌握帝王蝶基因、行为与生理适应性等因素之后，试图将其研究成果作用于人类生物学及与人类类似的生物群体研究中，期待可以解决时空变化对人体产生的影响，利用新的理论解释生物钟基因突变导致的其他疾病发生的病理研究。

从生物科学的视角来观测与其相对应的诠释学整体与部分之间的关系：主观方面，人类的每一行为必须根据它们的整体性，按照它们的相互影响来解释；客观方面，解释对象的整体可以被设想为所要解释的对象所隶属的文化体系，理解只有在逐步地解释的程序中被拓宽和确证。

生物科学研究诠释学分析的他显建立在生物学研究受外源性因素的操控之上。我们知道，转基因技术是利用现代分子生物技术，将人工分离和修饰过的基因导入到生物体基因组中，改造生物的遗传物质，使其性状发生转变，该项技术的研发在解决人口膨胀及粮食与资源紧缺问题的同时，也存在安全隐患和技术弊端。2012 年 9 月法国凯恩大学科学家 Gilles-Éric Séralini 在经过两年的实验后指出，用某公司研制的转基因玉米(NK603)喂养的实验鼠长肿瘤的数量与几率都非常高。导致此结果的原因，推测为转入基因的过度表达导致了玉米蛋白组织的改变，影响了实验鼠的内分泌环境，使实验鼠生化紊乱。由此得出结论，对转基因食品的使用、农药的制定须慎重，并且须经过仔细评估与长久的研究，从而权衡转基因食品的利弊。这种说法遭到众多学者的质疑，例如研究者质疑该实验对照组数量太少，没有合适的统计分析，无法成为有效的证据，并且指出这个大鼠品系本来就很容易染上肿瘤，甚至该结果的产生可以用随机误差来解释。该事件的发生不仅引出转基因食品安全性的争议，更说明当代科学研究受到众多外源性因素的影响，包括政治的、经济的，甚至是某些利益集团以宣传为目的的操控。

从自然科学角度来看，富含意义的人类交流是与自然相互作用的结果。自然科学家认为诠释学对事物的描述只有一种方式，当对人类活动采用诠释学的方法时，人们必须将诠释学作为一种解释性的语言，以此来稳妥地描述那些诠释学与自然科学之间的相互作用——也就是说，如果人们想使用诠释学语言或是其他非物理学的语言，必须讲清楚必须这样做的基础性外部条件。与生物学学科同样获得大量研究成果的领域都迫切希望拥有自己独立的语言，从旧机体生物学理论到模型概念的改进再到生物符号学理论的建立等。有些学科采用循环适用的方式，有些学科则开发了非正式的专业术语。[①] 生物学整体论就有很多独立性很强的理论。甚至一些已经意识到自然科学存在诠释学因素的哲学家(休伯特·德雷福斯与查尔斯·泰勒)从海德格尔的实践整体论与蒯因和戴维森的语义整体论之间的差异中，寻找出自然科学与社会科学不同的知识论与政治学立场，试图以此区分自然科学与社会科学诠释方式与旨趣的不同，以此回归到狄尔泰对自然科学与社会科学之间的划分。[②]

“分析哲学与诠释学在回溯(atavistic)倾向方面是相似的，这种回溯倾向是为了建构一种规范的方法论以便说明意义和理解的观念。”[③]以上论述可以表明，尽管分析哲学在方法论上取得了巨大的成功，但对于生命科学的复杂性是无法通过物理学的语言详尽地描述的。诠释学作为方法论的出现，使得诠释学的自我反身性解释能够为理解生物学研究提供

---

① Márta Fehér, Olga Kiss, László Ropolyi, *Hermeneutics and Science*, Dordrecht: Kluwer Academic Publishers, 1999, p. 176.

② Ibid., p. 178.

③ [美]威瑟斯布恩：《多维视界中的维特根斯坦》，张志林编，132 页，上海，华东师范大学出版社，2005。

详实的解释基础。比如反身性能够阐明认知学家丹尼特生物体感官意识,[1] 或是像诠释学一样直接用主体间性来讨论一种现实的主体而不是反思式的逻辑的主体。

(二)当代科学研究的多元理解特征

美国当代哲学家唐·伊德运用现象学的变更概念，分析图形的多元化视觉，他对图形变形所看到的不同视觉图像做出文字说明,[2] 由此观察者很好地观察到了二维图像在三维空间中的倒转现象，这种经验成为观察者之后的前见。见图 7.2，这是一个内克尔立方体，我们在观察它的时候，不自觉地对这个图形所表现出来的放置位置做出判断。我们首先会把它想象为日常观察角度的形状，之后经过仔细观察，立方体也可以以翻转的形状显现出来。这种情况的出现是因为我们对平放着的立方体更加熟悉。由于三维空间中的先验知识的存在，使得我们对内克尔立方体的放置方式做出二义甚至是多义的三维文字描述，这是一种视觉翻转效果。当人们认识到这是一种视觉翻转效果之后，这种认知马上得到提升并与当代的技术建立起联系。

比如现代医学核磁共振研究中已经使用内克尔立方体的知觉翻转观点。运用触觉错觉可以更好地揭示感官认知的内部机制，并且，触觉感觉的研究开发与人们的生活密切相关，触感技术屏幕在电话、液晶显示

---

① Márta Fehér, Olga Kiss, László Ropolyi, *Hermeneutics and Science*, Dordrecht: Kluwer Academic Publishers, 1999, p. 193.

② [美]唐·伊德:《让事物说话——后现象学与技术科学》，韩连庆译，29 页，北京，北京大学出版社，2008。

屏幕的应用就非常普遍。

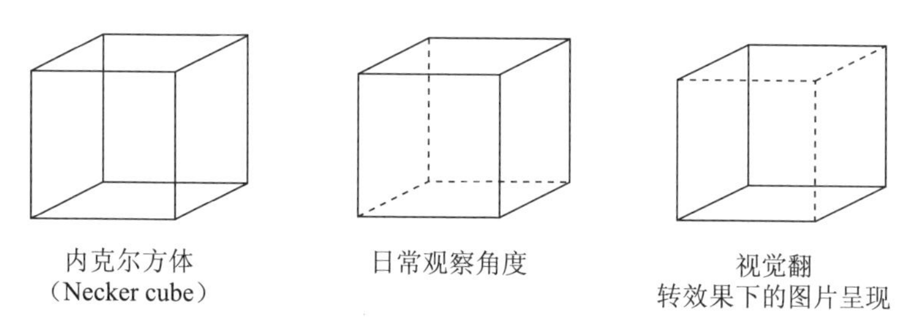

图 7.2 内克尔立方体三位图

这种情况出现的原因之一就是由于前见的适存。前见在诠释学的理解中具有重要的意义。海德格尔认为为了确保论题的科学性，要从事情本身出发来处理前有、前见和前把握。他基于本体论的目的对诠释学循环进行分析从而推进理解前结构的发展。伽达默尔则通过对启蒙运动对前见贬斥的批判，指出前见是理解的条件，一切理解必然包含某种前见。由此可见，人类在日常生活中所体会到的经验现象的组成因素，都与现象的其他表象相关联，每一部分具有的特性总是与整体和其他部分相关。

基于这样的认识，希兰提出了多元化的视觉空间，从新颖的几何学角度来理解前见。希兰指出，人们对空间中的图形的描述经常与在经验中体现的图形不同。他认为日常生活经验中的空间知觉结构是有限的双曲空间，并据此论证了视觉空间的双曲模型。人类感知是二元甚至是多元化的。人类可以从两种不同的维度去观察，一种是科学的/欧式空间的角度，一种是日常的/非欧空间的。“科学的”观测角度是关于科学几何学测量基础上的，它更注重测量过程的客观表述，关注几何学的数字符号与概念，是欧式几何学的潜在论证。日常的观测角度，一般是受文化影响的，是无意识状态下直觉观察的结果，它的描述注重意义的表达，更注重生活世界中的观察对象如何达到艺术感染的方式。两种观测方式都具有不同的前见，产生不同的语言表述方式。我们可以用诠释学的方式来对待这种先前判断。两种维度下的观测结果是文化与实践荷载的。

比如，我们用传统的欧式平面几何视角来观看图 7.3，按照以往我们获得的知识，两条直线在不远处将汇于一点，直线之间的平行线平行而不等长；而在日常生活的可视空间来讲，就像站在笔直铁轨的中央眺望远处，我们清楚地知道，两条铁轨是平行不交错的，而枕木的位置关系是平行的且等长。这种现象说明，欧式空间与非欧空间的观察研究角度有各自的成形背景，并且前见作为不能摒除的因素被带入到观察中，得到的经验知识会影响后来的判断。希兰指出，非科学的前见(人类生命文化的因素)和科学的前见(测量设备的具体条件)通常在经验中互相干涉，“回到事情本身”的观点就是双重性的，就像量子物理中的不确定性原则与互补性原理一样。[①] 从存在论角度上看，是指人类经验者与环境或世界的关联，而发生内在关系的双方都在这种相关性中得到了转化。[②]

绝对中立的观察与实验在现实的生活世界中几乎不存在。如图 7.4 左图，我们可以看到一个凸起的点和五个凹陷的点，而图 7.4

① Robert P. Crease, *Hermeneutics and the Natural Sciences*, Dordrecht: Kluwer Academic Publishers, 1997, p. 288.

② [美]唐·伊德:《让事物说话——后现象学与技术科学》，韩连庆译，29 页，北京，北京大学出版社，2008。

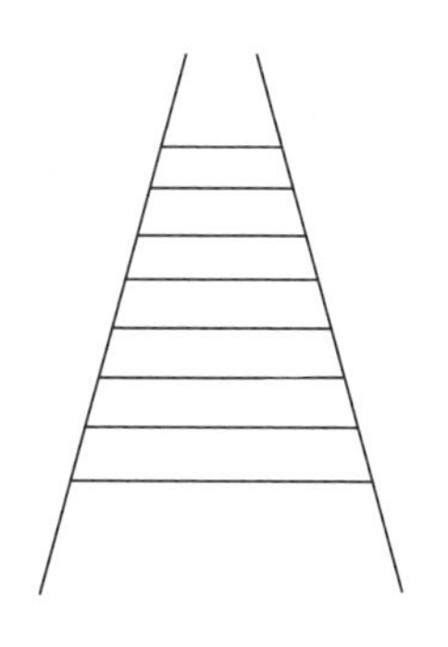

图 7.3 平行透视图

右图则相反。其实右图只是将左图倒置而得到的图像。为什么会出现这种现象？人们往往通过阴影部分的位置做出的判断。这是由于数百万年来，人们只有一个来自上方的光源——太阳，于是人们自然而然地认为阴影部分应该在下方。光源在上即知觉的先验知识，它的形成是由大脑经历数年的进化固化下来的。那么，“光源来自上方”便成为我们不可避免的知觉之先验条件，是一种知觉的“前见”，而影响主观判断。这种前见是人类观察的基础且无法剔除，但我们通常却不会意识到。①

由此可见，自然科学理论具有双面性。一方面指对隶属于多元实践的计算与技术的操控，另一方面指对构成本体论科学知识的人类文化。希兰的这样一种科学诠释学思想揭示出了现代科学研究发生的重大变化，伽利略时代起所构建的“物理世界”已经满足不了当代科学发展空间的需要，科学研究必须考虑到复杂性技术、权力旨趣等因素的影响。诠释学把科学视为通过研究寻求意义的人类文化形式。从认识论的角度来

---

① Chris Frith, *Making up the Mind*: *How the Brain Creates Our Mental World*, Blackwell Pub, 2007, p. 129.

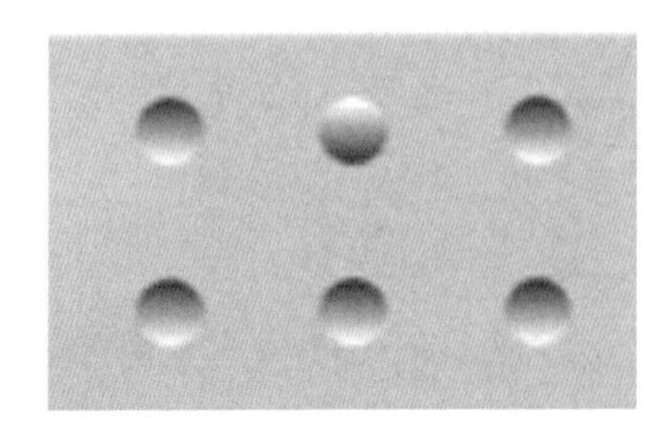
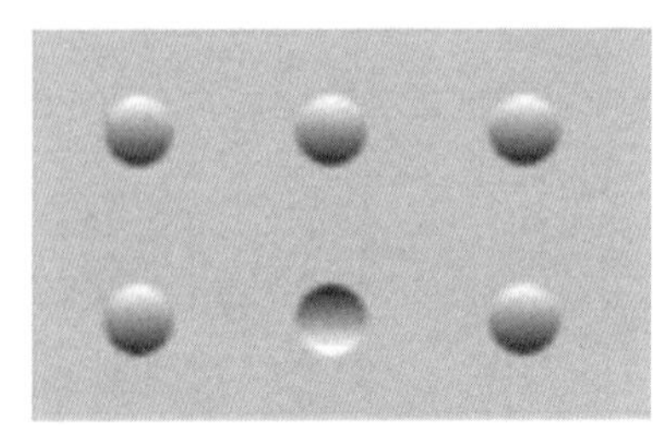

图 7.4 视觉错觉图

看，科学研究都受到多方面因素的影响。特别是跨学科的科学研究深受学科间不同原则难以融合的困扰。科学诠释学恰好可以从后现代生活世界角度阐明学科间原则的特质，从而弥合这种分裂。正是在这个意义上，希兰指出，成功的科学实践并不是完全取决于哲学，科学不断地抛出形而上学的问题，把科学共同体的研究局限在资源有限的世界里。必须同时考虑到理论解释与文化科学实践的关系，才会得出正确的理解。科学事实作为事实的属性是寓于它作为诠释的属性之中的，正由于科学事实是一种基于特定概念框架或理论背景的诠释，它才可能成为一种不仅具有客观意义，而且能被看作科学的经验基础的事实。“事实性”揭示了科学事实的价值和地位，“诠释学的”研究背景则蕴含着科学事实的可能性条件。

从诠释学—现象学的视角上来理解科学，已经引起越来越多的关注。如基西尔(Theodore J. Kisel)指出排斥科学诠释学的论点中的缺陷，科学的“诠释”包含海德格尔的实践诠释学的作用。科克尔曼斯(J. Kockelmans)则认为科学研究依赖于一种先在的意义结构中，这些意义结构并非完全依靠研究者自身的观察。科学的前见总是在无意识地指引与影响着人们的研究和实践。应该说，这种全新的方法对于更全面的认识科学研究的本质，无疑具有重要的理论意义。

(三)科学发展的多元化朝向及学科间的干涉

当代科学的发展趋势本身也是朝向多元化的、干涉的层面。它涉及两种分类，一是学科间的干涉性研究——包括理论的干涉与方法论的干涉；二是学科间的交互性——包括学科之间的交叉与融合。

学科之间干涉性与交互性特征使得不同科学团体之间的交流与合作取得了重大成果，不仅如此，当代科学研究方法的干涉技术的使用使得许多科学研究成为干涉的科学。例如现代天文学的研究就通过多元的、干涉的技术及设备进行“解码”与"阅读”的转译程序之后，成为当代科学实践中暗含的诠释学线索——一种现象学的诠释学。[①]

学科间的干涉性从另一个角度阐明了世界是一个有机整体，不能够割裂开来，不同学科间的学科研究是这个整体的某一方面。此外，学科间交叉能够促进创新思想的形成，层出不穷的新学科成为当今科学研究的新兴力量，新学科的诞生大多是学科交叉与融合的结果，例如超导微观理论(BCS 理论)、DNA 重组技术的基因构成就是不同学科间相互交流所创立的。[②] 交叉学科所获得的诺贝尔奖项也占有很大比重并有明显扩大的趋向。

2012 年 8 月 6 日，美国“好奇”号火星探测器成功登陆火星标志着第

---

① [美]唐·伊德：《让事物说话——后现象学与技术科学》，韩连庆译，101 页，北京，北京大学出版社，2008。

② 张春美等：《学科交叉研究的神韵——百年诺贝尔自然科学奖探析》，载《科学技术与辩证法》，2001(6)。

7次实现火星着陆。探测器传回的信号可以看到火星地表及“好奇”号在地面上投下的影子。“好奇”号的内部实验室中装备的仪器包括火星样本分析仪(SAM)，以及化学与矿物分析仪(CheMin)。“好奇”号成功登陆火星之后，使用其全套搭载设备针对火星土壤样本进行科研。使用机械臂抓取火星地表土壤样本并将其送入火星车内部的分析仪进行土壤样本分析，火星样本分析仪使用不同的方法开展分析工作，它会将样本送入内部一个高温室内加温，随后分析从样本中析出的气体成分。这台仪器所重点搜寻的物质之一便是有机化合物，也就是含碳化合物，它们一般被认为是组成生命必不可少的成分。“好奇”号信息传输需要依靠提前进入轨道的火星探测器所提供的中继支持，若要更好地了解“好奇”号的工作状态，美国航空航天局的研究人员除了向“好奇”号发送各个设备的控制指令之外，还需要与火星轨道探测器之间进行一系列的信号交互过程。因为纷繁的信息用途与需要各不相同，所以必须采用不同的信息传输方式与传输设备，“好奇”号向地球表面的信息传递通过两种方式，一是X频段无线电波；二是通过超高频天线与火星轨道探测器进行信息交互，从而实现与地球的信息传递，而这些信息通信是建立在深空测控通信网(DSN)的技术相佐基础上的，它蕴含广泛的多元技术及设备的应用。再如“暗物质”的问题，它涉及物理学与天文学两个领域，“暗物质”无法切实地观测到，除了使用现代天文学使用的引力透镜、微波背景辐射研究等方法之外，科学家对“暗物质”的研究多是利用动力学方法，通过对发光物质的观测反推出暗物质产生的引力场，通过加速器及非加速器等物理学仪器来实现对其探测。

戈登·帕斯克(G. Pask)和斯塔福德·比尔(S. Beer)在20世纪中

期就已经探讨控制论试验中使用生物和化学系统达到不同建筑物质实体的效果。交叉性学科例如合成生物学、化学技术（设计、工程和生命系统技术）所取得的成就甚至可以帮助人类打造出包括气流、土壤和水环境等生物圈的基础架构。这种研究有望在星际航行计划中得到实现。美国航空航天局 2010 年提出并开展的星际航行（interplanetary and interstellar navigation）计划受到来自世界各研究机构的科学家、工程师、哲学家、心理学家以及相关领域的研究人员的关注，探讨星际航行计划实施过程中面临的最大困难源自人类本身，而非技术上的限制。人类社会的诸多研究（比如废物利用、资源管理问题、交通堵塞等）能够在星际航行计划实施中提供基础性的支持，有助于人类在另外的恒星系统中与自然生态系统和社会系统中共存与繁衍，构建新的生物圈。飞船的生态系统是开放性空间，通过核聚变为生态系统提供能量，舱内模拟地球重力场，并使用生态建筑理念，用可再生材料制作飞船，这样材料可以循环使用。由于不可逆性，人类在星际航行中需要面对整个资源、环境等可再生利用的问题，所以飞船上的自然生态系统与人类社会繁衍需要实现可持续性发展。所有的一切都在以维持飞船上宇航员的生命为目的，由此生命维持系统、甚至是在飞船上延续人类后代的技术都显得至关重要。SETI（搜寻地外智慧）研究所的创始人、天文学家吉尔·塔特（J. Tarter）认为“百年星舰”计划目的是要制造出能够进行恒星际航行的宇宙飞船。[①]

---

① 人民网：《人类星际航行或需太空繁衍，飞船如巨大生物圈》，http：//scitech. people. com. cn/GB/n/2012/1004/c1007-19171562. html，2019-11-26。

20世纪90年代中开始至今，控制论的发展也注重学科间的交互性作用，并且将工程科学与生物学联系起来作为其基本的研究对象。他们从自组织系统的角度诠释生命体，认为社会是人脑创造性信息选择下构成的高级自组织系统，逐渐关注理念和社会的互动作用，并提出了许多建设性的看法，其中有维纳提出的科学的控制和生物体与机器之间的交流观点、皮亚杰的人类认知的过程的构造（The endeavor to model the processes of cognitive adaptation in human mind.）、贝特森认为与控制论齐头并进的信息论中信息既非物质，又非能量，是一种形态和模式（form and pattern）、艾什比关乎机器与行为的掌控、帕斯克认为是控制防御的艺术与马图拉纳认为的科学与理解的艺术等观点。

包含生物科学在内的当代其他复杂性学科的出现，更揭示了这样一种现象，即“物理实在是由一系列的层次所构成的；在每一个层次上实在都具有独特的性质，这种性质为其后出现的更高层次的结构和实体提供解释。因为每一个新出现的层次中的实在，自身都不足以提供完全解释，而要依赖于科学研究的方式和研究工具。这种认识跟日常经验或古典科学基础上建立起来的、朴素的、直观的世界图景具有很大的不同。世界绝不是它展示给我们的样子，科学研究所要做的也不仅仅是对世界的真实特征进行揭示和表达。自然的状态和过程是复杂的、有条件的存在，其性质不仅要依赖于人类的感觉器官和认识工具，也要依赖于未曾认识到的更深层原因和结构，这正是语境实在论所揭示的世界观的核心特征”①。而语境正是由“主体所构造的，为达到人类交流的现实目的而

① 殷杰：《语境主义世界观的特征》，载《哲学研究》，2006(5)。

自然存在的一种认知方式或认知结构。”“语境”的概念“突出强调了主体意向性在语境中的不可或缺地位。语境实在成为自然而然的观念，并且‘语境化’的实质意义体现在，我们是按主体的再现规约而不是按照自然本身的再现规约来对知识进行成功的再现”①。学科间的交融与复杂性学科的深入研究体现着诠释学关于理解现象的三位一体的过程。理解过程的三个要素包括：(1)解释主体——作为主动的、能思的精神——这种主体的兴趣来源于日常生活。(2)饱含意义的形式——被客观化了的精神。(3)连接二者之间的纽带——富有意义形式的中介。在具体的科学研究中，进行认识的主体的任务就是在于通过富有意义形式的中介重新考究精神的客观化物中所蕴含的概念和这些客观化物所带来的启示。科学研究过程中也同样保证研究主体的主观因素不能与理解的自发性相分离，又要保证要达到的意义他在性的客观性。②

21世纪的科学注重各个学科之间的交叉与融合，在科学研究中实现科学团体之间的竞争合作与道德建设为题，普及科学的涵盖范围，从无穷小的物质粒子，直至无穷大的宇宙结构，研究对象从客观物质世界延伸至生命科学，用复杂系统描述了当代科学家以人类为主体的研究。科学本身就像一个可控的、平衡的系统，系统的特性确保科学研究朝向正确的方向并加深人们对科学的理解，科学共同体之间的交流与协作促进科学的进步，并为科学的研究提供了一个广阔的角度。

---

① 殷杰、郭贵春：《哲学对话的新平台——科学语用学的元理论研究》，251页，太原，山西科学技术出版社，2003。

② 《理解与解释——诠释学经典文选》，洪汉鼎主编，130页，北京，东方出版社，2001。

结束语

经验知识的辩护：语言分析、心灵图景与自然主义

本书在全面审视20世纪以来语言哲学和科学哲学相互渗透、相互影响的历史进程和具体机制的基础上，基于语言分析方法这一核心论域，系统地考察了语言分析作为一种横断研究的方法论平台，在理论背景、思维模式、发展趋向及应用维度等各个问题域中的延展和表现，以及其在沟通英美和欧陆哲学传统中的关键角色。这样的定位一方面为全面考察20世纪科学哲学发展提供了一条清晰的方法论脉络，另一方面也为科学哲学的进一步发展指明了方向。

然而，方法论是以问题为导向的，语言分析方法的理论建构和实际应用，其根本目的在于为经验知识的基础问题，尤其是科学知识的合法性提供一种方法论辩护。为此，本书的结束语部分就必须回到知识问

题的考察上，来具体地阐释语言分析方法如何重塑知识论之基本面貌和理论形态。正如后现代主义者利奥塔在《后现代状况：关于知识的报告》一书中提出的，科学知识的合法化问题并不是科学本身能够回答的，需要从整个语言规则和话语情景的变化上来解决。而分析哲学的要旨就在于从语言与世界的二分中曲折地表现出心灵与知识之间的张力，这就使得我们能够从语言分析、心灵图景和自然主义之视界融合中实现为“经验知识之合法性”做辩护这一根本目的。

从20世纪经验主义、语言哲学和心灵哲学三者的关系来看，如果我们无法说明心灵与外部世界的关系，那么就不能为知识成立的条件提供合法性依据，由此在心灵如何认知与知识如何构成之间就会形成一种张力。这种张力可以回溯到笛卡尔哲学传统中，其实质问题是要去说明思想与世界如何联系、知识与世界之间的关系如何确证。经验主义主张，经验是知识前提，要求反思经验在知识条件中各种角色的合法性。该问题源自心灵如何接纳经验以及心灵在何种程度上接纳经验的问题。哲学家们愿意在科学主义、自然主义的先验哲学层面上追问心灵的属性，并为知识构成的经验基础的合理性做出说明。在当代经验论的主要流派中，经验知识问题被明确引申到心灵哲学问题，知识论与心灵哲学之间呈现出一种融合趋势。

如果我们坚持心灵与世界的二分，就不得不面对在心灵如何认知与知识如何构成之间形成的张力。为了消解这种张力，我们就需要重新审视心灵问题。通过对该问题的哲学史考察，我们发现，知识论与心灵哲学相融合的分析方法是解决问题的可行路径。从心灵的认知图景来说，如果心灵获得的是关于精神之外的实在的知识，那么我们假设有某个连接点或交互面存在于精神和精神之外的世界之间，心灵和外部世界在此点上关联存在一种认知的转换，即从传统的形而上学连接转化为一种认识论连接。[①] 在该连接点上，我们如果无法说明心灵与外部世界的关系，那么就不能为知识成立的条件提供合法性依据，由此，在心灵认知与知识构成之间的张力就不会消解。这种张力可以回溯到笛卡尔哲学传统中，其实质问题是要去说明思想与世界如何联系、知识与世界之间的关系如何确证。虽然 20 世纪哲学家们的主要兴趣在于语言和意义，但是正如塞尔指出的，对语言和意义分析的大部分要点在于为真、证据和知识概念提供说明与辩护。[②] 一些倾向于经验论的哲学家主张理解心灵

---

① 这里强调心灵的内容与其他存在的联系并不是坚持一种二元论。当然，也不是坚持意识与大脑过程同一的同一论或取消论。当代心灵哲学中有不少理论在不同程度上认可心灵的内容和与之密切联系的大脑过程之间是有区别的。丹尼尔·丹尼特认为意识现象是大脑活动的物理后果，并且用意向性立场(intentional stance)来诠释心灵状态。(参见 Daniel. G. Dennett，Consciousness Explained，New York：Little，Brown and Company，1991，p. 16，p. 76.)殊型同一论(token identity)坚持心理状态与物理状态同一，但是认为不必假设二者相同，这与功能主义是相容的。随附性(supervenience)理论则说明，即使心理状态与物理状态不相同，心理依然能够依赖于并且决定于物理。外在论试图通过"孪生地球"思想实验说明思想不在头脑中，普特南的原话是"意义不在头脑中"，那么思想就不等同于大脑的状态或过程。哲学史上有不少论证反驳意识与大脑物理状态等同的观点，其中有一个是"知识论证"(The knowledge argument)，主要思路如下：关于意识的事实不能从物理事实推导出来，某人知道了所有的物理事实，他依然不能以此为基础知道所有关于意识的事实，因此心灵哲学中的唯物论是错误的。(参见 Stephen P. Stich and Ted A. Warfield，*The Blackwell Guide to Philosophy of Mind*，Oxford：Blackwell Publishing Ltd，2003，p. 106.)我们在这里先不关注该论证的有效性，而是想说它表明一点，当讨论知识的时候，不必纠缠在物理事实与意识事实是否同一的问题上。我们突出心灵与知识的联系是想说明，知识是体现心灵属性的重要内容，把心灵属性看成是知识条件就可能避开二元论的难题。

② John R. Searle，"The Future of Philosophy，" in *Philosophical Transactions of the Royal Society*，vol. 29，1999，p. 2072.

状态的唯一方法是将其还原为行为，以此类推，要理解经验实在，我们必须将其还原为感知经验。另外，分析哲学中遵守规则(rule-following)问题和单称思想(Singular thoughts)问题依然可以理解为思想与世界的联系问题，而认为真实知觉与错觉或幻觉是不同种类的状态的析取论(Disjunctivism)问题，这使得心灵与世界的认知接触真正成为可能。[①]在理解知识本性的时候需要考虑心灵的限度，需要联系心灵问题来讨论知识问题，[②] 而且，我们更愿意把这种需要看作一种历史趋势而非单纯的理论关系。经验论为确保知识与世界的联系而进行自我批判，并重新界定心灵。同时，要解决知识与世界的联系问题，就需要说明经验已经有概念能力参与其中，[③] 对此，我们澄清了心灵中概念的作用范围，即心灵的限度。概而言之，结束语部分所展示的这种分析理路是试图在语言分析方法的理论域面中实现知识论与心灵哲学的融合。

一、知识在笛卡尔心灵图景中的困境

通常的哲学史会认为，笛卡尔哲学传统在形而上学方面大都坚持二

---

① 王华平、盛晓明：《“错觉论证”与析取论》，载《哲学研究》，2008(9)。

② 在这一点上，王华平试图证明“心灵哲学的外在论和认识论内在论是相容的”的观点，与我们的认识有所共鸣。参见王华平：《内容外在论与辩护内在论》，载《世界哲学》，2011(3)。

③ 陈嘉明试图在知识论范式内说明知觉与信念之间具有逻辑关系，而且认为知觉经验中有概念因素是这一结论成立的必要前提。我们认为要充分说明知觉中有概念因素，不仅可以从知觉内容本身来分析，还可以从知觉活动方面来分析说明知觉中已有概念能力因素。参见陈嘉明：《经验基础与知识确证》，载《中国社会科学》，2007(1)。

元论，即承认世界上有两种不同的存在，精神的和非精神的或物质的。精神实体被认为有固有的属性和性质，其功能是给主体提供其他实体的表象。物质世界服从物理因果原则，精神领域服从理性原则。精神实体之间的联系以它们表象的内容为前提，并且一个观念倾向于引起另一个观念，这说明精神实体之间有类似于因果规律的东西。

在认识论方面，笛卡尔哲学传统则认为，人们获得的最牢靠的认识是关于他自身精神状态的认识；所知道的关于物质及其他心灵的内容，是经过自我精神状态而获得的，因此具有不确定性。这就是直接所知与间接所知在确定程度和知识质量上的区别。我们可以看到，这种认识论中的主体与其精神状态之间既没有因果中介，并且主体在知道自己精神状态之外的对象时也不需要支持这种认识的精神项目或证据，即确证中介(确证认识对象时论证的前提)。这就等于说，主体表征物理对象获得了知识，这些知识的直接原因是主体拥有的一组感觉，它们就是证据，对那些关于物理对象的知识起到确证作用。同时，证据本身只有被知道才能起确证作用，既然感觉是连接我们和外部对象的中介方式，而在我们与感觉的联系中没有中介，那么，感觉本身就必须被直接知道。由此，作为知识直接原因的东西本身必须被直接知道。可见，在笛卡尔哲学传统中，知识的原因和对知识的确证之间没有区分。

由此，既然心灵能直接知道自身及其状态，而物质的东西只能间接经由它们对心灵的影响而被我们知道，那么，心灵就成了孤岛，其内在组织对自身来说是透明的，并通过内部状态的变化来推论出外部世界的信息。这一点在形而上学中就表现为身心二分的问题，与之相对，在知识论中则体现为，自我知识的确定性与关于外部对象及他者心灵的信念的可改正性(corrigibility)之间的区分。下面我们将对这种区分与“所予(given)”知识之间的联系进行分析。

关于对象的信念需要被确证而成为知识，确证的证据是命题，而命题本身也是需要被确证的，这样会出现无限倒退的确证过程。为了停止无限倒退，需要找到不需要其他命题确证的知识。这个知识即“所予”知识。与所予相关的问题归根结底是关于心灵的外部世界的知识的问题。心灵是一个自足的空间，它对知识的作用只能局限在此空间内。外在的对象最初只能在感觉的作用下以印象的形式在心灵中出现。因此，感觉是外在对象知识的基础，并起到所予的作用。在这里我们可以提出两个问题：一是依据感觉而推知外部对象的合理性；二是感觉印象一类的东西如何起到确证知识的作用。

第一个问题与经验分解的不确定性相关。经验是世界和主体相互作用的产物，是事物存在的方式与主体的状态的结果。同一个经验，形成它的因素的组合有多种可能性。如果确定了世界与主体的一组关系，原则上可确定与之相关的经验；反过来从一个经验出发，不一定能还原出该经验的原始联系。一个经验分解成世界与主体联系的可能性有多种。在自然规则的领域内，世界与主体之间的因果作用关系是确定的。但是，理性的存在者拥有一个经验，只能说明与此经验相对应的心灵与世界的联系同主体的主观特征相一致。所以，我们可以看出，世界与主体之间的经验联系并不与它们之间的因果作用关系一一对应。

直接应对经验分解的不确定性的理论是错觉论证。一个知觉经验可能是来自错觉也可能来自真实知觉。错觉论证常以水中的小细棍为例。小细棍看上去是弯曲的，而它实际是直的，其视觉外观具有欺骗性，我们看到的并不是小细棍本身。因此，这里有某种特殊的对象，即感觉与料(sense-data)。如果允许从“看起来是某物”得出“有某物被直接知觉到”，那么错觉中直接知道的对象是感觉与料。将这一结论普遍化到一切经验时，就得出错觉与真实的知觉相似，在真实知觉中直接知道的对象也是感觉与料。错觉论证事实上提供的是一种积极的论证。奥斯汀曾指出，“知识是一个结构，上面诸层是通过推论获得的，基础则是推论以之为根据的与料。(于是，看起来理所当然必须有感觉与料)”[①]。感觉与料理论的目的是为经验知识找到可靠的基础，在此基础上知识得到确证。

如果经验中的所予只与感觉与料相关，那么我们为何能得到任何关于外部世界的判断？我们似乎可以求助于因果性原则，从感觉与料推导出对象的存在。或者从感觉与料出发假设其对应的外部世界存在，因为这提供了对感觉与料最好的说明。但是贝克莱这样反驳：“虽然我们给予唯物主义者外在的对象，他们自己也承认从未更进一步知道我们的观念是如何产生的：因为他们自己承认不能把握身体以什么方式作用于精神，或身体如何可能把观念植入心灵。因此，显而易见的是，我们心灵中的观念或感觉的产物不可能是我们所假定的物质或肉体实体存在的原因，因为公认的是，有无这些假设，无法说明。”[②]如果我们接受贝克莱的反驳，那么可选择的方向就只有他的主张，即直接知道的对象就是感觉与料，并且把主观感觉与料和外在于我们的客观世界之间的鸿沟当错

① [英]奥斯汀：《感觉与可感物》，陈嘉映译，207页，北京，华夏出版社，2010。

② George Berkeley, *Principles of Human Knowledge and Three Dialogues*, Oxford: Oxford University Press, 1996, p. 32.

觉来拒绝。当然，这并不是把事物完全等同于具体的感觉与料，而是说任何关于外部对象的内容都可以用感觉与料来描述。从这点出发，该问题阈转化为现象主义的主题，即把关于内容和意义的问题引入经验论争论的中心。经验论的问题就变为，关于外部世界的主张是否能还原为感觉与料词项。刘易斯(C. Lewis)、艾耶尔(A. Ayer)等偏向于古典经验论的哲学家试图以还原论详细解答该问题，而齐硕姆(R. Chisholm)和蒯因则认为还原论并不成立。还原论的基本困难在于，用感觉与料来说明日常判断的内容，需要求助于其他概念，而这些概念本身还需要被还原，这样就进入无限的还原倒退。蒯因的整体论试图保留感觉与料的基础作用，“我们关于外部世界的陈述不是单个地而是以一个整体面临着感觉经验的法庭”①。但是感觉经验能起到法庭的作用吗？由此进入第二个问题。

第二个问题是关于所予神话的。如果接受了笛卡尔式的观念就应承认命题所予，或者说，接受了命题所予就等于接受了笛卡尔式的观念。在哲学史上，塞拉斯的《经验论与心灵哲学》(1956)对所予的批判倍受关注。他认为，笛卡尔传统中具有所予功能的那种东西不存在，它是一个神话。感觉经验在因果性意义上是知识的前提条件，传统所予理论混淆了因果领域与理由领域。塞拉斯批判所予神话的要点如下：经验中的所予要素要么是非命题的，要么是命题的。如果所予不是命题，那么它不能作为论证的前提，因此，所予不是非命题的东西。如果所予是命题，

① Willard V. O. Quine, *From a Logical Point of View*, New York: Harper & Row, publishers, 1963, p. 41.

那么它在认识论意义上并不是独立的。同时，任何命题要么是推论的结果，要么不是。如果它是推论获得，那么它在认识论意义上依赖于推出它的前提或命题。如果它是非推论的，那么只有在认识系统中有其他命题支持它，它才能对知识起作用。因为，传统所予观认为非推论的命题性所予可以独立地对知识起作用。然而，塞拉斯却认为，假如非推论性的命题性所予要对知识起积极作用，必须依赖其他命题。比如，一个观察报告由命题构成，我如何知道它是可靠的？我的关于这个观察报告是否可靠的知识支持了该观察报告成为知识。因此，该观察报告并不能独立地对知识起作用。因而，命题性的东西在认识论上都不能独立存在，命题的和非命题的东西都不是所予，于是没有所予。①

我们可以看出，与所予相关的问题，本质上就是知识的因果性源头与其理性基底之间的关系问题。经验产生于心灵与世界的联系，它对信念产生因果性作用还是规范作用，是问题的焦点。对所予神话的批判说明，经验是引起信念的原因，不能直接对信念产生规范性确证作用。因此，我们认为，以纯粹因果性的方式来思考感觉，以纯粹意向性的方式来思考思想，并同时把二者融合起来，这是不可能的。因为，感觉是通过世界与感官的因果作用而产生，而思想只能通过意向性与世界发生关联。意向性是对世界的客观意指性，它表明了思想包含了世界性的内容。这种意向性是心灵的属性，不同于因果作用，在传统哲学中融合两者是不可能的。

---

① Wilfrid S. Sellars, *Empiricism and Philosophy of Mind*, London: Harvard University Press, 1997, pp. 68-69.

综上所述，在笛卡尔哲学传统中，心灵与世界的联系直接体现在知识产生的条件中。知识与世界的联系在心灵哲学层面上是心灵与世界的联系，就是思想与世界的联系，在知识论层面上是知识与世界之间的确证关系。每一方面都以对心灵属性的形而上承诺为前提。

二、思想如何与世界关联

通过上述对笛卡尔心灵图景中的知识困境的分析，我们意在表明，如果心灵与世界是相互关联的，那么最好借助于知识这个角色来说明这种关联性。因为人们有关于外部世界的确定的知识，就意味着心灵与世界的联系得到确证。思想或知识如何与世界关联的问题，可以从以下三方面展开。一是依赖知识心灵中的项目可被解释为与世界有关联；二是如果有与世界直接相关的知识，则为心灵与世界的直接联系打开了一扇窗户；由此引出第三方面，心灵中的项目不会止步于世界性的事实，在心灵向世界的开放中，可以进一步区分清楚心灵与世界之间真实或虚幻的联系。

1. 遵守规则问题

遵守规则问题可以看成是思想领域何以能与外在世界相融合的问题。规则是规范的，依据它能分清与其一致和不一致的运动，我们应用一个词时，依据规则分清了应用的正确与否。有意向的精神状态与规则相似，依据它们我们分清了那些与它们一致或满足了它们的活动或事件。在维特根斯坦的意义上，对规则的讨论更具有普遍性，包含了对意义、思想和意向性的讨论。说清楚标准的本质，就能说明白思想与世界之间的联系，“一个愿望看来似乎已经知道什么东西将会或者可能会满足它；一个命题，一个思想，则知道什么东西会使其为真——甚至当那样东西还根本不存在的时候！这种对尚未存在的东西的规定是从何而来的呢？这是一种专横的要求吗？”[①]他提出的问题也可表达为，人们在理解一条规则或形成一个精神状态的时候，何以能够履行这些规范性义务；而且他拒绝了以解释内在信号为基础的说明，即精神现象“像一个路标”[②]。对此，我们认为，“路标”本身并不能起到划分人的行为并指出一个行为是否符合规则的作用；它需要被解释，而该解释又需要被解释，由此导致了解释的无限倒退。但是，我们不禁要问：规则如果不被解释，对它的运用如何实现？

克里普克把维特根斯坦的上述观点理解为关于意义的怀疑。“不存在用词意谓某物这样的事情。我们所做的每一个新的应用都是在黑暗中的一跳。任何当前的意向都可被解释成与我们会选择去做的那些事情相一致。于是既不存在一致，也不存在违背”[③]。我们不可能确定人们过去的行为和过去的精神历史是否遵循了某规则。克里普克这是给维特根斯坦加上了自己的注解，“如果一切事物都能被搞得符合于规则，那么一切事物也就能被搞得与规则相冲突。因而在这里既没有什么符合也没

① [奥]维特根斯坦：《哲学研究》，李步楼译，194页，北京，商务印书馆，2000。

② 同上书，59页。

③ Saul Kripke, *Wittgenstein on Rules and Private Language*, Cambridge: Harvard University, 1982, p. 55.

有冲突”[1]。对此，我们认为，并不能从遵守规则的结果来理解规则，因为这还需要理解的主体赋予规则恰当的解释。即使用某词的用法来意谓某物得到共同体的同意，依然没有得到关于意义的事实。共同体起到的只是排斥性作用，一个词的一些用法被作为异类排除掉，这不是暗示有一种正确用词的基本标准，而是词的使用者并不需要公开自己在什么意义上使用了该词。如果个体并不与共同体有冲突，那么个体就可以被共同体认为是遵守了规则。所以，我们认为克里普克在常识与怀疑论之间找了一条折中之路。

维特根斯坦的这些观点提示我们，解释任何一种行为或话语的方式，可以互不相同甚至可以相互冲突。由于无法确定一个具体的用法模式，说话者只是受到启发而去相互交流，猜测一个词的用法。因此，理解一条规则与它的正确应用之间的连接是神秘的，同样，意向和遵循它的内容之间的规范连接也是一个谜。所以，赖特才会认为，意向状态进入两个冲突着的范式，一方面遵照的是感觉范式，可公开宣布，另一方面遵照的是心理学特征的范式，要靠主体表现出它们。[2] 主体依据前者把一些意向状态归于自己，又可以根据后者废除它们。因此只能说，一个说话人正在进行的判断组成了词的意义或意向的内容。这等于说意义由正在进行的用法塑造，但是这又预设了与判断内容对应的事实，即这些判断同样需要被说明意义。意向和遵循它的内容之间的规范连接依然是一个谜。

---

① [奥]维特根斯坦：《哲学研究》，李步楼译，121页，北京，商务印书馆，2000。

② Crispin Wright, “Wittgenstein’ s Later Philosophy of Mind: Sensation, Privacy, and Intention,” *The Journal of Philosophy*, vol. 86, no. 11, 1989, p. 631.

我们认为，维特根斯坦对遵守规则的讨论可以看成关于心灵与世界之间关系的讨论。它针对的目标是笛卡尔主义的一种观点，即心灵包含了独立实体。精神现象像“路标”是比喻，如果它独立于世界，那么它只能通过被规范地解释来联系世界。理解意义和理解有意向的精神状态的困境，是心灵与世界连接的困境。克里普克和赖特的努力，要么有限地求助于共同体，要么求助于意向的内在结构，但是他们并没有关注如何使意义有确定的基础、意向有客观的内容，即让思想有客观基础这一问题。

从上述的论证中我们可以看出，维特根斯坦提出的困境，其实就是笛卡尔主义的困境，克里普克和赖特之所以未走出困境，是因为依然以之为前提。正如麦克道尔所说：“如果我们接受了主题[心灵包含了独立的实体]，它不只与意义的把握相关，而且在更一般意义上与意向性相关，那么就会引出解释倒退这一困境的危险。正因为如此，一个意向就只是以一种特殊方式进行的活动所遵从的东西。一个期望就只是某种未来的事态所遵循的东西。更一般地，一个思想，就只是某种事态所遵从的东西。”[①]他的言下之意是维特根斯坦要拒绝的就是这种心灵假设。如果没有这种假设，一种可能情况就是行为无规则无规范，只能用因果词项来描述。麦克道尔把维特根斯坦的“‘遵守规则’也是一种实践”[②]解释

① John McDowell, *Mind*, *Value*, *and Reality*, Cambridge: Harvard University, 1998, p. 270.

② [奥]维特根斯坦：《哲学研究》，李步楼译，121页，北京，商务印书馆，2000。

为“训练就是加入习惯”①。盲目的但依然是规则约束的行为形成了一些习惯，这是一种实践。我们认为，这一观点在麦克道尔的《心灵与世界》(1994)中被扩展成为“自然化的柏拉图主义”。麦克道尔的这种对维特根斯坦的独特解读，是在努力说明规范的思想领域与外在世界相融。

2. 单称思想

心灵如果是独立于外部世界的实体，那么心灵的意向性、心灵与世界的关联看起来是困难重重。我们可以把维特根斯坦提出的遵守规则悖论，看成是此困境的体现。因为如果心灵是向世界开放的，那么思想或知识中应直接体现心灵与世界相互渗透的内容。单称思想是依赖对象的思想，与之相关的理论所解决的，正是思想何以能包含世界性内容的问题。我们考察分析哲学中与单称思想相关的内容，并试图指出，心灵的问题要通过知识问题展开。

人们在思考一个与事物相关的思想的时候，需要知道他想的是什么事物。一般认为，思想把握世界的方式有两种，一种是“亲知”(acquaintance)，另一种是“描述”(或摹状，description)。与此相对应，把命题区分为单称命题和描述命题。描述命题是罗素的摹状词理论中的主题。根据该理论，包含了摹状词的句子即使在摹状词没有对象的情况下也能够表达思想；同一个事物可以对应两个摹状词短语的主语，而这两个短语的含义不同。如果摹状词短语的含义仅是它从世界中拣出来的事物，那么在前一种情况下，它并不能说出任何有意义的事情，在后一种

① John McDowell, *Mind*, *Value*, *and Reality*, Cambridge: Harvard University, 1998, p. 239.

情况下则是赘言。亲知的知识可以把对象带到心灵之前。亲知的是感觉与料。当人们仅仅知道某属性或性质属于一个对象时，就可以说拥有了关于它的描述知识，而不论是否对它亲知。[①] 通过对比以上两者，我们认为，可以总结出两种心灵图式。当接受了一个描述性命题时，人的心灵状态不必依赖于存在于世界上的对象；与之相对，当接受了一个单称命题时，精神状态依赖于主体亲知的对象。如此，思想通过知觉联系来理解世界。如果放弃罗素的感觉与料认识论，对象则直接呈现给心灵。

罗素的单称命题中只有谓项是概念性的，主项不具有概念性，因此他的单称命题并不是完全概念化了的，不是严格意义上的思想，所以，它虽然与世界直接联系，但并不能说是思想与世界联系。这就需要结合弗雷格理论中关于含义与指称的内容，把主项看成概念，而且是直接依赖对象的概念。含义作为组成思想的要素是概念化了的，同时对对象有依赖性，几个含义可以对应同一个对象。但是概念化了的思想如何依赖对象？对于这个棘手的问题，麦克道尔的解决方式是，"如果我们想把概念的领域与思想的领域等同，关于'概念'的正确词汇就不是'谓语性的'，而是'属于弗雷格含义的领域'"[②]。概念包含了另一层意思，即它是思想内容而不是承载内容的工具，关于对象事物的思想即使没有被概念编整也可以在概念秩序中。但是，这引出另一个问题，作为内容的概念的边界有多远？

---

① Bertrand Russell, *Mysticism and Logic and other essays*, London: George Allen & Unwin Led, 1917, p. 231.

② John McDowell, *Mind and World*, London: Harvard University Press, 1998, p. 107.

我们认为，上述用弗雷格主义改造单称思想的尝试，可能会产生一种倾向，即认为思想既由内在的要素又由外在的语境要素决定。在一个具体语境中，内在要素，比如句子的意义，决定了作为整体的思想的真值条件。我们知道，思想是句子谓语部分不完全的含义和指示词在具体语境中指称的对象的结合物。一个思想既包含了精神要素又包含了结合进来的世界性要素，然而，与思想相关的表象何以能与某物相关？

事实上，对单称思想的追问是对笛卡尔式心灵图景的反思。假使内在空间内容之间关于日常可感觉对象的半罗素主义的单称命题存在，我们可能不再认为内在空间是笛卡尔式图景中的那个自立的、不受惠于外部各种条件的领域，从而认为不存在鸿沟的问题，即设法弥合它是哲学的任务，或者承认主体性的领域和日常对象世界之间是不可弥合的。[①]我们可以将此理解为，单称思想旨在拒绝笛卡尔式的心灵图景。从知觉经验方面来说，笛卡尔主义思想中有两种因素会引起怀疑论。一是把真理和可知性(knowability)的范围扩展到显象(appearances)，认为我们以显象为基础知道了日常世界。事实上是把事物对主体看起来如何认作事物本身。二是认为关于精神的事实对其主体来说是可知的和不可错的。[②] 前者很容易引发关于外部世界的怀疑论。后者使主体性限定在自足的精神领域。怀疑论的结论是，我们不可能有关于世界的知识，心灵最终不能达到世界，内部状态与外物关联以及意向性依然是谜。

---

① John McDowell, *Meaning*, *Knowledge*, *and Reality*, Cambridge: Harvard University Press, 1998, pp. 236-267.

② Ibid., pp. 239-240.

3. 析取论

如果精神状态被看成是自主的，那么知觉经验就被看成是它与外部世界的联系，主体通过它们揭示了世界的存在。在真实知觉和与之相像的幻觉中，有一个共同的经验状态——事物看起来如此的状态。由此引发了一个怀疑论式的问题，主体如何自己区分一个知觉状态是真实的知觉还是幻觉。麦克道尔认为，怀疑论质疑的是我们相信事物如它显现的权力，一个不可否认的事实：我们通过知觉知道事物的能力是容易犯错的。[①]

对此，麦克道尔给出的解决方案是，经验是一种直接向世界开放的形式。在正常的认知条件下，经验是心灵到达事实的一条通路，反之，经验就只是一种显象。但是在这两种情况下，并没有共同的精神要素。"只要没有完整的笛卡尔式的图景，不可错地可知的事实——对某人来说它看起来事情如此这般——可被析取地看待，看成是要么由事实明晰地如此这般构成，要么由事实仅看起来如此构成。根据这种说明，事物如此这般这种观念直接出现在我们不可错地可知的显象的知性中；经验可被理解为有朝向外部实在的表征直接性是没有问题的"[②]。这就是关于经验的析取论说明。析取论解决的是思想何以能"真实"的问题。为此，麦克道尔首先要去掉心灵与世界的非因果性中介。戴维森的哲学中也有类似的内容。"既然我们不能保证中介是有真理性的，我们就应该

---

① John McDowell, *The Engaged Intellect*, Cambridge: Harvard University Press, 2009, p. 231.

② John McDowell, *Meaning, Knowledge, and Reality*, Cambridge: Harvard University Press, 1998, p. 242.

允许在信念与其世界中的对象之间没有中介存在。当然有因果性中介。我们必须警惕的是认识方面的中介”[1]。我们需要指出的是，二人的区别十分明显。他们都同意世界与心灵之间的因果联系并不是一种理性的联系，以这种因果联系为原因产生的信念是概念性的。不同的是，戴维森认为信念只与信念有因果联系，麦克道尔则认为经验已经有概念参与。事实上，麦克道尔所说的经验更像是信念。

麦克道尔的析取论起初是为了说明独立的精神状态不能表征世界，后来他把经验析取论看成是加强先验论证的方式，用以说明知觉经验的客观意指特性，以此反驳关于外部世界知识的怀疑论。[2] 但是他的这一做法遭到赖特的批判。他们之间的分歧是对笛卡尔式的怀疑论的不同理解。我们从以上分析可知，在麦克道尔眼里，笛卡尔式的怀疑论是不可知论；而赖特则认为，笛卡尔式的怀疑是“二阶怀疑”，即关于我们理性地主张知识范围的怀疑；[3] 幻觉、真实经验这类只靠其原因就可区分的状态，并不需要关注其基础内容，需要关注的是其认识权力的主张，即正常的认知成就依赖于好状态而不是坏状态；问题的关键不是假定有共同的精神因素，而是在主观条件下无法区分真实知觉和幻觉。因此，析取论仍然没有真正把握住该问题的关键。

我们可以看到，赖特对麦克道尔的批判是在认识论层面上进行的。

---

① Donald Davidson, *Subjective*, *Intersubjective*, *Objective*, New York: Oxford University Press Inc., 2001, p. 144.

② John McDowell, *The Engaged Intellect*, Cambridge: Harvard University Press, 2009, p. 232.

③ Adrian Haddock, Fiona Macpherson, *Disjunctivism*: *Perception*, *Action*, *Knowledge*, Oxford: Oxford University Press, 2008, p. 401.

麦克道尔的析取论，单从知识论方面看确实有许多不足，比如对知觉经验的认识论作用的充分说明不必求助于析取论；真实知觉和幻觉的区分，在知觉条件得到进一步满足的情况下就可以实现。但是，我们认为，一种认识权力的主张可以从形而上学层面上来得到依据。在笛卡尔心灵图景中，心灵状态要被解释为表征了的世界，共同的精神要素的假定是不可避免的。共同的精神要素的提出正是真实知觉与幻觉在主观上不可区分的结果，而这种主观上不可区分的根源是心灵的自主性。所以，我们认为麦克道尔的析取论所说的经验是心灵向世界开放的视角，这正是对自主性的否定。如此，认识论的问题就延伸到心灵哲学问题。

三、心灵的属性如何保证知识的合法性

知识要承担起呈现心灵与世界关联的角色，一个必要前提是知识本身具有合法性，即信念是经过经验确证的。传统经验论中经验的确证角色被批判为所予神话，这就需要重新审视经验在知识形成中的作用。经验是世界对心灵作用的结果，要说明经验对知识的作用就要说明心灵的属性。当代分析哲学在全面批判经验论的困境的同时，建立起了以“自然主义”为名的各种理论，我们可以把它们看成是在为知识的经验前提寻求合法性的理论。传统经验论所假设的心灵前提不足以为知识的合法性提供依据，因此需要重新定义心灵的属性。蒯因把心灵属性还原为科学事实，以说明心灵属性与经验的同质性；塞拉斯用自然主义心灵哲学中的行为主义理论说明，虽然心灵属性与经验不是同质的，但是二者可

以相互渗透；斯特劳森的哲学则暗含了如下主张，心灵属性作为一般信念框架的内容是我们不可避免地要承认的。本部分我们将对此逐一分析。

1. 经验的角色

传统的认识论坚持基础主义观点，其中经验论以感觉经验作为人类知识的基础。休谟的怀疑论揭示了这种基础并不牢靠，他对归纳知识的质疑说明人类知识处于不确定性之中。经验论中概念还原或意义还原的做法被宣布为失败。康德式的问题被提了出来，“经验知识何以可能”。这就需要重新审视经验的角色。

如果经验没有笛卡尔传统哲学中心灵的要素，经验还剩下什么？我们可以把蒯因的关于观察句的理论看成是针对这个问题的一种回答。自然化的认识论认为人类知识本身是一种自然现象，观察句是对神经输入的语言反应。这种纯生理运动的结果看起来可以保证它的“意义是最牢靠的”①，可以成为科学证据上诉的法庭。“经验论的两个教条仍然是无懈可击的，而且至今如此。一个信条是：对科学来说，所存在的一切证据就是感觉证据；另一个信条是……所有关于语词意义的传授最终都必定依赖于感觉证据”②。观察句是科学认识的基础，也是科学理论的基础。然而，我们认为，人并不认识世界本身或者人之外的世界，而是通过感觉证据、感官接收的报道来认识世界。科学对象仅是实在事物的模糊代表，科学提供给我们的是以这种过程为依据的知识，那么我们为什

① Willard V. O. Quine, *Ontological Relativity and Other Essays*, New York: Columbia University Press, 1969, p. 89.

② Ibid., p. 75.

么要相信它们呢？真实的世界在科学中的地位并不能得到保证。蒯因的观察句理论有引起怀疑论的可能性。另一方面，观察句属于感官刺激性事实，是非属命题的状态，并不属于塞拉斯所说的理由和确证领域；如果说它是知识确证的基础，它就是塞拉斯批判的所予神话。因此，经验不能是纯粹的生理活动。

经验如果包含了心灵的要素，比如心灵对世界给予它的内容进行编排重组，就可以表征外部世界的事实，同时又可以与理由空间的内容(如科学命题)发生关联。这样的经验论如何回避所予神话？

我们认为，要回避所予神话，需要从两方面考虑经验：一方面它产生自世界与心灵的因果作用，另一方面它包含了可使自己与理由空间中的内容关联的要素。关于这个问题，塞拉斯在《经验论与心灵哲学》有一段结论性的话，“把一个片断或状态描述为关于‘知’(knowing)的片断或状态的时候，我们并不给予关于此片断或状态的经验性描述；我们在把它置于理由的逻辑空间，正在确证并能确证某人所说的东西的逻辑空间”[①]。经验中的片断不是非推论性的命题，不能直接对知识起确证作用，在此意义上经验的角色不是基础主义的；把经验的片断置于理由空间，可以保证心灵与世界的关联，因此理由空间的信念就不只是与信念发生联系，在此意义上经验的角色就不是融贯论的。

我们认为，一种可靠的经验论应该走一条介于基础主义和融贯论之间的路线。这条路能否走得通，关键看经验片断如何进入理由空间。如

① Wilfrid S. Sellars, *Empiricism and Philosophy of Mind*, London: Harvard University Press, 1997, p. 76.

果经验片断的产生已经依赖于主体对世界状态的回应，那么经验就不是独立的。塞拉斯的哲学中有这方面的内容。塞拉斯指出："说一个确定的经验是'在看'某物是此情况，就做了比描述此经验更多的事，可以说是把它描述为做了一种决断或主张，而且——我要强调的一点是——'认可'此主张。"[①]在此，知觉经验不只是包含了感觉内容，而且包含了概念能力运用的参与。不仅如此，主体可以用一些规范性的因素去确证主张，同时心灵直接指向世界。知觉环境的特征本身就是规范性因素。知觉经验的命题性主张真实与否与它有联系，因为知觉环境的特征本身是属于理由和概念的空间。这样，在知觉中有一种"前基础"(如命题主张，"X是绿的")和一种"背景"(衬出此主张的环境特征)。拥有某物是绿色的这种概念，不仅包含了绿的概念，而且"包含了告诉看到对象有什么颜色的能力——反过来，包含了人们如果期望通过看到对象断定其颜色，就知道把对象置于什么环境下"[②]。这是一种激进的整体论主张，体现了塞拉斯的直接实在论，即拥有一个片断的时候，就预设了一整套概念而且没有从它们做出推论。当主体回应世界的影响时，其信念系统已参与了该回应，经验片断就进入了理由空间。

对此，我们的理解是，这种知识产生的路径是由外到内的，它不同于笛卡尔传统哲学，即我们先知道自己的精神状态，并以此为基础知道了外部事物。在后一种情况下，我们首先知道的是知道得最好的，在前一种情况下，我们首先知道的不一定是知道得最好的，知道得最好的是那

---

① Wilfrid S. Sellars, *Empiricism and Philosophy of Mind*, London: Harvard University Press, 1997, p. 39.

② Ibid., p. 43.

些信念，它们处于我们可用的最融贯的说明框架，是能被充分地支持的片断。因为在塞拉斯那里，说明框架就是科学理论。如果把说明框架普遍化为一般的信念结构，我们这里讨论的经验的角色就有了普遍意义。

一般来说，如果存在普遍的信念结构或概念范畴，就可以依赖它们组织关于世界的思想或关于世界的经验。外部世界对感官连续不断地影响形成精神片断之流，在其任何情况下，知觉经验包括了与所预期对象相关的概念的应用。这样，每一刻表征的状态完全被这些概念渗透。我们从斯特劳森的哲学中能看到这种哲学方向，他认为存在概念图式或基本的信念结构，同时，人们不可避免地要承认它们，它们包括物理对象存在的信念等。① 而且，概念如果不与应用它们的经验性条件相联系，那么其使用就没有合法性甚至没有意义。② 这些概念已经在经验片断形成中起作用，与这些片断一起形成知识。“我们可感的经验……被客观世界的概念所渗透，世界在时空中展开，事物在世界中如何存在决定了我们判断的真和假”③。

我们应该看到，承认普遍的信念结构或概念范畴，有先验观念论的嫌疑。但如果把概念图式理解为语言使用者组织经验的方式，则可以承认一种语言就是一种概念图式。比如，对象在未被感知的情况下持续存在就是概念图式所蕴含的内容。这并不是确立了独立于任何经验的对象

---

① Peter F. Strawson, *Skepticism and Naturalism: Some Varieties*, London: Taylor & Francis e-Library, 2005, pp. 30-31.

② Peter F. Strawson, *The Bounds of Sense: an Essay on Kant's Critique of Pure Reason*, New York: Methuen, 1966, p. 16.

③ Peter F. Strawson, *Analysis and Metaphysics*, New York: Oxford University Press, 1992, p. 64.

的存在，而是说这一信念是我们思维和谈话的一个必要条件。也就是说，如果经验是融贯的，我们则必须运用这种概念。我们认为，概念图式的运用就是用语言来统一经验片断，使得它们形成的信念与已有的信念融贯一致。把概念图式解释为语言，避免了一些先验承诺，比如概念范畴是先天的能力，以及康德哲学中的物自体与经验世界的二分。下面，我们通过区分几种自然主义，来说明概念图式不可避免的原因所在。

2. 各种自然主义说明

蒯因用心理学代替了认识论，把人的感官所受的外界刺激作为认识论的出发点。这种主张的基础是身心一元论，其中心灵的属性并不是自成一类的，可以还原为物理世界中的对象，可用自然科学的术语来描述，心灵之外的世界与心灵之间的相互作用就是自然科学可描述的因果关系。如果心灵与世界的关系是认识论关系，那么认识论就是自然科学的部分。蒯因在心灵问题上主张心灵自然化，站在了还原论立场上。在经验问题上，他的哲学是一种自然化的经验论。

我们认为，引起信念的原因不能等同于对信念的确证依据。传统经验论混淆了这二者，犯了所予神话的错误。上文提到，塞拉斯试图说明在引起信念的同时，已经有概念参与这个过程，规范性的作用同时在发生。这里需要说明的是，概念如何产生以及概念如何参与。在知觉判断中，命题性的主张“由知觉对象从知觉者那里激发或追求而得。这里‘自然’……把我们置于问题中”[1]。问题是类似于自发性的东西从哪里来？

① Wilfrid S. Sellars, *Empiricism and Philosophy of Mind*, London: Harvard University Press, 1997, p. 40.

塞拉斯引入学习理论来说明。使用语言编组概念的能力"是语言使用者的一种获得性因果特征"[①]。起初人们学习一定类型的语言规则，在因果性意义上获得使用语言的能力。比如，学习规则过程中获得了用殊型"这是绿的"回应绿色对象的倾向或习惯。此倾向或习惯是更复杂的概念系统的部分。在成为更复杂的系统的过程中，非概念性的规则习惯就变成了对人回应世界的概念性支持。在概念问题上，塞拉斯的观点属于心理唯名论(Psychological nominalism)。概念的拥有等于语言的使用。知道抽象实体就是一种语言事务，甚至知道与直接经验相关的内容也不是由获得一种语言用法的过程所预先假定的。[②] 心理唯名论对精神活动的意向性作了自然主义的说明，否认心灵与抽象实体间的事实性联系。思想概念模拟了公开的语言行为，前者不是还原为后者而是模拟了后者。传统观念认为思想是内在的片断，既不是公开的行为也不是语词的画像，而是由意向性的词汇指及的。如果不认同这种传统观念，意向性的范畴就是那些专属于公开语词行为的语义范畴。我们可以对语言片断本身进行功能性分析，思想概念模拟了它并与之相似，我们在使用思想概念时也可以对之进行功能性分析，并且不需要对终极本质做承诺，不必说思想是物质的还是非物质的，可以在本体论方面保持沉默。

我们认为，上述塞拉斯对心灵所做的自然主义解释中，把心灵视为一种有特殊功能的器官，这种功能的特殊性需要科学理论来说明。与蒯因的自然主义相比，塞拉斯的温和了许多，他保留了传统经验论中心灵

---

① Wilfrid S. Sellars, *Empiricism and Philosophy of Mind*, London: Harvard University Press, 1997, p. 74.

② Ibid., p. 63.

地位的特殊性，当然仅是功能上的特殊，而不是本体论意义上的特殊地位，从而保留了理由空间的规范性。

需要指出的是，塞拉斯与蒯因都属于科学自然主义。科学自然主义试图说明精神状态与物质状态是同一的。然而，我们既可以按照物理规律把人的行动描述为物理事件，也可以用日常语言把它描述为精神事件。同一事件的两种描述之间可以有因果对应，即精神事件与物理事件相对应。从物理学的观点看，某人的这一行动是神经生理运动的结果。"从……看"是一种规则，排除了物理描述之外的其他描述，这里并没有形而上学的承诺，也没达到同一性理论的真正要求。既然如此，如何用、什么时候用这两种描述就应该顺其自然。同一性理论潜在地包含了一种还原自然主义，它把其他存在还原为物理事实，同时也是一种怀疑论，怀疑不能用物理概念描述的存在。

与还原自然主义相对的是斯特劳森的非还原自然主义。它认为，我们日常思维中各种实在观念是不可回避的。"我们在这些方面的承诺是先于理性的、自然的，是完全不可回避的，这些承诺可以说是设立了自然的限制，其中，也只有在其中理性的重要活动，不论是质疑还是确证信念才可能发生"[①]。这些观念或承诺是我们思考的立足点，还原论和非还原论都以之为出发点。对怀疑论的支持和反驳是两种不同的描述，不存在二者中哪一个更真实的情况。苏萨(E. Sosa)认为，非还原自然

---

① Peter F. Strawson, *Skepticism and Naturalism: Some Varieties*, London: Taylor & Francis e-Library, 2005, p. 54.

主义应该被定义为一种认知寂静主义。[①] 我们认为，这并不能概括斯特劳森的主张。如果我们把概念图式理解为组织经验的方式，那么它就是知识的条件。所以，我们认为斯特劳森的知识论解决的是知识的先决条件问题。他试图用非还原自然主义说明概念图式的合法性。这些概念图式不属于笛卡尔主义意义上的心灵主体，仅是人类经验的逻辑理论结构。

四、重审心灵属性

从上文可以看出，蒯因、塞拉斯和斯特劳森这三位哲学家，在对经验知识的合法性条件追问过程中，在各自的意义上求助于“自然”概念。蒯因在自然科学意义上使用“自然”概念；塞拉斯在自然主义心灵哲学意义上使用“自然”概念；斯特劳森的“自然”则具有先验哲学的意义。无论如何，知识的条件与心灵属性联系在一起，知识的普遍性和确证知识的规范性与心灵属性不可分。把心灵属性与“自然”概念联系起来，是为了说明其在知识条件中的不可或缺性。这中间蕴含的是知识论与心灵哲学不可分的内在机制。

1. 理性与自然

概念本质上是规范的，概念系统由理性的构成原则统辖。把一个片断描述为人们表达一个信念，就是把这一片断置于理由逻辑空间中。如

---

① Lewis E. Hahn, *The Philosophy of P. F. Strawson*, Chicago: Open Court Publishing Company, 1998, p. 368.

果经验是感觉印象，那么它是世界对感官产生因果作用的结果，属于自然逻辑空间，不能居于有规范性的信念系统，这种经验试图充当法庭的角色，就会陷入所予神话。但是，由此完全放弃经验在知识中的作用就会陷入融贯论，使思想失去与世界的联系。如此，我们就面临着两难：所予神话与融贯论。我们知道，这是理性与自然的对立在知识问题上的表现。

我们要让知识有经验性的内容，就必须理性地回应经验中的所予。只有主体形成信念的活动是在理性地回应经验中的所予，他才能被理解为是在从事断定某一情况的活动。这种思维能力本质上包括了一种以经验为基础的观察判断的能力。这说明人类经验能直接地揭示客观事实。如果经验能使一个关于事实存在的知觉意识明晰起来，那么我们就能理解观察判断，同时也能理解经验信念系统。同时，思想与实在的联系也能得到合理解释。我们认为，麦克道尔正是沿着这一思路提出了一种新的经验观。概念活动参与了经验的形成。① 这是消解理性与自然对立的

---

① 经验中有概念活动参与的可能性在心理学中有所体现，比如显意识的关注(explicit conscious attention)可以改善感官活动。(参见 Stephen P. Stich and Ted A. Warfield, *The Blackwell Guide to Philosophy of Mind*, Oxford: Blackwell Publishing Ltd, 2003, p. 340.)再者，神经生理学家威廉·纽瑟姆(W. Newsome)的实验表明，对大脑颞中回(middle temporal cortex)的微观刺激(microstimulation)能促发一种运动的主观感觉，我们可称之为运动感受性(motion qualia)，它是由神经活动独立地在脑中运算而产生，并且可以与外部事件不相关联，通过自然选择这种主观感觉能与环境中的对象匹配。纽瑟姆的实验不局限于运动，可以普遍化到其他刺激类型，包括方位、颜色和立体视差(stereoscopic disparity)等方面。我们认为这一实验结果可以看成是说明了感觉不是单纯的刺激反应，而且该结果预言了感觉的选择性。(参见 Stephen P. Stich and Ted A. Warfield, *The Blackwell Guide to Philosophy of Mind*, Oxford: Blackwell Publishing Ltd, 2003, pp. 334-340.)

一步，重新定义了经验的角色。

经验中人们被动地运用概念，表现出一种自发性。概念图式是主体关于世界的视角。在概念范围内，经验就具有向世界的敞开性。同时，我们不能控制经验中所予这一事实。“[经验特殊的被动性]的一般语境对[经验向世界的敞开性]这一比喻的可用性十分重要”①。这个一般语境是由我们概念图式提供的，一个概念只有依靠其应用的实践背景或传统用法才是可理解的。这是前文分析的关于“遵守规则”内容的普遍化。规则的存在依赖于应用规则的实践。但是，我们看到，这里就有了一个问题，那就是，说话者为什么能把用概念图式描述的事态理解为客观存在？因此，为了不陷入唯心主义，我们需要说明概念图式的合理性。否则在理由与自然二元论背景下，麦克道尔的经验向世界敞开的观点依然困难重重。我们知道，理解一个事件有两种方式，把它理解为理性能动者的活动，或者把它看成是一种自然现象。前面提到的两种逻辑空间的对立体现了这两种方式的对立。如果没有理性与自然的这种区分，就不会有规范性与自然之间的张力。我们认为，去除这种张力有两种办法：否认理由空间是一个自主的领域，然而这等于接受了严格的自然主义；要么，就接受麦克道尔提出的“第二自然”。

2. 第二自然

“第二自然”是麦克道尔提出的自然观，② 目的是为了调和理性与自然，获得一个心灵的框架，确保经验、思想和言谈向世界的开放性。第

---

① John McDowell, *Mind and World*, London: Harvard University Press, 1998, p. 29.

② Ibid., p. 84.

二自然属于自然秩序，它并非与生俱来，而是通过一定的生存方式选择或获得的能力、习惯和倾向。它最终趋于稳定，对人的活动起到类似本能的作用。心灵通过经验向世界敞开依赖于概念能力的使用，而概念能力的使用必须处于自发的状态，并与感觉刺激的因果作用相协调，同时概念的规范作用可使经验与理由空间相协调。自然提供了获取和应用理性概念能力的条件。我们接受教育以理解和把握概念，这种习惯是规范过程的组成部分之一，通过这一过程赋予的能力是自然的组成部分。人在习惯中学习语言，首先学到的是自然语言。自然语言包含了传统，存储了历史上积淀下来的智慧，这些智慧包含了人们对世界的理解。在学习语言的过程中，人们知道了概念间的理性联系，组成了理性空间的布局。可见，人类必然会获得理由空间。理性要求的领域不管人们是否对它回应，它都存在。当恰当的教育使人形成相关的思考方式时，人们就会关注理由空间。理性只在概念和观念系统中的一个立足点上才能使人们思考这些需求。[①] 使用自然语言系统表述理由形成既定的思想程式。进入自然语言就进入一个过程，由此逐步认识到理由和理性联系本身。这一过程是持续不断无限制的。

虽然麦克道尔一再声称，他的哲学是为去除哲学中普遍存在的焦虑，即在心灵与世界的关系上所予神话与融贯论之间的摇摆，但是这种第二自然的构建未尝不是这种焦虑的结果。或者可以说，知识的规范性从知识本身来说并不是问题，但是当知识与世界联系时就出现知识的基

---

① John McDowell, *Mind and World*, London: Harvard University Press, 1998, p. 82.

础、世界性的内容进入规范性领域的合法性问题。这些问题之所以出现，用塞拉斯的比喻来说，是因为自然规律空间与理由空间之间的区分，更基础的原因是假设心灵是与世界性质不同的存在。我们认为，从自然科学、功能主义和先验哲学的层面来重新描述心灵并不能让人信服，而麦克道尔从亚里士多德那里汲取灵感走向实践哲学，来重新描述心灵，这是调和心灵与知识关系的又一尝试。

3. 自由自然主义

根据对自然的现代理解，事物如何置于理由空间和事物如何置于自然是相对立的。自然和理由空间在知识论内涵上的对立，可以反映在我们对全部人类精神的思考中。现代认识论认为自己应该承担连接认识主体和自然世界的义务，好像主体已经从自然世界中撤退。不少心灵哲学认为自己应该承担相似的义务，即把思维着的主体整合入自然世界，好像主体与自然界是相异的。罗蒂认为，这种弥合鸿沟的认识论义务是一种幻觉。[①] 任何同情罗蒂说法的人，都会对现代心灵哲学产生相似的怀疑。

塞拉斯所说的自然主义陷阱有一个前提，[②] 理由空间的结构是自成一类的(suigeneris)，与自然科学在自然中发现的结构相对。因此知识和意向性只能在理由空间的框架中进入观念。这会产生一种形而上学的

---

① 罗蒂：《实用主义哲学》，林南译，250页，上海，上海译文出版社，2009。

② Wilfrid S. Sellars, *Empiricism and Philosophy of Mind*, London: Harvard University Press, 1997, p. 19.

焦虑，最后形成一种超级自然主义(Supernaturalism)的威胁。[1] 这里蕴含着一个康德式的问题：人的思(thinking)和知(knowing)何以可能？如果把它们看成是自然现象，就可以回避那种弥合鸿沟的焦虑。首先是把自然等同于规律的领域。理由空间的组织并不相异于自然科学在世界中发现的结构。我们要么把理由空间的结构还原为别的东西；要么把概念看成其本身就在理由空间发生作用，直接把物置于规律领域。后者事实上否定了塞拉斯对属于规律的逻辑空间和知识概念运行的逻辑空间的区分，即规律领域和自由领域的区分。我们认为，这种自然主义把自然等同于规律，但是拒绝塞拉斯提议，自然并不是思和知的主体之家。

另一种自然主义依然把思和知看成是自然现象。但是并不把自由领域的结构在上述自然主义的意义上自然化。它坚持塞拉斯的两个空间区分的合理性。这种自然主义把思和知看成是生命的一个方面，并不意味它们是属于人的生物性方面。虽然它们是人后天习得的能力，但是其形成后即与人的存在须臾不离。在此意义上，它们是自然物。人的生命有多方面，描述这些方面需要理由空间中的概念。人是理性的动物，其生命的组织的方式只有在理由空间中才可被认识。沿这条线索，可以把思和知看成是属于生命存在的方式。麦克道尔把这种自然主义称为“自由自然主义”(Liberal naturalism)。[2]

在自由自然主义看来，概念运作所在的概念框架有自成一类的特征。塞拉斯所说的陷阱，是指把自然科学理解的逻辑空间等同于自然的

---

① John McDowell, *The Engaged Intellect*, Cambridge: Harvard University Press, 2009, p. 260.

② Ibid., p. 262.

逻辑空间。拒绝这种等同则可以回避超级自然主义的威胁。自由自然主义的“自由”有许多方面，诸如心灵没有边界、理性能力自然形成、理由空间向世界的敞开性、经验的视角、概念使用的自发性等，我们认为，由此从心灵哲学到知识论，就拓展了心灵的空间和知识的空间。

我们知道，至少从笛卡尔开始，心灵与知识之间的张力就已存在。早期分析哲学中这种张力的表现尤其突出，知识的心灵条件作为形而上学被逐出哲学讨论范围，这是对传统哲学中心灵属性局限的极端批判。当代分析哲学在语言与世界的二分中，曲折地表现出心灵与知识之间的张力。分析哲学中经验主义进一步反思了经验在知识构成中所扮演角色的合法性。这些问题的根源是心灵如何接纳经验、心灵在何种程度上接纳经验的问题。哲学家们愿意在科学主义、自然主义(心灵哲学中的主要形态，有些地方这二者是同一种形态)的先验哲学层面上，去追问心灵的属性，为知识的经验基础的合理性做出说明。斯特劳森改造了康德的先验哲学，直白地表达出这种意向，追问经验知识何以可能。麦克道尔的哲学则是知识与心灵之间张力的直接体现。他所描述的所予神话与融贯论之间的摇摆、诊断的哲学焦虑是对此张力的直接描述，其第二自然理论是为消解此张力而做的努力。最后他提出的自由自然主义心灵哲学，完全是在努力解放心灵和知识。我们认为，他的哲学是知识论与心灵哲学的融合。

心灵哲学曾认为需要与形而上学划清界限。知识论以及与之相关的认识论则不回避形而上学问题。我们认为，知识论与心灵哲学的融合，使传统哲学问题特别是德国古典哲学问题在分析哲学传统中被继续追问，并且呈现出新的面貌，比如意识的统一性问题和概念与直觉的关系问题。这些问题的回归也可看成是分析哲学内部的一种自我批判。分析哲学一直被看成是批判哲学。语言转向之后，分析哲学家拒斥先验的预设，否认形而上学的合法性，认为由此就能够构造出一种绝对性，从而忽略掉整个认识论。但是，语言与世界之间的形而上关系，使分析哲学家不得不重新反思思想与世界的关系。斯特劳森和麦克道尔就直言不讳地讨论思想客观意指等与先验哲学相关的问题。这无异于否定了形而上学问题是无意义的主张。事实上，形而上学引发的哲学焦虑从未离开过哲学。

参考文献

中文部分

一、图书

1. [英]A. 屈森斯：《概念的联结论构造》，出自《人工智能哲学》，上海，上海译文出版社，2005。

2. [英]奥斯汀：《感觉与可感物》，陈嘉映译，北京，华夏出版社，2010。

3. [美]B. P. 麦克罗林：《计算主义、联结主义和心智哲学》，参见《计算与信息哲学导论》，刘钢等译，北京，商务印书馆，2010。

4. [德]鲍亨斯基：《当代思维方法》，童世骏等译，上海，上海人民出版社，1987。

5. [法]保罗·利科：《解释学与人文科学》，陶远华等译，石家庄，河北人民出版社，1987。

6. [美]比尔·弗兰克斯：《驾驭大数据》，黄海、车浩阳、王悦等译，北京，人民邮电出版社，2013。

7. [英]波普尔：《客观知识——一个进化论的研究》，舒炜光等译，上海，上海译文出版社，2001。
8. [英]波普尔：《走向进化的知识论》，李本正等译，杭州，中国美术学院出版社，2001。
9. [法]布鲁诺·拉图尔：《科学在行动——怎样在社会中跟随科学家和工程师》，刘文旋、郑开译，北京，东方出版社，2005。
10. 曹志平：《理解与科学解释》，北京，社会科学文献出版社，2005。
11. 陈波：《逻辑学是什么》，北京，北京大学出版社，2002。
12. 陈学明：《哈贝马斯的"晚期资本主义"论述评》，重庆，重庆出版社，1993。
13. [美]戴维森：《真理、意义、行动与事件》，牟博译，北京，商务印书馆，1993。
14. [英]丹·克莱恩、沙罗恩·沙蒂尔、比尔·梅布林：《视读逻辑学》，许兰译，合肥，安徽文艺出版社，2007。
15. 冯契：《哲学大辞典》，上海，上海辞书出版社，1992。
16. [比利时]G. 尼科里斯、I. 普里戈金：《探索复杂性》，罗久里、陈奎宁译，成都，四川教育出版社，1986。
17. 郭贵春：《当代科学实在论》，北京，科学出版社，1991。
18. 郭贵春：《后现代科学实在论》，北京，知识出版社，1995。
19. 郭贵春：《后现代科学哲学》，长沙，湖南教育出版社，1998。
20. [德]哈贝马斯：《作为"意识形态"的技术与科学》，李黎、郭官义译，上海，学林出版社，1999。
21. [德]哈贝马斯：《交往行动理论》(第一卷)，洪佩郁、蔺青译，重庆，重庆出版社，1994。

22. [德]海森伯:《物理学和哲学》，范岱年译，北京，商务印书馆，1981。
23. [美]赫施:《解释的有效性》，王才勇译，北京，生活·读书·新知三联书店，1991。
24. 何自然:《语用学概论》，长沙，湖南教育出版社，1988。
25. 何兆熊:《语用学概要》，上海，上海外语教育出版社，1989。
26. 洪汉鼎:《诠释学——它的历史和当代发展》，北京，人民出版社，2001。
27. 洪汉鼎:《中国诠释学》(第三辑)，济南，山东人民出版社，2006。
28. [德]胡塞尔:《欧洲科学危机和超验现象学》，张庆熊译，上海，上海译文出版社，1988。
29. [德]伽达默尔:《理解与解释——诠释学经典文选》，北京，东方出版社，2001。
30. [德]伽达默尔:《真理与方法》，洪汉鼎译，上海，上海译文出版社，2004。
31. [德]伽达默尔:《哲学解释学》，夏镇平、宋建平译，上海，上海译文出版社，2004。
32. 江怡:《维特根斯坦传》，石家庄，河北人民出版社，1998。
33. [美]杰里米·里夫金:《第三次工业革命：新经济模式如何改变世界》，张体伟、孙豫宁译，北京，中信出版社，2012。
34. [德]卡尔-奥托·阿佩尔:《哲学的改造》，孙周兴、陆兴华译，上海，上海译文出版社，1997。
35. [德]卡尔纳普:《卡尔纳普思想自述》，陈晓山、涂敏译，上海，上海译文出版社，1985。

36. [德]卡尔纳普：《世界的逻辑构造》，陈启伟译，上海，上海译文出版社，1999。

37. [德]康德：《纯粹理性批判》，邓晓芒译，北京，人民出版社，2004。

38. [德]康德：《纯粹理性批判》，韦卓民译，武汉，华中师范大学出版社，2000。

39. [德]康德：《未来形而上学导论》，北京，商务印书馆，1982。

40. [意]L. 弗洛里迪：《计算与信息哲学导论》，北京，商务印书馆，2010。

41. [法]利奥塔：《后现代状况：关于知识的报告》，岛子译，长沙，湖南美术出版社，1996。

42. [美]理查德·蒙塔古：《语用学和内涵逻辑》，瓮世盛译，《语用学与自然逻辑》，中国逻辑学会编，北京，开明出版社，1994。

43. 李红：《当代西方分析哲学与诠释学的融合》，北京，中国社会科学出版社，2002。

44. 李延福：《国外语言学通观》(上)，济南，山东教育出版社，1999。

45. 李幼蒸：《理论符号学导论》，北京，社会科学文献出版社，1999。

46. 刘放桐：《现代西方哲学》，北京，人民出版社，1981。

47. 刘放桐：《现代西方哲学》，北京，人民出版社，1990。

48. 刘放桐：《新编现代西方哲学》，北京，人民出版社，2000。

49. 刘开瑛：《中文文本自动分词和标注》，北京，商务印书馆，2000。

50. [美]罗蒂：《实用主义哲学》，林南译，上海，上海译文出版社，2009。

51. 莫伟民等：《二十世纪法国哲学》，北京，人民出版社，2008。

52. 彭启福：《理解之思——诠释学初论》，合肥，安徽人民出版社，2005。

53. [美]皮尔斯：《如何使我们的观念清楚》，洪谦(主编)：《现代西方哲学论著选辑》(上)，北京，商务印书馆，1993。

54. [美]皮尔士：《实用主义要义》，陈启伟(主编)，《现代西方哲学论著选读》，北京，北京大学出版社，1992。

55. 盛晓明：《话语规则与知识基础：语用学维度》，上海，学林出版社，2000。

56. 史忠植：《智能科学》，北京，清华大学出版社，2006。

57. 施雁飞：《科学解释学》，长沙，湖南出版社，1991。

58. [美]斯图尔特·拉塞尔、彼得·诺维格：《人工智能——一种现代方法》(第二版)，姜哲、金奕江、张敏、杨磊等译，北京，人民邮电出版社，2010。

59. [美]斯图尔特·夏皮罗：《数学哲学：对数学的思考》，郝兆宽、杨睿之译，上海，复旦大学出版社，2012。

60. [美]索卡尔等：《"索卡尔事件"与科学大战——后现代视野中的科学与人文的冲突》，蔡仲等译，南京，南京大学出版社，2002。

61. 索振羽：《语用学教程》，北京，北京大学出版社，2000。

62. 谭永基、俞红编：《现实世界的数学视角与思维》，上海，复旦大学出版社，2010。

63. [美]唐·伊德：《让事物说话——后现象学与技术科学》，韩连庆译，北京，北京大学出版社，2008。

64. 涂纪亮：《分析哲学及其在美国的发展》(上)，北京，中国社会科学出版社，1987。

65. 涂纪亮：《现代西方语言哲学比较研究》，北京，中国社会科学出版社，1996。

66. 涂纪亮：《美国哲学史》(第二卷)，石家庄，河北教育出版社，2000。

67. [美]W. 蒯因：《从逻辑的观点看》，江天骥等译，上海，上海译文出版社，1987。

68. [德]W. 施太格缪勒：《当代哲学主流》(下卷)，北京，商务印书馆，1992。

69. [日]丸山高司：《伽达默尔——视野融合》，刘文柱等译，石家庄，河北教育出版社，2002。

70. 王元明：《行动和效果：美国实用主义研究》，北京，中国社会科学出版社，1998。

71. [美]威瑟斯布恩：《多维世界中的维特根斯坦》，张志林编，上海，华东师范大学出版社，2005。

72. [意]维柯：《新科学》，朱光潜译，北京，商务印书馆，1989。

73. [英]维克托·迈尔-舍恩伯格、肯尼思·库克耶：《大数据时代：生活、工作与思维的大变革》，盛杨燕、周涛译，杭州，浙江人民出版社，2013。

74. [奥]维特根斯坦：《逻辑哲学论》，郭英译，北京，商务印书馆，1992。

75. [奥]维特根斯坦：《哲学研究》，李步楼译，北京，商务印书馆，1996。

76. 徐崇温：《用马克思主义评析西方思潮》，重庆，重庆出版社，1990。
77. 徐友渔：《“哥白尼式”的革命》，上海，上海三联书店，1994。
78. 袁崇义：《Petri 网原理与应用》，北京，电子工业出版社，2005。
79. [比利时]伊利亚·普里戈金：《确定性的终结：时间、混沌与新自然法则》，湛敏译，上海，上海科技教育出版社，2009。
80. [比利时]伊·普里戈金、[法]伊·斯唐热，《从混沌到有序——人与自然的新对话》，曾庆宏、沈小峰译，上海，上海译文出版社，1987。
81. 殷杰、郭贵春：《哲学对话的新平台——科学语用学的元理论研究》，太原，山西科学技术出版社，2003。
82. 尼古拉斯·布宁、余纪元：《西方哲学英汉对照辞典》，北京，人民出版社，2001。
83. [美]约瑟夫·贾拉塔诺、盖理·赖利：《专家系统原理与编程》，印鉴、陈忆群、刘星成译，北京，机械工业出版社，2006。
84. [美]约瑟夫·劳斯：《知识与权力——走向科学的政治哲学》，盛晓明等译，北京，北京大学出版社，2004。
85. 张汝伦：《意义的探究——当代西方释义学》，沈阳，辽宁人民出版社，1986。
86. 赵敦华：《西方哲学通史》，北京，北京大学出版社，1996。
87. 曾庆豹：“哈贝马斯”，《当代西方著名哲学家评传》(社会哲学卷)，济南，山东人民出版社，1996。
88. 张尚水：《当代西方著名哲学家评传(逻辑哲学卷)》“卡尔纳普”，济南，山东人民出版社，1996。

89. 诸昌钤、马永强：《并行处理程序设计语言OCCAM》，成都，西南交通大学出版社，1990。

二、论文

1. [英]伯德：《库恩的错误转向》，康立伟译，载《世界哲学》，2004(4)。
2. 陈嘉明：《经验基础与知识确证》，载《中国社会科学》，2007(1)。
3. 陈嘉明：《康德"图式"论的符号学分析》，载《厦门大学学报(哲社版)》，1991(4)。
4. 陈其荣、曹志平：《自然科学与人文社会科学方法论中的"理解与解释"》，载《浙江大学学报》，2004(2)。
5. 董国安：《语言构架转换与科学哲学的新定位》，载《哲学动态》，1997(3)。
6. 范岱年：《P. A. 希伦和诠释学的科学哲学》，载《自然辩证法通讯》，2006(1)。
7. 冯志伟：《基于经验主义的语料库研究》，载《术语标准化与信息技术》，2007(1)。
8. [英]G. 贝克尔、P. 海克尔：《今日维特根斯坦》，李梅译，载《哲学译丛》，1994(5)。
9. [英]格林·温克尔：《程序设计语言的形式语义》，宋国新、邵志清等译，北京，机械工业出版社，2004。
10. 郭贵春：《论语境》，载《哲学研究》，1997(4)。
11. 郭贵春：《语用分析方法的意义》，载《哲学研究》，1999(5)。
12. 郭贵春：《科学修辞学的本质特征》，载《哲学研究》，2000(7)。

13. 郭贵春、李红：《自然主义的"再语境化"：R. 罗蒂哲学的实质"》，载《自然辩证法研究》，1997(12)。

14. 郭贵春、殷杰：《论指称理论的后现代演变》，载《哲学研究》，1998(4)。

15. 郭贵春、殷杰：《在"转向中运动"——20世纪科学哲学的演变及其走向》，载《哲学动态》，2000(8)。

16. 韩卫、郝红宇、代丽：《并行程序设计语言发展现状》，载《计算机科学》，2003(11)。

17. 何华青、吴彤：《实验的可重复性研究——新实验主义与科学知识社会学比较》，载《自然辩证法通讯》，2008(4)。

18. 胡杨：《强纲领的建构与解构(上)——兼论SSK研究纲领的转向》，载《哲学动态》，2003(10)。

19. 江怡：《对语言哲学的批判：维特根斯坦与康德——兼论英美与欧洲大陆哲学的关系》，载《哲学研究》，1990(5)。

20. 江怡：《走向新世纪的西方哲学》，载《科学时报》，1999-03-29。

21. 江怡：《分析哲学与诠释学的共同话题》，载《山东大学学报》，2007(1)。

22. [美]库恩：《科学革命是什么?》，载《自然科学哲学基本问题》，1989(1、2)。

23. [德]L. 格尔德塞策尔：《解释学的系统、循环与辩证法》，王彤译，载《哲学译丛》，1988(6)。

24. 李国杰：《对计算机科学的反思》，载《中国计算机学会通讯》，2005(12)。

25. 李红：《先验符号学的涵义：卡尔-奥托·阿佩尔哲学思想研究

(一)》，载《自然辩证法研究》，1999(11)。

26. 李红：《另一种先验哲学：卡尔-奥托·阿佩尔哲学述要》，载《教学与研究》，2000(10)。

27. 李醒民：《隐喻：科学概念变革的助产士》，载《自然辩证法通讯》，2004(1)。

28. 鲁苓：《语言·言语·交往：哈贝马斯语用学理论的几个问题》，载《外语学刊》，2000(1)。

29. 刘丹青：《语义优先还是语用优先——汉语语法学体系建设断想》，载《语文研究》，1995(2)。

30. 刘方爱、乔香珍、刘志勇：《并行计算模型的层次分析及性能评价》，载《计算机科学》，2000(8)。

31. [德]鲁茨·盖尔德赛泽：《解释学中的真、假和逼真性》，胡新和译，载《自然辩证法通讯》，1997(2)。

32. [美]麦克道尔：《心与世界》，载《世界哲学》，2002(3)。

33. 彭启福：《波普尔科学哲学思想的诠释学维度》，载《安徽师范大学学报》，2004(4)。

34. [美]S. 摩根贝塞：《科学解释》，载《哲学译丛》，1987(6)。

35. 邵晖：《军用计算机编程语言的选择》，载《电光与控制》，1996(3)。

36. 孙周兴：《论威廉姆·洪堡特的语言世界观》，载《浙江学刊》，1994(4)。

37. 王华平：《内容外在论与辩护内在论》，载《世界哲学》，2011(3)。

38. 王华平、盛晓明：《“错觉论证”与析取论》，载《哲学研究》，2008(9)。

39. 王路：《论“语言学转向”的性质和意义》，载《哲学研究》，1996(10)。

40. 魏敦友：《释义与批判：哈贝马斯的“交往合理性”述评》，载《江汉论坛》，1995(7)。

41. 吴晓明：《社会科学方法论创新的核心》，载《浙江社会科学》，2007(4)。
42. 许良：《亥姆霍兹、赫兹与维特根斯坦》，载《复旦学报(社科版)》，1998(6)。
43. 杨玉成、王春燕：《知识仅仅是一种权威话语吗？——论J.L.奥斯汀知识概念分析》，载《中共福建省委党校学报》，2000(7)。
44. [日]野家启一：《试论“科学的解释学”——科学哲学》，何培忠译，载《国外社会科学》，1984(8)。
45. 殷杰：《语境主义世界观的特征》，载《哲学研究》，2006(5)。
46. 殷杰、董佳蓉：《论自然语言处理的发展趋势》，载《自然辩证法研究》，2008(3)。
47. 由丽萍：《构建现代汉语框架语义知识库技术研究》，上海师范大学博士学位论文，2006。
48. 张成岗：《弗莱克学术形象初探》，载《自然辩证法研究》，1998(8)。
49. 张春美等，《学科交叉研究的神韵——百年诺贝尔自然科学奖探析》，载《科学技术与辩证法》，2001(6)。
50. 张志林：《论科学解释》，载《哲学研究》，1999(1)。
51. 郑述谱：《科学与语言并行发展的历史轨迹》，载《术语标准化与信息技术》，2003(3)。
52. 周祯祥：《现代符号学理论源流浅探》，载《现代哲学》，1999(3)。
53. 朱作言：《同行评议与科学自主性》，载《中国科学基金》，2004(5)。

网络资源：

人民网：《人类星际航行或需太空繁衍，飞船如巨大生物圈》：http：//scitech. people. com. cn/GB/n/2012/1004/c1007-19171562. html， 2019-11-26。

英文部分

一、图书

1. Achim Eschbach(ed.), *Karl Bühler's Theory of Language*, Amsterdam: John Benjamins, 1988.
2. Adrian Haddock, Fiona Macpherson, *Disjunctivism: Perception, Action, Knowledge*, Oxford: Oxford University Press, 2008.
3. Aloysius Martinich(ed.), *Philosophy of Language*, Oxford: Oxford University Press, 1985.
4. Aloysius Martinich, D. Sosa(eds), *A Companion to Analytic Philosophy*, Blackwell Publishers, 2001.
5. Asa Kasher(ed.), *Pragmatics: Critical Concepts* (I, II, III, IV, V, VI), London: Routledge, 1998.
6. Babette Babich, Debra Bergoffen, Simon Glynn, *Continental and Postmodern Perspectives in the Philosophy of Science*, Aldershot: Avebury, 1995.

7. Babette E. Babich, *Hermeneutic Philosophy of Science, Van Gogh's Eyes, and God*, Dordrecht: Kluwer Academic Publishers, 2002.

8. Barry Loewer, Georges Rey(eds.), *Meaning in Mind: Fodor and His Critics*, Oxford: Blackwell Publishing, 1991.

9. Barry Smith, "Towards a History of Speech Act Theory", in Armin Burkhardt(eds.), *Meaning and Intentions: Critical Approaches to the Philosophy of John R. Searle*, Berlin/New York: De Gruyter, 1990.

10. Bas C. Van Fraassen, *The Scientific Image*, Oxford: Clarendon Press, 1980.

11. Bertrand Russell, *Mysticism and Logic and Other Essays*, London: George Allen & Unwin Ltd, 1917.

12. Bertrand Russell, *Logic and Knowledge*, London: Unwin Hyman Ltd, 1956.

13. Brian McGuinness, Gianluigi Oliveri(eds), *The Philosophy of Michael Dummett*, Dordrecht: Kluwer, 1994.

14. Brice R. Wachterhauser, *Hermeneutics and Modern Philosophy*, New York: State University of New York Press, 1986.

15. Brigitte Nerlich, David Clarke, *Language, Action, and Context: the Early History of Pragmatics in Europe and America 1780-1930*, Amsterdam/Philadelphia: John Benjamins Publishing Company, 1996.

16. Bruce Krajewski, *Gadamer's Repercussions: Reconsidering Philosophi-*

cal Hermeneutics, London: University of California Press, 2003.

17. Bruno Latour, *Science in Action*: *How to Follow Scientists and Engineers Through Society*, Cambridge/Massachusetts: Harvard University Press, 1987.

18. Charles Morris, *Foundation of the Theory of Signs*, Chicago: University of Chicago Press, 1938.

19. Charles Morris, *Writing on the General Theory of Signs*, The Hague: Walter de Gruyter, 1971.

20. Charles Morris, *Signs, Language and Behavior*, New York: Prentice-Hall, 1946.

21. Chris Frith, *Making up the Mind*: *How the Brain Creates Our Mental World*, Blackwell Pub, 2007.

22. Chrysostomos Mantzavinos, *Naturalistic Hermeneutics*, Cambridge: Cambridge University Press, 2005.

23. Dan Sperber, Deirdre Wilson, *Relevance*: *Communication and Cognition*, Oxford: Basil Blackwell, 1986.

24. Daniel G. Dennett, *Consciousness Explained*, New York: Little, Brown and Company, 1991.

25. David Hiley, James Bohman, Richard Shusterman(eds.), *The Interpretive Turn*, Cornell: Cornell University Press, 1991.

26. Donald Davidson, *Subjective, Intersubjective, Objective*, New York: Oxford University Press Inc., 2001.

27. Emile Benveniste, *Problems in General Linguistics*, Florida: Uni-

versity of Miami Press, 1971.

28. Ernest Lepore (ed.), *Truth and Interpretation: Perspectives on the Philosophy of Donald Davidson*, Oxford: Blackwell Publishing Ltd., 1987.

29. Frederick Newmeyer (ed.), *Linguistics: The Cambridge Survey*, Cambridge: Cambridge University Press, 1988.

30. George Berkeley, *Principles of Human Knowledge and Three Dialogues*, Oxford: Oxford University Press, 1996.

31. Georgia Green, *Pragmatics and Natural Language Understanding*, New Jersey: Lawrence Erlbaum Associates, 1989.

32. Gerald Gazdar, *Pragmatics: Implicature, Presupposition, and Logical Form*, London: Academic Press, 1979.

33. Geoffrey Leech, *Principles of Pragmatics*, London: Longman, 1983.

34. George Mead, *Mind, Self and Society: from the Standpoint of a Behaviorist*, Charles Morris (ed.), The University of Chicago Press, 1934.

35. George Yule, *Pragmatics*, Oxford: Oxford University Press, 1996.

36. Grace De Laguna, *Speech: Its Function and Development*, New Haven: Yale University Press, 1927.

37. Gunnar Skirbekk, *Rationality and Modernity: Essays in Philosophical Pragmatics*, Oslo: Scandinavian University Press/Oxford: Oxford University Press, 1993.

38. Hans-Georg Gadamer, *Truth and Method*, London: Continuum, 1989.

39. Hans-Georg Gadamer, *Reason in the Age of Science*, Cambridge/Massachusetts: The MIT Press, 1981.

40. Hans-Georg Gadamer, Richard Palmer(ed.), *Gadamer in Conversation: Reflections and Commentar*, New Haven: Yale University Press, 2001.

41. Harry Collins, *Changing Order*, Chicago: University of Chicago Press, 1992.

42. Herbert Otto, James Tuedio(eds.), *Perspectives On Mind*, Dordrecht: D. Reidel Publishing Company, 1988.

43. Herbert Simons(ed.), *The Rhetorical Turn*, Chicago: University of Chicago Press, 1990.

44. Hilary Putnam, *Meaning and the Moral Sciences*, New York: Routledge & Kegan Paul, 1978.

45. Hilary Putnam, *Reason, Truth and History*, Cambridge: Cambridge University press, 1981.

46. Howard Gardner, *The Mind's New Science: A History of the Cognitive Revolution*, New York: Basic Books, Inc., Publishers, 1985.

47. Ilse Bulhof, *The Language of Science: A Study of the Relationship Between Literature and Science in the Perspective of a Hermeneutical Ontology, with a Case Study of Darwin's The Origin of Species*, Leiden/New York: Brill Academic Publishers, 1992.

48. Immanuel Kant, *Critique of Pure Reason*, Norman Smith(trans.),

London: Macmillan Pbulishers, 1968.

Immanuel Kant, *Metaphysical Foundations of Natural Science*, Cambridge: Cambridge University Press, 2004.

49. J. Hangeland. *Meaning and Cognitive Structure. How Can a Symbol Mean Something?* New Jersey: Ablex Publishing Corporation, 1986.

50. Jacob Mey, *Pragmatics: An Introduction*, Oxford: Blackwell, 1993.

51. Jef Verschueren, Jan-ola Östman, Jan Blommaert, Chris Bulcaen (eds.), *Handbook of Pragmatics*, Amsterdam/Philadelphia: John Benjamins Publishing Company, 1995.

52. Jennifer Widom. *Trio: A System for Integrated Management of Data, Accuracy, and Lineage*, in Proceedings of the 2nd Biennial Conference on Innovative Data Systems Research, Asilomar, 2005.

53. Jerrold L. Aronson, *A Realist Philosophy of Science*, New York: St. Martins Press, 1984.

54. Jerry Fodor, *A Theory of Content and Other Essays*, The MIT press, 1990.

55. Jerry Fodor, *Psychosemantics*, Cambridge, MA: The MIT press, 1987.

56. Jerry Fodor. *The Language of Thought*, Boston: Havard University Press, 1975.

57. John Austin, *How to Do Things with Words: The William James Lectures Delivered at Harvard University in 1955*, J. Urmson, Marina Sbisa(eds.), Oxford University Press, 1962.

58. John Carroll(ed.)*Language, Thought and Reality: Selected Writings of Benjamin Lee Whorf*, Massachusetts: The MIT Press, 1956.

59. John Hough, *Scientific Terminology*, New York: Rinehart, 1953.

60. John Locke, *Essay on Human Understanding*, Oxford: Oxford University Press, 1975.

61. John McDowell, *Having the World in View: Essays on Kant, Hegel, and Sellars*, London: Harvard University Press, 2009.

62. John McDowell, *Meaning, Knowledge, and Reality*, Cambridge: Harvard University Press, 1998.

63. John McDowell, *Mind and World*, London: Harvard University Press, 1998.

64. John McDowell, *Mind, Value, and Reality*, Cambridge: Harvard University, 1998.

65. John McDowell, *The Engaged Intellect*, Cambridge: Harvard University Press, 2009.

66. John Searle, *Intentionality: An Essay in the Philosophy of Mind*, Cambridge University Press, 1983.

67. John Searle, *Speech Acts: An Essay in the Philosophy of Language*, London: Cambridge University Press, 1969.

68. Julian Nida-Rümelin(ed.), *Rationality, Realism, Revision*, New York: Walter de Gruyter, 1999.

Jürgen Habermas, *On the Pragmatics of Communication*, Maeve

Cooke(ed.), Massachusetts: The MIT Press, 1998.

69. Katarzyna Jaszczolt, *Semantics and Pragmatics: Meaning in Language and Discourse*, London: Longman, 2002.

70. Ken Turner(ed.), *The Semantics/Pragmatics Interface From Different Point of View*, Oxford: Elsevier, 1999.

71. Kevin Mulligan (ed.), *Mind, Meaning and Metaphysics*, Dordrecht: Kluwer Academic Publishers, 1990.

72. Laird Johnson(eds), *Elements of Discourse Understanding*, Cambridge: Cambridge University Press, 1981.

73. Laird Johnson, *Meaning and Mental Representation, How in Meaning Mentally Represented*, Indianapolis: Indiana Llniversity Press, 1988.

74. Lev Vygotsky, *Thought and Language*, Gertrude Vakar, Eugenia Hanfmann(transl.), Cambridge: MIT Press, 1962.

75. Lewis E. Hahn, *The Philosophy of P. F. Strawson*, Chicago: Open Court Publishing Company, 1998.

76. Ludwig Wittgenstein, *Tractatus Logico-Philosophicus*, David Pears, Brian McGuinness(trans.), London: Routledge & Kegan Paul, 1961.

77. Maeve Cooke, *Language and Reason: A Study of Habermas's Pragmatics*, Massachusetts/London: The MIT Press, 1994.

78. Maeve Cooke(ed.), *On the Pragmatics of Communication*, Massachusetts: The MIT Press, 1998.

79. Martin Eger, *Hermeneutics as an Approach to Science: Part II*, *Science*

& *Education 2*, Netherlands: Kluwer Academic Publishers, 1993.

80. Martin Heidegger, *Pathmarks*, Cambridge: Cambridge University Press, 1998.

81. Márta Fehér, Olga Kiss, László Ropolyi, *Hermeneutics and Science*. Dordrecht: Kluwer Academic Publishers, 1999.

82. Michel Breal, *Semantics: Studies in the Science of Meaning*, Henry Crust(transl.), New York: Dover Publishing, 1964.

83. Michel Breal, *The Beginnings of Semantics*, George Wolf (transl.), London: Duckworth, 1991.

84. Michael Dummett, *Origins of Analytic Philosophy*, Cambridge, Massachusetts: Harvard University Press, 1993.

85. Newton Smith, *The Rationality of Science*, British: Routledge, 1986.

86. Nicholas Bunnin, Tsui-James (eds.), *The Blackwell Companion to Philosophy*, Massachusetts/Oxford/Berlin: Blackwell, 1995.

87. Nicholas Smith (eds.), *Reading McDowell: On Mind and World*, New York: Routledge, 2002.

88. Noam Chomsky, *Syntactic Structures*, The Hague/Paris: Mouton, 1957.

89. Patrick A Heelan, *The Scope of Hermeneutics in Natural Science*, Elsevier Science Ltd, 1998.

90. Paul Edwards (ed.), *The Encyclopedia of Philosophy*, New York: Collier Macmillan, 1967.

91. Paul Grice, *Studies in the Way of Words*, Massachusetts/London: Harvard University Press, 1989.

92. Paul Horwich(ed.), *World Changes: Thomas Kuhn and the Nature of Science*, Massachusetts: MIT Press, 1993.

93. Paul Redding, *Analytic Philosophy and the Return of Hegelian Thought*, New York: Cambridge University Press, 2007.

94. Peter F. Strawson, *The Bounds of Sense: an Essay on Kant's Critique of Pure Reason*, New York: Methuen, 1966.

95. Peter F. Strawson, *Analysis and Metaphysics*, New York: Oxford University Press, 1992.

96. Peter F. Strawson, *Skepticism and Naturalism: Some Varieties*, London: Taylor & Francis e-Library, 2005.

97. Philip Kitcher, Wesley C. Salmon, *Scientific Explanation*, Minnesota: University of Minnesota Press, 1989.

98. Raymond Nelson, *Naming and Reference: the Link of Word to Object*, London: Routledge, 1992.

99. Richard Grandy, Richard Warner(eds.), *Philosophical Grounds of Rationality: Intention, Categories, Ends*, New York: Oxford University Press, 1986.

100. Richard Rorty, *Philosophy and the Mirror of Nature*, Princeton: Princeton University Press, 1979.

101. Richard H. Schlagel, *Contextual Realism: A Meta-physical Framework for Modern Science*, New York: Paragon House Publishers, 1986.

102. Robert Audi (ed.), *The Cambridge Dictionary of Philosophy*, Cambridge: Cambridge University Press, 1995.

103. Robert Brandom, *Making It Explicit*: *Reasoning*, *Representing and Discursive Commitment*, Massachusetts/London: Harvard University Press, 1994.

104. Robert Cohen, Marx Wartofsky(eds), *Language*, *Logic and Method*, Dordrecht/Boston/London: D. Reidel Publishing Company, 1983.

105. Robert P. Crease, *Hermeneutics and the Natural Sciences*, Dordrecht: Kluwer Academic Publishers, 1997.

106. Roger Cohen, *The Context of Explanation*, Dordrecht: Kluwer Academic Publishers, 1993.

107. Rom Harre, *Varieties of Realism*: *A Rationale for the Natural Sciences*, Oxford/New York: Basil Blackwell, 1996.

108. Roy Harris, Talbot Taylor, *Landmark in Linguistic Thought Volume I*: *The Western Tradition from Socrates to Saussure*, London: Routledge, 1989.

109. Rudolf Carnap, *Introduction to Semantics*, Massachusetts: Harvard University Press, 1942.

110. Sankar K. Pal, Andrzej Skowron, *A Rough Fuzzy Hybridization*: *a New Trend in Decision Making*, Singapore: Springer, 1999.

111. Saul Kripke, *Wittgenstein on Rules and Private Language*, Cambridge: Harvard University, 1982.

112. Serge Abiteboul, Paris Kanellakis, Gosta Grahne, *On the Representation and Querying of Sets of Possible Worlds*, ACM SIGMOD Record, 16(3), 1987.

113. Simon Evnine, *Donald Davidson*, Stanford: Stanford University Press, 1991.

114. Stephen Land, *The Philosophy of Language in Britain: Major Theories from Hobbes to Thomas Reid*, New York: AMS Press, 1986.

115. Stephen Levinson, *Pragmatics*, Cambridge: Cambridge University Press, 1993.

116. Stephen P. Stich, Ted A. Warfield, *The Blackwell Guide to Philosophy of Mind*, Oxford: Blackwell Publishing Ltd, 2003.

117. Sture Allen(ed.), *Possible Worlds in Humanities, Arts and Sciences*, Berlin/New York: Walter de Gruyter, 1988.

118. Talbot Taylor, *Mutual Misunderstanding: Scepticism and the Theorizing of Language and Interpretation*, London: Routledge, 1992.

119. Theodore Savory, *The Language of Science*, London: Andre Deutsch, 1953.

120. Thomas Kuhn, *The Essential Tension*, Chicago: The University of Chicago Press, 1977.

121. Wade. Savage(ed.), *Scientific Theories*, Minneapolis: University of Minnesota Press, 1990.

122. Wesley C. Salmon, *Statistical Explanation and Statistical Relevance*, Pittsburgh: Pittsburgh Press, 1971.

123. Willard Quine, *From a Logical Point of View*, New York: Harper & Row publishers, 1963.

124. Willard Quine, *Ontological Relativity and Other Essays*, New York: Columbia University Press, 1969.

125. Willard Quine, *On The Very Idea of A Third Dogma, in Willard Quine, Theories and Things*, Cambridge: Harvard University Press, 1981.

126. Wilfrid Sellars, *Empiricism and Philosophy of Mind*, London: Harvard University Press, 1997.

127. Wilfrid Sellars, *Science and Metaphysics: Variations on Kantian Themes*, London: Routledge and Kegan Paul, 1967.

128. Wolfgang Yourgrau, Allen Breck(eds.), *Physics, Logics and History*, New York: Plenum Press, 1970.

二、论文

1. A. Kanthamani, "From Philosophy of Language to Cognitive Science," in *Indian Philosophical Quarterly*, Vol. xxv, 1998(1).

2. Alan Mycroft, "Programming Language Design and Analysis Motivated by Hardware Evolution," in *Static Analysis Symposium*, 4634, 2007.

3. B. Walczak, D. L. Massart, "Rough sets theory," in *Chemometrics and Intelligent Laboratory Systems*, 47(1), 1999.

4. Charles J. Fillmore, "Background to Frame Net," in *International Journal of Lexicography*, 16, 2003.

5. Christopher Hookway, "Questions of Context," in *Proceeding of the*

Aristotelian Society, New Series-vol. XCVI, Part I, 1996.

6. Craig Dilworth, "The Linguistic Turn: Shortcut or Detour?" in *Dialectica*, Vol. 46, 1992.

7. Crispin Wright, "Wittgenstein' s Later Philosophy of Mind: Sensation, Privacy, and Intention," in *The Journal of Philosophy*, vol. 86, 1989(11).

8. Donald Davidson, "The Structure and Content of Truth," in *The Journal of Philosophy*, Vol. Lxxxvii, 1990(6).

9. George Miller, "WordNet: An on-line lexical database," in *International Journal of Lexicography*, 4, 1990.

10. Gürol Irzik, Teo Grünberg, "Whorfian Variations on Kantian Themes: Kuhn's linguistic turn," in *Studies In History and Philosophy of Science Part A* 29(2), 1998(6).

11. Harmon Holcomb, "Logicism and Achinstein's Pragmatics Theory of Scientific Explanation," in *Dialectica*, Vol(41), 1987.

12. Howard Sankey, "The Language of Science: Meaning Variance and Theory Comparison," in *Language Sciences*, 2000.

13. James Young, "Holism and Meaning", in *Erkenntnis*, Vol. 37, 1992 (12).

14. Jeremy Randel Koons, "Disenchanting the World McDowell, Sellars, and Rational Constraint by Perception," in *Journal of Philosophical Research*, 2004(29).

15. Jitendra Nath Mohanty, "Intentionality and Noema," in *Journal of*

philosophy, Vol. 78, 1981(11).

16. John McDowell, "Having the World in View: Sellars, Kant, and Intentionality," in *The Journal of Philosophy*, 1998 (xcv).

17. John R. Searle, "The Future of Philosophy," in *Philosophical Transactions of the Royal Society*, vol. 29, 1999.

18. Karl Schuhmann, Barry Smith, "Questions: an essay in Daubertian Phenomenology," in *Philosophy and Phenomenological Research* vol. xlvii(3), 1987.

19. Karl Schuhmann, Barry Smith, "Elements of Speech Act Theory in the Work of Thomas Reid," in *History of Philosophy Quarterly* (7), 1990.

20. LiLLi Alanen, "Thought-talk: Descartes and Sellars On Intentionality," in *American philosophical Quarterly*, Vol. 29, 1992(1).

21. Marcelo Dascal, "The Conventionalization of Language in Seventeenth-century British Philosophy," in *Semiotica*(96), 1993.

22. Martin Gustafsson, "Systematic Meaning and Linguistic Diversity: The Place of Meaning-Theories in Davidsons Later Philosophy," in *Inquiry*, Vol(41), 1998.

23. Michael Friedman, "Explanation and Scientific Understanding," in *Journal of Philosophy*, 71, 1974.

24. Michael Williams, "Science and Sensibility: McDowell and Sellars on Perceptual Experience," in *European Journal of Philosophy*, 2006 (Vol. 14, Issue 2).

25. Michele Marsonet, "Richard Rorty's Ironic Liberalism: A Critical Analysis," in *Journal of Philosophical Research*, Vol. xxi, 1996.

26. Patrick A Heelan, "The Scope of Hermeneutics in Natural Science," in *Studies in History and Philosophy of Science*, 1998(2).

27. Richard Rorty, "Is Truth a Goal of Enquiry? Davidson VS. Wright," in *Philosophical Quarterly*, Vol. 45, 1995.

28. Roland Barthes, "On Emile Benveniste," in *Semiotica* 37, 1981(s1).

29. Ron Bontekoe, "Rorty's Pragmatism and The Pursuit of Truth," in *International Philosophical Quarterly*, Vol. xxx, 1990.

30. Ron Wilburn, "Semantic Indeterminacy and the Realist Stance," in *Erkenntnis*, Vol. 37, November, 1992.

31. Shi Zhongzhi, Dong Mingkai, Jiang Yuncheng et al, "A Logic Foundation for the Semantic Web," in *Science in China*, Series F, Information Sciences, 48(2), 2005.

32. Tomas Kuhn, "The Road Since Structure," in *Philosophy of Science Association*, 1990(2).

33. Tomas Kuhn, "Revisiting Planck," in *Historical Studies in the Physical Science*, 1984(2).

34. Thomas R. Grimes, "Explanation and the Poverty of Pragmatics," in *Erkenntnis*, 27, 1987.

35. Wesley C. Salmon, "The Spirit of Logical Empiricism: Carl G. Hempel's Role in Twentieth-Century Philosophy of Science," in *Philosophy of Science*, Vol. 66, 1999(9).

后　记

自1996年追随恩师郭贵春先生攻读科学技术哲学，我开始从哲学和语言学相互融合的视角，致力于语言哲学的探索，特别是针对科学语用学进行了专门的学习。2003年5月，我在《中国社会科学》杂志第3期发表了《论“语用学转向”及其意义》一文。该文基于20世纪科学哲学和语言哲学的历史发展，从哲学方法演变的视角上，阐述了“语用学转向”的内在动因，并指出“语用学转向”为哲学提供了新的对话平台，形成了新的哲学发展生长点。同年8月，我与恩师合著出版了《哲学对话的新平台——科学语用学的元理论研究》一书。该书内在地揭示了“语用学转向”给哲学研究所带来的新的思维和观念，并从大陆哲学和英美哲学、科学主义与人文主义合流的角度，论述了科学语用学研究的意义。

基于数年间对语言哲学核心问题的深入思考，我发现当代西方哲学的发展显著地表现为，哲学的语言学化和语言学的哲学化特征。特别是，作为20世纪哲学方法论的显著特征之一，语言分析方法整合了语形、语义与语用，分别形成了逻辑—语形分析，本体论—语义分析，认识论—语用分析。此外，当代哲学各个领域也都在寻找一种跨学科的结合，各个学科的本体论界限在有原则地放宽，认识论疆域在有限度地扩张，方法论形式在有效地相互渗透。但是，我始终困惑于，作为一种横断的研究方法——语言分析方法，究竟该以何种思路和框架，运用于当代科学哲学难题的求解当中？或者说，语言分析方法究竟如何与当代科学哲学产生互动？

2014年我在英国剑桥大学克莱尔大厅学院以客座研究员的身份，进行了5个多月的研究工作。这一期间，我深切地体会到，把语言分析方法介入当代科学哲学的整体研究趋势，与国外前沿领域的发展保持着高度的一致，尤为体现在，以语言分析方法，来透视科学实践中凸显出的各种理论难题，并试图将语言分析方法介入计算机科学、人工智能、知识论、心灵哲学和科学诠释学等相关的科学哲学问题中，从而为这些理论难题构建出一种全新的求解模式。我发现，语言分析方法作为一种整体的、横断的研究方法，能够以一种独特视角有效地介入心理意向性、科学解释模型、人工智能等相关科学哲学问题域，而诠释学作为语言分析的大陆传统，对于补充和丰富以英美分析传统为特色的语言分析方法具有十分重要的意义。这些新的感悟，更加坚定了我以语言分析方法为手段，来求解当代科学哲学理论难题的信心。

2016 年，基于上述研究思路和前期研究成果，我以“语言分析与当代科学哲学的新进展”为题，成功申报山西省“高等学校哲学社会科学研究项目”。在项目的研究过程中，我与我的课题组成员何华、董佳蓉、杨秀菊、边旭兴、赵雷、马健、张玉帅等，一起重新审思了语言分析方法产生与发展的基本历程，以及语言分析方法之于“哲学实践”“科学问题”“科学诠释学”等论题的理论价值与实践意义，并且合作撰写了其中的部分章节。我以新的主旨、视角和研究方法，把这些成果融合起来，试图深化语言分析方法与当代科学哲学的交叉研究。这就是摆在读者面前的这本《语言分析方法与当代科学哲学》。

本书的出版受惠于北京师范大学出版集团的《中华学人：哲学系列》，特别是副总编辑饶涛编审的诚挚约稿和热情鼓励，以及祁传华主任的辛勤工作，使我有机会重新整理自己在语言哲学和科学哲学交叉领域的学术工作。同时，本书的主要章节，我已经以独立论文的形式发表在《中国社会科学》《哲学研究》《自然辩证法研究》《自然辩证法通讯》和《科学技术哲学研究》等杂志上，感谢这些杂志社的编辑，在发表和修改文章的过程中，所提出的许多建设性意见，使我能够在更高的学术层次上，对语言哲学的理解与认识得到进一步的提升与完善。

本书是在教育部人文社会科学重点研究基地、科学技术哲学国家重点学科——山西大学科学技术哲学研究中心和山西省高等教育“1331 工程”建设计划项目支持下完成的，谨致谢忱。

最后，需要说明的是，作为“语言分析与科学哲学”研究方面的一部探索性成果，限于其研究领域的广泛性和学科的交叉性，书中必有许多不尽人意之处，还望学界同仁和读者不吝赐教，共同推动这一领域学术研究的进步。

殷 杰

2017 年 7 月 27 日

图书在版编目（CIP）数据

语言分析方法与当代科学哲学/殷杰著. —北京：北京师范大学出版社，2021.12

（走进哲学丛书）

ISBN 978-7-303-27338-6

Ⅰ.①语…　Ⅱ.①殷…　Ⅲ.①语言分析—影响—科学哲学
Ⅳ.①N02

中国版本图书馆 CIP 数据核字（2021）第 219066 号

营 销 中 心 电 话　010-58805385
北 京 师 范 大 学 出 版 社
主题出版与重大项目策划部　http://xueda.bnup.com

YUYAN FENXI FANGFA YU DANGDAI KEXUE ZHEXUE

出版发行：北京师范大学出版社　www.bnup.com
　　　　　北京市西城区新街口外大街 12-3 号
　　　　　邮政编码：100088

印　　刷：鸿博昊天科技有限公司
经　　销：全国新华书店
开　　本：730 mm×980 mm　1/16
印　　张：39.75
字　　数：453 千字
版　　次：2021 年 12 月第 1 版
印　　次：2021 年 12 月第 1 次印刷
定　　价：148.00 元

策划编辑：饶　涛　祁传华　　责任编辑：林山水
美术编辑：王齐云　　　　　　装帧设计：王齐云
责任校对：段立超　陶　涛　　责任印制：赵　龙

版权所有　侵权必究

反盗版、侵权举报电话：010-58800697
北京读者服务部电话：010-58808104
外埠邮购电话：010-58808083
本书如有印装质量问题，请与印制管理部联系调换。
印制管理部电话：010-58805079